国家林业和草原局普通高等教育"十三五"规划教材

荒漠化防治学

丁国栋　董　智　主编

中国林业出版社

内 容 简 介

本教材主要介绍荒漠化防治的理论知识与实践技术，内容包括荒漠化概述、荒漠化防治概述、风蚀荒漠化及其防治、水蚀荒漠化及其防治、盐渍荒漠化及其防治、冻融荒漠化及其防治、石漠化及其防治，共 7 章。为了便于学生掌握课程重点内容和深入系统学习，每章都列出了相应的课后复习思考题、推荐阅读书目和参考文献。

本教材是针对高等院校水土保持与荒漠化防治专业中开设的"荒漠化防治学"或"荒漠化防治工程学"等课程而编写的教学专用书，也可作为环境生态类专业本科生、研究生、函授生的授课教材，还可作为从事农、林、牧、水利以及环境保护的科学研究者、工程技术人员的参考书。

图书在版编目(CIP)数据

荒漠化防治学/丁国栋，董智主编. -- 北京：中国林业出版社，2020.12(2024.1 重印)
国家林业和草原局普通高等教育"十三五"规划教材
ISBN 978-7-5219-0969-2

Ⅰ. ①荒… Ⅱ. ①丁… ②董… Ⅲ. ①沙漠化-防治-高等学校-教材 Ⅳ. ①P941.73

中国版本图书馆 CIP 数据核字(2020)第 263046 号

策划编辑：刘家玲 **责任编辑：**许 玮 肖基浒
电　话：(010)83143576

出版发行 中国林业出版社(100009 北京市西城区德内大街刘海胡同 7 号)
     http://www.forestry.gov.cn/lycb.html
印　　刷 河北京平诚乾印刷有限公司
版　　次 2020 年 12 月第 1 版
印　　次 2024 年 1 月第 2 次印刷
开　　本 787mm×1092mm 1/16
印　　张 16
字　　数 390 千字
定　　价 46.00 元

编写人员名单

主　　编　丁国栋　董　智

副 主 编　高广磊　赵廷宁　张宇清　薛智德　杨　光

编写人员　(按姓氏笔画为序)

丁国栋　于明含　王　妍　邓继峰

左合君　史东梅　包岩峰　冯　薇

刘加彬　关红杰　李红丽　杨　光

张宇清　庞丹波　范昊明　周金星

赵廷宁　赵媛媛　凌　侠　高广磊

高国雄　贾　昕　梁文俊　程金花

董　智　赖宗锐　薛智德

学术秘书　高广磊

主　　审　高　永

前　言

　　荒漠化是全球性的重大环境问题，全世界大约有 2/3 的国家和地区、1/5 的人口、1/4 的陆地面积受到荒漠化的危害，而且正以每年 5 万~7 万 km^2 的速度扩展。《21 世纪议程》(1992 年)把荒漠化列为世界各国优先采取行动的领域，1994 年联合国在巴黎召开会议并签署《联合国防治荒漠化公约》，2015 年联合国大会第七十届会议上通过的《2030 年可持续发展议程》(A/RES/70/1)中提出"实现 2030 年全球土地退化零增长目标"，2017 年在中国鄂尔多斯市召开的《联合国防治荒漠化公约》第十三次缔约方大会发布的《鄂尔多斯宣言》上全球 112 个国家承诺加入《2030 年可持续发展议程》中关于"实现 2030 年全球土地退化零增长目标"。这些都充分体现了人类社会可持续发展的新思想，表明了对土地退化问题的高度重视，反映了在环境与发展、应对荒漠化领域合作的全球共识和最高级别的承诺。

　　我国是世界上荒漠化危害最为严重的国家之一。自新中国成立后党和政府就一直非常重视荒漠化防治工作，先后启动了沙漠综合考察、全国沙漠化治理工作会议，建立了沙漠治理的科研院所和高等学府，储备了大批的科技人才。随着改革开放的深入和经济社会的快速发展，三北防护林工程、全国防沙治沙工程陆续展开，特别是 21 世纪持续实施的各种生态环境建设工程和党的十八大作出"大力推进生态文明建设"的战略决策以来，荒漠化防治工作取得了重大进展，成功遏制了荒漠化不断扩展的态势，但荒漠化防治形势依然十分严峻，全国第五次荒漠化和沙化土地监测成果显示，我国仍有 261.16 万 km^2 的荒漠化土地和 172.12 万 km^2 的沙化土地亟须治理，每年因荒漠化问题造成的生态和经济损失超过 650 亿元，将近 4 亿人直接或间接受到荒漠化问题的困扰，荒漠化已严重威胁国土生态安全，制约社会经济的可持续发展。荒漠化防治既是一个实践问题，也涉及诸多方面的理论问题，需要方法和技术的支撑，也需要依托生态学、地理学、社会学，甚至物理化学和力学等综合学科交叉的支撑。荒漠化防治是一项非常复杂的系统工程，需要深入研究与探讨，更需要专业人才的培养做保障。有鉴于此，我国高等院校纷纷成立对口专业，以适应行业发展的需求。据初步统计，继 1958 年北京林学院(今北京林业大学)成立

"水土保持专业"和1960年内蒙古林学院(今合并到内蒙古农业大学)成立"沙漠治理专业"后，目前因1997年国务院学位办专业调整而设有"水土保持与荒漠化专业"的高等院校已达25所之多。这些院校的专业培养方案中，绝大部分都将"荒漠化防治工程学"列为专业必修课，2013年制定的"水土保持与荒漠化专业本科专业教学质量国家标准"中也将"荒漠化防治工程学"推荐为重要专业课程之一。作为这门课程的参考书，主要采用的是北京林业大学孙保平教授主编的《荒漠化防治工程学》。该教材2000年在中国林业出版社出版，迄今为止整整20年一直沿用。2019年，北京林业大学进行水土保持与荒漠化本科专业培养方案修订，根据学科形势变化和认识理解的提升，决定将课程名称调整为"荒漠化防治学"，借此机会，组织多家高等院校和部分有关研究院的力量，在重新构建教材结构的基础上，力求融入最新研究成果，并加入更多理论性的知识，编写出版相应的教学参考书，以飨读者。

新编的《荒漠化防治学》教材以我国荒漠化的4种主要类型：风蚀荒漠化、水蚀荒漠化、盐渍荒漠化和冻融荒漠化为主线，进行防治理论与实践的章节组合，鉴于石漠化分布的广泛性和性质的相似性，将石漠化及其防治也纳入其中。

本教材是针对高等院校水土保持与荒漠化防治专业中开设的"荒漠化防治学"或"荒漠化防治工程学"等课程而编写的教学专用书，也可作为环境生态类专业本科生、研究生、函授生的授课教材，还可作为从事农、林、牧、水利以及环境保护的科学研究者、工程技术人员的参考书。

本教材由北京林业大学丁国栋教授和山东农业大学董智教授主编，内蒙古农业大学高永教授主审。参加编写的有北京林业大学、山东农业大学、西北农林科技大学、内蒙古农业大学、中国林业科学研究院、山西农业大学、西南林业大学、宁夏大学、西南农业大学、沈阳农业大学10家单位27人。各章编写分工如下：

第一章，丁国栋、于明含、左合君；第二章，丁国栋、包岩峰、凌侠；第三章，丁国栋、赵媛媛、高广磊、董智、张宇清、赵廷宁、高国雄、赖宗锐、邓继峰；第四章，程金花、杨光、薛智德、史东梅、关红杰、刘加彬；第五章，董智、李红丽、赵媛媛、冯薇、凌侠；第六章，周金星、王妍、庞丹波；第七章，范昊明、高广磊、梁文俊。书中插图由于明含绘制。

本教材编写过程中，引用了大量相关研究成果与数据资料，在此谨向文献的作者们表示诚挚的感谢！

限于作者水平，书中难免有不妥与错误之处，恳请读者批评指正。

编　　者

2020 年 1 月

目　录

第1章

荒漠化概述

    荒漠化是全球性的重大生态环境问题，自 20 世纪 70 年代以来，引起国际社会的广泛关注。1977 年 8 月 29 日至 9 月 9 日，联合国以确立非洲萨赫勒地区荒漠化防治措施为主要目的，在肯尼亚首都内罗毕召开了"联合国荒漠化问题会议"，第一次对荒漠化问题进行全球性讨论。会议制定了《防治荒漠化行动纲要》(RACD，以下简称《行动纲要》)，其中载有一系列指导方针和建议，主旨在于帮助受影响国家拟订计划对付荒漠化，并激发和协调国际社会提供援助。1992 年 2 月，基于全球环境问题的极端严重性和复杂性，联合国在巴西里约热内卢召开了"联合国环境与发展大会"(简称环发大会)，会议通过的《21 世纪议程》，把防治荒漠化列为国际社会优先采取行动的领域，并呼吁全世界行动起来，共同应对荒漠化的威胁。经过 1993 年和 1994 年"国际荒漠化公约政府间谈判委员会(INCD)"的多次反复协商与讨论，1994 年 10 月，在法国巴黎签署了《联合国防治荒漠化公约》，这是国际社会履行《21 世纪议程》的重要行动之一，也体现了国际社会对防治荒漠化的高度重视，我国是第一批签字的协约国。土地荒漠化所造成的生态环境退化和经济贫困，已成为 21 世纪人类面临的最大威胁，因而，防治荒漠化不仅是关系到人类的生存与发展，而且是影响全球社会稳定的重大环境问题。

1.1 关于荒漠化概念的认识

1.1.1 荒漠化概念的由来

    荒漠化(desertification)这一术语是由法国科学家奥布立维尔(A. Aubreville)首先提出来的。1949 年他在研究非洲撒哈拉大沙漠以南撒赫尔地区的生态问题时，发现这一地区的热带森林被滥伐和火烧之后界线后退了 60~400km，热带森林演变为草原，热带草原变成类似荒漠的景观，于是将这种生态系统退化与破坏的过程称为"desertification"。当时由于学科发展和认识水平的限制，这一现象并未引起足够的重视，更多的是学术界在术语表达方面进行争论。曾经提出过如 desertization(沙漠化)、desert encrochment(荒漠入侵)、desert creep(荒漠蔓延)、expanding desert(侵入的荒漠)等多个术语，也进行了初步的界定。

    直到 1972 年的斯德哥尔摩(Stockholm)环境会议成立了联合国环境规划署(UNEP)，

荒漠化问题才开始引起世界性的关注，三年后的 1975 年 UNEP 又在伊朗召开了"同荒漠化抗争"的会议，而这期间对荒漠化的理解也仅限于沙漠的沙丘前移，固定沙丘、沙地的活化与沙漠的扩展等。

荒漠化作为一个生态环境问题引起国际社会的广泛关注，主要是基于非洲撒赫尔地区，1968—1973 年间持续 5~6 年之久的干旱，造成严重的人与牲畜饥饿和死亡的灾难所产生的。1977 年联合国在肯尼亚首都内罗毕召开联合国荒漠化大会（U. N. Secretariat of Conferencese on Desertification，UNCOD），第一次对这个问题进行全球性讨论，会议把荒漠化列入国际议程，作为一个全球性经济、社会和环境问题。会议制定了《防治荒漠化行动计划》（RACD），其中载有一系列指导方针和建议，主要在于帮助受影响国家拟订计划对付荒漠化，并激发和协调国际社会提供援助。这次会议把"荒漠化"统一于"desertification"这一术语，并讨论认为："荒漠化是土地生物潜力的下降或破坏并最终导致类似沙漠景观条件的出现"。据此，联合国环境规划署、教科文组织和世界粮农组织气象组织等还编制了 1∶2500 万世界荒漠化地图。

上述定义的内涵与"desertification"一词的词义是一致的，但由于外延不清，加之没有明确的界定指标，概念模糊，从而引发了无休止的争论。据统计，关于荒漠化国际上曾经出现过 100 多个定义，UNEP 曾专门设立了"联合国环境规划署荒漠化涵义综述及其意义"的项目（肯尼亚的内罗毕大学 Richard S. Odingo 主持）进行研究，这也足以证明荒漠化问题的复杂性。

例如，美国学者 H. E. 德列格尼（H. E. Dregne）认为，荒漠化是干旱、半干旱区和某些半湿润区生态系统的贫瘠化。这种贫瘠化是由于人为活动和干旱所共同影响的结果。荒漠化及其变化过程可以通过优良植物生产力的下降、生物量的变化、微小及巨大的动植物区系的差异和土壤的退化等方面加以测定。因而荒漠化并不是仅指那些什么都不生长的完全被人毁灭的土地。

又如，苏联学者 B. G. 罗扎诺夫（B. G. Rozanov）在论述内罗毕会议荒漠化的定义时曾指出，这样一个定义的实质和所涉及的问题，虽然从联合国大会的政治目的看是可以接受的，但从学术观点看是不恰当的，因为从准确的科学术语考虑，是一个没有作用的定义。

第一，什么是"类似沙漠的景观"是不清楚的，天然沙漠之间存在着很大的差异，有些完全没有植被，有些则生长着良好的植被；

第二，按照这个定义，任何土地退化都被理解为荒漠化，包括灌溉土地的水、公路和居民点的建设以及采矿引起的退化等；

第三，未区分荒漠化和周期性干旱之间的区别；

第四，没有明确的、适度的和客观的荒漠化指标。

罗扎诺夫等根据苏联的经验，对荒漠化做了如下的定义：荒漠化是干旱土地的土壤和植被向着干旱化和生物生产力衰减的方向发生不可逆变化的自然和人为过程，在极端情况下，这种过程可能导致生物潜力的完全破坏，并使土地转变为沙漠。

1977 年联合国荒漠化大会之后，虽然制定了《行动纲要》，各方面也曾做过很多努力，遗憾的是，荒漠化不但没有受到抑制，而且仍在加剧，特别是在非洲及其他一些发展中国家更为严重。荒漠化问题在引起世界各国学术界广泛重视的同时，也逐渐引起各国政府特别是发达国家政府的高度关注。

1990年，UNEP在内罗毕召开了"全球荒漠化现状与方法评估"科学顾问会议，总结了1977年以来荒漠化的现状与发展趋势，重新确定了荒漠化的范围(包括风蚀、沙化等的所有土地的退化)，并进一步将荒漠化解释为"荒漠化是干旱、半干旱和亚湿润干旱区，由于人类不合理的活动造成的土地退化过程"。

1992年6月，联合国在巴西里约热内卢(Riode Janeiro)召开"世界环境与发展大会"(简称环发大会)，会议制定的《21世纪议程》把荒漠化纳入国际社会优先采取行动的领域，并在会后47/188号决议中提出制定联合国防治荒漠化公约，公约第12款规定中把荒漠化概念确定为，"荒漠化是包括气候和人类活动的种种因素作用下，干旱区、半干旱区及干旱亚湿润地区的土地退化过程"。而后，经过1993年和1994年"国际荒漠化公约政府间谈判委员会(INCD)"的多次反复讨论，1994年10月世界各国政府代表终于在法国巴黎签订了《联合国关于在发生严重干旱和/或荒漠化的国家特别是在非洲防治荒漠化的公约》(简称《联合国荒漠化防治公约》)，其荒漠化定义也由此得以进一步明确。"荒漠化系指包括气候和人类活动在内的各种因素作用下，干旱、半干旱和亚湿润干旱区的土地退化"。

《联合国荒漠化防治公约》划定的干旱、半干旱和亚湿润干旱区是指降雨量与潜在土壤水分蒸发散比值为0.05~0.65的区域，即干旱区为0.05~0.20，半干旱区为0.21~0.50，亚湿润干旱区为0.51~0.65。

关于定义中的"土地"和"土地退化"，《联合国荒漠化防治公约》也给予了界定。"土地是地球固体表面能勾绘的区域，包括该区域的地上、地下以及生物圈的全部属性，如贴地大气层、土壤及母质(母岩)、当地水域(湖泊、河流、沼泽低湿地)、植物及动物区系、人类村落，以及人类过去和现代活动成果(梯田、蓄水工程、排水建筑物、道路)等"。"土地退化系指由于一种或一组因素作用下，雨育耕地、灌溉耕地或天然场、牧场和林地的可再生自然资源潜在生产力的降低和丧失，包括风蚀、水蚀而造成的土壤物质的转移；经过盐渍化、酸化、干化、养分枯竭、板结等物理和化学过程而产生的土壤内部蜕变，长期的自然植被的损耗"。

1.1.2 我国关于荒漠化概念的理解

早在20世纪40年代初期，著名专家田家英(1941—1942)在延安《解放日报》上发表题为"沙漠化的愿望"一文，曾提出"沙漠化"这一术语。1977年"肯尼亚联合国荒漠化大会"后，由于传统和习惯等原因，我国将desertification译为"沙漠化"，并在学术界或社会上广泛使用。但是对该概念内涵的理解，同国际上一样，争议颇大。

朱震达在1980年首次提出的沙漠化定义是：干旱、半干旱(包括半湿润)地区，在人类历史时期内，由于人为因素作用并受自然条件影响，在原非沙漠的地区出现了沙漠的环境变化。它强调了空间的上界"原非沙漠的地区"和时间的上限"人类历史时期"。

陈隆亨认为：土地沙漠化是特定的生态系统在自然条件因素、人为因素作用下，在或长或短的时间内退化和最终变成不毛之地的破坏过程。

1984年，朱震达又根据沙漠化发生的性质将沙漠化划分为沙质草原沙漠化、固定沙丘活化(沙地)及沙丘前移入侵3种类型，将沙漠化进一步定义为"干旱、半干旱(包括部分

半湿润)地区,在脆弱生态条件下,由于人为过度的经济活动,破坏了生态平衡,使原非沙漠地区出现了以风沙活动为主要特征的类似沙质荒漠环境的退化过程"。

吴正将沙漠化区分为广义沙漠化和狭义沙漠化(即沙质荒漠化)两种,提出前者英文翻译为 desertification,后者为 sandy desertification,并进一步解读了沙质荒漠化的定义:沙质荒漠化是指干旱、半干旱和部分半湿润地区,由于自然因素或受人为活动影响,破坏了自然生态系统的脆弱平衡,使原非沙漠的地区出现了沙漠环境条件的强化与扩张过程(即沙漠的形成和扩张过程),将原来的沙质荒漠化概念在空间上进行了扩展。

1992 年联合国环发大会召开后,特别是 1994 年《联合国防治荒漠化公约》签署后,我国对于荒漠化概念的认识,基本已与国际上取得一致。

1.2 荒漠化概况

1.2.1 荒漠化分布

1.2.1.1 世界荒漠化的分布

荒漠化是全球性的重大环境问题之一,除南极洲外,在世界各大洲均有荒漠化土地分布,据初步估计,全球有 100 多个国家和地区、10 亿多人口,约占陆地面积 1/3 的范围受到荒漠化的威胁,特别是亚洲和非洲的一些发展中国家表现尤为突出。关于全球荒漠化的详细情况,由于各国相关研究的不平衡性以及资料统计方面的困难,迄今为止还难以详细掌握。表 1-1 是根据 20 世纪 90 年代初开展的全球性土壤及植被退化评估搜集到的第二手资料进行分析提出的荒漠化状况数据,可以看出全世界大约 70% 的旱区(不含极端干旱地区)正遭受土壤或植被退化的影响。

表 1-1 世界部分国家和地区干旱土地和荒漠化分布状况

区域/国家	旱地面积 (千 km²)	荒漠化面积 (千 km²)	荒漠化程度(千 km²)			
			轻度荒漠化	中度荒漠化	重度荒漠化	极度荒漠化
全球	51692	36184	4273	4703	1301	75
非洲	12860	10000	1180	1272	707	35
北美洲	7324	795	134	588	73	—
南美洲	5160	791	418	311	62	—
大洋洲	6633	875	836	24	11	4
欧洲	2997	994	138	807	18	31
亚洲	16718	14000	1567	1701	430	5
印度	2551	1074	—	—	—	—
中国	3317	2622	915	641	1030	—

资料来源:

1. CCICCD, 执行联合国防治荒漠化公约亚非论坛报告集, 1996.

2. CCICCD, China Country Paper to Combating Desertification. China Forestry Publishing House, 1997.

3. Proceeding of the Expert Meeting on Rehabilitation of Forest Degraded Ecosystems, 1996.

1.2.1.2 我国荒漠化的类型与分布

我国是世界上受荒漠化危害最严重的国家之一，根据《联合国防治荒漠化公约》确定的指标，中国可能发生荒漠化的地理范围，即干旱、半干旱及亚湿润干旱区的总面积为 331.7 万 km^2（不包括散布在该范围内的湿润指数小于 0.05 的极端干旱区和湿润指数大于 0.65 的半湿润区），占国土总面积的 34.6%，其中干旱、半干旱和亚湿润干旱区的面积分别为 142.7 万 km^2、113.9 万 km^2 和 75.1 万 km^2（表 1-2）。

表 1-2 中国干旱、半干旱和亚湿润干旱区面积（单位：万 km^2）

类型	干旱区	半干旱区	亚湿润干旱区	合计
面积	142.7	113.9	75.1	331.7
占全区(%)	43.1	34.4	22.5	100
占国土(%)	14.9	11.9	7.8	34.6

该区主体的南界大体自大兴安岭西麓、锡林郭勒高原北部向南穿过阴山山脉和黄土高原北部，向西至兰州南部沿祁连山行走，然后向南绕过柴达木盆地东部，再向西抵达青藏高原西南部。在此线以北的干旱区（湿润指数 0.05～0.20）内呈岛状地分布着几片湿润指数小于 0.05 的极端干旱区（25.3 万 km^2）和湿润指数大于 0.65 的半湿润区（4.1 万 km^2）。根据荒漠化定义，这两类区域不属于可能发生荒漠化的地理范围。此外，在湿润指数>0.65 的湿润区还分布着 18 个湿润指数<0.65 的岛状区域，这些岛状区域主要分布于东经112°以东，北纬 36°～45°，其中包括西辽河流域、黄河三角洲及其北部、太行山以东北至大兴南至河北磁县的山前地区、宣化、怀来和大同盆地、忻定盆地、太原盆地等，另外在天山山区、横断山区、藏南谷地和海南岛西部也有零星分布。根据荒漠化定义，这些岛状区域亦是可能发生荒漠化的地理范围。

在上述可能发生荒漠化的地理范围内，《第五次中国荒漠化和沙化状况公报》显示，截至 2014 年底，我国荒漠化土地总面积为 261.16 万 km^2，占国土总面积的 27.20%，占该地区面积的 78.73%。其中，风蚀荒漠化土地面积 182.63 万 km^2，占荒漠化土地总面积的 69.93%；水蚀荒漠化土地面积 25.01 万 km^2，占 9.58%；盐渍化土地面积 17.19 万 km^2，占 6.58%；冻融荒漠化土地面积 36.33 万 km^2，占 13.91%。

从行政区域上看，中国荒漠化主要分布于北京、天津、河北、山西、内蒙古、辽宁、吉林、山东、河南、海南、四川、云南、西藏、陕西、甘肃、青海、宁夏、新疆 18 个省（自治区、直辖市）的 528 个县（旗、市、区）。从自然地理区域上看，中国荒漠化土地分布范围为 74°～119°E，19°～49°N，经度横跨约 125°，纬度纵跨约 30°，几乎从海平面到高寒荒漠地带，垂直跨越数千米。如此辽阔的地域范围以及气候类型、地貌类型、社会经济特点的多样性，塑造了形成荒漠化的主导因素以及荒漠化类型的多种多样化。

根据动力成因，中国荒漠化主要分为风蚀荒漠化（亦称沙漠化）、水蚀荒漠化、冻融侵蚀荒漠化、土壤盐渍化 4 种主要类型。其中，风蚀荒漠化土地面积最大，达到 182.63 万 km^2；盐渍化土地面积最小，为 17.30 万 km^2。根据发展程度，荒漠化可分为轻度荒漠化、中度荒漠化、重度荒漠化和极重度荒漠化 4 种类型，我国目前的情况分别是：轻度荒漠化 74.93 万 km^2，占荒漠化总面积的 28.69%；中度荒漠化 92.55 万 km^2，占 35.44%；重度荒漠化

40.21万km²,占15.40%;极重度荒漠化53.47万km²,占20.47%。根据气候类型,分布于干旱区的荒漠化土地面积为117.16万km²,占荒漠化土地总面积的44.86%;分布于半干旱区的荒漠化土地面积93.59万km²,占35.84%;分布于亚湿润干旱区的荒漠化土地面积50.41万km²,占19.30%。根据土地利用类型,荒漠化土地主要表现形式为退化耕地、退化草地(指覆盖度>5%的草地)、退化林地以及植被覆盖度<5%的退化土地。

1.2.2 荒漠化成因

荒漠化概念虽然提出已有半个多世纪,并从一开始就注意到荒漠化涉及自然的物理、生物和化学过程,也涉及人类社会的经济、文化和技术等多种因素。但长期以来一直把荒漠化作为一种自然灾害现象,并主要进行动态监测、危害评估等方面的研究。如联合国环境规划署(UNEP)、联合国教科文组织(UNESCO)、国际地理联合会(IGU)和许多国家都组织了一系列庞大的研究活动,并在荒漠化土地的分布、面积及其危害等方面取得了一系列重要的阶段性成果。1977年的联合国荒漠化大会对全球荒漠化问题首次进行了全面、综合、科学的分析和总结,逐渐意识到荒漠化过程的动力机制研究的重要性。由于不同学者根据本国的具体情况和研究角度不同,对动力机制的认识从一开始就产生了较大的分歧。第一种观点认为,气候干旱是荒漠化的主要原因,人类活动的冲击是次要的。这种观点的主要证据来自于地质历史时期气候、环境变化曾多次导致类似荒漠景观的出现,或人类历史时期以来气候变干,或有气象记录以来气候曾发生多次干湿波动,而这种变干趋势或干湿波动对荒漠化的发生、发展都有显著的影响。第二种观点认为,人类不合理的经济活动是荒漠化形成的主要动力,气候变化是次要因素之一。持此种观点的学者主要是根据现代人口剧增,土地压力增大,在生态脆弱的干旱、半干旱区过度的经济活动,导致向生物生产力降低与土壤肥力丧失方向发展的结果。第三种观点认为,荒漠化是气候和人类活动共同作用的结果。持此观点的学者较多,但其中大部分人认为,自然和人为因素在荒漠化过程中的驱动作用很难区分,这也足以证明荒漠化问题的复杂性。

1.2.2.1 自然地理因素

(1)自然环境条件

自然地理条件是荒漠化产生的基本背景,深刻影响着荒漠化的消长。特别是干旱气候的作用,直接决定荒漠化的分布,这也是荒漠化定义中规定"干旱、半干旱和亚湿润干旱区"的缘由。干旱气候的根本原因是长期没有降水或降水稀少造成的。降水既涉及全球尺度的大气环流问题,也涉及像云雾那样微小尺度的物理机制问题。一般来说,降水主要与下列3个因素有关:①空气中的水汽含量;②空气中凝结核的存在;③大气环流的降水机制。

① 干旱气候的纬度地带性

在影响气候的诸因素中,大气环流是最重要的因素。地球上不同纬度接受太阳光热的多寡不同,一般低纬度地面吸收太阳辐射能较多,高纬度吸收较少,赤道地带的气温高于极地,赤道上的空气膨胀向上,在上空积累而形成高压;极地则相反,上空形成低压,于是在高空,空气由赤道流向极地。在近地面极地由于空气堆积形成高压,赤道由于空气外流形成低压,所以近地面层气流方向与高空相反,空气由极地流向赤道。如果没有地转偏向力的作用，南北两半球将各形成一个简单的闭合环流，但由于地球的自转，空气流动时受地转偏向力的作用，使得高空从赤道流向两极的气流在南北纬10°开始逐渐向左向右偏离，到纬度30°上空，偏角达90°，气流由原来的沿经线方向变为沿纬线方向流动。在北半球，由赤道上空沿经线北上的气流，受地转偏向力的作用，在北纬30°上空就偏转为和纬圈相平行的西风。西风的形成阻碍了低纬高空大气继续北流，便在北纬30°上空堆积并辐射冷却下沉，形成副热带高压带，下沉的空气在低层分别流向南方和北方。在大气下沉时，下层气流带着水汽与凝结核四下分散丧失了成雨的物质条件，并因下沉压缩产生增温效应，其结果是既丧失了物质条件，也失去了凝结时必要的露点温度，这实际是成云致雨的逆过程，这就是下沉气流的增温干燥作用，而使副热带成为地球上少雨干旱的原因。尽管副热带有些地方靠近海洋，就其稀少的降雨而言仍属荒漠。世界一些沙漠如撒哈拉荒漠、卡拉哈里—纳米布荒漠、阿拉伯沙漠、塔尔沙漠、伊朗沙漠、澳大利亚沙漠等都分布在这个地带内。

② 非地带性原因的干旱气候

从世界范围看，虽然干旱区和主要沙漠多分布在南北纬15°~35°这一副热带低纬度范围内，但同时也可以看到同一纬度内，有的地方则不是干旱气候，也没有荒漠分布，如中国华南地区和北美的东南沿海地区。还有些地方，虽然不在副热带高压带内，但也存在着明显的干旱气候和分布着大面积的荒漠。造成这种现象的原因是多种多样的，有的是因为深居内陆，有的是地形的影响，有的是受寒冷洋流的影响，更多的是几种原因综合影响所致。

A. 远离海洋

世界上有些大荒漠并不分布在副热带高压带内，而是分布在远离海洋的大陆深处，由于深居内陆，长年受大陆气团控制，大规模的环流亦无法将湿润的气流送到该区。例如，欧亚大陆的东部，地处世界上最大的陆地和海洋之间，海陆热力差异特别大，形成了特殊的季风气候，在北纬35°~55°之间，夏季东南风从海洋吹向大陆，所以沿海温湿多雨，但随着距海里程的增加，降雨量逐渐递减，到大陆深处时，原湿润气团中的水汽经过沿途的降雨损失已经所剩无几，无水可降。还有一种原因是由于沿途高山的重重阻挡，使湿润气团难以到达，因此在大陆深处形成少雨或无雨的干旱地区，使得荒漠能在这里广泛形成，如中亚荒漠、中国荒漠和蒙古荒漠。

B. 海风向背和洋流影响

海风向背

在低纬和高纬度地带，尤其是赤道多雨气候、极地长寒气候和极地冰原气候分布范围，冷与暖的矛盾处于比较稳定有常的状态，因而气候的海洋性和大陆性差异不明显，大陆的东岸与西岸气候的差异性也不大，而在中纬度地区，冷暖气流经常处于斗争转化状态，气温、降水的季节性变化十分明显，图1-1是北半球中纬度地区大陆东岸与西岸的冬季与夏季风向的分布模式。

在纬度相差不大的大陆东岸和大陆西岸同样都是濒临大海，气候却截然不同，有的具有海洋性，有的则完全是大陆性，还有二者的混合过渡型，原因是大气环流所引起的海风向背作用结果。如图1-1中的"E"区和"F"区，同处在北纬30°以南的副热带高压区，气

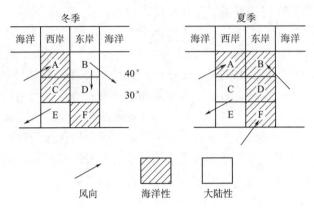

图 1-1　大陆西、东岸冬夏季风向分布图

候类型却全然不同。"E"区位于大陆的西岸，终年受东北信风控制，而东北信风在这里是从大陆吹向海洋，所以这里气候极端干燥，沙漠直抵海边，撒哈拉荒漠的相当部分就分布在此区。"F"区由于处在大陆的东岸，夏季刮西南风，冬季刮东北风，这两种方向的风都是从海洋吹向陆地，所以 F 区呈海洋性气候特征。这就是我国华南地区虽处在亚热带而呈现海洋性气候的原因。

洋流的影响

地球上大陆东岸和西岸气候的差异，除受海风向背的影响外，与洋流的影响也有很大关系，图 1-2 是世界洋流分布模式。

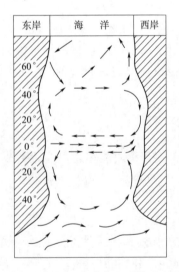

图 1-2　大陆东、西岸
洋流分布模式

从图 1-2 中看出，低纬度和中纬度地带，大陆的东岸一般有暖流通过，而在大陆的西岸一般有寒流流经。暖流是从低纬度流向高纬度的温暖水流，有热量和水汽向上输送，能使其上的空气增温增湿而成为暖湿的海洋性气团，这种气团被海风带到陆地，最易形成降水，所以有暖流流经的大陆沿岸降水充沛。寒流是从高纬度流向低纬度的低温水流，能影响其上的空气，当下层空气冷却到零点，就会形成雾，这种雾一般仅限于海岸附近的狭窄地带，多雾是低纬度寒流区的一个重要特点。寒流上空一定范围内气温是随高度的增加而增加，具有稳定的层理，这种稳定的气团是不可能形成降水的。海雾即使被海风带到陆地，但因陆地较暖，雾很快消失，很难形成降雨，这种气候称热带多雾荒漠气候，其特点是雾日频繁，空气湿润，气候不爽，降水奇缺。例如，美国东南部的佛罗里达半岛和墨西哥西南部的加利福尼亚半岛，同处北纬 25°～30°之间，前者处在大陆东岸，岸边有佛罗里达暖流流经，年平均降水量 1000～2000mm，而后者地处大陆西岸，受加利福尼亚寒流影响，年平均降水量仅 78mm，荒漠遍布全岛。在世界上具有加利福尼亚半岛荒漠特点的还有秘鲁沿海和智利南部沿海荒漠、南部非洲西海岸荒漠和北非西海岸荒漠。

地形影响

地形既能促进降水，也能减少降水，一山之隔，山前山后往往干湿悬殊。一般来讲，当海洋气流与山的坡向垂直时，迎风坡多成为"雨坡"，降雨量充沛；背风坡则成为"雨影"区域，干旱少雨，形成荒漠(图 1-3)。例如，南美洲秘鲁南部沿海沙漠、智利北部沿海沙漠及南美洲南部东岸的中纬度沙漠都与地形影响有关。

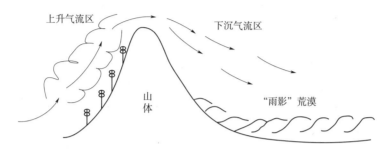

图 1-3　"雨影"荒漠形成模式图

南美洲总体来讲是一个湿润的大陆，全洲年降水量在 1000mm 以上的地区约占大陆总面积的 70%，但由于高大的安第斯山的影响，阻挡了海洋气流，造成山的东坡与西坡降水量的显著差异。在南纬 3°~30° 地区，低空盛行东南信风，安第斯山东坡年降水量一般都是 1000mm 以上，而处在同一纬度的西坡，年降水量都在 250mm 以下，有的地方年降水量还不到 50mm 或几年滴雨不降，成为世界上最干旱的地区之一，阿塔卡马—秘鲁沙漠就分布在这里。在南纬 40° 以南，由于盛行西北信风，情况和低纬度地区相反，山的西坡则成为南美多雨地区之一，智利的瓦尔迪维亚降水量达 2690mm，而处于同一纬度的巴塔哥尼亚高原，由于处在山的东坡背风位置，年降水量不足 250mm，形成了巴塔哥尼亚沙漠。

我国北方干旱、半干旱及亚湿润干旱区则是由于深居欧亚大陆腹地，远离海洋，加上纵横交错的山脉，特别是青藏高原的隆起对水汽的阻隔，使得这一地区成为全球同纬度地区降水量最少、蒸发量最大、最为干旱脆弱的环境地带。加之全区处在西伯利亚、蒙古高压反气旋的中心，从西到东、从北到南大范围频繁的强风，为风蚀提供了充分的动力条件；而局部地区的起伏地形，深厚、疏松的沙质土壤和短历时高强度的降水特征，助长了水蚀的发生与加剧，使黄土高原北部与鄂尔多斯高原的过渡地带及黄土高原中西部成为水蚀荒漠化最为集中、程度最为严重的地区；大范围极度干燥与局部地段低洼、排水不畅，降水稀少与强烈的蒸发，在不合理的灌溉措施下又加剧了土地盐渍化。

(2) 气候变化

事实上，气候变化在地质历史时期就经常发生，并留下各种各样可以印证的痕迹。古地理和历史地理的研究表明，古风成沙在中生代的侏罗纪、白垩纪和新生代地层中均有存在，而新生代的古风成沙又有明显的早第三纪古风成沙、晚第三纪古风成沙和第四纪古风成沙之分，说明气候的干湿交替始终在进行着，现代气候只是第四纪干旱气候的持续。人类历史中的气候变化主要指在自然气候变化背景之外，由人类活动直接或间接地改变全球大气组成所导致的气候改变。如过多使用化石燃料、毁林、土地利用变化的原因，造成温室气体增加、气候变暖以及酸雨、臭氧层破坏等问题。目前的气候变化，全球科学家的共

识是：有90%以上的可能是人类自己的责任，过去一百多年间，人类一直依赖石油煤炭等化石燃料来提供生产生活所需的能源，燃烧这些化石能源排放的 CO_2 等温室气体是使得温室效应增强，进而引发全球气候变化的主要原因。还有约 1/5 的温室气体是由于破坏森林、减少了吸收二氧化碳的能力而排放的。另外，一些特别的工业过程、农业畜牧业也会有少许温室气体排放。今日的地球比过去两千年都要热，研究表明，在20世纪全世界平均温度约攀升 0.6℃。如果情况持续恶化，于本世纪末，地球气温将攀升至二百万年来的高位。温室效应下，关于相应的降水问题尽管还难以说清，因为就我国的情况而论，其研究结果是：北方大部分区域会减少降雨，个别地方会增加降雨。但无论如何，温度升高已是不容争辩的客观事实。温度的升高，势必会造成冰川的退缩、冻土消融，改变生态系统现状；温度的升高，会增大地面潜在蒸发散热，促进气候的进一步干旱化，从而导致荒漠化扩展及其程度的加剧。研究认为：在全球变化影响下，我国干旱区范围将扩大，荒漠化加深。根据模拟结果，若 CO_2 倍增，温度上升 1.5℃，我国干旱区面积扩大 18.8 万 km^2，湿润区缩小 15.7 万 km^2；若温度上升 4℃，干旱、半干旱区和半湿润干旱区面积将扩大 84.3 万 km^2，湿润区将缩小 59.9 万 km^2，荒漠化面积由 270.6 万 km^2 扩大到 348.6 万 km^2，荒漠化面积平均每年以 6941 hm^2 扩大，无疑会对绿洲带来严重威胁。

1.2.2.2 人为因素

马克思早在《不列颠在印度的统治》一文中，就曾经对19世纪中叶以前英国统治印度后，使旧的灌溉制度尽行废弃而造成荒漠的情况作过详细的论述，指出"农业若是让其自由发展，结果会使许多原来的肥沃土地变成荒漠"。20世纪50年代末，中国科学院治沙队开展沙漠考察和改造利用研究之前，竺可桢就曾经多次论及沙漠的人为成因问题，指出"由于人为的原因，把不该成为沙漠的地方破坏形成沙漠"，"在陕北和伊克昭盟的毛乌素 800 多万亩①沙荒地大都是这样造成的"，"人造沙漠在资本主义国家里也是常有的事情"。

干旱、半干旱及亚湿润干旱区气候干燥，降水多变，植被稀疏，自然生态系统极具脆弱性和敏感性，对人口压力及其活动的承载能力极低，只要稍受人为过度干扰，就十分容易造成生态平衡的失调，植被覆盖度和生产力降低，植物多样性下降，土壤和水文环境恶化，产生土地退化现象。

在人类早期(史前时期)，人口数量少，使用简单工具进行以狩猎和采集为主的活动，对生态环境的破坏作用甚微。然而，进入历史时期以来，随着人口数量不断增加，社会的发展，铜器、铁器工具的广泛使用，生产活动的增强，人类对干旱、半干旱及半湿润地区脆弱生态环境的干扰急剧增强，干扰的范围逐步扩大，程度迅速加深，方式大幅度增多，构成了干旱、半干旱及半湿润地区内强度的人类活动，与低下的环境承载能力之间的尖锐矛盾，从而人为造成了大面积退化土地的发生和发展，成为荒漠化形成演变的重要影响与作用因素。

人为因素对荒漠化的影响主要表现在人口压力增加以及不合理的人为活动方面。首先，人口增加导致食物、燃料等基本生活资料需求的增加，从而对土地产生越来越大的压力，使人口数量超过环境的容量，造成资源的过度利用，进而构成对生态环境的威胁。联

---

① 1 亩 = 1/15 hm^2，下同。

合国环境规划署曾提出，半干旱地区的最大人口承载量为 20 人/km²，干旱地区人口密度不应超过 7 人/km²。而我国由于历史原因，北方相应地区的人口密度大多超过这一标准。如河北坝上和内蒙古乌蒙后山地区人口密度超过 60 人/km²，陕西榆林地区人口密度为 73 人/km²，米脂县 177 人/km²，神木 155 人/km²，均达到世界半干旱地区理论承载人数的 3 倍以上。其他气候区也基本如此，据全国荒漠化普查资料显示，除西藏外，北方 12 省区干旱、半干旱和亚湿润干旱地区的人口密度都超过了该类环境条件的人口承载量极限。这一情况导致的结果从宏观上也能看出一定端倪，以草地退化为例，宁、陕、晋 3 省（自治区）的干旱、半干旱地区由于人口密度较高，草地退化比例高达 90%~97%；新、蒙、青 3 省（自治区）干旱、半干旱及亚湿润干旱区的人口密度较低，草地退化比例为 80%~87%；而人口密度最低的西藏，平均退化比例仅为 23%~77%。其次，不合理的人为活动，如滥垦、滥牧、滥樵滥采、乱挖、滥用水资源、粗放经营等是导致土地荒漠化的具体原因。

滥垦亦即过度垦殖，指在不具备垦殖条件下或无有效防护措施的情况下进行的农业种植活动。土地开垦进程中对地表原生植被和土壤结构的破坏，会极大降低土地的抗侵蚀能力，造成严重的水土流失或风沙活动现象，导致土地荒漠化。在黄土高原等具起伏的地区，陡坡垦耕是导致耕地退化的主要原因。据观测，<5°的坡耕地，每年每公顷表土流失量为 15t 左右，25°的坡耕地每年每公顷表土流失量可达 120~150t，而水平梯田则基本不产生表土流失。地处农牧交错带的典型草原地区，草场是基本的存在形式，畜牧业是原本的利用方式，一旦开垦发展农业，长期形成的"草皮层"和土壤结构被破坏，保护能力迅速降低乃至失效，如果缺少有效的防护林等保护措施，随之而来的便是土壤风蚀和土地荒漠化，这种现象在我国北方草原地区比比皆是，随处可见，有的甚至达到触目惊心的地步。

滥牧亦即过度放牧或草场超载，是指由于单纯追求经济效益而增加牲畜头数，使草场负荷量增大，超过草场载畜能力的放牧活动，是草地荒漠化的主要因素。在过度放牧的情况下，由于牲畜大强度的啃食、践踏，植物缺少生息繁衍的机会，豆科、禾本科等优良牧草逐渐衰退或消失，有毒、质差的劣质牧草相对增加，植物多样性减少，植被覆盖度降低，地表裸露，水土流失，风沙活动肆虐，土壤恶化，草场退化，土地沙漠化，特别是畜群点和饮水点周边表现尤为突出，沙漠化程度呈现环状扩散分布的规律，越靠近中心区退化越严重，向外逐渐减轻。以内蒙古浑善达克沙地为例，由于过牧超载，加之畜群点和水井点布局不合理，使草地植被破坏严重，风沙活动加剧，1989—1996 年 7 年间草地面积由原来的 60.25 万 hm² 减少到 43.01 万 hm²，减少了 28.6%，同期流沙面积增加了 93.3%。

滥樵滥采是指对地表乔灌植被进行无计划、过度的砍伐与樵采活动，是林地沙漠化的主要原因。具有一定覆盖率的林木植被是地表免遭土壤侵蚀的根本保证，是维系干旱、半干旱和亚湿润干旱区生态系统稳定的重要组成部分。但由于该区"四料"（木料、燃料、饲料、肥料）缺乏，经济水平低下，交通不便，很多情况下因木材、燃料、饲料等之用，进行大面积林木砍伐和樵采，使地表失去应有的保护，直接暴露于强劲风力的作用下，引起剧烈的风沙活动，造成土地沙漠化。以河北坝上地区为例，由于滥砍森林，1987—1996 年 9 年间森林面积由 36.35 万 hm² 减少到 22.24 万 hm²，减少了 38.82%，生态环境遭受到严重破坏，土地沙漠化迅速发展，流沙面积由 6.8 万 hm² 增加到 12.91 万 hm²，增加了约 81%。柴达木盆地原有固沙植被 200 多万 hm²，到 80 年代中期因樵采已毁掉 1/3 以上，沙

漠化大面积发展。

乱挖是指以植物资源利用为目的对地表无计划、无限制的挖掘活动。如在生态脆弱区大面积挖掘中药材、挖掘野菜、挖掘草皮等，造成地面过度扰动，土壤松动，结构破坏，植被保护作用降低或损失，一遇强风，便发生沙尘活动，形成沙漠化。据计算，草原地区挖 1kg 甘草至少破坏 $5m^2$ 的草场植被。有证据表明，我国宁夏盐池、内蒙古鄂托克前旗毗邻地区的沙漠化均与大量挖掘甘草、黄芪、柴胡等中草药有关，浑善达克沙地、呼伦贝尔沙地中部分风蚀坑的形成与挖草皮砌墙有关。

滥用水资源是指超采地下水和农业生产中进行的不合理灌溉活动，以及河流水域缺少统筹规划与安排，上游大量使用地表水，导致下游缺水的现象。大量超采地下水，会造成地下水位不断下降，土壤干化，导致植被萎缩或消失，生态系统退化，产生或加剧土地荒漠化。不合理的灌溉活动主要是大水漫灌，抬高地下水位，不仅浪费水资源，同时促生土壤次生盐渍化的形成。我国北方水资源贫乏，绝大部分河流水量原本不足，如果流域上游用水过度，必然造成下游缺水，长此以往，会使下游植被退化、绿洲逐渐萎缩，同时为了生产生活，人们又不得不大量开采地下水，于是加剧生态环境的恶化，出现水资源的恶性循环问题，特别是我国西北内陆河流域尤为明显和严重。例如，新疆塔里木河沿岸，随着中上游地段农业开发用水，特别是在 20 世纪 70 年代初期修建了大西海子水库以后，使其下游阿拉干以南河段水量显著减少，甚至断流，地下水位也随之下降，自 20 世纪 50 年代的深 3~5m，下降到 80 年代初期的 8~10m，矿化度上升到 2.44g/L。随着水分条件的变化，天然植被生长衰退，灌丛大量死亡，胡杨林也失去更新能力，再加上人为过度的樵柴活动，致使地表裸露，沙漠化面积逐渐扩大，在阿拉干以南的塔里木河下游地段，沙漠化土地面积从 50 年代末期占平原地段面积的 53.6%，扩大到 80 年代初期的占 73.3%，90 年代初期更占 88.6%。类似的例子还可见于河西走廊石羊河下游的一些绿洲，特别是原来防治沙漠化较有成效的民勤，由于水资源利用不当，重新导致了沙漠化发生的实例，更说明在干旱地区水资源利用是否合理，是关系到生态环境的一个重要问题。石羊河位于河西走廊的东端，包括武威及民勤两大绿洲，流域的水资源总量为 17.28 亿 m^3，自 20 世纪 50 年代开始，就以库、塘、渠、网的模式开发，20 世纪 70 年代又大规模开发地下水源，建立了武威、民勤、金川、昌宁四大井灌区，面积达 9.93 万 hm^2，截至 20 世纪 80 年代末，渠系水利用率由 0.26 提高到 0.6 左右，灌溉总面积由 50 年代的 13.4 万 hm^2，扩大到 80 年代末的 27.5 万 hm^2；同时，营造农田防护林、绿洲边缘防沙林 6.36 万 hm^2，农业生态条件得到了改善，农业总产量由 50 年代初的 1.86 亿 kg 增加到 1986 年的 7.4 亿 kg，占河西走廊商品粮的 36%，成为甘肃省重要粮食基地之一。然而，随着大规模的农业开发，造成水资源的匮乏，石羊河流入下游民勤绿洲的径流量从 50 年代的 5.88 亿 m^3/a，减少到 90 年代初的 2.17 亿 m^3/a。为了弥补灌溉水流，又大规模开发地下水，到 70 年代中期每年要超采地下水 1 亿~2 亿 m^3。同时 60~70 年代大规模固沙造林，也造成地下水位下降。以沙井子为例，1961—1994 年地下水下降幅度 2.24~12.99m，地下水位下降又造成植被生长的衰退；自 1961—1994 年绿洲地区地下水下降 3~15.3m，半固定沙丘地区下降 2~10m，植物均因根系吸不到水而衰亡，在 7.24 万 hm^2 维护绿洲的沙生植被中有 70% 以上已生长衰退，其中 12% 严重的已枯梢死亡，植被覆盖度由原来的 44.8% 下降到 15% 以下。50 年代沙丘地区营造的沙枣林和梭梭林,已有67%生长衰退,其中沙枣林已死亡的占原沙枣林面积的41.2%。50年代在固定半固定沙丘上封育面积为7.07万 hm^2 的白茨灌丛有64%已经退化,沙丘又开始活化,目前已经沙漠化的耕地达6133hm^2,沙埋农田5200hm^2,沙漠化的危害又发生了。另外,有资料显示,内蒙古河套平原灌区由于大水漫灌等原因,目前耕地面积的半数已发生次生盐渍化,而河北省亚湿润干旱区及半干旱区退化耕地中的66%是由于灌溉方式不当产生盐渍化的,而内蒙古额济纳绿洲的萎缩、居延海的干涸、大片人工林的干枯和衰退,都是由于人为活动的影响导致大面积土地荒漠化的实例。

除上述情况外,人为活动还包括战争破坏水利设施,筑路、工业建设、采矿、建房以及机动车辆运输等活动,在干旱、半干旱及半湿润的生态环境脆弱地区,也会导致土地荒漠化。

人为过度的经济活动,除了直接破坏生态环境,对荒漠化的自然因素起着诱发和促进作用外,一些学者还提出,由于过度放牧、不合理的耕作制度等引起的植被破坏,还能够导致局部地表小气候的变化,进而使荒漠化过程得到加强。因为多年生植被减少,无疑增加了地表对太阳辐射的反射能力(即增加反照率),促使地面和大气层相对变冷,减少了大气对流,从而减少了降水。这就是所谓的"生物地球物理反馈机制"。

然而,在这里必须指出的是,历史时期以来的荒漠化,并不是人类活动的唯一结果和必然产物。干旱、半干旱及半湿润地区人类经济活动的后果有双重性,既有荒漠化,也有绿洲化。合理的人类活动可以抑制和延缓荒漠化的发生与发展。以沙漠为例,新中国成立以来,党和政府十分重视其治理和改造工作,沙区人民群众治理沙漠取得了显著成绩,部分地区流沙得到固定,沙漠化发生逆转,还在沙漠地区建设了大面积人工绿洲。根据初步估算,我国北方地区约有10%的沙漠面积得到初步治理,有12%的沙漠的沙漠化程度有所改善。在水土条件较好的沙漠边缘及内部的一些河谷地带,各族人民和广大军垦战士,艰苦奋斗,开发荒原,建立了大片新绿洲。其中,突出的有古尔班通古特沙漠西南缘的石河子垦区,1984年已拥有276.21万亩耕地;塔克拉玛干沙漠北缘的塔里木河两岸,目前也已开垦耕地230余万亩,成为重要的粮棉基地,为新疆经济建设作出了很大贡献。

1.2.3　荒漠化危害

荒漠化是一种自然和人为双重因素影响下发生的复合性灾害,具有危害范围广、危害程度深的特点。因为它不仅直接威胁人类赖以生存的生态环境,影响区域社会经济的可持续发展,而且荒漠化的发生、发展还可进一步诱发各种毁灭性的自然灾害。所以,荒漠化现在已成为国际社会高度关注的全球性环境和资源问题。据联合国环境规划署资料显示,全世界有近10亿人口受到荒漠化的影响,每年因荒漠化造成的直接经济损失达90亿美元。具体分析,荒漠化危害主要表现在以下几个方面。

(1)造成土地生产力降低

荒漠化问题实质是土地退化,土地退化的最直接表现就是土地生产力降低,使得农作物减产甚至绝收、草场产量和质量下降、林木资源产出萎缩等。因为风蚀、水蚀过程的结果会造成土壤中有机质和细粒物质的大量流失,导致土壤粗化和干旱化,土层变薄,肥力下降,据中国科学院试验测算,荒漠化地区每年因风蚀损失土壤有机质及氮、磷、钾等达

5590 万 t，折合 2.7 亿 t 标准化肥，相当于 1996 年全国农用化肥产量的 9.5 倍。强烈的风沙活动使沙漠沙丘前移，直接埋压绿洲、农田和草场；土壤盐渍化会造成土壤板结，过量的盐分也会直接威胁植物的生长发育。据 20 世纪末的调查数据显示，我国荒漠化地区仅退化耕地每年损失的粮食超过 30 亿 kg，相当于 750 万人一年的口粮。以毛乌素沙地为例，由于风蚀荒漠化的影响，20 世纪 80 年代与 60 年代相比，土壤有机质普遍降低了 20%~30%，全氮降低了 25%~46%，该区乌审旗的牧业生产中，绵羊体重也从 50 年代的平均每只 25kg 左右，降到 80 年代的每只仅 15kg 左右。河北张北县每年毁种改种农田面积达 2066.7hm²，区域内的水蚀荒漠化也相当严重，一般 15°~25° 的坡耕地，每年每 hm² 流失土壤 75~150t。内蒙古自治区中部天然草场载畜量 90 年代仅相当于 50 年代的 75%，60 年代的 80%，有的草场由于风蚀沙化完全丧失生产力。

（2）造成生态系统破坏

荒漠化引起的环境恶化问题，在导致土地生产力下降的同时，严重影响植物、动物的生存与发展。植被盖度降低，景观类型和群落结构简单化，稀疏低矮或灌丛化，多样性减少，优质物种衰退或消失，有毒有害、适口性差和营养价值低的植物种占据优势，动物栖息地损失、片断化和隔离，生态系统的平衡被破坏，抗性和稳定性减弱，进入恶性循环过程，即"退化—失衡—进一步退化"的模式。以位于黑龙江省和吉林省西部的松嫩平原为例，这里曾经是水草丰美优良的牧场，主要植物群落为贝加尔针茅—线叶菊—恰草、羊草—糙隐子草等，并混生有斜径黄花、兴安胡枝子、细叶胡枝子、稀花米口袋等豆科牧草，但随着荒漠化的发展，上述优势种群和豆科植物逐渐退化和消失，取而代之的是狼毒、断肠草、棉花铁线莲、火绒草、寸草、鹿尾草等有毒或适口性差的植物大量滋生，利用价值大大降低。由于草场退化，草群变劣，密度变疏，盖度变小，使每公顷的产草量由 20 世纪 60 年代的 2250~3000kg 下降到 80 年代的 375~750kg，个别地方只有 225~375kg，甚至出现地面裸露和风蚀沙化现象。鄂尔多斯高原的毛乌素沙地，因生境退化，许多群落中的优势植物丧失原有生存的基质条件，开始衰亡，几十年前的沙地柏、黄刺玫和柳叶鼠李等灌木，90 年代末只有少量的局部残存。随着许多动植物物种迅速的消失或其分布面积和种群数量锐减，一些啮齿类动物的天敌，如狐狸、狼、秃鸳、鹰几十年内数量迅速减少，有害的鼠类、昆虫的危害大面积发生。

（3）造成环境污染

沙质荒漠化过程中伴随着一系列沙尘活动，风沙流中的沙物质不仅影响当地的环境，造成空气浑浊、能见度下降、人居环境恶化，而且以悬移状态运动的细粒物质（微尘），可以随气流扩散到很远的地方，甚至远渡重洋、漂移过海，影响异地空气质量，成为 PM2.5 的主要来源之一。沙尘物质进入工厂、机房，会大大增加仪表和零部件的磨损，润滑不良，缩短使用寿命，甚至造成停机、停产等重大事故。尤以与大风伴生的沙尘暴天气，对环境污染最为严重。强沙尘暴发生时，空气能见度可以很低，甚至为零，达到伸手不见五指的状态，身临其境的人们会有窒息之感。如美国 1934—1935 年的黑风暴，我国 1993 年 5 月 5 日的沙尘暴等都有过如此状况的记录。沙尘暴过后，空气中较长时间内仍会有大量微尘滞留，其范围也会影响至千里之外，京津地区就属于我国北方沙尘暴直接影响区。

水蚀过程中，土壤中残留的农药、化肥、有机质、重金属及其他杂物，随地表径流汇集后进入河流或其他水体，会直接或间接对水环境和生态系统造成危害，如云南滇池的污染主要源于流域水土流失的结果。盐渍化严重的地区，地表面聚集的盐分在风力作用下可以形成风盐流及盐尘暴，影响环境质量，特别是对儿童成长和健康危害更多。

（4）造成生活设施和建设工程毁坏

荒漠化形成及演变过程中，由于环境破坏、生态失衡，自然灾害频发，会造成一系列突发性灾难和损失。强烈风沙运动的结果，造成房屋、公路、铁路、矿区、渠道埋压，输电线路的使用效率降低；水蚀产生的洪水和泥石流可能会冲毁坝体、路基桥梁，淤积河道，阻断交通，埋压村庄。初步统计，1998年我国荒漠化地区3254km的铁路中，发生沙害地段达1367km，占42%，其中危害严重地段为1082.5km。1979年4月10日一次沙尘暴就使南疆铁路路基风蚀25处，沙埋67处，受害总长39km，桥涵积沙180处，积沙量4.5万m³，铁路因此中断行车20天，造成直接经济损失2000余万元。河西走廊的重要城镇民勤早在古代曾被流沙埋没，城郊20多个村庄近200年来大部分陆续被迫迁移，不得不重新选址建成现在的民勤镇。青海龙羊峡水库，每年进入库的总泥沙量为0.313亿m³，随着泥沙沉积量增加，库容逐步缩小，给水力发电、防洪、灌溉等方面造成相当的经济损失，仅投资一项，按青海省现行标准1.5万元/万m³计，每年损失达4696.5万元。黄河下游地区，河道内泥沙淤积，河床不断抬高，形成地上悬河，造成河堤多次溃决，泛滥成灾，使两岸人民饱受流离失所之苦，每年进入黄河的16亿t泥沙中，12亿t以上来自于上中游的荒漠化地区。陕西北部的榆林和延安地区自1981年至1997年，因泥沙淤积废除小型水库29座，淤积库容总计620万m³。三门峡水库因严重淤积而降低综合利用能力。龙羊峡水库因荒漠化过程进入库区的泥沙总量3130万m³，每年造成损失470万元。荒漠化地区12.6万km长的灌溉渠道，经常受风蚀沙埋的就有5.1万km，占40%。

（5）造成水文状况恶化

水文状况的恶化主要是由植被退化及其相关因素引起的，具体表现在：

① 地面裸露，界面层温度升高，风速增大，蒸散量增加，水分入不敷出，土壤趋于干旱化，进而导致地下水位逐渐降低，矿化度日趋提升，水质恶化。如位于石羊河下游的民勤绿洲，荒漠化严重期地下水以每年0.5~1.0m的速度下降，地下水矿化度一度达4~6g/L，使7万余人、12万头（只）牲畜饮水发生困难，逾2万hm²农田弃耕，农民迁居。

② 洪峰流量增大，形成洪涝灾害，枯水流量减少，造成河流断流。如20世纪70年代末至90年代中期黄河中下游出现的断流问题、西北地区黑河末端的两个著名湖泊——嘎顺诺尔和索果诺尔的干涸问题等，都是这一现象的很好例证。

③ 地上径流增加，地下径流减少，水土流失加剧，或造成一些地方地下补给不足，水位下降，水环境恶化。

④ 土壤发生次生盐渍化，会造成土壤板结，透水性降低，植物萎蔫系数增大，产生生理干旱现象。

（6）造成区域性的贫困化

荒漠化主要分布在我国中西部地区，这里生态环境恶劣，经济条件落后，交通、文化、卫生、科技不发达，人才流失严重，与东部地区相比，差距很大，而且有进一步拉大的趋势。据1994年调查，在我国荒漠化影响的主要北方12省区内，受风沙危害的村庄

24000多个，部分地区沙进人退，被迫迁居。内蒙古鄂托克旗一年间，流沙埋压水井1438眼，埋压房屋2203间和棚圈3312间，有698户居民被迫搬迁。1997年统计，荒漠化地区有101个县150万人口处于国家贫困线以下。内蒙古阴山北部，土地严重风蚀，耕无沃土，牧无良草，生产受损，群众生活贫困。在该区11个旗县中，有10个属国家级贫困县，贫困人口58.4万人。近几年仅化德县和察右后旗就有9万多人举家搬迁另谋生路。宁夏西海固地区，因水蚀和风蚀荒漠化双重危害，政府花费巨大财力组织"吊庄"扶贫，已有近20万人离乡安置。

复习思考题

1. 荒漠化的概念。

2. 何为土地退化，其基本内涵是什么？

3. 荒漠化发生的自然地理区域及度量标准。

4. 我国荒漠化的主要类型有哪几种，分布特点是怎样的？

5. 荒漠化形成的影响因素。

6. 荒漠化的危害。

推荐阅读书目

张奎壁，邹受益. 1990. 治沙原理与技术[M]. 北京：中国林业出版社.

孙保平. 2000. 荒漠化防治工程学[M]. 北京：中国林业出版社.

赵景波，罗小庆，邵天杰. 2014. 荒漠化及其防治[M]. 北京：中国环境出版社.

参 考 文 献

包岩峰，杨柳，龙超. 中国防沙治沙60年回顾与展望[J]. 中国水土保持科学，2018，16(2)：144-150.

慈龙骏. 全球变化对我国荒漠化的影响[J]. 自然资源学报，1994，9(4)：289-303.

慈龙骏. 我国荒漠化发生机理与防治对策[J]. 第四纪研究，1998(2)：97-107.

慈龙骏，吴波. 中国荒漠化气候类型划分与中国荒漠化潜在发生范围的确定[J]. 中国沙漠，1997，17(2)：107-112.

丁国栋. 沙漠学概论[M]. 北京：中国林业出版社，2002.

董光荣. 关于"荒漠化"与"沙漠化"的概念[J]. 干旱区地理，1988，11(1).

董玉祥，刘玉璋，刘毅华. 沙漠化若干问题研究[M]. 西安：西安地图出版社，1995.

李新荣. 毛乌素沙地荒漠化与生物多样性的保护[J]. 中国沙漠，1997，17(1)：58-61.

刘恕. 试论沙漠化过程及其防治措施的生态学基础[J]. 中国沙漠，1996，6(1)：6-12.

刘秀梅，李小锋. 围栏封育对新疆山地退化草原植物群落特征的影响[J]. 干旱区研究，2017，34(5)：1077-1082.

马世威，马玉明，姚云峰. 沙漠学[M]. 呼和浩特：内蒙古人民出版社，1999.

史培军. 沙漠化概念释[J]. 世界沙漠研究，1983(4)：26-28.

孙保平. 荒漠化防治工程学[M]. 北京：中国林业出版社，2000.

王涛. 中国沙漠与沙漠化[M]. 石家庄：河北科学技术出版社，2003.

王涛，朱震达. 我国沙漠化研究的若干问题-1. 沙漠化的概念及其内涵[J]. 中国沙漠，2003，23(3)：209-204.

吴正．风沙地貌学[M]．北京：科学出版社，1987.

吴正．中国沙漠及其治理[M]．北京：科学出版社，2009.

张广军．沙漠学[M]．北京：中国林业出版社，1996.

赵景波，罗小庆，邵天杰．荒漠化及其防治[M]．北京：中国环境出版社，2014.

中华人民共和国林业部防治荒漠化办公室．联合国关于在发生严重干旱和/或荒漠化的国家特别是在非洲
   防治荒漠化的公约[M]．北京：中国林业出版社．1994.

周欢水，向众，申建军，等．我国荒漠化灾害综述[J]．灾害学，1998，13(3)：67-69.

朱俊凤，朱震达．中国沙漠化防治[M]．北京：中国林业出版社，1999.

朱震达，陈广庭．中国土地沙质荒漠化[M]．北京：科学出版社，1994.

朱震达．荒漠化概念的新进展[J]．干旱区研究，1993，10(4)：8-10.

朱震达，吴正．中国沙漠概论(修订版)[M]．北京：科学出版社，1980.

第2章
荒漠化防治概述

2.1 荒漠化防治的概念

荒漠化防治是指在充分认识和掌握荒漠化发生发展规律的基础上，应用管理学、生态学、土壤学、地学、生物学等各种相关的理论，通过采取物理的、生物的、农业的和综合的技术措施与手段，治理和预防土地荒漠化，其中包括营建各种类型防护林体系、设立国家公园和自然保护区、恢复草场植被、建设可持续型生态农业，以及为防治土壤风蚀所设置的机械沙障、采取的化学与力学治沙措施等，为防治水土流失所修建的各种水土保持工程等，为治理土壤盐渍化所使用的减盐排盐工程和农业耕作措施等。

2.2 荒漠化防治的战略意义

人类跨入 21 世纪的门槛后，可持续发展思想日益深入人心，人们在勾画新世纪现代文明社会美好蓝图的同时，也不禁为土地荒漠化、水土流失、环境污染等种种生态问题的不断恶化而忧心忡忡。我国作为一个幅员辽阔、人口众多的发展中国家，面临着发展经济和保护环境的双重艰巨任务，特别是在全球气候变化影响下，土地荒漠化成因及类型更加多样，机制趋于复杂化，北方干旱、半干旱和亚湿润干旱区将何去何从，不能不引起我们的高度重视和警觉。那么，在我国未来经济社会可持续发展的历史进程中，防治荒漠化事业究竟居于怎样的地位？应当担负起哪些历史使命呢？

（1）荒漠化防治是保护和拓展中华民族生存与发展空间的长远大计

土地荒漠化作为一种生态灾难，直接威胁和摧毁人类赖以生存的土地和环境。在人类发展史上，因被荒漠化驱赶而被迫背井离乡、流离失所的例子不胜枚举：世界上"四大文明"的衰落无一不与荒漠化的扩展和危害密切相关。荒漠化迫使大批墨西哥人越界迁徙到异国；塞内加尔河中上游地区 1/5 的人民已经迁徙；从巴克尔地区移徙到法国的人数远多于留在本土的居民，受流沙驱赶，人们从乡村涌向城市，造成城市贫民区不断扩大；1965年至 1988 年，住在首都努瓦克肖特的毛里塔尼亚人的比例从 9%增加到 41%，而游牧民族的比例则从 73%降低到 7%。在我国广大荒漠化地区，沙进人退的状况也屡见不鲜，楼兰古城、黑城古城、弩支古城等的消失均源于荒漠化的蔓延与吞噬；20 世纪 70 年代后的近

30 年间，内蒙古鄂托克旗有近 700 户、乌盟后山有 170 多户农牧民因风沙危害被迫迁往他乡。试想，如若尚有一线生计可待，人们就决不会抛弃家园，投奔外乡。我国人口众多，土地资源贫乏，要用仅占世界 7% 的耕地养育占世界 22% 的人口，压力之大、难度之高可想而之。到下个世纪中叶，我国人口将达到 16 亿，如果再因荒漠化扩张加剧、失控等原因造成大面积耕地资源逆转、退化甚至消失，我们整个民族势必将丧失生存与发展的根基，这绝不是危言耸听。相反，如果我们采取及时有效的措施，不断加强荒漠化防治工作，不但有可能彻底遏制荒漠化的扩张，变不毛之地为沃土，甚至能够将我们的生存空间向荒漠拓展，这也绝不是凭空想象。近些年来，内蒙古在沙区推广"小生物圈"建设技术，即在固定、半固定沙丘内，打上一眼井，造下一片林，围住一片沙，搬进一户人，实质上是沙区农林牧综合治理，科学开发利用，目前全区已有 6 万户农牧民通过应用这一套技术迁入沙地安家落户。这些活生生的实例至少说明，荒漠化并非不可战胜，人类在荒漠面前也并非束手无策，只要我们通过自身不懈的奋斗，必将赢得生存与发展的主动权。

（2）荒漠化防治是从根本上改善我国生态环境面貌，建设美丽中国，实现生态文明的重要途径

由于特殊的区域地理位置和环境条件，我国大部分地区自然生态本底原本就相当脆弱，水土流失、荒漠化、旱涝灾害等危害均十分严重。这其中，土地荒漠化更是我们面临的首要生态环境问题，成为生态文明建设的最大阻碍。从地域上看，我国荒漠化土地集中分布在广大的"三北"地区，这些地区风蚀荒漠化、水蚀荒漠化、土壤盐渍化、冻融荒漠化等类型无所不有、错综复杂，造成地形破碎，景观荒凉，植被单调，生态系统运行受阻，生产力低下，各种灾害频发，生态文明程度低下。只有进行科学有效的和综合的荒漠化防治，才能切实推进该区的生态文明建设，荒漠化防治任务艰巨而繁重，刻不容缓。

（3）荒漠化防治是实施扶贫攻坚计划，实现全国农村奔小康目标的根本保证

全面实现小康社会是一项紧迫而艰巨的战略任务，而在我国目前尚未脱贫的 5000 万农村贫困人口中，有 1/4 生活在中西部荒漠化危害严重的地区。全国奔小康，重点在农村，农村奔小康，重点要加快中西部地区农业和农村经济的发展。而这些地区经济发展的一个重要前提，就是要把扶贫开发与环境治理结合起来，从根本上改变这些地区荒漠化严重、生产生活条件恶劣的面貌。自然环境改善了，中西部地区的粮棉油和畜产品等生产优势才能得到充分发挥，第三产业才能有大的发展。甘肃河西走廊地区通过实施三北防护林工程，现已全面实现了农田林网化，从沙漠中夺回耕地 5.2 万 hm^2，粮食产量从 17.2 亿 kg 提高到现在的 22.2 亿 kg，以不足全省 20% 的耕地提供了全省 70% 的商品粮，农民收入大幅度提高。从另一角度来说，我国 50 年来荒漠化防治事业之所以取得举世瞩目的成绩，很重要的一个原因就是广大群众在防沙治沙的实践中，逐步认识到植树种草、改善生态环境对于振兴地方经济、实现自身脱贫致富的重大作用，从而自觉地参与到荒漠化防治事业中来。把防沙治沙与脱贫致富结合起来，这正是今后荒漠化防治工作中必须始终坚持的一条基本原则和成功经验。

（4）荒漠化防治是充分发挥荒漠化地区自然资源优势，全面开创 21 世纪中国沙产业的必然选择

荒漠、戈壁，并不能完全和贫瘠、落后画等号。我国荒漠化地区蕴藏着巨大的资源开

发优势和潜力，土地资源、矿产资源、动植物资源、太阳能和风能资源等都极其丰富，而这些资源尚未得到充分有效的开发利用，以土地资源为例，在我国现有的荒漠化地区，可开发利用的沙地达 10 亿亩，仅以每年开发 100 万亩，按亩产粮食 250kg 计算，即可增产粮食 2.5 亿 kg。这对缓解我国人口多耕地少的矛盾来说，无疑具有重要的现实意义。此外，还可以在沙区开辟林场、牧场、果园和鱼塘，发展生态型农业。向沙漠要粮棉油，向沙漠要收入，这已经是被许许多多实践证明了的结论。我国著名科学家钱学森教授提出的沙产业理论告诉我们，生态条件十分严酷的沙漠戈壁地区具有充沛的阳光，只要人们精巧地捕捉利用这一制造绿色物质之源，在荒芜的不毛之地上完全可能生产出人们维持生存的食品。这是用全新的观念、全新的思维方式看待沙漠，是跨世纪的沙漠利用战略构想。在内蒙古义务治沙近十载的日本老人远山正瑛教授 2000 年时曾说道，下个世纪，日本没有沙漠，没有资源优势了；中国有大片的沙漠、戈壁，这是中国发展的潜力和优势。由此可以预见，随着对荒漠资源的重新认识和现代科技知识的广泛应用，我国的沙产业将迎来大发展的新局面，这正是面向 21 世纪中国荒漠化防治事业的潜力所在，前途所在，希望所在。

2.3　我国荒漠化防治的历史沿革

我国的荒漠化防治源于对沙漠和沙漠化的认识，以及对风沙危害的防治。早在 1949 年中华人民共和国成立之初，中央政府就已经开始重视我国的沙漠问题，成立林垦部，组建冀西沙荒造林局，动员群众，开启漫漫治沙之路。1950 年由国务院牵头，成立治沙领导小组，在陕西榆林成立陕北防护林场。50 年代末，我国的防沙治沙工作空前高涨，在陕西、榆林和甘肃民勤等沙区，实现了首次飞播造林种草实验，治沙技术不断提高。1959 年由中国科学院组织各领域众多科技工作者，对我国的大部分沙漠、沙地及戈壁开展综合考察，建立 6 个综合试验站及数十个中心站，初步形成我国北方沙漠观测、科研和试验网络平台。20 世纪 60 年代中期至 70 年代中期，由于受极"左"思想的影响，我国治沙事业受到严重阻碍，并且由于大规模地开荒垦地，造成我国各地生态环境急剧恶化，沙漠化问题日趋严重。

1978 年国务院正式批复"三北"防护林体系建设工程，这项为期 73 年的绿色长城营造工程总任务 3508.3 万 hm²，拉开了我国重大生态环境建设和防护林建设工程的序幕，唤醒了国民生态保护的意识。20 世纪 80 年代，我国实施以经济、社会与环境保护协调发展为目标的可持续发展战略，政府先后颁布了一系列法律法规，对荒漠化地区自然资源的保护及管理提供了法律保障，巩固了已有生态工程的治理成果，使我国防沙治沙工作进入初步发展阶段。20 世纪 90 年代，我国防沙治沙工作快速发展并不断完善，1991 年国务院召开第 1 次全国防沙治沙工作会议，之后又出台了《1991—2000 年全国防沙治沙规划纲要》《关于治沙工作若干政策措施的意见》等相关政策，防沙治沙正式纳入国家可持续发展规划，防沙治沙工作不断完善。

1994 年 10 月签署的《联合国防治荒漠化公约》，标志着我国的荒漠化防治工作正式与国际接轨，同时建立由林业部门担任组长，19 个部（委、办、局）组成的中国防治荒漠化协调小组，从中央到地方，多层次、跨领域、齐抓共管的管理体制逐步形成。从第一个提交国家履约行动方案，到成功举办第13次《联合国防治荒漠化公约》缔约方大会，我国荒漠化防治工作由以外促进，达到国际领先的新局面。2000年伊始，退耕还林还草工程、京津风沙源治理工程等国家重大生态工程先后实施，开启了新时期由国家重大生态工程带动荒漠化治理的新高度。2001年8月31日，在第9届全国人民代表大会上，通过了《防沙治沙法》，这是我国乃至世界上第一部防沙治沙方面的专门法律，建立防沙治沙的制度体系，界定法律边界，奠定依法治沙的基础。2005年8月，《国务院关于进一步加强防沙治沙工作的决定》正式出台，同年，国务院批复《全国防沙治沙规划（2005—2010年）》，明确了我国防沙治沙的长期目标和发展方向。2007年3月，召开全国防沙治沙大会，明确全国防沙治沙"三步走"的思路。2012年，中国政府把生态文明建设纳入中国特色社会主义"五位一体"总体布局，并确定了到2020年50%可治理沙化土地得到治理的目标。2013年批复了《全国防沙治沙规划（2011—2020年）》，明确了全国防沙治沙的基本布局、防治目标和任务。党的十八大以来，生态文明建设已经被纳入到"五位一体"总体布局的战略高度，荒漠化防治工作作为生态文明建设中必不可少的部分，迎来了前所未有的挑战和机遇。2016年6月17日，在联合国《2030年可持续发展议程》制定后的第一个"世界防治荒漠化和干旱日"，我国发布了《"一带一路"防治荒漠化共同行动倡议》，启动实施"一带一路"防沙治沙工程。2017年9月6日，《联合国防治荒漠化公约》第十三次缔约方大会在内蒙古自治区鄂尔多斯市拉开帷幕，来自196个缔约方、20多个国际组织的2000多人参加会议，会议期间发布了《中国土地退化零增长履约自愿目标国家报告》，为推进全球土地退化零增长作出努力。此次大会举办的"筑起生态绿长城——中国防治荒漠化成就展"向世界展示了新中国68年防沙治沙的"中国态度""中国智慧""中国成就"和"中国精神"。党的十九大报告提出了新时代生态文明建设的重要论述，防治荒漠化是践行绿水青山就是金山银山的必要前提，荒漠化防治工作迎来前所未有的契机，使其进一步快速稳定发展。

　　过去70年来，我国荒漠化防治科学在传统地貌学、气候学及自然地理学的基础上，开创和发展包括荒漠生态学、干旱区植物生理学、风沙地貌学、风沙物理学、荒漠生态水文与水资源和荒漠化地表过程等众多基础研究领域。荒漠生态学与干旱区植物生理学方面，主要涉及抗逆性植物材料的选育扩繁和植物适应性研究。抗逆性植物的选育扩繁，是通过确定植物的适生范围，建立品种基因库和试验林，引进和筛选出一批抗逆性强的植物材料；抗逆性植物适应性研究，主要针对具有耐干旱、盐碱及抗日灼等生态特性的植物，开展其在艰苦生境中形成的具有适应干旱、沙埋、风和风沙打击危害的形态结构和生长特征、旱生或超旱生的形态结构与生理特性、适应流沙的繁殖特性及水分利用策略等生态适应性相关研究。在风沙地貌学方面，对不同地区风沙流的形成、运动及结构特征进行分析，对风蚀雅丹、风蚀城堡、风蚀长丘和风蚀劣地等风蚀地貌的形成及发育进行了系统研究。在风沙物理学方面，对土壤风蚀进行了系统的风洞模拟实验，在风沙气固二相流、风成基面形态运动、风沙相似和风沙工程等方面开展了系统研究，建立了相关物理和数学模型；在颗粒运动图像分析方面取得了明显进展，建立了相关的数学模型；提出了"固、阻、输、导"的治沙技术，出版了《风沙物理与风沙工程学》等专著。在荒漠水文与水资源方面，对我国干旱、半干旱地区水土资源的现状及开发利用情况进行了系统研究，提出以水定绿、水土平衡以及流域水土开发等方法，并在节水灌溉和风沙土壤改良方面进行了大量

的研究，出版了《中国风沙土》《河西地区水土资源及其合理开发利用》等专著。在荒漠化地表过程方面，揭示沙丘的形成机制与沉积特性；在沙漠第四纪研究方面，建立了两代沙漠格局，提出了中国沙漠3种演化模式，出版了《中国沙漠概论》《风沙地貌学》《塔克拉玛干沙漠风沙地貌研究》《罗布泊科学考察与研究》《中国沙漠图》等著作。在沙漠科考方面，20世纪60年代初，19支大型沙漠考察队伍开启对我国主要沙漠、沙地及戈壁正式科考研究。沙漠科考团分别对塔克拉玛干沙漠、古尔班通古特沙漠、巴丹吉林沙漠、腾格里沙漠、乌兰布和沙漠、库布齐沙漠、毛乌素沙地、浑善达克沙地，以及青海的沙漠、宁夏的河东沙地和甘肃西部戈壁的环境及资源、风沙地貌、植物、水文、土壤和气候等多个内容进行了考察与研究，基本查清了我国沙漠、沙地、戈壁和风蚀劣地的基本情况，在此基础上建立了我国沙漠类型划分系统。

水土保持与荒漠化防治是国家级重点学科，是与国民经济发展和国家生态安全密切相关的一门科学，具有很强的应用性和实践性。荒漠化防治研究，注重多学科的交叉与融合，综合运用地理学、地质学、生态学、生理学、林学、农学、土壤学、气象学和农田水利等学科，自然科学、社会科学与经济学相互渗透，实现研究、培训、推广和生产实践的四位一体发展，具有良好的生态、经济和社会效益。目前，全国开设水土保持与荒漠化防治专业的院校共计43所，"985"研究生院校4所，"211"研究生院校10所，还有一些科研院所。荒漠化防治科学工作者梯队化发展，呈现出学历高、年纪轻、基础理论扎实、学习内容科学系统、业务能力强等诸多特点，为继承和推动我国荒漠化防治科学的进一步发展提供了人才支撑。国家科研经费支持力度不断增加，荒漠化防治学科已经列入国家科学技术发展规划，为加强荒漠化防治学科基础及应用技术的研究，通过国家重点基础研究发展技术（973计划）、国家自然科学基金、国家高技术研究发展计划（863计划）、环保公益行业科研专项、国际科技合作等项目向学科提供投资，投资力度不断加大，为学科发展及基础和应用性研究提供经费支持，保障荒漠化治理过程中，急需解决技术性问题的研究和突破。我国沙漠科学试验平台快速扩展和完善，在科技部和教育部的支持下，成立涉及沙漠科学研究的重点实验室，如地学领域国家重点实验室和地学领域教育部重点实验室等。同时，我国还新建一大批野外沙漠或沙漠化观测研究试验站点和生态系统定位研究站，如中国科学院西北生态环境资源研究院在宁夏沙坡头，内蒙古奈曼旗、阿拉善，甘肃临泽、敦煌，西藏那曲、日喀则和新疆塔中等地，建立稳定的野外观测研究和试验研究站；中国科学院新疆生态与地理研究所在新疆阜康、阿克苏和策勒，设立3个国家野外观测站；中国科学院沈阳应用生态研究所在内蒙古甘旗卡、额尔古纳和乌兰敖都等地，建立一批野外科学观测研究站；中国林业科学研究院、北京林业大学、甘肃省治沙研究所、内蒙古农业大学在青海共和、宁夏盐池、甘肃武威和民勤、内蒙古磴口和杭锦旗等地，也建立野外观测研究站及野外试验平台。另外，还有大批荒漠化防治工程中心落地，如2007年，由中国治理荒漠化基金会与中国农业大学联合成立中国防治荒漠化工程研究中心，中国科学院沈阳应用生态研究所成立森林生态与林业生态工程研究中心。

过去70年来，我国针对不同生物气候带，建立多种类型的荒漠化治理模式和系统的荒漠化治理技术体系，推动区域荒漠化的治理进程。如固沙植物材料的快速繁育技术体系、退化土地治理与植被保育技术、高大流动沙丘的机械阻沙技术、防风阻沙林带造林技术、水资源利用技术、沙漠沙源带封沙育草保护技术、弃耕还林还草防止土壤退化技术、荒漠化土地的综合治理技术体系、荒漠和荒漠化土地遥感监测技术等。通过对这些成熟技术的组装和配套，实现荒漠化治理技术体系与模式的集成和创新，如包兰铁路沙坡头段"以固为主、固阻结合"的铁路综合防沙治沙体系的模式；发挥政府、企业和群众的力量，发展沙产业，使沙区百姓脱贫致富的"库布齐沙漠生态财富创造模式"；干旱区半干旱区实现以水定林的"低覆盖度防沙治沙"模式等。根据不同的气候、土地类型及经济、生态建设需求，有适用于极端干旱区的和田沙漠化防治模式，干旱绿洲的临泽、策勒模式，半干旱区的榆林模式，半湿润地区的延津、禹城沙化土地治理与农业高效开发模式，高寒区的共和县沙珠玉沙漠化防治模式等，不断打造出可以为全球荒漠化防治提供经验的"中国模式"。

过去 70 年来，特别是 1978 年启动"三北"防护林体系建设工程、1991 年实施防沙治沙工程、1994 年签署《联合国防治荒漠化公约》、2001 年开展京津风沙源治理工程和《中华人民共和国防沙治沙法》颁布实施、党的十八大做出"大力推进生态文明建设"的战略决策以来，荒漠化防治工作取得了重大进展。全国荒漠化土地面积由 20 世纪末年均扩展 1.04 万 km^2 转变为目前的年均缩减 $2424km^2$，沙化土地面积由 20 世纪末年均扩展 $3436km^2$ 转变为目前的年均缩减 $1980km^2$，自 2004 年以来，已连续 3 个监测期持续双减少，成功遏制了荒漠化扩展的态势，实现了由"沙进人退"到"绿进沙退"的历史性转变，沙区经济持续发展、民生不断改善，提前实现了联合国提出的到 2030 年实现土地退化零增长目标。新中国荒漠化防治的成功实践不仅走出了一条中国特色荒漠生态系统治理和民生改善相结合的道路，而且塑造了坚韧不拔、锲而不舍的治沙精神，为推进生态文明建设、推动绿色发展注入了强大动力，为全球生态治理贡献了中国经验和中国智慧，赢得了国际社会的广泛赞誉。

2.4 荒漠化防治学的学科位置

荒漠化防治学是一门综合的专业课程，它以流体力学、风沙物理学、沙漠学、土壤学、生态学、地貌学、水文学等为基础，融合了传统的治沙造林学、治沙原理与技术、干旱区草场经营学、恢复生态学等，与许多学科存在着联系，主要与生态学、水土保持学、自然地理学、气候学、地貌学、植物学和土壤学等密切相关。

（1）荒漠化防治与风沙物理学的关系

风沙物理学是荒漠化防治的基础理论，二者关系密切。风是风蚀荒漠化发生的动力条件，沙是风蚀荒漠化发生的物质基础，只有超过起沙风的风才能驱动沙粒运动，只有起沙风作用于地表沙物质（土壤颗粒）才能发生风蚀，二者的共同作用促使地表颗粒侵蚀、搬运和沉积，形成风沙流、沙丘移动、风蚀风积地貌，加快风蚀荒漠化的扩张；风力既是风蚀荒漠化发生的动力，也可以成为荒漠化防治的手段，只要运用得当，即可化害为利，利用风力进行荒漠化防治。植被、地形、土壤含水量、地表粗糙度等均可影响风蚀的发生与发展，减弱风沙活动，风沙流运动规律与风沙流结构也为风蚀荒漠化的防治提供了理论基础。正是基于这些风沙物理学的基础，才促进了风蚀荒漠化生物、工程、耕作措施的不断

发展与实施。

（2）荒漠化防治和生态学的关系

荒漠化是生态系统的退化并达到了崩溃阶段。荒漠化发生过程是生态系统的退化过程，荒漠化的结果是脆弱或较脆弱生态系统的严重破坏和类似荒漠生态系统的形成，导致了生态系统的更替。荒漠化过程中的植被退化是生态系统中生产者等物质组成与物质循环的变化，动物与微生物的变化是消费者与分解者的变化。生态学的原理也是荒漠化防治的主要依据。

（3）荒漠化防治和水土保持学的关系

荒漠化防治和水土保持学有着十分密切的关系，两者内容有许多交叉。水土保持学中防治生态退化的技术措施也是防治荒漠化的重要措施，水土保持技术和原理常常可用于水蚀荒漠化的治理。水土保持的技术措施包括两大方面，一是植被措施，二是工程措施，这两种措施也是水蚀荒漠化防治中的主要措施。由此可见，荒漠化防治和水土保持学有着非常直接的重要的关系。

（4）荒漠化防治和自然地理学的关系

荒漠化防治和自然地理学有密切关系。荒漠化的发生与自然地理环境密切相关，自然降水少、蒸发量大、植被稀疏、风力作用强是荒漠化发生的主要自然因素。自然地理环境的变化影响荒漠化发生的强弱，自然地理环境的差异甚至决定了荒漠化发生的动力。干旱地区的风力、半湿润与湿润地区的水力、高寒地区的冻融作用力就是由自然地理环境决定的。不难看出，荒漠化防治和自然地理学有非常重要的关系。

（5）荒漠化防治和土壤学的关系

荒漠化伴随着土壤物理和化学成分的严重退化甚至导致土壤的消失，研究退化过程中土壤成分的变化能够认识荒漠化与土地退化发生的阶段。不同土壤分布地区，荒漠化的结果存在一定的不同。在气候条件相同的情况下，土壤厚度小的地区易于发生荒漠化，沙质成分含量较多的土壤易于发生沙漠化，黏土含量多的土壤分布区易于发生土质荒漠化，而砾石与碎石含量多的土壤易于发生砾漠化，土层薄的基岩地区易于发生岩漠化，土壤厚度大的黄土高原水蚀荒漠化地区易于发生土质荒漠化。通过改变土壤的性质，增加土壤孔隙度，能够减弱荒漠化的发生。由此可见，荒漠化防治和土壤学有密切关系。

（6）荒漠化防治和气候学的关系

荒漠化主要发生在干旱与半干旱地区，这是由降水较少、较为干旱的气候条件决定的。荒漠化的发生也与自然气候的变化有密切关系，气候变干会引起荒漠化加剧，并且引起荒漠化面积扩大。一次强沙尘暴活动能够很快使得沙地南缘的土地变为沙地。因此，研究气候变化能够分析判断荒漠化的发展趋势与进程，能够揭示一个地区荒漠化的发生或荒漠化的减弱是否是气候造成的。

（7）荒漠化防治和地貌学的关系

地貌影响外动力作用的强弱，影响物质的侵蚀与堆积，对荒漠化产生很大的影响。如沙漠化一般发生在较平坦地区，而干旱的山区与丘陵地区易于发生岩漠化，低洼水分聚集地区易于发生盐渍化，湿润的石灰岩山区易于发生石漠化，南方湿润山区与丘陵区易发生红土退化，因此，通过改变地形和地貌，可以防治某些荒漠化的发生。

（8）荒漠化防治和植物学的关系

荒漠化的发生主要表现之一是植物的退化，具体表现为植物组成的减少和植物成分的变化，在植物组成大量减少的同时，还伴随着少部分适应干旱环境的植物组成的出现。根据植物成分的变化，可以识别荒漠化发生的强度和阶段。荒漠化最主要的治理措施是恢复植被措施，要达到恢复植被和防风固沙的目的，就需要研究植物对干旱环境的适应性，选择适应近似荒漠条件的植物成分。因此，荒漠化与防治和植物学有密切关系。

2.5 荒漠化防治的重点领域和热点问题

（1）荒漠化防治的重点领域

荒漠化防治是一项综合性非常强的事业，需要多领域结合和多学科交叉才能做好。纵观国内外长期以来荒漠化防治的经验，其重点领域可归纳如下：荒漠化防治与区域社会经济高质量发展战略，荒漠生态系统地表过程与机制，荒漠化地区水资源平衡与水土资源高效合理利用，荒漠化地区草畜平衡与草场资源合理利用，荒漠化地区生态农业的发展与创新，荒漠化地区生态系统和多样性的保护与修复，荒漠化灾害评估与监测预警，荒漠化地区可替代能源开发利用，荒漠化地区公众环保意识提高与应对灾害的能力建设，荒漠化防治有关法律体系和政策机制完善与执行力。

（2）荒漠化防治的热点问题

随着科学技术的发展，以及人们对荒漠化问题认识的不断深入，荒漠化防治领域的热点问题不断变化，就目前而言，其研究热点主要体现在以下诸方面：风沙运动过程与机理，不同尺度荒漠化土地景观结构、功能与动态，荒漠化地区植物-土壤-大气水分平衡机制，荒漠生态系统土壤微生物的组成与功能，荒漠化地区生态系统稳定性评估、维护与目标群落构建，抗逆性优良种质资源的选繁及应用，固沙改土新材料、新技术、新方法的开发与应用，机械化、智能化荒漠化防治技术手段开发与推广应用，荒漠化灾害监测的技术体系，特色沙产业开发。

复习思考题

1. 荒漠化防治的概念。
2. 荒漠化防治的战略意义。
3. 我国荒漠化防治的基本情况。
4. 荒漠化防治的学科地位。
5. 荒漠化防治研究的重点领域。
6. 目前荒漠化防治研究的热点问题。

推荐阅读书目

张奎壁，邹受益. 治沙原理与技术[M]. 北京：中国林业出版社，1990.

孙保平 . 荒漠化防治工程学[M]. 北京：中国林业出版社，2000.

赵景波，罗小庆，邵天杰 . 荒漠化及其防治[M]. 北京：中国环境出版社，2014.

参 考 文 献

包岩峰，杨柳，龙超 . 中国防沙治沙 60 年回顾与展望[J]. 中国水土保持科学，2018，16（2）：144-150.

慈龙骏 . 我国荒漠化发生机理与防治对策[J]. 第四纪研究，1998（2）：97-107.

刘恕 . 试论沙漠化过程及其防治措施的生态学基础[J]. 中国沙漠，1996，6（1）：6-12.

孙保平 . 荒漠化防治工程学[M]. 北京：中国林业出版社，2000.

吴正 . 中国沙漠及其治理[M]. 北京：科学出版社，2009.

赵景波，罗小庆，邵天杰 . 荒漠化及其防治[M]. 北京：中国环境出版社，2014.

朱俊凤，朱震达 . 中国沙漠化防治[M]. 北京：中国林业出版社，1999.

第3章

风蚀荒漠化及其防治

风蚀荒漠化亦称沙漠化，是指干旱、半干旱和亚湿润干旱区的沙漠、沙地、风蚀劣地、风蚀戈壁以及正在向这个方向演变的一切退化土地。风蚀荒漠化是我国最重要的一种荒漠化类型，不但面积大、分布广，而且危害最为严重。通常所说的荒漠化防治主要是针对此种类型而言，即所谓的"防沙治沙"。

3.1 风蚀荒漠化过程与评价

风蚀荒漠化的形成主要是风力作用下地表沙物质运动(亦即风沙运动)的结果。风沙运动不仅造成土体结构的破坏，土壤细粒物质和养分的吹蚀，而且处于经常性动态的地面，会遏制或减缓土壤的形成过程；风沙运动促进地表蒸散量的增加，会使土壤趋于干旱化；风沙运动过程中风沙流对植物的不断磨蚀，可能产生"沙割"现象，甚至影响植物的光合和呼吸等生理功能。风蚀荒漠化的形成受诸多因素的影响和制约，其中植被覆盖和气候变化是最主要的两个因素。当植被盖度降低时，地表保护减弱，裸露的地面极易受到风的吹蚀，进而产生风沙运动。研究结果表明，对于干旱、半干旱地区的沙质土壤而言，当植被盖度低于40%时，在遇到起沙风的时候，就可能存在风沙运动的潜在风险；当植被盖度低于10%时，风蚀就不可避免地会出现。因为干旱、半干旱区生态系统本来就很脆弱，只要稍受人为干扰，就容易引起生态平衡的破坏，诱发和促进风蚀荒漠化的发生和发展。任何形式的人为不合理活动，如滥垦、滥伐、滥牧及不合理利用水、土资源，城市、道路工程建设和历史上的战争等都可能成为风蚀荒漠化过程的活跃因素和触发因素。有的学者通过研究得出结论，在我国北方现代沙漠化土地中94.5%系人为因素所致(表3-1)。

表3-1 我国北方现代风蚀荒漠化土地成因类型及比重

成因类型	占北方沙漠化土地百分比(%)
过度农垦形成的沙漠化土地	23.3
过度放牧形成的沙漠化土地	29.3
过度樵采形成的沙漠化土地	32.4
水资源利用不当形成的沙漠化土地	8.6
工矿、交通、城镇建设引起的沙漠化土地	0.8
风力作用下沙丘前进入侵	5.5

气候变化较为复杂，可产生在不同的时间尺度上，它间接影响风蚀荒漠化的进程。而当温度升高或降水量减少或同时出现时，干旱程度加剧，土壤抗蚀性降低，同时植被生长受限，稀疏化或盖度减小，可加速风沙运动的形成；大风和强风天气的增加，也会促进风沙运动的产生。例如，非洲撒哈拉沙漠边缘风蚀荒漠化的形成过程就是因为该地区处于副热带，气候多次波动变冷、变干的结果。据费尔布里奇（R. Fairbridge）研究，大约在5300—4900 年，3600—3400 年，3100—2400 年和2100—1800 年的几次全球变冷时期（新冰期），撒哈拉南部处于明显的干燥期，风蚀荒漠化迅速发展和蔓延，埃及一些地区的沙丘侵入尼罗河，居民被迫迁移。近 50 年来，撒哈拉南部的萨赫勒和苏丹地区又出现过三次降水剧减干旱期，撒哈拉沙漠界线向南移动了几百公里，半个世纪以来已吞没了 65 万km² 土地。印度塔尔沙漠、智利阿塔卡马沙漠都因气候干旱，风蚀荒漠化不断发展蔓延。同样，我国北方自人类历史时期以来，由于气候经历几次干旱波动，促使北方风蚀荒漠化形成与蔓延。据竺可桢的研究，在距今 8000—3000 年的中全新世，我国气候为温暖湿润期，气温比现在高 2~3℃，毛乌素沙地普遍长草，沙丘固定，成土过程加强，形成黑垆土，孢粉是以禾本科、莎草科为主的草甸草原植被。到了距今大约 3000 年前开始的晚全新世，气候又四次转为寒冷干燥期，气温比现在低 1~2℃，风沙频繁，沙漠扩展，风蚀荒漠化形成与蔓延，毛乌素沙地已不再是水草丰美的草原，而成为不毛之地的沙漠了。在年纪尺度上，荒漠化会具有同样的现象，连续数年或某一年降水量低，气候干旱，荒漠化程度就会加剧，反之，荒漠化就会缩小或程度减轻。由此可见，气候的波动干旱也是风蚀荒漠化形成的重要因素。

综上所述，风蚀荒漠化可以说是一种生境的综合演变过程。在地形地貌方面，表现为原非沙漠地区出现以风沙活动为主要标志的类似沙漠景观，如地表的粗质化、斑点状沙片的出现、风蚀坑和灌丛沙堆的产生、密集流动沙丘的形成以及沙丘的活化、沙丘前移等。在土壤方面，表现为土壤层的缺失、结构的破坏、水文功能的恶化、土地生产潜力的衰退。在植被方面，表现为稀疏化和矮化、盖度减小、植物多样性下降、生物量降低、群落演替方向改变等。

随着发展过程、发展阶段的变化，风蚀荒漠化会表现出不同的状态水平。通过人为制定相应的评价指标体系，进行风蚀荒漠化程度或强度的界定和划分，即荒漠化评价。关于程度或强度的划分，比较常用的是"四分法"，即轻度、中度、重度和严重荒漠化，也有人提出用"六分法"，即潜在、轻度、中度、重度、严重和极严重荒漠化等。对于评价指标体系的确定，一直是风蚀荒漠化评价理论的焦点，同时也是荒漠化评价理论的难点问题之一，世界上许多国家都进行过积极的探索，并根据各自对荒漠化概念的理解，从不同的角度和深度提出了各种各样的评价方法和体系。但由于荒漠化问题的极端复杂性，迄今为止，尚未有一个公认的和统一的量化评价标准，其主要问题的表现是：

（1）分级标准科学依据不足，指标的临界值或量化值大多是人为确定，带有相当的主观性，难以客观反映和准确评价风蚀荒漠化状况；

（2）指标体系缺乏层次、等级结构，没有充分考虑尺度的差别，不能满足在不同的概括水平上认识土地荒漠化和服务于不同比例尺土地风蚀荒漠化评价的目的；

（3）指标间的交叉性大，内容重复，有的甚至互相冲突。

作为参考，下面介绍一下我国学者朱震达提出的风蚀荒漠化评价指标体系。

1984年，朱震达根据风蚀荒漠化土地年扩大率大小、流沙面积占该地区面积的大小和地表景观形态组合特征3个因素，提出了一个4级风蚀荒漠化程度判定指标体系（表3-2）。程度等级分别为潜在的、正在发展中、强烈发展中和严重的。

表3-2 风蚀荒漠化程度指征

荒漠化程度类型	荒漠化土地每年扩大面积占该地区面积的比例（%）	流沙面积占该地区面积的比例（%）	形态组合特征
潜在的	0.25以下	5以下	大部分土地尚未出现荒漠化，仅有偶见的流沙点
正在发展中	0.26~1.0	6~25	片状流沙，吹扬灌丛沙堆与风蚀相结合
强烈发展中	1.1~2.0	26~50	流沙大面积的区域分布，灌丛沙堆密集，吹扬强烈
严重的	2.1以上	50以上	密集的流动沙丘占绝对优势

注：引自朱震达等，关于沙漠化的概念及其发展程度的判断，1984。

表3-2中，风蚀荒漠化土地的年扩大率的大小，可以利用不同时期遥感影像计量分析所得的数据，并按下列公式计算

$$R = (\sqrt[n]{Q_2/Q_1 - 1}) \times 100\% \qquad (3-1)$$

式中　R——年增长率；

　　　n——相隔年数（第一次遥感拍摄时间至第二次遥感拍摄时间）；

　　　Q_1——第一次遥感拍摄时风蚀荒漠化土地占该地区面积的百分率；

　　　Q_2——第二次遥感拍摄时风蚀荒漠化土地占该地区面积的百分率。

朱震达认为，在风蚀荒漠化过程中随着荒漠化程度的进展，土地滋生潜力、生物生产量（含植被结构及覆盖度的变化）以及生态系统的能量转化效率等都有较明显的变化，这些变化是随着风蚀荒漠化进程而产生和发展的，因此，又提出与上述风蚀荒漠化程度指征共同成为判定风蚀荒漠化程度的定量化标志，或称为风蚀荒漠化程度判定的辅助指征（表3-3）。

表3-3 风蚀荒漠化程度判定的辅助指征

荒漠化程度类型	植被覆盖度（%）	土地滋生潜力（%）	农田系统的能量产投比（%）	生物生产量[t/(hm²·a)]
潜在的	60以上	80以上	80以上	3~4.5
正在发展中	59~30	79~50	79~60	2.9~1.5
强烈发展中	29~10	49~20	59~30	1.4~1.0
严重的	9~0	19~0	29~0	0.9~0

注：引自朱震达等，关于沙漠化的概念及其发展程度的判断，1984。

其中，植被覆盖度按投影法估算，并以当地原生景观的植被盖度为100%；土地滋生潜力利用水分效率（或蒸腾系数）推算出本区单位面积的可能生产量，并以其为100%（我国干草原农牧交错区旱作农田推算的可能产量为1.5~2.5t/hm²）；农田系统的能量产投比

值是将耕种收获全过程所花费的各种有机能及无机能总和与产出能之比求得（我国干草原农牧交错地区旱作农田的能量产投比值约为2.0，以其为100%）。

3.2 我国主要沙漠和沙地的基本特征

沙漠和沙地主要是指地面完全被各种沙丘和沙物质所覆盖、植物稀少、空气干燥的地区。它是风蚀荒漠化的一种最典型景观和极端类型，地貌学上属于风成地貌。一般而言，发生在干旱区的称为沙漠，发生在半干旱区、亚湿润干旱区和湿润区的称为沙地。我国是世界上沙漠、沙地最多的国家之一。沙漠、沙地广袤千里，呈一条弧带状绵亘于西北、华北和东北的土地上。这一弧形沙漠、沙地带，南北宽600km，东西长4000km，面积超过71万 km²。在沙漠、沙地的面积中，荒漠、半荒漠地带（干旱区）的沙质荒漠约60万 km²，主要分布在新疆、甘肃、青海、宁夏及内蒙古西部；干草原地带（半干旱区）的沙地为11万 km²，主要分布在内蒙古东部、陕西北部，以及辽宁、吉林和黑龙江三省的西部等地。表3-4为我国"八大沙漠和四大沙地"的分布情况。

表3-4 我国各主要沙漠和沙地的基本概况

沙漠名称	地理位置	海拔（m）	总面积（万 km²）	所属省（自治区）
塔克拉玛干沙漠	N37°~42°，E76°~90°	800~1400	33.76	新疆
巴丹吉林沙漠	N39°~42°，E100°~104°	1300~1800	4.43	内蒙古
古尔班通古特沙漠	N44°~48°　E83°~91°	300~600	4.88	新疆
腾格里沙漠	N37°54′~42°33′，E103°52′~105°36′	1400~1600	4.27	内蒙古、甘肃、宁夏
柴达木盆地沙漠	N37°~39°，E90°~96°	2600~3400	3.49	青海
库姆塔格沙漠	N39°~41°，E90°~94°	1000~1200	2.28	甘肃
库布齐沙漠	N39°3′~39°15′，E107°~111°30′	1000~1200	1.61	内蒙古
乌兰布和沙漠	N39°40′~41°，E106°~107°20′	1000	0.99	内蒙古
科尔沁沙地	N43°~45°，E119°~124°	100~300	4.23	内蒙古、吉林、辽宁
毛乌素沙地	N37°28′~39°23′，E107°20′~111°30′	1300~1600	3.21	内蒙古、陕西、宁夏
浑善达克沙地	N42°10′~43°50′，E112°10′~116°31′	1000~1400	2.14	内蒙古
呼伦贝尔沙地	N47°32′~50°12′，E115°31′~121°09′	600	0.72	内蒙古

3.2.1 我国主要沙漠的分布与特征

3.2.1.1 塔克拉玛干沙漠

（1）分布区域

塔克拉玛干沙漠位于我国新疆南部塔里木盆地中心（图3-1），地处东经76°~90°、北纬37°~42°，东西长约1070km，南北宽410km，面积为33.76万 km²，其中，流动沙丘面积占82.2%。塔克拉玛干沙漠是我国面积最大的沙漠，也是世界上面积第二大的流动沙漠。

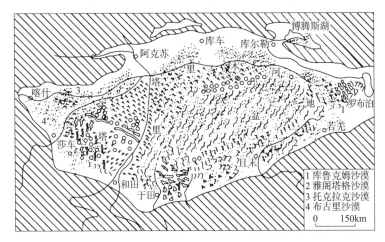

图 3-1 塔克拉玛干沙漠分布图

塔克拉玛干沙漠所在的塔里木盆地位于天山和昆仑山两大山系之间，为一封闭型内陆盆地，除东面罗布泊为风口外，其余三面均为海拔 4000m 以上的高山环绕，南为青藏高原，西南为帕米尔高原，北与西北为天山。盆地由西南向东北倾斜，南和西南缘海拔1400~1500m，西北和东北为 1000~1200m，最低处的罗布泊为 780m。整个盆地为一不规则的菱形。盆地东西长 1425km，南北宽 810km，面积达 52.44 万 km²。

（2）地质特征

塔里木盆地位于前震旦纪形成的塔里木地台上，基底为经历强烈褶皱变形和岩浆侵入的古老结晶变质岩系。在早古生代末随萨彦岭、天山、祁连山褶皱升起，塔里木地台开始由四周环海进入扩大陆地面积阶段，至二叠纪盆地内已有陆相堆积和中酸性物质喷发活动。中生代晚白垩纪盆地西部有短暂海侵，形成海陆交互相沉积，整个盆地尚以大陆环境为主且渐趋干旱。自侏罗纪到新生代早第三纪在天山南北侧有厚达数千米含煤沉积和含石膏的红色岩层，但自晚第三纪到第四纪期间，天山南北巨厚沉积物中出现粗砂岩、角砾岩等山麓式堆积，说明伴随盆地南侧青藏高原剧烈上升，天山又一次褶皱上升。

在库车盆地，下第三系泻湖相白云质泥灰岩和盐湖相泥灰岩中有风成石英颗粒，表明早第三纪盆地南缘已有风沙活动。晚第三纪中新世风成沙在沙漠腹地麻扎塔格山、昆仑山北麓及库姆塔格东缘的当金山口均有出露，色为紫红、红至棕红，胶结，有风成层理，倾向 WSW，有钙积板片。上新世风成沙色棕红至浅红色，含有较多石膏层片，常与砾岩、泥岩互层，属河湖相沉积。亚沙土主要见于昆仑山北坡乌库一带，为红至棕黄色，坚硬，含石膏，偶见弱发育的古土壤或钙结核。上新世地层较中新世色浅，钙结核显著减少，石膏成分明显增多。

综合上述说明，塔克拉玛干沙漠至少从晚第三纪已一直存在。中新世属于我国红色沙漠带的一部分，其外围已存在亚沙土和红色堆积。因有钙层和古土壤层，推测当时为固定和半固定沙漠。上新世因未见明显土壤和钙层，推测当时是以流动沙丘为主的沙漠。

第四纪的塔克拉玛干沙漠古风成沙广布。早更新世古风成沙见于若羌县米兰河东西域砂岩中，棕黄色，略胶结，具交错层理，含大量石膏。茫崖公路阿尔金山口风成沙厚达

— 31 —

120m，与砾岩或冲积沙互层厚达 230m。西域砾岩中偶见风成沙层中有原生和次生亚沙土，其中于田—叶城厚度最大，达 300m，灰黄至黄色，略胶结，无明显古土壤和钙结核。中晚更新世风成沙在若羌—且末—民丰一带中、低戈壁广泛分布，黄色，具明显风成层理，偶有石膏夹层，无明显古土壤或钙结核。风成亚沙土除沙漠内部绿洲外，主要见于沙漠南缘中、低山带。第四纪以来塔克拉玛干沙漠属于我国北方黄色沙漠带的一部分，因未见明显古土壤和钙层，推测是以流动沙丘为主的沙漠。从整体看，晚第三纪以来沙漠呈扩大趋势，在全新世特别是近 2000 年来更明显。

（3）地貌特征

从沙漠下伏地貌看，除沙漠东部罗布泊洼地和沙漠中央第三纪隆起低山，塔克拉玛干沙漠基本上以北纬 40°为界，分南、北两大沉积区，其北是塔里木河古老的和近现代泛滥平原；以南是昆仑山北麓古老的和近现代洪积-冲积干三角洲平原。沙漠东部即塔里木河与孔雀河下游的罗布泊湖盆（面积曾达 2 万 km²），为古老的湖积平原类型；沙漠腹地（北纬 38°~39°）西部马扎塔格山、中部民丰隆起高地为第三纪基岩残余低山丘陵。

从沙丘形态看，塔克拉玛干沙漠沙丘类型多样，有纵向沙丘，如沙垄、复合型沙垄、新月型沙垄等，主要分布于克里雅河以东到塔里木河下游之间的沙漠腹地；横向沙丘，如新月形沙丘、新月形沙丘链、复合型沙丘链等，广泛分布于老塔里木河冲积、泛滥平原南部；多风向作用下形成的星状沙丘，如金字塔沙丘，在沙漠腹地南部分布较多。另外在沙漠的北部可见高大的穹状沙丘，西部和西北部鱼鳞状沙丘群。塔克拉玛干沙漠东北风和西北风分界线在克里雅河东边的牙通古斯河附近。沙漠腹地沙丘总体上沿 NNE-SSW 向移动。沙漠南缘的和田绿洲，沙丘向南偏东移动。

塔克拉玛干沙漠风蚀地貌较为发育，遍布于整个沙漠中，是在湖成地貌、河流地貌、基岩风化地貌及固定沙丘上形成的，高由数厘米到数米，宽由数厘米到数百米。主要类型有高大复合型沙垄间风蚀低地、新月形沙丘链间风蚀地及其丘间地、源于昆仑山流经沙漠腹地的南北向干河道的大型负地貌。在沙漠中心，大型风蚀地貌多处于消失和被消失掩埋阶段；在沙漠边缘地带处于形成发育阶段。

塔克拉玛干沙漠的沙粒以细沙和极细沙为主，中值粒径平均为 0.093mm。这是因为该沙漠的沙主要来源于古代河流的三角洲、冲积平原和湖河相平原深厚疏松的沉积沙层，沙源物质较细。重矿物成分在沙漠的南北部有一定差异，南部沙源来自昆仑山和阿尔金山的河流沉积物，其重矿物组成都是角闪石占优势，大部分达到 40%~50%，其次是云母、绿帘石和金属矿物；发育在这些沉积物上的沙丘沙，重矿物成分也大致相似。沙漠北部地区，以塔里木河附近的河流冲积沙和沙丘来说，角闪石含量减少了，云母为主要成分，含量在 40%以上。

（4）气候特征

塔克拉玛干沙漠处于暖温带干旱—极端干旱荒漠地区，属大陆季风环流系统，气候以暖干、冷干交替变化为主。沙漠冬季处于蒙古高压深厚系统，加之青藏高原、天山山系高压下沉使盆地增温；夏季为大陆热低压控制，产生热风暴，加强了干旱高温气候。沙漠区有 5 类风系：罗布泊区域风系主要为东北风，是形成当地雅丹地貌的主要营力；在克里雅河、民丰附近由东进和西进两股气流形成复合区，成为高浮尘区；喀什-叶城复合区，长约200km，其东为偏东风，西为西南风且带少量水汽，与东来气流复合形成少量雨雪和阴天，以东风为主时引发和田地区黑风暴；偏西气流沿天山西部经托什干河谷，由塔里木河东行经罗布泊进入甘肃；沙漠周围受山地影响，天山南麓为偏北风，昆仑山北麓为偏南风及西南风。太阳直接辐射由东向西递减，年日照时数2470.4~3082.2h，年总辐射为5700~6000MJ/m²，仅次于青藏高原、吐鲁番盆地，居全国第三位。水汽纬向输送中又由北向南减少，经向输送由西向东剧减，沙漠干燥中心在若羌、且末一带。降水量北高南低、西高东低、边缘地区高，沙漠腹地低，集中在5~9月份（占全年降水量75%以上），年均降水量东部20mm左右，西部40mm左右，北部50mm以上，中心区域小于10mm，干燥度为24~60。年蒸发量一般为2100~3400mm，塔里木盆地中部地区达3700mm。多年平均气温10~12℃，西部略高于东部0.2℃，南缘高于北缘1.4℃，中心高于周围。1月平均气温-5.6~8.7℃，最低气温-10℃，7月平均气温24.8~27.4℃，最高为30℃。年较差30.9~35.9℃，日较差12.6~16.7℃。≥10℃的年积温一般为4000~5000℃。地面最高温在70℃以上，最低温为-25~-35℃。

（5）水文特征

据新疆水文总站资料，塔里木盆地地表水资源为332.20亿m³，加上国外来水60.74亿m³，总径流量为392.94亿m³。盆地常年有水河流共144条，其中年径流量小于1亿m³的有106条，仅占总量的5.37%。

塔克拉玛干沙漠北部水系，指由帕米尔沿天山南麓到塔里木河尾之间各水系，包括喀什噶尔河、阿克苏河、渭干河、迪那河、开都河、孔雀河及塔里木河等，径流量为222.79亿m³（包括国外来水）。地下水扣除重复量后，与地表水合计的总资源量为195.6亿m³（不含域外来水），含喀什噶尔河、叶尔羌河、和田河汇入塔里木河水量。近30年北部水系水质恶化，盐分增加。潜水埋深3~10m，近河处1~3m，厚30m左右，矿化度3~10g/L；浅层承压水埋深50~100m，为高矿化水。

塔克拉玛干沙漠南部水系，指源于昆仑山北坡能进入沙漠的河流。以流量大于5亿m³的和田河、克里雅河、车尔臣河为骨干，加上流量大于1亿m³的皮山河、策勒河、尼雅河、米兰河等。昆仑山北坡河流约43条，总径流量87亿m³，冰雪补给为主，其中29条提供灌溉水82亿m³；泉水资源丰富，出水点60多处，总径流量12亿m³。潜水较丰富，洼地埋深1~3m，水层厚，分布面积广大，矿化度3~10g/L。矿化度由沙漠西、南向东、北增高至10~100g/L。塔克拉玛干沙漠属于自流盆地高矿化（大于35g/L）含甲烷热卤水区，富集多种微量元素。北部沙漠油田满西一井于2800m深有高压自流水喷出；沙漠腹地油田于1996年打出654m深自流水井，说明自流水埋藏很深。

（6）土壤特征

塔里木盆地的地带性土壤为棕漠土，非地带性土壤主要是风沙土、盐土、绿洲白土、吐加依土等，共分4个土区：①北部平原及山间盆地棕漠土、绿洲白土区。分布于沙漠西、北边缘，主要土壤类型为棕漠土、盐土、绿洲白土和潮土；草甸土、吐加依土、风沙土占有较大面积，也有水稻土和沼泽土。②南部平原石膏盐盘棕漠土、绿洲白土区。分布于沙漠南缘，土壤类型与沙漠北缘相近，只是龟裂土和吐加依土不甚发育，绿洲白土和潮土面积较小。③罗布泊平原盐沼区。分布于沙漠东部，主要为盐土和风沙土。④塔克拉玛干风沙土区。在沙漠范围内风沙土广布，土壤发育微弱，只在沙漠河流沿岸有草甸土、盐土及胡杨与灰杨林下的吐加依土。

（7）植被特征

据调查结果显示，塔克拉玛干沙漠记录到的高等植物有 73 种，隶属 20 科 53 属。其中旱生种类占 13.7%，中生种占 80.8%，湿生种占 5.5%；在 73 种植物中有 69 种与盐渍化生境有不同程度的联系。塔克拉玛干沙漠共有 27 个植物群系，其中荒漠类型 6 个群系，荒漠河岸林 3 个群系，灌丛 9 个群系，草甸 9 个群系。河岸林和草甸群系发育在河岸阶滩的草甸土、盐土、吐加依土上，主要有胡杨、灰杨（*Populus pruinosa*）、榆树、红柳、梭梭等；灌丛群系主要发育在棕漠土上，为地带性灌木植被，主要有膜果麻黄、大叶白麻、沙棘、梭梭和霸王；荒漠群系的植物还有沙生柽柳（*Tamarix taklamakanensis*）、泡泡刺（*Nitraria sphaerocarpa*）、沙蒿群系[香蒿（*Artemisia carvifofia*）、木贼麻黄、羽毛三芒草等]、盐穗木群系（苏枸杞、刚毛柽柳、芦苇等）、盐节木（*Halocnemum strobilaceum*）群系、骆驼刺、花花柴（*Karelinia caspica*）、拂子茅、叉枝鸦葱（*Scorzonera divaricata*）、甘草（*Glycyrrhiza uralensis*）等，此外还有蓝藻类等低等植物。

3.2.1.2　古尔班通古特沙漠

（1）分布区域

古尔班通古特沙漠位于新疆北疆准噶尔盆地中央（图 3-2），地处东经 83°~91°，北纬 44°~48°，面积为 4.88 万 km²，是我国第二大沙漠，又是我国面积最大的固定、半固定沙漠。准噶尔盆地位于北部阿尔泰山与南部天山之间，平面呈等腰三角形，高约在 87°30′子午线上。盆地的西北、西南和东南地形开展、形成风口。地势东高，向其他方向缓慢倾斜。

图 3-2　古尔班通古特沙漠分布图

（2）地质特征

准噶尔盆地和中亚一带内陆盆地一样，为大陆内部特有的块断运动形成。环绕盆地的山系是古生代褶皱带，久已上升褶皱成陆地后又剥蚀夷平，在中生代和第三纪这些山系重新剧烈上升，山前地带则急剧下陷。盆地南缘下第三系（始新世到降新世）为红砂岩，向上变为灰绿色泥页岩堆积，厚约 1600m；盆地北部下第三系厚度减为 425m，以石英砂岩为主，夹砾岩透镜体。显然，南部是山前强烈下陷带的洪积和山麓堆积相，北部一般为河流相。盆地基底为前震旦纪结晶变质岩。根据新疆石油局资料，沙漠可能形成于中更新世至下更新世。由北向南沙粒由粗变细，反映风沙由北向南迁移的规律。沙粒分选性较塔克拉玛干沙漠为差，沙粒相对较粗。

（3）地貌特征

古尔班通古特沙漠位于准噶尔盆地中部平原，整个地势愈向中部愈低，沙漠以北为剥蚀高原。沙漠中固定、半固定沙丘面积为整个沙漠面积的 7%，是我国面积最大、固定状态最好的沙漠。沙漠主要由两大地貌类型组成，即以沙垄为主的沙丘体较高大地貌和以薄层砂砾质平原为主的、散布低矮短垄与新月形沙丘链地貌。前者分布在沙漠中、南部（乌尔禾、三个泉子以南），占沙漠地貌的 80% 以上。这一带的中段集中分布各种沙垄（线状、树枝状、梁窝状、平行状和复合型沙垄），大致为南北走向，高度 15～70m，长逾 10km，垄体宽 20～1000m，垄间距 150～1500m，沙垄西坡缓（10°～15°），东坡陡（20°～33°）。西段湖泊分布区与玛纳斯河流域沙漠地貌种类较多：其北乌尔禾地区是以"风城"形态出现的风蚀地貌为主，如"风蚀城堡""风蚀柱""风蚀蘑菇"。中间为较矮短的格状和复合型沙垄，走向有西北向东南弧转，这与沙漠南缘莫索湾—奇台地区沙垄走向一致。南部绿洲间分布着流动的新月形沙丘和沙丘链；后者分布在沙漠北部和东北部（乌尔禾—三个泉子—大井一线以北），因沙源不丰富，地面有砾石覆盖，抑制风扬，难以形成高大沙丘。

沙垄的形成除与沙源丰富有关外，主要受气流的影响，由奇台、大井一带进入的东风与精河一带形成的西风合力作用下，便形成了沙垄近于南北走向。而由西向东的沙垄是在沙漠主风向西北风与西南风合力作用下形成的走向。沙源主要有北部哈巴河、布尔津一带山麓风蚀屑及额尔齐斯河与乌伦古河河流冲、淤积细粒，经北风吹积于此；西部乌尔禾、克拉玛依一带剥蚀物经西风吹积于此；南部厚层构造沉积经洪水、河流及风力搬运于此。

（4）气候特征

沙漠气候条件北部优于南部，西部优于东部。由于西边和西北各山口进入的湿润西风为沙漠主要风系，使年降水量达 70～150mm，集中在春秋两季，由边缘向中心减少，由西和西北向东和东南减少。稳定积雪日数一般在 100～160 天，最大积雪厚度达 20cm 以上，年蒸发量一般在 1700～2200mm，为降水量的 10 倍以上，有的地方可达 20 倍（玛纳斯 1957年蒸发量为 2356mm，降水量为 73.7mm），干燥度 2.0～10.0。准噶尔盆地气流循环是从盆地西部和西北部山口进入盆地中部，向东南转入甘肃、内蒙古境内。全年出现的大风多为西风系（西、西北与西南），集中出现在 4～8 月，9 月至来年 3 月多东北风。年均风速1.4～2.7m/s，4～6 月风速最大，达 7～8 级。多年平均温度南部 5～7℃，北部 3～5℃。1 月平均温度 -10～-20℃，7 月平均气温 23～28℃，绝对最低和最高温度都可达 ±40℃ 以

上，年较差45℃左右，最大可达80℃，日较差15℃左右。≥10℃年积温为3400~3800℃。年日照时数2700~3100h。

（5）水文特征

准噶尔盆地地表水系由发源于天山北麓的南缘水系和发源于阿尔泰山南麓的北缘水系组成。南缘水系特点是河、湖密度较大，河流流程短（除玛纳斯河穿过古尔班通古特沙漠西南角、奎屯河进入沙漠南缘外，其余河流未进沙漠即消失），河流流向为盆地中心（精河为东西向）。北缘水系特点是西北部河流密度大，流程短，东南部只有额尔齐斯河和乌伦古河流程长，为SE-NW流向，北缘水系没有进入古尔班通古特沙漠。玛纳斯河以东的沙漠主体（占整个沙漠98%以上）没有地表径流。南部沙漠（东边大井到西边小拐一线以南）地下潜水埋藏较浅，常在10m以内，矿化度1~3g/L，第四系自流水埋深在500m以内，为弱矿化水；北部沙漠（东边滴水泉到西边克拉玛依一线以北）自流水为第三系—中生界高矿化水，埋深500~1000m；中间地带为第三系弱矿化自流水，埋深在500m左右。古尔班通古特沙漠属于自流盆地矿化的含甲烷热矿水区。

（6）土壤特征

古尔班通古特沙漠中部为风沙土区；沙漠南缘的炮台—阜康之间处于南部黄土平原灰漠土、绿洲灰漠土区；沙漠北缘（三个泉子—大盐池一线以北）处于北部第三纪高原灰漠土区；小盐池—炮台一线以西沙漠处于西部平原灰棕漠土、盐土区；沙漠东缘（以阜康作南北直线，线附近以东地区）处于将军—诺敏戈壁石膏灰棕漠土区。在沙漠边缘及封闭的丘间地分布有龟裂碱土。玛纳斯湖与艾比湖周围有盐泥和结壳盐土。

（7）植被特征

古尔班通古特沙漠由于水分条件尚可，所以内部植被生长较好，植被资源较为丰富，是优良的冬季牧场。在固定沙丘上植被覆盖度可达40%~50%。沙漠中部枝状与梁窝状垄间连接处有白梭梭、沙拐枣、三芒草出现。在沙垄西北、西南迎风缓坡上遍布白梭梭、沙拐枣、沙蒿与苦艾蒿，背风陡坡有东方虫实（*Corispermum orientale*）、黑色地衣，以及散生的蛇麻黄、囊果苔草；沙漠北缘垄间距渐宽，白梭梭渐被沙拐枣取代，丘间出现糙针茅、沙葱（*Allium semenovii*）层片，属蒙古荒漠草原群系；沙漠南缘丘间地遍布琵琶柴、红柳、梭梭、白沙蒿、白刺，局部有胡杨、驼绒藜、苦艾蒿、蛇麻黄，类短命植物有囊果苔草等。

3.2.1.3 库姆塔格沙漠

（1）分布范围

库姆塔格沙漠位于新疆南部东端，罗布泊低地以南，阿尔金山以北，向东可延伸至甘肃敦煌西部。大致在东经90°~94°、北纬39°~41°之间。东西长约330km，南北宽约110km，面积为2.28万km²，全部为流动沙丘，它的风蚀地区面积在我国居第二位（图3-3）。

（2）地质特征

库姆塔格沙漠下伏岩层地质构造与塔克拉玛干沙漠有较多相同之处，元古界为变质岩系，前寒武至奥陶系为硅质灰岩，侏罗纪为含煤岩系，第三系为红色深厚陆相堆积，达2000m以上。不同之处在于阿尔金山在石炭纪和第三纪的升降运动更急烈，山前断陷突兀陡峭。

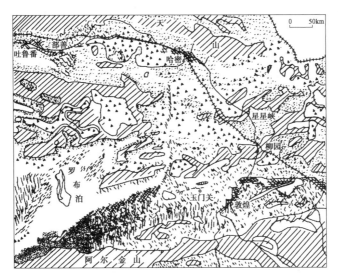

图 3-3　库姆塔格沙漠分布图

（3）地貌特征

库姆塔格沙漠下伏地貌微向西倾斜，属残丘起伏的极干燥剥蚀高地。其中安南坝山北坡山麓冲积扇被径流切割深达 100~200m，大部分山坡发育南北向干谷，沙漠覆盖在1250~2000m 高的石质山坡上，或覆盖在古代洪积-冲积平原上。故在山前地带，沙漠受下伏地貌影响，在东北风与西北风合力作用下，作 NE-SW 向顺山延伸的高大沙垄，相对高在 100m 左右。垄间被许多较低沙埂分隔，形成特殊的羽毛状沙丘景观，其高度一般在10~20m。而在邻近山脊线一带多为金字塔形沙丘，这是由于邻近山地，受局部气流的影响，除主风外，还受地方性次要方向风的影响。位于沙漠西北、北及东北的方圆近3000km² 的风蚀区（仅次于柴达木盆地西北风蚀区），绝大部分发育在古河湖相（土质）沉积层上，在风力作用下，风蚀区残积物为库姆塔格沙漠提供了丰富的沙源。

（4）气候特征

库姆塔格沙漠分布在我国极端干旱地区，年降雨量在 10mm 以下，年蒸发量为 2800~3000mm。多年平均气温 10℃ 左右，1 月平均气温-8℃ 左右，7 月平均气温为 28℃ 左右。主风为强劲的东北风，其次是西北风，吐鲁番盆地西北大风口附近，可出现 40~50m/s 的大风，多沙暴及浮尘天气，8 级以上大风天数在 100 天以上，沙漠沙丘为直进快速类型。

（5）水文特征

由于阿尔金山顶部冰川面积较小，冰雪融量少，所以，地表径流形成的高程在 2500m 以上，而在 2500~2300m 地段，地表水已转入地下，因此除沙漠东北的南北向沟谷源头有泉水出露外，整个沙漠主体没有地表径流。沙漠南缘近山带有变质岩裂隙潜水，为重碳酸-氯化物-钠水，矿化度 1g/L。其余地区分布有沙丘潜水，推测在丘间地埋深 30m 左右，为氯化物-硫酸-钠水，矿化度 3~10g/L。沙漠属自流盆地矿化的含甲烷热矿水区。根据地质构造，沙漠可能有深层承压水，水层较厚。

（6）土壤特征

库姆塔格沙漠东部分布有疏勒河盆地石膏棕漠土和绿洲白土；北部分布有来源于罗布

泊及疏勒河下游的含盐、黏淀的古老干旱土；沙漠地区分布有风成沙、亚沙土和黏土粉沙。

（7）植被特征

库姆塔格沙漠除东部沟谷地植被条件较好外，其余地区植被稀少，盖度很小。种类有蓼科、菊科、柽柳科、豆科、蒺藜科、夹竹桃科、禾本科和麻黄属、白刺属（*Nitraria*）、蒿属等。

3.2.1.4 柴达木盆地沙漠

（1）分布区域

柴达木盆地位于青海省的西北部、青藏高原的东北部（图3-4），介于东经90°~96°、北纬37°~39°之间，是我国沙漠分布最高的地区，也是世界上地势最高的沙漠之一。盆地南面是昆仑山，北面是祁连山，西北部边缘为阿尔金山，是一个巨大的高原内陆盆地。盆地东西长约850km，南北宽250~350km，盆地中沙漠系青藏高原的高寒干旱荒漠。柴达木盆地的沙漠面积（包括风蚀地）为3.49万km²，其中流沙面积为2.44万km²（朱震达，1980）。

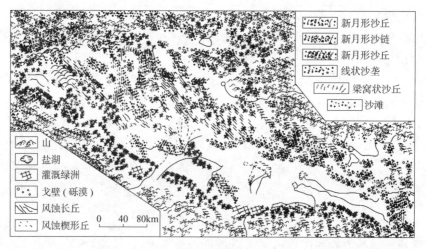

图3-4　柴达木盆地沙漠分布图

（2）地质特征

柴达木盆地是古老的台块，有前震旦纪的结晶岩组成它的褶皱基底，上部为中生代和第四纪沉积物所覆盖。这个具有坚固结晶基础的台块，经历多次造山运动，才形成四分五裂的地貌景观。中生代三叠纪之后开始活化，一直延续到现在。据樊延平的研究，其活化方式为："前期主要表现在急剧沉陷方面，堆积了厚达数千米的第三系。到了第四纪初期，出现了明显的差异，表现为以基地断块为基础的凹陷和隆起。盆地西部及北部一些地区相对隆起，东南部边缘某些地区继续下陷；同时伴有旋卷运动，使新生代岸层发生了雁式褶皱，反'S'轴线构造及帚状断裂等。"

柴达木盆地最西端的库木库里盆地以祁连山与柴达木盆地本部分开，在这里白垩纪和第三纪沉积分布很广；祁漫塔格山是柴达木台块中的断块隆起，按构造和发展史同阿尔金山相似，山地轴部带由片麻状花岗岩、花岗岩以及部分的变质岩组成，随着接近柴达木有石炭纪灰岩夹砂岩和页岩层出露，因此，"有充分理由把它们当作西柴达木盆地地质构造的一部分"（宋德明）。

（3）地貌特征

柴达木盆地由于复杂的地质运动和地貌形成过程呈现出风蚀地、沙丘、戈壁、盐湖和盐土平原相互交错分布的景观。其地貌按照其成因可划分为侵蚀构造高山地形、剥蚀构造中低山地形、剥蚀构造低山丘陵地形和堆积地形等。风沙地貌以新月形沙丘零散分布，并多与戈壁交错分布于山前洪积平原为特征，以新月形沙丘、沙垄和沙丘链为主，一般高5～10m，最高的可达150m。集中分布在盆地西南的祁漫山、沙松乌拉山北麓等地，大致形成 NW-SE 走向的一条断续分布的沙带；盆地较北部花海子洪积平原及东部铁圭沙漠北部等地也有小面积的沙丘分布；在库木库里盆地分布着 5 小片沙漠，包括库木库里沙漠、丁字口沙漠、雁沙滩沙漠、积沙滩沙漠和阿牙克-库木库里湖南沙漠等，总面积3054km²，其分布格局独具特点：新月形沙丘链、金字塔沙丘等分布在山间谷地中，半固定沙滩和平沙地等分布在开阔的湖积平原和开阔谷地上，沙丘类型的分布是受风力和下覆地形地貌制约的。

在柴达木盆地沙漠中，风蚀地广泛发育，占盆地内沙漠面积的 67%（朱震达等）。风蚀地主要分布在盆地的西北部，东起马海、南八仙一带，西达芒崖地区，北至冷湖、俄博梁一带之间的范围内。其广泛发育的垄岗状风蚀丘和风蚀劣地，其形成与地质构造及强力的风向有关，它们的排列方式受主风向的影响，由风蚀地区的西北部往东南部，逐渐由 NNW-SSE 方向转变为 NW-SE 和 WNW-ESE 方向。风蚀丘的高度一般为 10～15m，也有的高达 40～50m。风蚀劣地长度一般是 10 余米至 200m 不等，也有的长达数千米。在风蚀劣地和风蚀丘的迎风面上，常有流沙堆积，形成沙垄或新月形沙丘，但其分布面积较小。

（4）气候特征

柴达木盆地东部年均气温 2～4℃，西部为 1.5～2.5℃。东部年均降水量为 50～170mm，西部为 10～25mm。库木库里盆地积温相对于同纬度、同海拔的山地的气温高出4～8℃，但温差大，日照时间长。由于地处昆仑北麓，较多地接受北冰洋湿气团的影响，湿度较大。据周围资料推算（张立运等），库木库里盆地南部降水可达 200～300mm，盆地东部较为湿润，西部干旱，5～8 月降水量占全年降水量的85%。柴达木盆地风向以西或西北为主，平均风速在4m/s，最大风速能达到20m/s，芒崖曾出现过40m/s的大风；龙卷风也很多，高达 10～200m（宋德明）。可能蒸发量东部为 2000～2500mm，西部为 2500～3000mm。最冷（1 月）平均气温为 -10～-15℃，最热（7 月）平均气温 14～18℃；≥10℃年积温为 911～2292℃，日照时数 3000～3600h。

（5）水文特征

柴达木盆地四周环山，是一个封闭的无流内陆盆地。从总体看，水系排列具向心状。流入盆地的河流，一部分像柴达木河、格里木河等少数较大的河流能流至盆地中部汇入湖泊，大部分河流出山口后流入山前砾石带中。而且大多数河流是间歇河，都有偶发的洪水期，此时河道众多，砂砾冲积，平时则干涸，大河也只有涓涓细流。至于发育于盆地内部丘陵区和中山区的水路网，几乎全是干沟，只是在雪融后有点临时性水源。盆地四周有许多湖泊，均系四周山地流水潴积而成的尾闾湖，湖泊水量与河水季节变化一致，时大时

小，经长期蒸发浓缩，沉积了丰富的盐类资源，储量丰富，仅食盐就达600多亿吨。柴达木内陆流域最大水年径流量达62.35亿 m^3，最小水年径流量为31.81亿 m^3。除察汗乌苏区春季径流量稍大于夏季外，其余各区都以夏季为主，可占年径流量的33%～71%。水文地质方面的另一个特点是多盐沼泽及地下水丰富。盆地东南部潜水位高，形成盐沼泽，北部和西部的湖泊沿岸也有季节性的盐沼泽出现。高山冰雪融水及山区降水是该区地下水的主要补给来源，在盆地东南部及山前地带的冲积-洪积平原区的疏松沉积层中有丰富的地下水。

库木库里盆地发育着各种类型的现代冰川，覆盖面积达600km²，冰雪消融形成多种地表径流。地下潜水十分丰富，并在多处形成涌泉。地表径流和地下潜流，汇集于盆地的面积达1000km²的3个高山不冻湖中，形成与柴达木盆地东部不尽相同的特殊景观。

（6）土壤特征

盆地内的主要土壤类型是棕钙土、灰棕漠土、草甸土、沼泽土和盐土。盆地东部（大约为香日德、都兰乌兰一线以东地区），土壤发育为棕钙土，山地垂直带依次出现干草原栗钙土、森林灰褐或草甸黑钙土、高山草原土、高山草甸土，最上面为永久积雪或冰川的碎石带。盆地其他地区为荒漠区，分布有盐土、盐化土、灰棕漠土和风沙土。

（7）植被特征

柴达木盆地气候自东向西变化，从而使植被的分布呈现出地带性的特点。东部为草原化荒漠，西部为典型荒漠，其分界线约在德令哈、茶卡盆地与香日德的土托山一带。同时由于地貌、基质、潜水、盐分的环带状递变，也使植被发生规律性的分布。

东部草原化荒漠区，地带性土壤为棕钙土。在砂砾质的洪积扇上，分布着红砂（Reaumria songorica）、木本猪毛菜、细枝盐爪爪（Kalidium gracile）等为主的荒漠群系，但在多数盐化的地段上，广泛分布着具有景观外貌指示意义的芨芨草丛、白刺沙堆和梭梭。山前带的山坡则被驼绒藜、合头草（Sympegma regelii）、蒿叶猪毛菜（Salsola abrotanoides）、尖叶盐爪爪（Kalidium cuspidatum）、黄华、红砂等为主的荒漠群落所占据，并有短花针茅（Stipa breviflora）、长芒草（S. bungeana）、无芒隐子草（Cleistogenes songorica）、冰草、荒漠冰草、冷蒿、栉叶蒿等荒漠草原种加入，芨芨草丛亦广泛分布。

柴达木北部阿尔金山麓的碎石质坡地和砂砾质洪积扇上，以红砂、合头草、细枝盐爪爪、驼绒藜、蒿叶猪毛菜等为主的半灌木荒漠植物分布与盆地南部相似。

盆地中部的植被大都呈带状分布，昆仑山麓的洪积倾斜砾石戈壁平原上部表现为光裸无植被，砾面仅有壳状地衣；中下部的砂砾质戈壁上具有旱生灌木、半灌木为主构成的地带性荒漠群系，如驼绒藜、膜果麻黄、红砂、尖叶盐爪爪、木本猪毛菜、柴达木沙拐枣（Calligonum zaidamense）、中亚紫菀木（Asterothamus centrali-asiaticus）与梭梭等；在洪积扇下部，则分布有疏花柽柳（Tamarix laxa）、白刺、柴达木沙拐枣、驼绒藜等的稀疏灌木沙堆；在冲积洪积平原上，其外缘为柽柳、白刺、黑果枸杞与细枝盐爪爪等构成的盐化灌丛沙堆，尤以柽柳丛下的大型沙堆为显著标志；丘间低地分布着芦苇与大叶白麻为主的盐化草甸，并有锁阳（Cynomorium songaricum）寄生于白刺根部；在沙滩以北是广阔的盐化草甸，建群种为芦苇与赖草，并混杂有白刺、黑果枸杞等盐生灌木，亦有大叶白麻、罗布麻（Trachomitum lancifolium）、拂子茅等加入。在潜水初露的沼泽化地段，则为水冬麦、海乳

— 40 —

草、西伯利亚蓼等构成的盐沼泽；在盆地中心低凹的盐湖区，湖滨是无植被的盐滩，它的边缘是草丘盐沼泽，浅水洼中，为细叶眼子菜、杉叶藻等水生植物小群落，在凸出水洼的小草丘上，则以紫果蔺(Form. *Heleocharis atropurpurea*)、矮蔍草(*Scirpus pumilus*)为主的沼泽植物小群落，两者复合地形成沼泽草甸；在盐土上，则有盐角草(*Salicornia europaea*)、盐地碱蓬(*Suaeda salsa*)等一年生多汁盐生草类群落。

库木库里沙漠植物分布具有明显的坡向差别，沙漠内部植物均分布在沙丘的背风面，主要为禾本科、莎草科植物，局部盖度达到20%～30%。沙漠外围生长有十分稀疏的刺叶柄棘豆、半灌木状的猪毛菜和针茅植物。北部和沼泽草甸相连，植物种类以硬叶苔草为主，伴生，有鸢尾属(*Iris*)、镰形棘豆(*Oxytropis falcata*)和针茅。丁字口沙漠以垫状水柏枝为主伴生有赖草，其生境特点为湿沙地，盐分重。河流两岸平沙地生长有硬叶苔草和灰毛棘豆，覆盖度达25%左右，形成灌丛沙滩，沙堆表层有盐结皮。盆地西北部的第三纪疏松地层的风蚀残丘——"雅丹"区域，生境更为严酷，残丘的迎风面与低地常有风积流沙，丘间有成片盐滩，这些地段无植被。仅在局部的小湖和小泉附近以草丘盐沼泽为核心，其外缘有芦苇、赖草的盐化草甸，最外部的盐化荒漠土上有稀疏的驼绒藜和红砂荒漠群落组成的同心圆形生态系列。

3.2.1.5　巴丹吉林沙漠

（1）分布区域

巴丹吉林沙漠位于内蒙古自治区的西部、内蒙古高原的西南边缘，行政区包括内蒙古的额济纳旗和阿拉善右旗的部分地区。分布于弱水东岸的古鲁乃湖以东，宗乃山、雅布赖山以西，拐子湖以南，北大山以北的区域(图3-5)。处于三面环山的巨形盆地内，地势由南向北、由东向西逐渐降低，西北部较开阔。自然区属干旱、极干旱区。面积约4.43km²，是中国第三大沙漠、世界第四大沙漠，也是全世界沙丘最高大的地方。

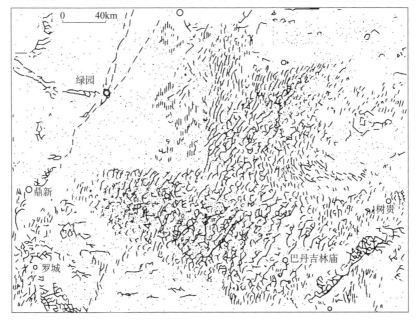

图3-5　巴丹吉林沙漠分布图

（2）地质特征

巴丹吉林沙漠地质构造属阿拉善左旗古老台块中的凹陷盆地。盆地的南缘和东北部有侏罗纪、白垩纪及第三纪地层断续出露；内部为风成沙，下伏主要为下更新统冲积-湖积层，或第三纪地层。在泥盆纪至二叠纪的海西（华力西）运动发生褶皱隆起，并在阿拉善隆起间产生了断裂。在侏罗纪和白垩纪的燕山运动期间，由于周围断裂再度复活，四周山区上升，中部坳陷，从而沉积了侏罗纪、白垩纪地层，在新生代的喜马拉雅运动影响下，盆地面积增大，沉积了第三纪红色碎屑岩。随后由于新构造运动作用台地开始整体上升，并在盆地内产生断裂，构成了断裂阶地，在阶地内侧沉积了下更新统冲积-湖积层。在中下更新世只在周围沉积了厚度不大的冲积-洪积层。随着气候干旱，风沙盛行，而形成今日的沙漠景观。

（3）地貌特征

巴丹吉林沙漠区绝大部分地区被沙物质所占据，总体特征为沙丘（沙山）、风蚀洼地、剥蚀残丘、湖泊盆地和平坦谷地交错分布。流动沙丘占沙漠总面积的83%，流沙面积仅次于新疆塔克拉玛干沙漠，为我国第二大流动沙漠。沙漠中高大复合形沙山、新月形沙垄占沙漠总面积的60%以上，主要集中在沙漠中部。复合型沙山相对高度一般为200~300m，最高可达500m，是巴丹吉林沙漠特有的沙丘形态，占据了沙漠的绝大部分。沙山高大密集，形态复杂，起伏悬殊，根据形态组合特征分为三种类型：背风坡高大陡峻，迎风坡上具有叠置次一级或多级沙丘链、沙垄和格状沙丘等，该类型沙山长度一般为5~10km，宽1~3km，具明显的链状曲弧体，中间高两端低；迎风坡上无明显叠置沙丘链的巨大沙山；角锥体状的金字塔形沙山，常常是一个个孤立的分布。这三种沙丘类型的独特的形态特征对研究我国沙丘类型发育具有典型的科研价值。复合型沙山上生长有稀疏的植物，在沙山之间的丘间地有许多内陆小湖（海子），对沙丘凝结水的形成具有直接作用。沙山、海子构成了巴丹吉林沙漠的特有景观，同时也是该地区经济发展的重要基地。

（4）气候特征

巴丹吉林沙漠因处于阿拉善荒漠中心，气候极为干旱，干燥度7~12。年平均气温8~8.9℃，夏季最高可达38~43℃，≥10℃的年积温为3400~3700℃，热量很高。无霜期150~165天，比呼伦贝尔沙地多60余天。年日照时数3200~3300h，是内蒙古沙漠光照最充足的地区。年降水量很少，仅40~80mm，无水日持续长达193~206天，蒸发量是降水量的43~83倍。但其中6~8月降水量占62%，基本上满足了旱生植物生长期所需的热量和水分，也为经济价值较高的藻类提供了良好的生长条件。该区也是内蒙古沙区风能资源最充足的地区之一，年平均风速4~4.5m/s，年大风日数40~60天，春季风强劲，盛行西北风。

（5）水文特征

巴丹吉林沙漠在高大沙山之间的丘间低地分布有许多小湖（海子），共144个，主要分布在沙漠的东南部，北部及西部分布较少，面积一般为1~1.5km²，水深可达6.2m，外围地下水埋深1~3m。由于蒸发强烈，盐分不断积累，湖水多为咸水，水质差，改良后方可作饮用或灌溉用水。在湖盆边缘及一些小湖中心有沙丘水补给，泉水出露，这种在特定自然条件下形成的凝结水，水质较好、甘甜可口，为当地农民饮水和发展畜牧业提供了得天独厚的条件。

巴丹吉林沙漠还有两个面积较大的湖盆：西部有古日乃湖，S-N 走向，长约 180km，宽 10km；北部有拐子湖，东西延伸约 100km，宽 6km；且湖滨台地上的水分条件好，即使是流动沙丘，除 30~50cm 厚的干沙层外，湿沙含水量可达 1%~1.5%，是建设沙漠绿洲的理想地区。

（6）土壤特征

巴丹吉林沙漠地带性土壤为灰棕漠土，但分布面积较小。以非地带性风沙土为主，在湖盆周围主要为盐土及碱化和盐化土壤。

（7）植被特征

巴丹吉林沙漠的地带性植被为荒漠植被。西半部沙漠的植物多以沙拐枣、籽蒿占优势，伴生有一定数量的花棒、霸王、木蓼、麻黄及一年生沙米等；东半部主要是籽蒿和沙竹等。植物一般生长在沙山的背风坡及坡脚，总盖度 5%~12%，个别低地可达 20%左右。在沙山间的小湖周围，地下水深不到 1m，植物种类较多，低矮茂密。主要有海韭菜、海乳草和鸡爪芦苇等沼泽化草甸植被。小湖外延地下水深 1m 左右地段，主要有芨芨草、芦苇等盐化草甸植被。再往外，地下水深超过 3m 地段，主要为白刺沙堆，伴生有沙蒿等沙生植被，并逐渐与流沙相连。在古日乃湖与拐子湖普遍生长着芦苇、芨芨草、白刺等植被。两湖盆边缘和东部库乃头庙，梭梭生长较好且成片分布，约有 30 万 km²，蔚为壮观，为沙漠边缘地区主要天然植被，是发展畜牧业和培育肉苁蓉的天然宝库。

3.2.1.6 腾格里沙漠

（1）分布区域

腾格里沙漠位于阿拉善盟的东南部，介于贺兰山与雅布赖山之间，其西北方向为巴丹吉林沙漠，东北与乌兰布和沙漠相邻，南和西南伸入到宁夏、甘肃两省区（图 3-6）。行政区划上，东部属于内蒙古自治区，西部属于甘肃省，东南边缘很小一部分属于宁夏回族自治区。总面积为 4.27 万 km²，为中国的第四大沙漠。

（2）地质特征

腾格里沙漠的地质构造属阿拉善台块中潮水-腾格里边缘坳陷的一部分。其南部与东西走向的祁连褶皱带紧密相连。在东部为鄂尔多斯地台，并与南北走向的贺兰褶皱带紧密相连。在古生代初、中期的加里东运动时连同祁连山产生褶皱并有深大断裂产生；经古生代中、末期海西运动再度褶皱断裂，岩浆浸入，从而形成该区的基本外貌。在燕山运动时又使古老断裂复活，两侧山区急剧上升，盆地下陷接受了侏罗纪、白垩纪和第三纪内陆湖泊沉积。在喜马拉雅运动影响下，产生轻微隆起，再经剥蚀作用，使西部潮水、民勤一带相对下降，下更新世至上更新世连续堆积洪积、湖积相碎屑物质；沙漠内部堆积有中上更新世冲积-洪积物质。在气候干旱、风沙作用强烈的条件下，形成了多种沙丘形态，沙丘间干涸湖盆中沉积有薄层湖积物。

（3）地貌特征

腾格里沙漠外围被群山环绕，南有长岭山、通湖山等，东有贺兰山，北有巴音乌拉山，西有雅布赖山。地势由西向东逐渐降低，在西端的榆树湖海拔为 1468m，到东端腰坝海拔降为 1286m。"腾格里"在蒙古语中意思是"天"，过去人们以为这里是一片片茫茫的

图 3-6　腾格里沙漠分布图

流沙，像天一样浩渺广大，因此而得名。但实际上并非如此，沙漠内部为沙丘、湖盆、山地、残丘及平地交错分布。其中沙丘占71%，湖盆草滩占7%，山地残丘及平地占22%；各类沙丘中流动沙丘占沙漠总面积的67.2%，半固定沙丘占17.4%，固定沙丘占15.4%；沙丘形态较为简单，以格状沙丘链和新月形沙丘链为主(图3-6)，是我国格状沙丘链分布最普遍、最典型的沙漠，一般高度为10~20m，也有一些复合型沙丘链，高度为50~100m，主要分布在沙漠的东北部。

（4）气候特征

腾格里沙漠具有明显的大陆性气候特征。其干燥度为4~12，年降水量为116~148mm，降雨虽少，多集中在7~8月，雨热同季，为夏季一年生草类和其他小禾草生长提供了较好的水热条件。年蒸发量3000~3600mm。年平均气温7~9℃，≥10℃的年积温为3200~3600℃，年日照时数3100~3200h，无霜期145~165天，为内蒙古光照时间最长、积温最高的地区之一。年平均风速3~4m/s，2~3月常出现8级以上暴风，年大风日数30~50天，是沙漠中风能资源较为丰富地区之一。

（5）水文特征

腾格里沙漠内部湖盆广布，大小有422个，湖盆面积占总面积的6.8%，大多数为无积水或积水面积很小的芨芨草、马蔺(*Kalimeris indica*)等草湖，积水的有251个。腾格里沙漠中的湖盆光热充足，水分条件较好，地下水较丰富，埋深1~2m，是沙漠内的绿洲，成为群众世代居住生息的地方。其分布特征为：在沙漠中南部的湖盆一般延伸长 20～30km，宽 1～3km，面积为 40～50km²；湖盆分布呈有规则的南北走向平行排列，其间为宽 3～5km 的流动沙丘带所分隔；在西部和南部边缘的湖盆大都为不规则分布，面积大小不一，大者为 50～100km²，小者面积在 1km² 以下，并有许多湖水、泉水补给，水质良好，植被繁茂，面积虽小，却是当地水草丰美的畜牧业基地。

另外，黄河流经沙漠的东南边缘，有引黄灌溉的历史。腾格里沙漠光热资源丰富，水草丰美的湖盆星布，并有一些开阔的土地，引黄灌溉潜力很大。

（6）土壤特征

腾格里沙漠地带性土壤为灰漠土和棕钙土，砂砾质和沙壤质土层中，常有大量石膏聚集；风沙土是境内面积最大的土壤类型，从湖盆边缘到山前平原均有分布，是绿洲植物赖以生存的基础；在湖盆中发育着大片盐碱土，其中以草甸盐土分布最广，生长着大量盐生植物。

（7）植被特征

沙漠中大片的流动沙丘几乎不生长植物，盖度在 1% 以下；半固定沙丘植被盖度较高，可达 15%～20%，以籽蒿、沙竹为主；固定沙丘生长较密，油蒿占优势。在广泛分布的湖盆中，由于水分条件较好，以盐化草甸、沼泽植被为主，主要植物有芦苇、芨芨草、白刺、盐爪爪等，生长较为茂密，盖度为 20%～60%，是沙漠中主要放牧场和割草地。在沙漠边缘的山前洪积冲积平原和沙漠内的岛山残丘及山间谷地，主要是饲用和药用植物，有红砂、珍珠、沙冬青、霸王、麻黄、优若藜（*Ceratoides latens*）、藏锦鸡儿、合头藜、灌木艾菊（*Ajania fruticulosa*）、刺旋花（*Convolvlus tragacanthoides*）等，在草群中混有大量的丛生小禾草，呈现出草原化的特征。

3.2.1.7 乌兰布和沙漠

（1）分布区域

乌兰布和沙漠位于黄河中游，后套平原的西南，介于黄河、狼山、巴音乌拉山之间（图 3-7），是阿拉善高原东北部较大的沙漠，总面积近 0.99 万 km²。行政区属内蒙古巴彦淖尔盟和阿拉善盟，自然区属温带干旱区。

（2）地质特征

乌兰布和沙漠在地质构造上属包头-吉兰泰断陷盆地的西南部。在燕山运动和喜马拉雅运动时期曾两度强烈下陷，造成这个断陷盆地的轮廓。当时西南部有巨大的湖盆存在，于下更新世和中更新世连续沉积了厚层洪积、冲积湖积物，中更新世末期，盆地沿山麓发生断裂，并有大面积缓慢上升，此时三道坎峡谷也被切开，盆地内湖水迅速外泄，从而形成上更新世和现代的黄河水系以及洪积、冲积、湖积平原。第四纪沉积物总厚度 1000m 以上，这些沉积物提供了丰富的沙源，为沙漠的形成奠定了物质基础。

（3）地貌特征

乌兰布和沙漠的地形呈四周高中间低，整个沙漠自东南向西北逐渐降低，吉兰泰盐湖是该沙漠最低处，海拔 1030m。沙漠内流动沙丘约占总面积的 36.9%，半固定沙丘占 33.3%，固定沙丘占 29.8%。沙丘的分布具有明显的区域性，以磴口-敖龙布鲁格-吉兰泰一线为分界，东南部主要以流动沙丘为主，沙丘形态主要是复合型穹状沙丘、新月形沙丘

图 3-7　乌兰布和沙漠分布图

链、梁窝状沙丘和沙垄，高一般为 5~20m，包兰铁路穿越其间；西部为古湖积平原，残留有盐湖，著名的吉兰泰盐湖即位于其中，地面以固定及半固定的白刺灌丛沙堆和生长梭梭的沙垄为主，偶有不连续的流动沙丘；东北部是古代黄河冲积平原，因河床自西向东摆动，形成了广泛的低洼地、低湿地或积水湖泊。历史上曾是著名的汉代垦区，现仍有随处可见的古河床遗迹。该区地表零散分布有高 1~3m 的沙垄和高 1m 左右的白刺沙滩，丘间多分布有黏土质平地，是乌兰布和沙漠中条件最优越的地区，许多地方已成为种植业的垦区。

（4）气候特征

乌兰布和沙漠地处温带干旱区，年降水量 100~145mm，主要集中于 7~9 月份；年蒸发量 2400~2900mm，水热等环境条件使得沙生、旱生、盐生植物并茂。年平均气温为 7.5~8.5℃，≥10℃ 的年积温为 3100~3400℃，无霜期 140~160 天，年日照时数 3100~3300h。热量、光照、无霜期均为内蒙古沙漠最为优越的地区之一。年平均风速 3~3.7m/s，年大风日数 20~40 天，风能资源较为丰富。

（5）水文特征

乌兰布和沙漠水资源极为丰富。黄河贯穿东和东南边缘，水面比沙漠丘间地高数米至二三十米，大部分地段可引黄河水自流灌溉；东北部有俗称"二黄河"的总干渠，同时干渠、支渠纵横交错，水利资源十分充沛。地下水也相当丰富，潜水埋深一般为 1.5~3m；同时有数层至十多层量多、质高的承压水，开发利用程度很高，潜力也很大。流动沙丘的干沙层厚度仅 10~40cm，干沙层下稳定湿沙层的含水量达 2%~3%。沙丘本身的含水量即能满足沙生先锋植物的正常生长。

（6）土壤特征

乌兰布和沙漠地带性土壤为棕钙土和灰漠土，且具有程度不同的草原和荒漠的过渡性特征。棕钙土的草原成土过程明显，灰漠土则以荒漠的成土过程更显著。全境以风沙土为主，湖盆、洼地则有不同程度的盐化土，为沙生、盐生植物生长的天然场所。沙丘间较广阔的低平地为粘壤质土壤，颜色灰白，当地称白疆土，它是该沙漠沙丘间的主要土壤类型，质地粘重、坚实，表层具有裂纹。

（7）植被特征

与气候和土壤条件相适应，乌兰布和沙漠的地带性植被为荒漠和草原两种植被类型以复合形式存在。主要植被是由几种小型针茅禾草组成的成片荒漠化草原群落，与藏锦鸡儿、红砂等荒漠植被相嵌交错而组成过渡型植被。流动沙丘下部或丘间地零星生长着籽蒿、沙竹、沙米等；固定、半固定沙丘多以油蒿、锦鸡儿为主。在水分条件较好的低地，主要是芨芨草、芦苇、盐爪爪等为主的盐化草甸植被。在西部和西南部有梭梭、红砂生长。有些地段还常有白刺、霸王、沙拐枣、沙冬青等植物出现。在沙漠的北部有少量胡杨林分布。

3.2.1.8 库布齐沙漠

（1）分布区域

库布齐沙漠位于鄂尔多斯高原北部，黄河中游河套以南。东、北、西均以黄河为界，南部与毛乌素沙地相望（图3-8）。蒙古语"库布齐"意为弓上的弦，用以形象地表达黄河与沙漠的相对位置。弯曲的黄河像弓，沙漠就是弓上的弦。该沙漠东西长约400km，东部宽15~20km，西部宽50km，面积1.61万km²。从行政区上库布齐沙漠属于内蒙古自治区伊克昭盟的达拉特旗和杭锦旗；自然地带上大部是温带干旱区，东部一小部分处于温带半干旱草原区，所以也有把库布齐沙漠叫作库布齐沙地的。

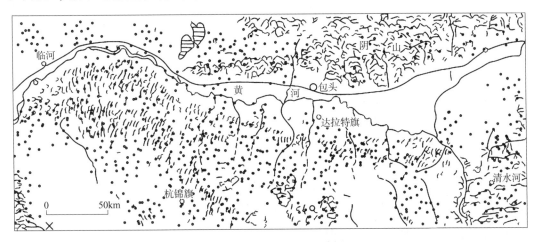

图3-8 库布齐沙漠分布图

（2）地质特征

库布齐沙漠在构造单元上属鄂尔多斯地台向斜，因坳陷幅度较大，故称台陷（周万福，1962；宋德明，1989）。鄂尔多斯的地质构造是地球上最原始的古地之一，在亿万年的地质历史时期中，经历了多次重大而复杂的构造运动和海陆变迁。在太古代和元古代该地区相继经历了阜平、五台、吕梁三次巨大的地质运动，为地台的形成奠定了基础。震旦纪晚期鄂尔多斯大陆逐渐下陷，随着古生代中期海洋面积不断扩大，使古陆变成了古海。到早

寒武纪至中奥陶纪，海水自南向北，又淹没了鄂尔多斯等地。寒武纪、奥陶纪地层总厚度数百至千米。中奥陶纪经志留纪由于加里东运动，陆地上升，未受海水侵入，所以缺乏这个时期的地层。到石炭纪中期至二叠纪晚期的海西运动，陆地下降，海水第三次侵入鄂尔多斯（孙金铸，1988）。从中生代的225~7Ma之间，鄂尔多斯由海洋时代变成了盆地。进入新生代，由于喜马拉雅运动于第三纪中新世、上新世，鄂尔多斯逐渐升高隆起，直到第四纪仍继续上升。在第四纪晚期局部下沉产生了黄土堆积和风成沙物质。

（3）地貌特征

库布齐沙漠沿黄河南岸分布，地势平坦，多为河漫滩地和黄河阶地。其南部为构造台地（硬梁地），中间为覆盖在河成阶地上风成沙丘，北为河漫滩地。海拔为1000~1400m。南部硬梁地根据切割程度的不同，可分为微波状起伏高原、微切割缓起伏高原和强烈切割破碎高原；北部的河成阶地，海拔1000~1200m，第三级阶地和第二级阶地为剥蚀–淤积阶地。

库布齐沙漠的沙丘几乎全部覆盖在第四纪河流淤积物上。流动沙丘占沙漠总面积的61%，形态以沙丘链和格状沙丘为主，其次为复合型沙丘；半固定沙丘占12.5%，主要是抛物线状沙丘和灌丛沙堆等；固定沙丘占26.5%，形态为梁窝状沙丘和灌丛沙堆。固定和半固定沙丘多分布于沙漠边缘，并以南部为主。因受下伏地貌、淤积物厚度的影响，沙丘高度、形态和流动程度等有所差异。在河漫滩分布着一些零星低矮的新月形沙丘及沙丘链，高度多数在3m以上，移动速度较快；一级阶地沙丘高度为5~10m；一级与二级阶地之间沙丘高大，一般为10~20m，最高达25m；二级阶地上的沙丘高10m以下；二级与三级阶地的过渡区，沙丘特高，可达50~60m，形态为复合型沙丘；三级阶地上多为缓起伏固定沙丘，流沙较少，呈小片局部分布。

（4）气候特征

库布齐沙漠处于干旱和半干旱区的过渡地带，东部水分条件较好，西部相对较差，年降水量150~400mm，年蒸发量2100~2700mm，干燥度1.5~4。该区年日照时数为3000~3200h，年平均气温6~7.5℃，气温高、温差大，≥10℃的年积温为3000~3200℃，无霜期135~160天，较好的光、热、水适宜于粮食作物和经济作物生长。这里年平均风速3~4m/s，大风日数为25~35天。

（5）水文特征

库布齐沙漠东、北、西三面濒临黄河；降水量东多西少，东部半干旱区200~400mm，西部100~250mm；中、东部有发源于高原脊线北侧的季节性沟川约10余条，纵流其间并具有沟长、夏汛冬枯、含沙量大等特点。在流经沙漠沟川两岸，常有面积不等的沟谷阶地。地下水埋深1~3m，土壤肥力也较高，出现了星罗棋布的绿洲景观，形成较优越的小气候条件。西部地表水很少，水源缺乏，仅有沙日摩林河流向北消失于沙漠中。沙漠西端和北部的地下水受黄河影响，埋深较浅，为1~3m，水质较好。

（6）土壤特征

库布齐沙漠东西部的土壤差异较大，东部地带性土壤为栗钙土，西部则为棕钙土，西北部又有部分灰漠土。在河漫滩上，主要分布着不同程度的盐化浅色草甸土。由于干旱缺水，境内大部分为流动、半流动风沙土，土壤的形成发育较缓慢。

（7）植被特征

与气候和土壤相适应，境内植被也有明显的区域性差异。地带性植被，东部为干草原类型，西部为荒漠草原植被类型，西北部为草原化荒漠植被类型。干草原植被类型以多年生禾本科植物占优势，伴生有小半灌木百里香等，也有一定数量的达乌里胡枝子、阿尔泰紫菀等；西部与西北部半灌木成分增加，建群种为狭叶锦鸡儿、藏锦鸡儿、红砂以及沙生针茅、多根葱（*Allium polyrhizum*）等。北部河漫滩地生长着大面积的盐生草甸和零星的白刺沙堆。

流动沙丘上很少有植物生长，偶见沙拐枣；在沙丘下部和丘间地生长有籽蒿、杨柴、木蓼、沙米、沙竹等；在沙丘被逐渐固定的地方，植被也逐渐向地带性方向演化。半固定沙丘上表现为东部以油蒿、柠条、沙米、沙竹等为主，西部以油蒿、柠条、霸王、沙冬青为主，伴生有刺蓬、虫实、沙米、沙竹等。固定沙丘上东、西部都以油蒿为建群种，东部有冷蒿、阿尔泰紫菀、白草（*Pennisetum centrasiaticum*）等，牛心朴子也有一定数量。

3.2.2 我国主要沙地的分布与特征

3.2.2.1 毛乌素沙地

（1）分布区域

毛乌素沙地位于鄂尔多斯高原东南部和陕北黄土高原以北的乌审洼地，在北纬37°20′~29°23′、东经107°23′~111°30′之间，海拔1300~1600m，南北长220km，东西宽100km，最宽处150km，总面积3.21万km²（图3-9），包括内蒙古自治区伊克昭盟南部、陕西榆林地区的北部和宁夏黄河以东地区。自然区属温带干旱和半干旱区。

（2）地质特征

毛乌素沙地中部和西北部基底以中生代侏罗纪与白垩纪的砂岩、页岩为骨架，东部和南部边缘覆盖在黄土丘陵上。在地质历史时期由于地壳变动，这里就形成了一系列湖盆洼地，并堆积了厚约100m的第四纪中细沙层。在第四纪上更新世末因气候干旱，经长期的干燥剥蚀，并有强劲的西北风将古河湖相沙层吹扬、堆积，逐渐塑造了现代沙地的地貌形态。

（3）地貌特征

毛乌素沙地是位于我国最西部的沙地，其地域广、面积大，以波状起伏、梁滩相间、沙丘与甸子地结合并存的地貌为特征。目前，除部分未被沙子覆盖的梁地和黄土外，呈现出河谷阶地、下湿滩地、沙丘、湖盆交错分布的独特景观。毛乌素沙地历史上曾是气候温暖、湿润，植被郁郁葱葱的地方，后因气候变异与人为活动干扰，形成了目前所谓的"人造沙漠"。该沙地西北部以固定、半固定沙丘为主，逐渐向东南发展为流沙密集、成片出现的状态。流动沙丘以新月形沙丘占优势，占沙地总面积的31.6%；固定、半固定沙丘以梁窝状沙丘和抛物线沙丘为主，各占36.5%和31.9%。

（4）气候特征

毛乌素沙地处于温带半干旱与干旱区的过渡地带，东、西部水热差异明显。冬季受蒙古冷高压影响，干燥寒冷；春季多风少雨，旱情严重；夏季受海洋湿润气流影响，降水较多，常以暴雨形式降落，是我国沙区暴雨中心之一。年均降水量东部达400~440mm，西

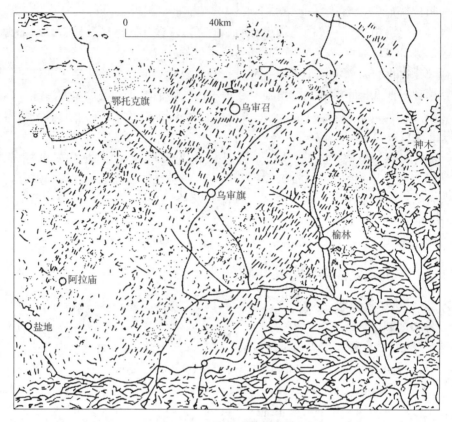

图3-9 毛乌素沙地分布图

部仅250~320mm，降水集中于7~9月，占全年降水量的60%~80%；年蒸发量为2100~2600mm，为降水量的4~10倍，干燥度1.6~2.0。年日照时数2700~3100h，年平均气温6~8.5℃，≥10℃年积温为2500~3500℃，最冷月（1月）均温−8.2~−12.5℃，最热月（7月）均温21~24℃，无霜期130~160天。该区多为东南风，年大风日数20~40天。

（5）水文特征

毛乌素沙地水分条件优越，除有较多的降水外，地表水和地下水也较丰富。地表河流东南部较多，主要有无定河、纳林河、海流图河、乌兰木伦河等，还有许多汇集沙区泉水而形成的小河流；地下水埋深较浅，丘间地一般1~3m、个别地段仅0.5m；流沙的沙丘表面干沙层厚5~10cm，湿沙层含水量达2.8%~4%。毛乌素沙地有大小湖泊170多个，除西部少数内陆湖水质较差外，绝大部分水质优良，有许多淡水湖盛产鲤鱼、元鱼等，水质较差的内陆湖蕴藏着盐碱、芒硝、石膏等资源。由于该区水分条件较好，沙生植物常从丘间地蔓延到丘顶。

（6）土壤特征

毛乌素沙地的土壤由地带性与非地带性土壤交错分布。东部未覆沙的梁地、固定和半固定沙地，栗钙土和淡栗钙土发育充分；东南部暖温带沙黄土母质有黑垆土出现；西部以砂岩为基底的硬梁地，棕钙土发育充分；西南部有范围很小的灰钙土。沙地境内以非地带性的风沙土、盐碱土、草甸土等占绝对优势。风沙土基质为沙土或细沙粒，结构疏松、肥

力低、保水力差，易起风沙；盐碱土以西部和中部的大片低湿草滩地和天然盐碱池边缘地
为主；草甸土常与沼泽土呈复域分布，零散在低湿草滩的中心和局部洼地及河谷低湿
地上。

（7）植被特征

从植被地带来说，毛乌素沙地西部边缘属于向荒漠过渡的荒漠草原亚地带，占总面积
90%以上的中部与东部则属于干草原亚地带。东南边缘在气候上，开始向森林草原过渡，
但由于沙基质的覆盖在植被上的差异不显著，一般仍划为干草原亚地带。毛乌素沙地的主
要植被类型为沙生植物和草甸植被。沙生植物随沙的流动程度和地貌部位发生变化，主要
植物有沙米、籽蒿、油蒿、小叶锦鸡儿、中间锦鸡儿、沙柳、沙地柏（Sabina vulgaris）等。
东南局部地段还散生着柳叶鼠李。固定沙地植被以含杂类草的油蒿群落为主体，盖度达
40%～50%，构成了该区的一大特色。在退化或沙化草场上，牛心朴子大量侵入。草甸植
被因地势高低和覆沙厚度等不同，其组合产生差异，可分为中生草甸、盐生草甸和沼泽草
甸。主要植物有寸草（Carex duriuscula）、海乳草、马蔺、芨芨草、碱茅等。毛乌素沙地的
油蒿群落和柳湾林构成了该区乃至鄂尔多斯高原最独特的植被景观。

3.2.2.2 浑善达克沙地

（1）分布区域

浑善达克沙地位于内蒙古高原东部，东起大兴安岭南段西麓达里诺尔，向西一直延
伸到内蒙古苏尼特右旗集二铁路沿线，地理位置在东经112°10′～116°31′、北纬
42°10′～43°50′之间，东西长450km，南北宽50～300km，面积约为2.14万km²。行政
区划包括赤峰市克什克腾旗的西部，锡盟的锡林浩特市、阿巴嘎旗、苏尼特左旗、苏尼
特右旗、多伦县、正蓝旗、正镶白旗、镶黄旗、二连浩特市、太仆寺旗；自然区属温带
半干旱区（图3-10）。

（2）地质特征

浑善达克沙地在地质构造单元上为蒙古地槽古生代褶皱带的一部分。海西运动时上升
为陆地，以后则进入了长期的剥蚀夷平作用时期。燕山运动以来，经历了缓和的振荡式的
构造运动，在挠曲作用下形成下陷的宽浅盆地中，沉积了白垩纪及第三纪湖相水平地层。
沙地北侧有西拉木伦-乌日根达拉大断裂，南侧有阴山东西向复杂构造北缘的大断裂，因
此沙地的本身为一个地垒式断陷带，中间大部分为第三纪的湖相黏土、沙质黏土和砂砾质
层所组成的断带式湖相地层，少数地区有花岗岩和变质岩出露，局部地区有玄武岩覆盖。
南部是大青山北麓的低山丘陵区，北部的阿巴嘎旗、锡林浩特则是火山熔岩台地。

（3）地貌特征

浑善达克沙地又称小腾格里沙地。地势由东南向西北缓缓倾斜，地面起伏不大，沙地
边缘为剥蚀低山、丘陵，境内为沙丘、湖泊、盆地及剥蚀高原交错分布。其中固定沙地占
总面积的67.5%，半固定占19.6%，流动沙丘占12.9%。固定沙丘形态多为沙垄及沙垄-
梁窝状沙丘，一般多呈WNW-ESE方向排列，高度为15～20m，也有高达25～30m者。沙
垄之间常有同向延伸的平坦沙地和湖盆洼地，二者呈有规律的交替重现。固定沙丘及低平
地是沙生、盐生及草原等植被滋生、繁衍的场所，植物生长较好，盖度可达30%～50%，
是优良的天然牧场。半固定沙丘呈斑点状散布在固定沙丘之间，由于受强烈的风蚀作用和

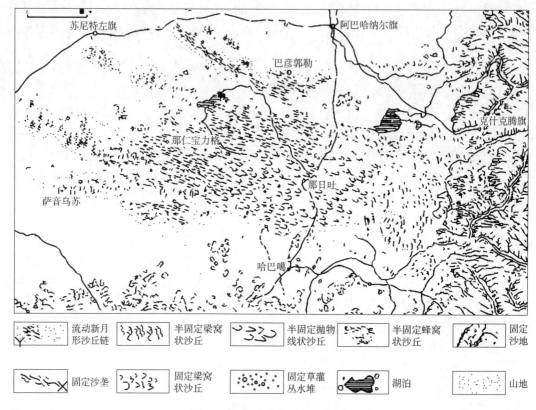

流动新月形沙丘链	半固定梁窝状沙丘	半固定抛物线状沙丘	半固定蜂窝状沙丘	固定沙地
固定沙垄	固定梁窝状沙丘	固定草灌丛水堆	湖泊	山地

图 3-10　浑善达克沙地分布图

人为活动的影响，往往在迎风坡普遍形成一个个圆形的风蚀窝，出现裸露的沙面，成为该沙地半固定沙丘的一个显著特征。它可作为沙丘活化的重要标志，为人们揭示风沙危害的可靠信息，并为采取防治措施提供确切依据。流动沙丘的主要形态是新月形沙丘及沙丘链，呈斑块状分布于半固定沙丘之间。

（4）气候特征

浑善达克沙地处于我国半干旱地区，属温带大陆性气候，其特征是寒冷、风大、少雨、干旱，东、西部水分条件相差较大，西部降水量少，为 100~200mm，东部较丰富，为 350~400mm。年平均气温 0~3℃，年温差和日温差较大，有利于植物干物质的形成和积累；年日照时数 3000~3200h，≥10℃ 年积温为 2000~2600℃，西部最高可达 2700℃；无霜期 100~110 天，较丰富的热量和光照，可以满足夏季作物和牧草的需要。因受东南季风的影响，降水量自东南向西北递减。年蒸发量为 2000~2700mm；干燥度 1.2~2。光、热、水同期，配合尚佳，为天然牧草和农作物生长提供了有利的环境条件。冬春季风强而多，4~5 月风速较大，高可达 12 级，年平均风速 3.5~5m/s，年大风日数 50~80 天，是全国沙区最大风区之一。

（5）水文特征

受气候和古地理环境的控制，浑善达克沙地的水分条件较为优越，特别是地下水更为丰富。在地表水方面，沙地东南部主要有闪电河、滦河，东部和中部有公格尔音郭勒河、锡林河、高格斯台河等。另外，在广阔的丘间地，发育着相当多大小不等的湖泊，据统计有110余个，主要靠潜水补给。沙地东部为淡水湖，较大的有查干诺尔、达里诺尔。前者位于阿巴嘎旗南部，面积为1.13万 hm²；后者位于克什克腾旗，水域面积2.66万 hm²，平均水深7.3m。沙地西部多为盐碱湖，碱矿储量较高，较大的盐湖如二连诺尔。该区的地下水埋深受地形的制约，东部地下水丰富，一般埋深1~3m，或呈泉水出露，水质良好，开发利用潜力较大；西部地下水缺乏，水质欠佳。流动沙丘上的干沙层厚3~10cm，湿沙层含水量3%~4%，可保证沙地先锋植物所需的水分；丘间洼地的地下水埋深一般为1~1.5m。

（6）土壤特征

浑善达克沙地的地带性土壤是栗钙土和棕钙土；非地带性土壤主要有风沙土、草甸土等。受气候条件、地理环境等因素的影响，土壤的形成发育具有明显的地带分异规律。一般东部为草甸栗钙土或暗栗钙土，向西逐渐演变为淡栗钙土，到西北部二连浩特附近则过渡为棕钙土。风沙土以固定风沙土为主，并呈坨（沙丘）、甸（丘间低地）相间分布，或沙丘链与甸子地交错排列。东部固定沙丘上表现明显的成土过程，向栗钙土方向发育。根据发育程度不同可分为栗钙土型沙土和松沙质原始栗钙土。甸子地东部宽阔，西部窄小，土壤多为草甸或盐化草甸土，局部地段有盐碱土和沼泽土。围绕湖盆或低湿洼地的土壤往往呈环状形式分布，基本模式是：湖盆—沼泽土、草甸沼泽土—盐化草甸土—草甸土—风沙土。

（7）植被特征

浑善达克沙地植被以草原植被为主，针阔叶乔木、榆树疏林等超地带性植被明显。

浑善达克是东西向延伸的巨型沙地：东端深入到大兴安岭南段西麓的草甸草原地带；西端楔入荒漠草原区；中间广大沙区处于半干旱草原带，植物种类繁多，植被类型丰富，同时因沙丘固定程度、发育阶段等不同，形成的植被结构系统也有明显的超地带性分异特征。

流动沙丘中，常见沙生植物有沙竹、沙米、黄柳以及少数芦苇、沙芥等先锋植物；丘间低地植被茂密，优势种为小红柳，常伴生有芦苇、拂子茅、黄华等，是较好的牧场。

半固定沙丘中，迎风坡风蚀窝几乎不生长植物，背风坡大多生长有沙蒿、沙竹群丛，其间夹杂沙芥、沙米等，东部半固定沙丘上还丛生黄柳。

固定沙丘上，植物种类和群丛类型多样。特别是东部区沙生系列植被的组成，因受大兴安岭南段山地和燕山北部山地区系的影响，种类成分十分丰富，仅木本植物就有30余种。针叶树有白杆（Picea meyeri）、油松（Pinus tabuliformis）、叉子圆柏（Sabina vulgaris），阔叶乔木有山杨（Populus davidiana）、白桦（Betula platyphylla）、榆树（Ulmus pumila）疏林等，山地灌木有山丁子、欧李、山樱桃、绣线菊（Spiraea canescens var. oblanceollata）等。高大沙丘常形成明显的阴阳坡，阳坡植被稀疏，主要为蒿类群丛；阴坡上除乔灌木外还分布有蒿属半灌木群丛、沙生丛生禾草、杂类草群丛等。东部薄覆沙地段，主要生长有冷蒿、细叶苔、百里香、星毛委陵菜（Potentilla acaulis）等；中部的固定沙丘仍有榆树疏林，同时蒙古沙蒿、冷蒿群丛分布广泛，伴生成分有木地肤、百里香、麻黄、木岩黄芪、羊柴等和耐旱的杂草及沙生冰草等组成的多种群丛；西部的固定、半固定沙丘是以小叶锦鸡儿、矮锦鸡儿、蒙古沙蒿、沙竹群丛为主，混生有冷蒿、蒙古荒、沙蓝刺头（*Echinops gmelinii*）、戈壁天门冬、隐子草（*Cleistogenes serotina*）、沙生针茅等，组成了荒漠草原植被类型。

3.2.2.3 科尔沁沙地

（1）分布区域

科尔沁沙地位于东北平原西部，主要分布于西辽河中、下游主干及支流沿岸的冲积平原上，沙地北部有一部分分布在冲积洪积台地上。面积约为 4.23 万 km²，是我国面积最大、人口密度最高、交通最方便的沙地。科尔沁沙地北和西北部与大兴安岭南端东侧山地丘陵相连，东北部与松嫩平原接壤，东和东南部与辽河平原连接，南和西南部有燕山余脉努鲁尔虎山和七老图山，西部与锡林郭勒高原毗邻。行政区包括吉林省西北部的洮安、通榆、双辽等县，辽宁省的康平、彰武等县，内蒙古的赤峰市 11 个旗（县、区）和哲里木盟 8 个旗（县、市）及兴安盟科尔沁右翼中旗（图 3-11）。自然区属温带半干旱、半湿润地区，是全国光热、水土、植被等自然条件最优越的沙地之一。

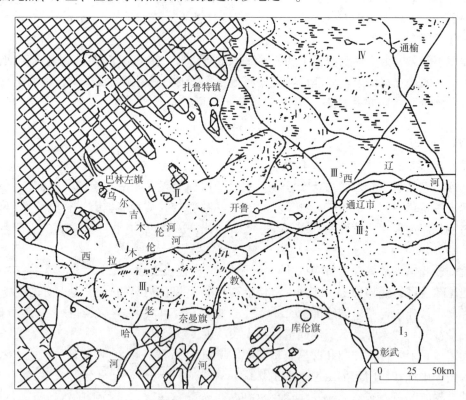

图 3-11　科尔沁沙地分布图

（2）地质特征

科尔沁沙地地质构造上属于松辽台向斜（或松辽沉降带）和西南部的通辽台向斜。基底为前震旦纪结晶岩和片岩系，但在该区几乎没有出露。古生代末期海西运动，由于大兴安岭地区发生褶皱和强烈的岩浆侵入活动，通辽台向斜同时受到影响，地层发生褶皱，方向受东北构造向控制。海西运动末期，与内蒙古地槽同时全部隆起，但侏罗纪初，台向斜开始新的下降，沉积了侏罗纪和白垩纪的砂岩、页岩、砾岩夹煤层，出露于台北、奈曼等台向斜边缘地带。燕山运动产生了新华夏系的断块隆起，形成现代地貌的基本轮廓。燕山运动后，该区地壳基本处于相对稳定时期，隆起的山地受到长期侵蚀剥蚀作用而趋于准平原化。新生代大断裂表现为西部缓慢上升，东部不断下降，接受了山区大量风化物等物质。自第三纪以来，先后沉积了厚达100～200m的冲积、洪积、湖积沙层，分布广泛，第四纪继续接受河流冲积物。由于长期受到各种自然和人为因素的综合作用，在冲积-湖积平原上形成了现在的自然景观。

（3）地貌特征

科尔沁沙地分布于北、西、南三面隆起的半封闭式环形盆地内，南、北分别为燕山北部和大兴安岭南端的山地丘陵，两山（丘）于西部会合，形成高原区。盆地西高东低，周边三面山地丘陵是西辽河水系的发源地，河流自西向东横贯沙地中部，形成了冲积平原。平原东端科尔沁左翼后旗境内绝对海拔不到100m，最低81.8m，是内蒙古的最低点。

科尔沁沙地幅员辽阔，地貌类型复杂多样，坨（沙丘）甸（低地）相间分布是该区重要的景观特色之一，特别是东南部这一景观更为显著。目前，大部分坨甸地已被农牧业利用。由于过垦、过牧、过度樵采，许多地段出现了流沙与半固定、固定沙丘、农田、牧场镶嵌交错的景观。在西辽河主干及一些大小支流下游沿岸，常呈现出沙丘与古河床低湿洼地、沼泽湿地相间的特色。地貌特征对物质的再分配，光热水的重新组合起着重要作用。风沙地貌表现为固定、半固定沙丘占绝对优势，固定沙丘占沙地总面积的36.5%，半固定沙丘占46%，固定和半固定沙丘形态主要是梁窝状沙丘、灌丛沙堆和沙垄等；流动沙丘占沙地总面积的17.5%，主要是新月形沙丘和沙丘链。

西拉木伦河与西辽河干流以南，从巴林桥西部向东直到西辽河下游西岸，沙地大面积集中分布；教来河以东坨甸相间，特别是在通辽的余粮堡至库伦旗的瓦房一线以东，坨甸为东西走向呈有规律的相间平行排列，仅在养畜牧河北岸及其西北部有带状和片状新月形沙丘与沙丘链。

西拉木伦河与西辽河干流以北地区，以固定和半固定沙丘为主，并与斑点状流沙交错分布。此外，流沙常以点、片零星分布于农田、井泉和居民点附近。其中流沙和半固定沙丘分布比较集中的地区，第一片是巴林右旗西南部的查干木伦河与西拉木伦河之间；第二片是阿鲁科尔沁旗东部的呼虎尔河西岸；第三片是阿鲁科尔沁旗、扎鲁特旗两地的南部和开鲁县北部，即乌尔吉木伦河、乌力吉木伦河与新开河之间。

（4）气候特征

科尔沁沙地地处温带大陆性季风气候区，春季干旱多风，夏季炎热多雨，秋季凉爽、温差较大，冬季漫长干冷。由于地域广阔，东西狭长，受地形地势、纬度及大气环流等的交错影响，使沙区及其周围的气候产生了区域性差异。它是距离海洋较近、易受湿润气流影响的地区。年均降水量300～450mm，并呈现出南多北少、东部多于西部、降水变率较大、丰雨年水涝成害、枯雨年干旱为灾的特征。年蒸发量1700～2400mm，干燥度1.2～2，相对湿度50%～60%，尤其在夏秋季高湿多雨，有利于乔灌草的生长发育，使农牧业生产具有较好的水温条件。年日照时数2900～3200h，年平均气温4～7℃，≥10℃年积温为2500～3200℃，无霜期130～150天，热量较多，光照时间充沛，适宜发展粮油糖种植业。

平均风速3~4m/s，风速在5m/s以上出现次数400次，大风日数20~40天。风力较强，风能资源较丰富。

（5）水文特征

科尔沁沙地水文条件较为优越，是全国沙地中最好的地区之一，不仅降水多，同时地表水、地下水也较丰富。境内河流几乎全属西辽河水系，全长880km，流域面积约86.7km²，大小支流百余条；湖泊、泡子、水库、塘坝等星罗棋布；地下水也较丰富，埋藏较浅，大多在1~5m，水质优良，利用潜力很大；沙丘上的干沙层厚3~5cm，湿沙层含水量3.4%~4%。优越的水分条件，是综合开发利用沙地各种资源，发展农林牧副渔等各项生产，建立复合型生态经济的基础。

（6）土壤特征

科尔沁沙地地带性和非地带性土壤广泛发育、交错分布。栗钙土是该区的主要地带性土壤类型，另外，在低山丘陵区还分布有褐土、栗褐土、黑钙土等多种地带性土壤；非地带性土壤主要有风沙土、灰色草甸土、浅色草甸土（潮土）、沼泽土、盐碱土等多种土壤。沙地土壤组合及分布规律，主要体现在水平带分布和区域性分布两方面。由于境内气温和降水由南向北、由东向西递减，相应的土壤逐渐由暗色变为淡色。河谷土壤呈阶梯状和树枝状分布规律。河床向两岸阶梯式抬高，横向断面上依次出现河漫滩、一级阶地、二级阶地，最后到山地坡面、丘陵或沙丘；河谷纵断面土壤分布一般是上游多为地带性土壤，下游多为非地带性土壤。湖泊、泡子等周围的土壤呈同心环状分布，从里向外依次出现沼泽土-潮土-风沙土-栗钙土等。由于风沙土固定程度和发育阶段不同，形成流动、半固定、固定风沙土相间，并与草甸土、栗钙土等土壤交错分布的格局。

（7）植被特征

科尔沁沙地处于华北、东北及蒙古植物区系的交接地带，植被一方面具有一定的过渡性特征，另一方面各植物区系在境内相互渗入，使植物成分复杂而丰富；同时由于沙地本身气候、地形及水文地质等条件的复杂性，也决定了植被类型的多样性。境内主要植被类型有草甸草原、典型干草原、草甸、沼泽、盐生、沙生等植被类型。

草甸草原主要分布于北部山间沟谷、缓坡，西拉木伦河下游及西辽河等地。主要优势植物种有线叶菊、贝加尔针茅（*Stipa baicalensis*）、窄叶兰盆花（*Scabiosa comosa*）、羊草等。

典型草原植被分布较为广泛，集中在西拉木伦河以北低山丘陵，西辽河、霍林河中、下游冲积平原。以多年生丛生禾本科植物占绝对优势，其他为一年生旱生杂草类，也有山杏灌丛及零星的榆树等。主要代表植物有羊草、大针茅、克氏针茅、早熟禾、隐子草、冰草、冷蒿、甘草、百里香等，草原退化严重地方有成片的狼毒（*Stellera chamaejasme*）。

草甸植被主要出现在河流湖泊沿岸及局部低洼处，其中老哈河、西拉木伦河、乌尔吉木伦河下游沿岸及沙丘间甸子地分布较多。植被由一些喜温和耐盐的植物组成，也有一些草原型植物侵入。常见植物有小粒苔草（*Carex karoi*）、二柱苔草（*C. lithophila*）、野大麦（*Hordeum bogdanii*）、碱茅、委陵菜、芨芨草、车前、马蔺、风毛菊（*Saussurea nimborum*）、碱蓬、小糠草、假尾拂子茅、披碱草（*Elymus dahuricus*）等。

沼泽植被分布很零散，常出现在河边、湖滨、积水滩、沙丘间集水洼地等地段。沼泽植被中既有水湿植物，也有草甸型植物渗入。优势植物有芦苇、三棱蒲草、水葱、水莎草

（*Juncellus serotinus*）、葛蒲、稗子等。

沙生植物分布在固定、半固定沙丘上，流动沙丘也有部分沙生先锋植物生长。固定沙丘植物群落由灌木、半灌木及草本植物组成，也有少部分乔木。西部松树山生长有沙地油松，东南部分布有以沙地蒙古栎为主的阔叶杂木林；沙地普遍生长着杨树，并与灌丛、禾草组成沙地疏林草原。除乔木外，灌木和半灌木种类也较多，主要有小叶锦鸡儿、沙柳、小红柳、百里香、达乌里胡枝子、东北木蓼、稠李、欧李、鼠李、西伯利亚杏等。草本植物有沙生冰草、羊草、白草、狗尾草（*Setaria viridis*）、委陵菜等。半固定沙丘开始活化或流动沙丘逐渐固定时，一般没有乔木生长，只稀疏地生长沙生半灌木和草本植物。常见的有差巴嘎蒿、三芒草、隐子草、虎尾草（*Chloris virgata*）、雾冰藜、猪毛菜、刺蓬等。流动沙丘地表裸露，只生长沙生先锋植物，主要有黄柳、木岩黄芪、乌丹蒿（*Artemisia wudani-ca*）、沙竹、沙芥、虫实等。科尔沁沙区地域辽阔，地形复杂，气候多样，光热、水土资源丰富，植物资源别具特色，在我国北方生物资源宝库中占有十分重要的地位。此外，榆树疏林、蒙古栎疏林、差巴嘎蒿群落是该沙地重要的景观特色，在沙地生态系统结构中显示着重要作用。

3.2.2.4 呼伦贝尔沙地

（1）分布区域

呼伦贝尔沙地位于呼伦贝尔高原上，东部为大兴安岭西麓丘陵漫岗，西至达赉湖和克鲁伦河，南与蒙古相连，北达海拉尔河北岸。东西长约 270km，南北宽约 170km（图 3-12）。行政区属内蒙古呼伦贝尔盟；自然区属温带半干旱、半湿润区，面积约 0.72万 km^2。

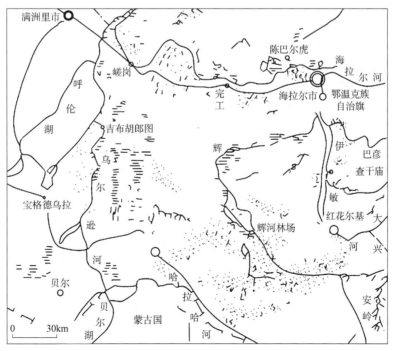

图 3-12 呼伦贝尔沙地分布图

（2）地质特征

呼伦贝尔沙地的地质构造可分为内陆华夏系沉降带和大兴安岭新华夏系隆起带的西北边缘两部分。前者缔造了呼伦贝尔平原，后者则产生了大兴安岭西北麓低山丘陵区。白垩纪时这里发生较大震动，形成 NE-SW 走向的大兴安岭隆起带和其两侧的沉降带，奠定了呼伦贝尔地貌的基本形态。在沉降的同时，发生了缓小型的褶皱隆起和凹陷，使呼伦贝尔沙地成为一个较大的宽浅盆地，其上沉积了白垩纪的砂岩、页岩等和第三纪河湖相物质，还有第四纪冲积、湖积层和风积层物质。沙地边缘的低山丘陵，岩石组成有花岗岩、变质岩、安山岩等。

（3）地貌特征

呼伦贝尔沙地地势由东向西逐渐降低，且南部高于北部，以达赉湖为最低，海拔545m。境内平坦开阔，微有波状起伏，沙地中部以洼地、湖泊、沼泽、湿地分布较广。沙丘大多分布在冲积、湖积平原上，主要集中在海拉尔河南岸，从海拉尔至满洲里铁路线两侧的沙带长 80km，宽 3~35km，大部分为固定沙地；另一处沙区位于新巴尔虎左旗的阿古郎镇并向东和东南延伸，经辉河至伊敏河，沙带长约 140km，宽 15~70km，最宽 90km，为平缓波状沙地；在呼伦湖东岸还有南北延伸的湖滨沙带；伊敏河及其支流锡尼河等沿岸也有流动沙丘及半固定沙丘分布。

呼伦贝尔沙地以固定、半固定沙丘为主，占沙地总面积的 95.7%，流沙仅占 4.3%。固定和半固定沙丘多数为蜂窝状和梁窝状沙丘及灌丛沙堆、缓起伏沙地，沙丘间普遍有广阔的低平地，是最优质的农业垦殖区。

（4）气候特征

呼伦贝尔沙地是位于我国最北端的一个沙地，气候具有半湿润-半干旱的过渡特点，冬季严寒漫长，夏季温凉短暂，春季多风干旱，秋季清朗气爽。因纬度偏高，年平均气温较低，为-2.5~0℃，≥10℃年积温为 1800~2200℃，年日照时数 2900~3200h，无霜期90~100 天。热量资源虽少，但仍可满足每年一熟作物和草类生长发育的需要。特别是 7月份平均气温为 18~20℃，有利于牧草生长，适宜牲畜放牧抓膘。年降水量 280~400mm，多集中于夏秋季；年蒸发量 1400~1900mm，干燥度 1.2~1.5，相对湿度 60%~70%。盛夏季节是作物和牧草生长最旺盛、需水量最大的时期，此时水分、热量充沛、雨热同步、空气湿润，十分有利于农牧业生产。年大风日数 20~40 天，年平均风速 3~4m/s。风能资源尚丰富，达到了我国生产的小型风力机的起动风速值。

（5）水文特征

呼伦贝尔沙地的河流、湖泊、沼泽较多，水分条件优越。境内中较大的河有海拉尔河支流伊敏河、辉河、莫勒格尔河，还有乌尔逊河、克鲁伦河等。河流流量比较稳定，水量充沛，水质良好，仅海拉尔河年径流量就达 22 亿 m^3。著名的呼伦湖在沙地的西北部，水生资源极为丰富，是内蒙古重要的水产基地；贝尔湖在沙地西南部，大部分在蒙古，仅西北部属我国所有，北经乌尔逊河与呼伦湖连通，再经木得那亚河与海拉尔河相连。该区地下水贮量丰富，埋深一般为 2~4m，灌溉和人畜用水十分便利，为牧、林、农业生产的发展提供了得天独厚的自然条件。

（6）土壤特征

呼伦贝尔沙地地带性土壤类型较多，分布规律明显，东部为黑钙土，中部为暗栗钙土，西部为普通栗钙土和淡栗钙土。土壤中含沙量较大，一般多为中沙、细沙，但在西南部出现砾面化现象。非地带性土壤主要是风沙土，一般分布在沙带及其外围的沙质平原上，在固定风沙土中发育着有机质含量较高的黑沙土。此外，在河滩地及湖泊周围也有草甸土、碱土及盐土等分布。

（7）植被特征

呼伦贝尔草原是我国最好的草原，不仅面积广阔，产草量高，草质优良，特种经济植物繁多，同时也是中国著名三河马、三河牛的产地。镶嵌其上的呼伦贝尔沙地，由于多样而肥沃的土壤，充足的水分条件，使得植物生长繁茂，植被类型丰富多彩。其优势植物为线叶菊、贝加尔针茅、大针茅、羊草及与多种杂类草组成的群丛，大多为马、牛喜食的良好饲草。特别是羊草具有很高的饲用价值，是畜牧业生产中十分重要的草场资源。另外，还有多种经济植物资源，如有药用植物百余种，多种食用植物、油料植物等，蘑菇产量也很高，其中白蘑远销国内外，享有盛名。呼伦贝尔沙地的植被按区域特征可分为3个类型：①沙地西部植被类型。属典型草原植被，但因气候干旱，虽有大针茅、羊草等分布，但不起显著作用，而旱生性较强的克氏针茅、隐子草等占据优势，以丛生小禾草、旱生小灌木、半灌木和葱类等为伴生种。小叶锦鸡儿的数量明显增加，榆树疏林已不存在。在克鲁伦河沿岸滩地及河谷低湿地，有芨芨草、马蔺等盐化草甸。②沙地中部植被类型。为典型草原植被，草原群落的建群种为大针茅、羊草等，还有隐子草和杂类草群落以及小叶锦鸡儿灌丛化的大针茅草原等，另有差巴嘎蒿、冷蒿半灌木群落和黄柳灌丛及榆树疏林等；在河漫滩及低湿地有中生禾草、苔草、杂类草等草甸。③沙地东部植被类型。为大兴安岭西麓森林草原植被，以白桦为主，混生有山杨等，草原群落的建群种为线叶菊、贝加尔针茅、羊草等；沟谷及河漫滩分布有中生杂草和苔草类组成的沼泽化草甸及沼泽植被；靠南部红花尔基一带有大面积的樟子松林带，伴生有白桦、榛子（*Corylus heterophylla*）等，还有线叶菊、针茅、羊草、地榆（*Sanguisorba officinalis*）等杂类草。

3.3　风蚀荒漠化防治的基本原理

众所周知，风蚀荒漠化防治的首要问题之一是要遏制地表面风沙运动，进而采取措施建立和恢复植被并促进形成稳定的生态体系。对于前者，应主要遵循风沙物理学原理，而后者主要遵循生态学原理。

3.3.1　风蚀荒漠化防治的风沙物理学原理

3.3.1.1　沙粒起动机制

风沙运动是风通过自有的搬运能力，将地面沙粒吹起，并携带一起运动的过程。其中风是沙粒运动的直接动力，风力对沙粒的作用力可表示为

$$F = \frac{1}{2} C \rho V^2 A \tag{3-2}$$

式中　F——风的作用力（N）；

　　　C——与沙粒形态、气流性质、雷诺数有关的阻力系数；

　　　ρ——空气密度（kg/m³）；

　　　V——气流速度（m/s）；

　　　A——沙粒迎风面面积（m²）。

可以看出，风速的大小是决定沙粒能否起动的关键性因素，但并不是所有的风都会产生风沙运动，只有达到一定能量的风才能够使沙粒开始运动。因为沙粒的运动是要从风中获得能量，随着风速的增大，风的作用力增大，沙粒获得的能量也会增大，当风速作用力大于沙粒阻滞力时，沙粒才能够起动。这个使沙粒运动所必需的最小风速称为起动风速（或临界风速）。一切大于临界风速的风都能够产生风沙运动，称为起沙风。

沙粒的起动风速，与诸多因素有关，包括沙粒粒径大小、下垫面状况和沙物质的含水率等。拜格诺（R. A. Bagnold）根据流体起动条件下，作用在沙粒上的迎风面阻力（拖曳力）和重力的平衡关系，推出了沙粒松散状态下临界起动风速与粒径关系的表达式：

$$V_{*t} = 5.75A \sqrt{\frac{\rho_s - \rho}{\rho} gd} \qquad (3-3)$$

式中　V_{*t}——临界摩阻风速（m/s）；

　　　A——风力作用系数；

　ρ_s、ρ——分别为沙粒和空气的密度（kg/m³）；

　　　g——重力加速度（m/s²）；

　　　d——沙粒粒径（mm）。

从流体力学理论可以知道，一般情况下地面风速沿高程按对数规律分布，即：

$$V_t = V_{*t} \lg \frac{z}{\varepsilon} \qquad (3-4)$$

式中　z——距地面的高度（m）；

　　　ε——下垫面粗糙度（m）。

把式（3-3）代入式（3-4）中，就可以得到任意高度处的临界起动风速 V_t 的表达式：

$$V_t = 5.75A \sqrt{\frac{\rho_s - \rho}{\rho} gd} \cdot \lg \frac{z}{\varepsilon} \qquad (3-5)$$

关于公式中的系数 A，在流动状态的有限范围内一般为常数。而流动状态则用雷诺数表达。研究结果发现，当雷诺数 $R_e = V_* \cdot d/\nu > 3.5$、沙粒粒径 $d \geq 0.25$mm 时，系数 A 接近一个常数。拜格诺根据均匀沙的试验结果，得 $A = 0.1$；钱宁得出的 A 值为 0.08；切皮尔（1945）则认为 A 值在 0.09~0.11 之间变化；津格得出的 A 值为 0.12；而据莱尔斯（L. Lyles）和克劳斯（R. K. Krauss）的试验结果认为，A 值变动于 0.17~0.20 之间。则由式（3-3）、式（3-5）可以看出，沙粒愈大，起动风速也愈大，起动风速与粒径平方根成正比。拜格诺的这一结论，已得到众多学者的反复证实[贝利（Belly），切皮尔和伍德鲁夫，堀川和沈学汶]。吴正和凌裕泉在我国新疆塔里木盆地布古里沙漠地区，用染色沙进行多次试验观测，亦获得十分相似的依赖关系（表3-5）。

表 3-5　沙粒粒径与起动风速值（新疆莎车布古里沙漠，起动风速为离地 2m 高处）

沙粒粒径（mm）	起动风速（m/s）
0.10~0.25	4.0
0.25~0.50	5.6
0.50~1.00	6.7
>1.00	7.1

注：引自吴正编著《风沙地貌学》。

从上述拜格诺的推导过程不难发现，他只是研究了沙粒在风的正面推力作用下，沙粒贴近地面的翻滚过程（或称转动位移），而实际上风沙运动是非常复杂的过程，特别是对离开地面的跃起飞升问题并没有说明，正面推力也无法进行解释。而对风沙运动来说，跃起飞升显然过程更加重要，因此，也引起了学术界更多的重视和关注，不少学者结合各自的研究、认识和理解提出一些假说，概括起来可以归纳为以下几种：

（1）压差升力说

切皮尔（W. S. Chepil）、兹纳门斯基（А. И. Знаменский）、普朗特（L. Prandtl）等认为，由于地表上沙土颗粒上下存在风速差，根据伯努利定律，颗粒上面速度大、压力小，而颗粒下面速度小、压力大，从而使颗粒受到一个方向上的压差作用力，颗粒可能起动、上升而离开地面。不过，由于沙土颗粒十分细小，上下速度差，即压差也应是很小的。所以，除具有特殊形状的轻质大颗粒和碎片，如凸面向上的贝壳之外，其余是可以忽略的。但杜宁（А. К. Дюний）认为，地表上作用着一个垂直气压梯度力，这是一个产生剪切力的力，是由气团和大气过程决定的。他指出，在较高风速下（平坦雪面上 5cm 高处，风速达 15m/s），地表涡旋边界层内，离表面 2mm 高处，负压力梯度可达 9.8Pa。因而，可能使颗粒脱离地面。

（2）紊流扩散与振动学说

哈得逊（Hudson）在分析沙粒飞升的原因时认为，流体紊流脉动可将脉动能量传给沙粒，其强度可达发声的程度。当两个振动粒子相碰时，可将其中一个弹入空中。比萨尔（Bisal）和尼尔森（Nielsen）采用双目显微镜对风洞中沙盘上的侵蚀性和非侵蚀性沙颗粒进行观察，发现大多数侵蚀性颗粒在风力不大时就开始振动。而振动很少是稳定的，且其强度随着风力加强而增强。当风力到达某个临界值时，颗粒经常出现急剧振动 3~5 次后，一下子停止振动，然后立即离开表面（如同弹射）。于是，他们认为，颗粒运动是由于压力脉动所引起的冲击力造成的。莱尔斯（L. Lyles）和克劳斯（Krauss）根据风洞实验观测得出，当平均风速接近临界起动风速时，一些颗粒（$d = 0.59~0.84$mm）开始来回振动，其平均振动频率为 1.8 ± 0.3Hz，他们认为这和包含有紊流运动最大能量的频带有关。

（3）冲击碰撞学说

拜格诺（R. A. Bagnold）根据从风洞顶上供沙器供沙时，可以降低沙面的起动风速的实验认为，沙粒脱离地表及进入气流中运动的主要驱动力是冲击力。他通过实验还发现，以高速运动的颗粒在跃移中通过冲击方式，可以推动六倍于它的直径或二百倍于它的重量的沙粒。伊万诺夫（А. П. Иванов）也通过研究认为，决定沙粒脱离地表的主要升力是冲击力，且计算表明冲击力可以超过重力的几十倍甚至几百倍。沙粒流对地表的碰撞，在维持

和发展风沙流传输上的作用是众所周知的，但对平静的沙床面来说，冲击起动并无实际意义。因为人们经常提出这样的问题：第一颗沙粒是如何起动的呢？

很显然，上述几种学说都有一定的道理，而且从不同角度揭示了沙粒起动所受到的力的作用，但分析起来，都还有可疑和不完善之处。紊流脉动与振动学说只是提出了力的存在和作用形式，并对沙粒起动过程予以描述，没有详解沙粒在起动时的受力机理，所以这种学说还未说明沙粒的起动机制问题。压差升力学说虽然较为详细地阐述了各种升力在沙粒起动中的作用过程和作用特点，但只是定性分析，未能从量的角度加以证明，也无法区别各种类型的力所起作用的差异。事实上，旋转的沙粒虽然可以产生上升力，但是，由于地表上滚动的沙粒旋转发生在三维绕流中，而不是在二维绕流中，转动速度也不是很大，所以说旋转升力一般是非常小的；近地层负压升力确实存在，但以宏观尺度上的风速分布作为计算基础，其上升力也是很小的，特别是在风速梯度不是很大的情况下，这种升力极小。吴正运用对沙粒运动所摄的高速电影资料，选取了其中的七颗沙粒，通过力学计算得出结论，沙粒的升力只有重力的几十分之一到几百分之一（吴正）。冲击碰撞学说虽然用数据说明了撞击对沙粒起动的重要作用，而且在自然的风沙运动过程中这种撞击现象也可能确确实实存在，但有一点是无法回避的，那就是"第一颗沙粒"是如何起动的？另外需要说明的是，沙面本身不是刚体，它的塑性效益使其碰撞的效果会大打折扣。

丁国栋（2008）根据野外实际观测和研究结果提出不同的看法，他认为沙粒起动的驱动力主要应是气动力，决定性的力应是驻点升力。一股垂直的气流吹向沙面可以使沙粒"四射飞溅"这一简单的现象就是一个佐证。驻点升力可以说是绕流升力的一种极端形式，它是把所有的气流动能在瞬间全部转换为压力能，就好像一束子弹打在一块钢板上一样。驻点升力的产生过程受几种因素的制约，一是由于表面沙粒间的空隙使气流形成"死区"，二是由于沙面本身的粗糙度造成微区域气流的改变，三是由于地面的不平整性产生了非平行气流。经计算可知，在理想状态下，$5m/s$ 的风速可以产生的最大驻点升力为 16.16 N/m^2，可使边长 0.5mm 的正方形沙粒（石英颗粒，假设密度为 $2.67 \times 10^3 kg/m^3$）受到约 $7.7 \times 10^{-7}N$ 的瞬时净上升力，较脉动力、压差升力和旋转升力要大得多。当然，这还需要进一步的实验验证，本书在此特别提示，以期有兴趣的学者共同探讨。

3.3.1.2 沙粒起动的影响因素

对于风蚀荒漠化而言，风沙运动问题既是重点，亦是难点。上节关于沙粒起动机制的内容，只是就非常简单、理想化的情况进行了一些阐述。拜格诺所提出的"起动风速与粒径平方根成正比关系"的结论也只是在一定粒径范围内成立。实际上自然的沙物质并不是圆形颗粒，沙物质大小也并非是均匀一致，而且深受含水率及其所处环境（如植被）的影响。

（1）细小沙粒的起动

通过进一步实验研究，拜格诺发现，起动风速最小的石英沙粒的临界粒径为 0.08mm左右，小于 0.08mm 时起动风速反而要增大。在一层疏松分散的水泥粉上，吹过一阵稳定的气流时，即使当 V_* 超过 $100cm/s$ 时，就是风速足以使粒径为 4.6mm 的细石发生运动，也吹不动粒径极小的水泥粉。许多学者的实验也得到相同的结果。对这种现象，有的学者给出的解释为，随着沙粒径的减小，当雷诺数 $R_e = V_* \cdot d/\nu < 3.5$ 时，从流体力学观点上

说，床面变成"光滑"的，靠近床面沙粒附近的流动发生了重大的变化。个别的沙粒不再放射小旋涡，紧贴着沙粒四周一层半粘性的、非紊动的层流，附面层流层开始起到隐蔽作用。阻力不再为少数几颗更为暴露的沙粒所承担，而是或多或少地均匀分布在全部床面上。因此，相对来说，要有较大的阻力才能使第一颗沙粒发生运动。这样流体起动速度必然变得更大一点。其实，从理论力学的角度也能予以解释，当沙粒的粒径减少到一定程度时，其表面积会急剧增大，颗粒间的内聚力(摩擦力、团聚作用)也相应会大大提升，起动风速必然增大。

（2）沙物质含水率对起动风速的影响

沙物质含水率对沙粒起动风速的影响与细小粒径下沙粒的起动机制有相似之处，因为水的黏性远比空气大，含水率的增加势必会提高沙物质的内聚力和黏滞力，团聚作用加强，从而造成沙粒起动风速的加大(表3-6)。

表3-6 不同含水率时沙粒的起动风速值

沙粒粒径（mm）	不同含水率下沙粒的起动风速(m/s)				
	干燥状态	含水率(%)			
		1	2	3	4
2.0~1.0	9.0	10.8	12.0	—	—
1.0~0.5	6.0	7.0	9.5	12.0	—
0.5~0.25	4.8	5.8	7.5	12.0	—
0.25~0.175	3.8	4.6	6.0	10.5	12.0

需要说明的是，沙物质含水率对沙粒起动风速的影响不是无限的，而是存在一个极限值，也就是说，当沙物质含水率达到一定值时，含水率的影响不再发生变化，这一含水率称为极限含水率。刘玉平（2002）利用不同粒径（平均粒径）的沙子，在不同含水率条件下进行起动风速的风洞实验，通过分析后得出结论，沙子的极限含水率随沙粒粒径的增大而减小，粒径为 0.05mm 的湿沙的极限含水率为 4.46%，而粒径为 0.45mm 的湿沙的极限含水率则为 1.29%。沙漠沙（粒径一般为 0.10~0.25mm）的极限含水率近似为 4.0%。

（3）植被对起动风速的影响

对于特定的沙物质本身而言，沙粒的起动风速应该是固定的，但是现实中所有的沙物质都是处于不同的环境中，各种相关因素反过来会对风沙运动的动力——风造成影响，宏观尺度上可以改变沙粒的起动条件。沙质荒漠化防治所主要关注的也正是在各种不同环境情况下，是否会产生风沙运动？因此，以植被为核心的地面阻滞物的存在、特征与作用，便自然成为人们关心的关键问题。就植被而言，从空气动力学的角度来看，应该是植被覆盖度越大、高度越高，布局越合理，即粗糙度越大，对近地面气流的减弱作用也越大，相应的以某个固定高度衡量的沙粒起动风速也就会越大。地表风速随高度一般按对数规律分布，只有固定高度出现较大风速的时候，才能保证地面风速达到沙粒起动的程度。长期的实践经验总结发现，对于裸露、干燥和松散状态的沙漠沙（亦称裸沙），当地面 2m 高度处的风速达到 4~5m/s 时，沙面上最容易起动的粒为 0.1~0.25mm 的细沙就会产生风沙运动，因此，在气象学上，常把 5m/s 以上的风速作为"起沙风"进行统计应用。而当沙面的植被盖度达到 40% 以上时，除大风以上风速的风，一般起沙风都不会造成明显的风沙运

动。据此，人们根据植被覆盖度的差别，将沙面状态分为固定沙地(丘)、半固定沙地(丘)和流动沙地(丘)，对应的植被覆盖度分别是>40%、10%~40%和<10%。也有学者把10%~40%的覆盖度区间细化为10%~25%和25%~40%两个区段，对应的地面状态分别称为半流动沙地(丘)和半固定沙地(丘)。除植被外，其他下垫面粗糙特征也会影响沙粒的起动风速(表3-7)。

表3-7　不同地表状况下沙粒的起动风速

地表状况	起动风速(m/s, 2m 高处)
戈壁滩	12.0
风蚀残丘	9.0
半固定沙丘	7.0
流动沙丘	5.0

3.3.1.3　沙粒运动的基本形式

对于沙质地面，当风速达到或超过临界起动风速时，地表上的沙粒便开始移动，产生风沙运动。由于颗粒大小、所处位置、风力以及主要动量来源的不同，所以沙粒运动可表现为蠕移、跃移和悬移3种基本形式(图3-13)。

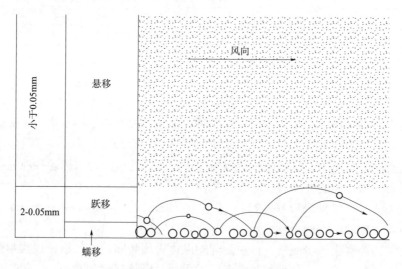

图3-13　风沙运动3种基本形式

（1）蠕移运动

沙粒贴地表滚动或滑动，称为蠕移运动。蠕移运动的沙粒叫作蠕移质。沙物质中粒径范围为0.5~1.0mm的沙粒(土壤径级划分中的粗沙)最容易以蠕移质的方式运动。根据野外观测的结果显示，在一般风沙运动中，蠕移质约占风沙流中总输沙物质的1/4。在较小起沙风速时，肉眼可以观察到蠕移质时走时停，每次只移动几毫米；但是，当遇到较大起沙风速时，蠕移质走过的距离就会随之增长，而且有比较多的颗粒在同时运动；到了更大的起沙风速时，整个地表面变得较为模糊，好像都在缓缓向前蠕动一样。在流动沙地区，蠕移质和微地貌——沙纹的形成有很大关系。丁国栋(2008)在野外通过细致的观察发现，当沙表面产生风沙运动的时候，蠕移质沿风向运动并开始聚集，形成不规则的、与风向垂直的非常细小的沙纹，长度很短，过程非常快，约几秒或几十秒钟；而后小沙纹作为整体向前运动，相互间开始合并，沙纹变长、变宽、变高，并有少量小沙粒填入；沙纹继续合并、链接，但粒级组成变得复杂起来，逐步发育成形态完整的雏形沙纹，这个过程持续的时间最长，约几分钟；雏形沙纹进一步增长，形成以近乎相等间距的、有规律地排列的成熟沙纹，并以几乎一致的速度向前运动，这时在沙纹的表面上可发现分布着次一级的小沙纹。进一步的实验研究也验证了上述结论，实验时把沙漠沙物质用筛分法按设定的径级大小分成不同的组别，并用不同颜色的染料进行涂染，待干燥后充分混合，再均匀地撒回到流动沙地表面，被风吹刮。经过一定时间后可以发现，大颗粒的沙子会集中分布在沙纹的脊线附近。

（2）跃移运动

跃移运动是指沙粒在垂直分力和水平分力的共同作用下，以类似抛物线轨迹的一种运动方式。以跃移形式运动的沙物质颗粒称为跃移质。跃移运动是风沙运动过程的最主要形式，在一般风沙运动中，跃移质约占风沙流总输沙量1/2以上，甚至达到3/4。沙物质中粒径为0.10~0.15mm的沙粒(土壤径级划分中的细沙部分)，最容易以跃移质的形式运动。

跃移运动轨迹可用数学方程进行表达，其主要参数包括起跳角、起跳速度、飞升高度、空中停留时间，以及降落角、飞行速度及飞行距离等(图3-13)。但由于影响因素和沙粒运动的复杂性，目前很难用一个或几个方程完全、准确地加以表达。通过分析国内外众多专家学者的研究结果，至少可总结出跃移质的如下一些特征：

① 绝大部分跃移运动的沙粒都贴地表附近，90%以上的跃移质都在地表附近30cm的高度范围内，在地表以上5cm的高度范围内运动的沙粒通常占跃移质的一半左右。

② 沙粒跳跃有高有低，但降落角变化较小，一般为10°~16°(拜格诺)；起跳角变化较大，约40%的颗粒起跳角为30°~50°、28%为60°~80°(吴正、凌裕泉)。

③ 跃移沙粒在运动过程中，进行着高速旋转，旋转速度达200~1000r/s，且在运动过程中会发生相互碰撞，使得跃移的沙粒运动轨迹发生变化。

④ 由于空气的密度比沙粒的密度要小得多，沙粒在运动过程中受到的阻力较小，在落到沙面时仍然具有相当大的动量。因此不但下落的沙粒本身有可能反弹起来，继续跳跃前进，而且由于它的冲击作用，还能使下落点周围的一些沙粒飞溅起来进入跳跃运动，反跳的高度以粒径的十倍或百倍计，这样就会引起一连串的连锁反应，使风沙流中的输沙量很快达到相当大的密度(拜格诺)。

⑤ 影响飞行距离和飞升高度的因素主要为地面物质组成和起跳角。一般来讲，地面物质组成越粗糙，飞行距离越长、飞升高度越大。在风洞中可以很清楚地看到跃移性质的不同，当床面是粒径均匀的细沙时，"沙云"的厚度很薄；但是当表面散布了一些细石后，在整个风洞的高度内自床底到顶板都充满了飞跃的沙粒。俯冲的颗粒从石块上猛烈地反弹起来，上升到风洞顶板，甚至和顶板碰撞而反弹回来。随着起跳角的增大，跃移长度和高度均相应增大。由于高度的增长幅度大于长度的增长幅度，因此，反映出跃移长度与高度的比值，随起跳角加大而减少。

（3）悬移运动

悬移运动是指沙物质颗粒保持一定时间悬浮于空气中而不与地面接触，并以与气流近乎相同的速度向前运移的运动形式。以悬移状态运动的沙物质颗粒就称为悬移质。悬移运动主

要决定于气流的向上脉动分速必须超过颗粒的沉速。粒径 $d<0.1mm$ 的沙粒，在大风状态下即可成为悬移质；而粒径 $<0.05mm$ 的粉沙和黏土颗粒，体积小、质量轻，在空气中自由沉速低，一旦被风扬起，就不易沉落，能被风悬移很长距离，甚至可远离源地千里以外。

冯·卡门曾经估计过沙物质自床面外移以后在空气中持续的时间 t 及所能够达到的距离 L。

$$t=\frac{40\varepsilon\mu^2}{\rho_s^2 g^2 d^4} \tag{3-6}$$

$$L=\frac{40\varepsilon\mu^2 V}{\rho_s^2 g^2 d^4} \tag{3-7}$$

式中　g——重力加速度；

　　　μ——空气的黏滞系数；

　　　V——平均风速；

　　　d——颗粒粒径；

　　　ρ_s——沙土的密度；

　　　ε——空气的紊流交换系数，对比较强的风来说，ε 可取 $10^4\sim10^5 cm^2/s$。

根据式(3-6)及式(3-7)，可以推算出不同粒径的沙物质在 15m/s 的平均风速下悬移时所能达到的距离和高度(表 3-8)。

表 3-8　沙物质在风力吹扬下能达到的距离和高度

沙物质粒径(mm)	沉速(cm/s)	空中持续时间	距离	高度
0.001	0.0083	0.95~9.5a	$4.5\times10^5\sim4.5\times10^6$km	7.75~77.5km
0.01	0.824	0.83~8.3h	45~450km	78~775m
0.1	82.4	0.3~3s	4.5~45m	0.78~7.75m

从表 3-8 不难看出，对于粉沙以下的物质，在风力吹扬下可以远走高飞，甚至远渡重洋。正因为如此，在荒漠的沙丘中，往往缺乏小于 0.06mm 的物质，而在大面积的海底，却可以看到风成物质的沉积。

拜格诺经研究指出，呈悬浮搬运的沙物质量尚不到 5%，池田茂在野外测定，当风速大于 6m/s 时，该值甚至不足 1%。这说明沙尘暴的尘埃很少来自沙漠。

在风沙运动的几种基本形式中，以跃移运动最为重要，不仅是风沙运动的主体，而且表层蠕移运动和悬移运动也都与它有关。表层蠕移直接从跃移质取得动量。悬移质的细尘土，当它们沉积在地面时，由于受附面层流层的隐蔽作用和颗粒之间本身具有的黏结性，往往很难为风力所直接扬起，只有当跃移质的冲击作用把它们驱出地面以后，气流中的旋涡就很容易带着它们远走高飞。所以，防止风蚀的主要着眼点应该放在如何制止沙粒以跃移形式运动。有时一个地区的风沙运动常常可以通过跃移运动的连锁反应而引起下风方向大范围内的沙物质前移，对于这些容易发生侵蚀的小区域优先进行保护，往往可以解除或减轻大面积的风蚀。

3.3.1.4　风沙流

风通过自身的能量将地面沙物质吹起，并携带着一起运动所形成的风沙二相流，称为风沙流，亦指含有大量沙物质的运动气流。

（1）风沙流的输沙量

风沙流在单位时间内通过单位面积（或单位宽度）所搬运的沙量，叫作风沙流的输沙量，单位表示是 $g/(cm^2 \cdot min)$ 或 $g/(cm \cdot min)$。输沙量是衡量沙区沙害程度的重要指标之一，也是防沙治沙工程设计的主要依据。

正由于输沙量具有重要的理论和实践意义，因此，成为国内外学者特别关注和研究较多的问题之一。人们很早就从实际观测中发现，一定风力下风对颗粒的输运能力是有限度的。这是因为风沙流跃移系统会因风场和运动粒子的相互作用力，而建立一种负反馈机制来控制系统输运颗粒的总量，这种负反馈机制就是所谓的"风沙流自平衡机制"或"风沙流自动调节机制"（安德森等，1991）。它的启示是：在一定的风力下，如果沙源充分，风中携带的颗粒数量（即输沙量）将维持在某一个特定值（这时称风沙流达到平衡）。

自20世纪30年代以来，许多学者对气流与沙物质间相互作用的机理进行研究，并提出了数十个理论和经验公式用来计算输沙量。其中最具代表性的是拜格诺和河村龙马的输沙量公式，二者均是基于风沙运动过程从理论方面进行探讨而提出的。拜格诺（1941）以运动沙粒的动量变化为基础，根据跃移运动的特性轨迹，利用普朗特混合长度理论和牛顿力学定律推导出跃移质输沙量公式：

$$Q_s = B \frac{\rho}{g} V_*^3 \qquad (3-8)$$

式中　ρ——空气密度（g/cm^3）；

　　　g——重力加速度（m/s）；

　　Q_s——单位宽度跃移质输沙量 [$g/(cm \cdot s)$]；

　　V_*——气流的摩阻速度（m/s）；

　　B——比例系数（又称冲击系数）。

拜格诺认为，在全部输沙量中，应该包括跃移量 Q_s，表层蠕移量 Q_c 以及可能产生的一小部分悬移量 Q_0（悬移量在风沙运动中所占比例很小，一般情况下可以忽略不计）。因为蠕移质主要是从跃移质的冲击中取得动量，所以对于气流的阻力无贡献。此外，悬移质的沙粒是和气流速度相同的速度运动的，所以它对气流的阻力亦无贡献，实验结果显示，蠕移质输沙量约占全部输沙量的 1/4，跃移质输沙量约占全部输沙量的 3/4，所以全部输沙量 Q 为：

$$Q = \frac{4}{3} B \frac{\rho}{g} V_*^3 \qquad (3-9)$$

根据风洞试验的结果，拜格诺进一步发现：对于与沙丘中沙粒粒径大致相同的沙，即粒径在 0.1 至 1.0mm 之间的沙物质，Q 与沙粒粒径的平方根成正比。因此，输沙量公式最终可写成如下形式：

$$Q = C \sqrt{\frac{d}{D}} \frac{\rho}{g} V_*^3 \qquad (3-10)$$

式中　D——0.25mm 标准沙的粒径；

　　　d——实际的沙粒粒径（mm）；

　　　C——经验系数，具有如下的取值：对于几乎均匀的沙，$C=1.5$；对于天然混合沙

（如沙丘沙），$C=1.8$；对于粒径分散很广的沙，$C=2.8$；在极端的情况下，床面颗粒大到不能移动（细石或岩石表面），这时 C 值要大得多，可能超过 3.5。

如果用一定高度上测得的风速来表示输沙量时，还可表示为：

$$Q=AC\sqrt{\frac{d}{D}}\frac{\rho}{g}(V_x-V_t)^3 \tag{3-11}$$

式中　V_x——某一高度 z 处的实际风速（m/s）；

　　　V_t——同一高度起沙风速（m/s）；

　　　A——常数，其值为 $A=\left(\dfrac{0.174}{\lg z/\varepsilon}\right)^3$。

为了更为方便地应用，拜格诺后来对这个公式进行了修改，其形式为

$$Q=\frac{1.0\times10^{-4}}{\lg(100z)^3}t(V_x-16)^3 \tag{3-12}$$

式中　Q——风在单位时间每米宽度所携带的沙物质吨数；

　　　V_x——某一高度 z（一般为 10m 高处）的实际风速（km/h）；

　　　z——距地面高度（m）；

　　　t——风速 V_x 的吹刮时间（h）。

河村龙马在输沙量推演过程中做了与拜格诺的类似的假定，仅是在运动速度的计算上有所不同，其关系式为：

$$Q=K_4\frac{\rho}{g}(V_x-V_t)(V_x+V_t)^2 \tag{3-13}$$

式中　K_4——常数（由实验确定），对于 0.25mm 的沙，河村龙马得出其值为 2.78。

从上述的结果可以看出，不论是拜格诺的输沙量公式，还是河村龙马的输沙量公式，其基本含义都是一致的，即输沙量的大小与起沙风速的 3 次方成正比关系。对于河村龙马的输沙量公式，当 $V_x=V_t$ 时，输沙量等于零，这是河村龙马公式比拜格诺公式更为合理的地方。堀川和沈学汶用中值粒径为 0.20mm 的沙进行了输沙量测定实验，用以对各家公式作出评估，最后得出在 $V_*<40cm/s$ 时河村公式比较可靠，而在 $V_*=40\sim70cm/s$ 范围，则以拜格诺公式更为可靠。他们还进一步指出，如果河村公式中的常数 K_4 取 1.02×10^{-3}，则该公式就与实验结果更为符合。而且在风速较大（$V_*>40cm/s$）时，各家公式计算结果差异不大，但是所得的输沙量与实验结果，特别是与野外观测值都有不小差距。

在拜格诺和河村龙马推导出的输沙量公式的基础上，世界各地其他有关学者便纷纷利用各种手段和方法，提出不同类型的经验公式。

津格，利用沙丘的级配沙进行风洞实验，推导出了输沙量的如下经验公式：

$$Q=C\left(\frac{d}{D}\right)^{\frac{3}{4}}\frac{\rho}{g}V_*^3 \tag{3-14}$$

式中　C——经验系数，通过实验测得为 0.83。

由于津格在确定输沙量时是根据跃移质在垂线上的分布延伸到床面以后进行积分得来的，实际上并没有包括蠕移质在内，因而所得输沙量偏小。

刘振兴则根据贴地面层沙粒跃移和冲击作用，推导了跃移沙粒对输沙量的贡献，并通过假说"跃移输沙占总输沙量的75%"，得到输沙量公式为：

$$Q = 2.13\sqrt{\frac{2}{3C_D}\frac{\rho}{g}V_*^3}$$ (3-15)

式中　C_D——单个沙粒的阻力系数。

扎基罗夫(Р. С. Закиров)利用集沙仪在野外实验观测的基础上，认为1m高度处的临界起动风速应为4.1m/s，于是提出了一个更为简单的输沙量的经验公式：

$$Q = 0.16(V_{1.0} - 4.1)^3$$ (3-16)

式中　$V_{1.0}$——距地面1m高度上的风速(m/s)。

（2）风沙流结构

风沙流结构是指气流中所搬运的沙物质在搬运层内随高度的分布特性。

由于风速大小、沙粒运动方式以及下垫面状况的差异，造成了风沙流中的沙物质在距地表不同高度层内密度、径级的差异。一般而言，距离地面越近，沙物质的密度越大、径级越粗；距离地面越远，沙物质的密度越小、径级越细。切皮尔发现，在土壤表面，90%的风沙流分布高度低于31cm，0~5cm高度内搬运的含沙量占总输沙量的60%~80%。吴正通过野外观测发现：在沙漠地区，风沙流中的含沙量绝大部分(90%以上)分布在离沙质地表30cm的高度层内，地表10cm高度层内约占80%，如表3-9所示。其他学者也曾经得出类似的结果，所以通常认为风沙运动是一种贴近地面的沙物质搬运现象。正因为如此，人们通过采取各种防沙措施改变近地面层风的状况及风沙流结构，就可削弱或减少沙物质活动的强度，从而达到防沙治沙的效果。

表3-9　风沙流中不同高度层含沙量的分布

高度层（cm）	0~10	10~20	20~30	30~40	40~50	50~60	60~70
含沙量（%）	76.7	8.1	4.9	3.5	2.7	2.3	1.8

对于风沙流结构，其量化关系是学术界一直关注的重要问题之一。津格(1953)在采用沙丘的级配沙进行风洞实验的基础上进行分析，得出床面以上不同高度层输沙率Q_z与对应高度z之间的函数关系，即

$$Q_z = \left(\frac{b}{z+a}\right)^{\frac{1}{n}}$$ (3-17)

式中　z——距地面高度；

　　Q_z——高度z处的输沙量；

　　b——随沙粒粒径和剪切力而变化的常数；

　　a——参考高度；

　　n——指数。

津格还同时给出沙粒平均跳跃高度的近似经验公式：

$$z_a = 7.7d^{\frac{3}{2}}\tau^{\frac{1}{4}}$$ (3-18)

式中　z_a——沙粒平均跳跃高度(in[①])；

———

① 1 in = 0.0254m；1 lb/ft² = 4.88250kg/m²

d——沙粒粒径(mm);

τ——床面上的剪切力(lb/ft^2)。

马世威、高永通过野外实验观测得出结论，风沙流中的各层级输沙量与高度呈指数函数关系，但其具体表达式有多个，即只要划分出不同高度层，并测定一定高度的风速和各层级的输沙量，就会有一个表达式。所以采用一个通用表达式反映此规律，即

$$Q_z = a(b)^z \tag{3-19}$$

式中　Q_z——高度 z 处的输沙量；

　　　z——距离地面高度，0~10cm;

　　a、b——系数，取决于风速和沙量，一般由实验确定。

此式的含义是在各种风速和输沙量的条件下，距离地面0~10cm垂直高度层内，风沙流中各层级输沙量与高度呈指数函数关系。

风沙流结构是风沙流一种十分重要的性质，它不仅反映了风对沙物质搬运的规律性，同时反映了风沙流的饱和程度以及对地面的蚀积作用。对此，一些专家学者曾提出用一定的指标来表示风沙流的结构特征。

兹纳门斯基对风沙流结构特征与沙物质吹蚀和堆积的关系，进行了比较系统的风洞实验研究。并通过资料分析，发现在不同风速条件下，0~10cm气流层中输沙率的分布具有如下重要特点：

① 第一层(0~1cm)的输沙量随着风速的增加而相对减少。

② 不管风速如何变化，第二层(1~2cm)的输沙率基本上保持不变，相当于0~10cm层总输沙量的20%。

③ 平均沙量(10%)在3~4cm层中搬运，这一层的输沙率也基本上保持不变。

④ 风沙流较高层(2~10cm)中的输沙率随着风速的增大而增大。

根据上述特点，兹纳门斯基提出了用 $Q_{max}/\overline{Q}_{0~10}$ 的比值作为风沙流结构特征指标，来判断地表的蚀积搬运状况。这个参数标称为风沙流结构数 S，即

$$S = Q_{max}/\overline{Q}_{0~10} \tag{3-20}$$

式中　Q_{max}——0~10cm高度层内的最大输沙率，为0~1cm层的输沙率；

　　$\overline{Q}_{0~10}$——0~10cm高度层内的平均输沙量，等于0~10cm层内总输沙量的10%。

用风沙流结构数判断地表的蚀积，首先必须确定各种下垫面的蚀积转换临界值，兹纳门斯基通过研究提出的临界值 $S_{临}$ 如下：粗糙表面为3.6，沙质表面为3.8，平滑表面为5.6。当 $S>S_{临}$ 时为堆积，$S<S_{临}$ 时为风蚀。在实际工作中，不好确定下垫面的临界值 $S_{临}$，所以结构数只能作为理论和实验研究的参数，实际应用尚较困难。

为了进一步说明风沙流的结构特征与沙物质吹蚀、搬运和堆积的关系，吴正、凌裕泉又提出了风沙流特征值 λ，作为判断地表蚀积方向的指标，其公式为

$$\lambda = \frac{Q_{2~10}}{Q_{0~1}} \tag{3-21}$$

式中　$Q_{0~1}$——0~1cm高度层内风沙流的输沙率；

　　$Q_{2~10}$——2~10cm高度层内风沙流搬运的总沙量。

在平均情况下，λ 值接近于 1，此时表示由沙面进入气流中的沙量和从气流中落入沙面的沙量，以及气流上下层之间交换的沙量接近相等，沙物质在搬运过程中，无吹蚀亦无堆积现象发生。

当 $\lambda > 1$ 时，表明下层沙量处于饱和状态，气流尚有较大搬运能力，在沙源丰富时，有利于吹蚀；对于沙源不丰富的光滑坚实下垫面来说，仍是标志着形成所谓非堆积搬运的条件。

当 $\lambda < 1$ 时，表明沙物质在搬运过程中向近地表面贴紧，下层沙量增大很快，增加了气流能量的消耗，从而造成了有利于沙粒从气流中跌落堆积的条件。

上述 λ 值与蚀积搬运关系虽然多次为许多学者的野外观测所证实，但是由于自然条件下引起的吹蚀堆积过程的发展和 λ 值的因素是极其错综复杂的。因此，它只能用来定性地识别和判断沙子吹蚀、搬运和堆积过程发展的趋势。

（3）下垫面对风沙流的影响

下垫面是个多变复合体，其性质包括地势的高低起伏、床面坚硬程度、颗粒级配状况、沙物质水分含率、沙纹分布、沙丘部位、植被类型及覆盖度状况等。下面仅就床面坚硬程度和植被覆盖两个方面的影响进行讨论。

① 床面坚硬程度对风沙流的影响

大量的风洞实验和野外观察表明，沙粒在坚硬的床面（如砂砾戈壁）上运动，和在疏松的沙床上运动是不同的。在坚硬的床面上，沙粒强烈地向高处弹跳，增加了上层气流中搬运的沙量，并且沙粒在飞行过程中飞得更远，在沿下风方向的一定距离内，和地面冲撞的次数减少了，因而需要气流补给颗粒动量的场合也就少了，而且，沙粒分散在较高的空间，可以充分利用不同高度气流（风）的能量。所以，对气流的阻力也因之而减小，使得砂砾戈壁风沙流常处于非饱和搬运状态，风蚀作用强烈，却少见风沙堆积现象。而在疏松的沙床上，沙粒的跃移高度和水平飞行距离都较小，在搬运过程中向近地面紧贴，下层输沙量增加幅度很大，从而增加了近地面气流的能量消耗，减弱了气流搬运沙子的能力，因此，使得在一定的风力作用下，松散的床面上的输沙量比坚硬细石床面上的输沙量要小得多（表 3-10、表 3-11）。正是由于松散的沙质地表上输沙量低（即容量小），气流易容易达到饱和。所以，在野外常会看到，在疏松的沙质平原上一般要比砂砾戈壁上积沙多，易于形成沙堆。当然，砂砾戈壁上在没有障碍物（地形起伏或人为障碍）的情况下，一般不易积沙的原因，还与其沙子的供应不充分（沙子因受细石的掩护，在一般风力下不易起沙）、气流不易被沙子所饱和有关。这种因地面结构改变，或由于外在阻力的影响，地表风逐渐变弱，使输沙量减小而产生的堆积，拜格诺称之为停滞堆积。

表 3-10　不同下垫面性质的输沙量和近地面层不同高度层输沙量的影响（新疆民丰雅通古斯）

地表状况	风速(m/s) (1.5m 高处)	输沙量 (g/min)	不同高程(cm)的含沙量(%)									
			1	2	3	4	5	6	7	8	9	10
流沙	8.0	3.43	45.2	23.7	9.5	6.7	5.0	3.1	2.2	1.7	1.4	1.4
砂砾地面	8.4	6.22	14.5	14.1	12.5	11.4	10.0	10.0	7.7	7.2	6.6	5.4

表 3-11　砂砾戈壁与流沙地表风沙流结构的变化(风洞实验结果)

风速(m/s)		8		10		12		14		16		18		20	
地表状况		戈壁	流沙	戈壁	流沙	戈壁	流沙	戈壁	流沙	戈壁	流沙	戈壁	流沙	戈壁	流沙
高度(cm)	0~2	1.000	1.000	1.000	1.000	1.000	1.000	1.000	1.000	1.000	1.000	1.000	1.000	1.000	1.000
	2~4	0.931	0.863	0.863	0.754	0.831	0.693	0.805	0.651	0.785	0.619	0.770	0.595	0.756	0.574
	4~6	0.882	0.741	0.778	0.568	0.720	0.481	0.681	0.425	0.652	0.386	0.629	0.356	0.610	0.332
	6~8	0.808	0.601	0.661	0.388	0.584	0.294	0.533	0.240	0.497	0.205	0.486	0.179	0.446	0.160
	8~10	0.760	0.482	0.587	0.265	0.500	0.181	0.455	0.137	0.496	0.110	0.377	0.092	0.354	0.079

注：据邹学勇等，1995。表中数字以最底一层(0~2cm)的沙量作为基数 1.000，其他各层的数则为该层内的沙量与最底层沙量之比。

表 3-12　砂砾戈壁的风沙流结构(野外观测，新疆吐鲁番盆地)

风力等级	不同高度(cm)气流层内搬运的沙量(%)					
	50	100	200	500	900	1000
9	41.7	73.8	94.7	99.9	100.0	—
10	34.8	64.2	89.2	99.7	100.0	—
11	28.0	53.5	82.4	99.9	100.0	—
12	25.5	36.4	62.4	92.6	99.6	100.0
平均	32.5	56.9	82.2	96.6	99.9	100.0

注：据尹永顺等，1989。

尹永顺等(1989)通过对砂砾戈壁地区的风沙流结构特征进行的野外观测和风洞实验研究结果，得出结论：砂砾戈壁风沙流的总体分布高度远大于沙质地表风沙流，且其风沙流中平均约 80%以上的输沙量分布在距地面 200cm 高度的气流层内(表 3-12)；而不像沙质地表那样，80%以上的沙量集中分布在近地面 10cm 的高度范围内。据此，尹永顺将砂砾戈壁状态下的风沙流按高度划分为 3 个层次(图 3-14)。

跃移层：在 2m 以下范围内，风沙流粗沙占主要成分，以跃移为主，粒径级配曲线极值点向右偏移。

飞扬层：在 5m 以上，风沙流运动以飞扬为主。沙粒直径明显变小，$H = 10m$ 时，细沙占 83%($d <$ 0.25)，粒径级配曲线极值点向左偏移。

过渡层：在 2~5m 范围内，风沙流运动既有跃移，也有飞扬。粒径级配曲线上出现两个峰值。

② 植被覆盖对风沙流的影响

植被作为生态系统的主体，不仅是能流、物流、信息流的最主要媒介，土壤养分生产的机器，而且其在维护地面稳定性方面的作用也是不容忽视的。正是

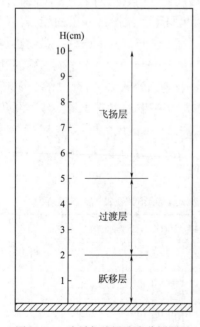

图 3-14　砂砾戈壁风沙流分层图示

因为如此,在荒漠化地区大力提倡造林植树种草和保护天然植被,以此维护地表的稳定性。植被作为气流场中的障蔽物,提高了下垫面的粗糙度,增大了沙物质的起动风速;植物体的阻挡加之柔性枝条的摇摆作用,加大对风的阻力的同时也改变风的运动规律,从而对风沙流产生重要的影响。黄福祥以毛乌素沙地油蒿和沙地柏两种灌木群落为对象,通过野外风沙流观测和数据分析,得出结论:在光裸沙面下,距地表1m高度处沙粒起动风速为4.5m/s,随着植被覆盖度的提高,沙粒起动风速也随之增大。当植被覆盖度达到40%~50%时,沙粒起动风速相应增大到8~10m/s,风沙流输沙量也大为降低。不同风速下有效植被覆盖度的计算结果表明,要在12m/s的风速情况下不发生风蚀输沙,植被覆盖度必须达到40%以上的水平,而要保证20~25m/s的极端强风下显著减少风蚀输沙,植被覆盖度必须达到60%~70%的水平。基于Wasson & Nanninga提出的模型(模型Ⅰ和模型Ⅱ),经过Matlab 5.3数学软件处理,黄福祥还分别推算出输沙量与植被盖度间的2个量化公式:

$$Q_{I}=6.42\times10^{-8}\left[\exp(-0.00338c-0.000202c^2)V-450\right]^3 \tag{3-22}$$

$$Q_{II}=6.42\times10^{-8}\left[V-\exp(0.0065c+0.0002c^2)\times450\right]^3 \tag{3-23}$$

式中 Q_I、Q_{II}——风沙流的输沙量(g/cm·min);

    c——植被盖率(0~1);

    V——距离地面1m高处的风速(cm/s)。

魏宝(2013)在毛乌素沙地以沙蒿植物群落为对象,分别在0%、5%、10%、15%、20%、25%、30% 7个植被覆盖度梯度下进行风沙流规律的研究,经过野外观测和数据分析得出结论:不同植被覆盖度、不同风速条件下输沙率随高度的变化符合典型的指数递减规律,当植被覆盖度小于10%的时候,不同风速下风沙流结构在半对数图上呈直线形式分布,当植被覆盖度大于等于10%的时候,0~6cm高度层内的输沙率大于相应指数规律的数值,表现出偏大型的指数分布规律。

3.3.1.5 沙丘移动规律

沙丘是组成沙漠的最基本的地貌单元,其形态复杂多样。根据沙丘与风向的关系,可归纳为横向沙丘、纵向沙丘和星状沙丘三种类型。横向沙丘的形态走向和起沙风合成风向相垂直,或成不小于60°的交角,如新月形沙丘和沙丘链、梁窝状沙丘、抛物线沙丘、复合新月形沙丘及鱼鳞状沙丘等;纵向沙丘形态的走向与起沙风合成风向平行,或成30°以内的交角,如沙垄、复合纵向沙垄、羽毛状沙丘等;星状沙丘形态的发育系在起沙风具有多方向性,且风力又大致相似的情况下,形态本身不与起沙风合成风向或任何一种风向相平行或垂直,如金字塔沙丘、蜂窝状沙丘、格状沙丘等。

沙丘的形成是风沙流在一定时空尺度上蚀积转化和风-沙-下垫面相互耦合的结果,根据长期的野外观测和经验分析,如果将风作为单向扰动力,在相对平坦的表面上吹刮,通过沙物质搬运过程与下垫面耦合,并发生中小尺度的蚀积转化,会形成独一无二的沙丘类型,那就是"新月形沙丘"。就像风吹过水面会在微尺度上形成稳定的水波、风吹过沙面会在微尺度上形成稳定的沙波一样,风沙流在中小尺度上一定形成稳定的中小地貌、并作为整体稳定移动。就目前的研究结果来看,"新月形沙丘"具备这样的条件,有规律而稳定的流场分布、整体而有序的"搬运"过程。如是,其他所有类型的沙丘均应该是由"新月形沙丘"演变而成,只是时空尺度的不同。实质上,上述的各种沙丘类型本来就都是"新月形沙丘"的复合体或变体,如新月形沙丘链、复合新月形沙丘从命名的角度就能明确显示;鱼鳞状沙丘是由大量同向新月形沙丘密集叠加而成;蜂窝状沙丘和格状沙丘是由两组近于垂向的新月形沙丘链交互而成,羽毛状沙丘和沙垄是由两个成锐角主风形成的新月形沙丘沿合成风方向相互连接而成;金字塔沙丘是由两个成钝角主风对高大新月形沙丘不断修饰的结果,梁窝状沙丘和抛物线沙丘是风对固定新月形沙丘造成活化的变体。有鉴于此,沙丘移动的核心问题,便是新月形沙丘的运动规律。

(1)沙丘移动方式

对于一个成熟的新月形沙丘来说,沙丘移动的过程就是起沙风将沙丘迎风坡的沙物质吹扬搬运,而在沙丘背风坡跌落堆积。因此起沙风方向和大小的界定对研究沙丘移动尤为重要。从我国沙区的观测资料来看,起沙风仅占各地全年风况的很小一部分。如新疆且末的起沙风(≥5m/s)出现频率为19.7%,占全年总风速的42.8%;新疆于田更小,仅占4.2%和10.8%。

以年纪为尺度,沙丘移动的总方向是和起沙风的年合成风向大致相一致。根据气象资料,我国沙漠地区,影响沙丘移动的风主要为东北风和西北风两大风系;受它们的影响,沙丘移动方向,表现在新疆塔克拉玛干沙漠地区及东疆、甘肃河西走廊西部等地,在东北风的作用下,沙丘自东北向西南移动;其他各地区,都是在西北风作用下向东南移动。

受不同区域风况的影响,沙丘移动可分为下面三种情况:第一种方式是前进式,这是单一的风向作用下产生的。如我国新疆塔克拉玛干沙漠和甘肃、宁夏的腾格里沙漠的西部等地,是受单一的西北风和东北风的作用,沙丘均以前进式运动为主。第二种是往复前进式,它是在两个方向相反而风力大小不等的情况下产生的。如我国沙漠中部和东部各沙区(毛乌素沙地等),则都处于两个相反方向的冬、夏季风交替作用下,沙丘移动具有往复前进的特点。冬季在主风西北风作用下,沙丘由西北向东南移动;在夏季,受东南季风的影响,沙丘则产生逆向运动。不过,由于东南风的风力一般较弱,所以不能完全抵偿西北风的作用,故总的说来,沙丘慢慢地向东南移动。第三种是往复式,是在两个方向相反风力大致相等的情况下产生的,这种情况一般较少,沙丘将停在原地摆动或仅稍向前移动。

(2)沙丘移动的速度

沙丘移动是风沙流中携带的沙物质进行不断蚀积转换的结果,因此风沙流的强弱毋庸置疑是沙丘移动的重要因素,另外沙丘本身的体量也是沙丘移动的主要影响因素之一。对于典型成熟的新月形沙丘来说,一经形成,其形态特征较为稳定。在移动过程中,其形状和大小一般保持不变。沙丘表面风沙流的运动规律是迎风坡表现为吹蚀状态、背风坡为堆积状态,迎风坡吹蚀的沙量,正好等于背风坡堆积的沙量(图3-15)。

在这种情况下,通过简单的几何推算,沙丘在单位时间里前移的距离与风沙流的输沙量和沙丘的高度间就有如下关系:

$$S = \frac{Q}{RH} \tag{3-24}$$

式中　S——单位时间内沙丘前移的距离(cm/min);

　　　Q——单位时间内通过单位宽度,从迎风坡搬运到背风坡的总沙量[g/(cm·min)];

H——沙丘的高度(m);

R——沙子的容重(g/cm³)。

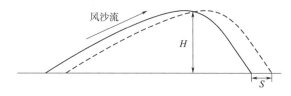

图 3-15　沙丘移动的几何图解

由式(3-24)可以看出,沙丘移动速度与其高度成反比,而与输沙量(或风速)成正比。沙丘移动速度除了主要受风速和沙丘本身高度的影响外,还与风向频率、沙丘的形态、沙丘密度和水分状况以及植被等多种因素有关。因此,在实际工作中,通常采用野外标记识别、实地地形测量、室内影像重合(航片、高精度卫片、无人机照片)等量测方法,以求得各个地区沙丘移动的速度。

根据观测研究,在古尔班通古特沙漠、腾格里沙漠中许多湖盆附近、乌兰布和沙漠西部、毛乌素沙地的大部、浑善达克沙地、科尔沁沙地以及呼伦贝尔沙地等,由于水分、植被条件较好,沙丘大部分处于固定、半固定状态,移动速度很缓慢;只有在植被破坏、流沙再起的地方,沙丘才有较大移动速度。在广大的塔克拉玛干沙漠和巴丹吉林沙漠的内部地区,虽然属于裸露的流动沙丘,但因沙丘十分高大、密集,所以移动速度也很小,不超过 2m/a。而在沙漠的边缘地区,沙丘低矮且分散,移动速度较大,通常年前移值达 5~10m,最大者,如塔克拉玛干沙漠西南缘的皮山和东南缘的且末地区,那些分布在平坦砂砾戈壁裸露的低矮新月形沙丘,年前移值可达 40~50m。沙丘移动,常常侵入农田、牧场、埋没房屋、侵袭道路(铁路、公路),给农牧业生产和工矿、交通建设造成很大危害。

3.3.2　风蚀荒漠化防治的生态学原理

众所周知,风蚀荒漠化防治的根本目的在于如何有效地恢复沙区植被生态系统,并试图达到能够通过自身调节能力维持生态系统稳定的同时,起到改善、美化生态环境及为人类提供粮食、饲料、木材、燃料、肥料等资源,即具有多种生态效益和经济效益的目的。但风蚀荒漠化地区大部分属于困难立地,特别是其中更加恶劣的流沙环境,能否建立起植被?通过什么方法建立植被?如何进行设计才能最大限度发挥植被的作用?这既是技术问题,更是生态学理论问题。作为技术问题,将在后续的内容中详细讨论,在此首先阐述生态学相关理论问题。

3.3.2.1　植物对流沙环境的适应性原理

流沙上分布的天然植物的种类和数量很少,但它们却有规律地分布在一定的流沙环境之中。它们对不同的流沙环境有各自的要求与适应性。这种特性是长期自然选择的结果,是它们对流沙环境具有一定适应能力的反映。由于自然界已经产生了能够适应流沙环境的植物,因此,可以利用这些植物在流沙地区去恢复和建立植被,这便是植物治沙的物质条件和理论基础。流沙环境条件恶劣,存在干旱、酷热、贫瘠、风沙等多种威胁植物生存与生长的条件,因而在长期的自然选择过程中,形成植物对流沙环境有多种适应方式和途

径，这就为人们选择更合适的树种提供了依据。严酷的流沙环境对植物的影响是多方面的，其中干旱和流沙的活动性是影响植物最普遍、最深刻的两个限制因素，是制定各项植物治沙技术措施的主要依据。

（1）植物对干旱的适应

流沙地区的气候和土壤条件，决定了它的干旱性特征。由于流沙是干燥气候下的产物，因而降水量低、蒸发强烈、干燥度大、气候干燥是流沙地区最显著的环境特点。在长期干旱气候条件下，流沙上分布的植物，产生一定的适应干旱的特征，表现为：

① 萌芽快，根系生长迅速而发达。流沙上植物发芽后，主根具有迅速延伸达到稳定湿沙层的能力，同时具有庞大的根系网，可以从广阔的沙层内吸取水分和养分，以供给植物地上部分蒸腾和生长发育需要。

② 具有旱生形态结构和生理机能。如叶片退化，甚至无叶，利用其他营养器官进行光合作用；产生较厚角质层、浓密的表皮毛，气孔下陷，栅栏组织发达，机械组织强化，贮水组织发达，细胞持水力强，束缚水含量高，渗透压和吸水力高，水势低等。

③ 植物化学成分发生变化。如含有乳状汁、挥发油等。挥发油含量与光有密切关系，也即与旱生结构有密切关系。

（2）植物对风蚀、沙埋的适应

沙丘流动性表现在其迎风坡可能遭受风蚀，其背风坡可能遭受沙埋。沙生植物对流沙的适应性，首先表现在抗风蚀和沙埋上。分布于流动沙丘上的植物对风蚀、沙埋的适应能力，根据其适应特征，可归纳为四种类型，即速生型、稳定型、选择型和多种繁殖型。

① 速生型适应

很多沙丘上的植物都具有迅速生长的能力，以适应流沙的活动性，特别是苗期速生更为重要。因为幼苗抗性弱，易受伤害，同时一般认为植物的自然选择过程，主要在发芽和苗期阶段，像沙拐枣、花棒、杨柴等植物，种子发芽后一伸出地面，主根已深达10cm左右，10天后根可超过20cm，地上部分高于5cm，当年秋天，根深大于60cm，地径粗约0.2cm，最大株高大于40cm。主根迅速延伸和增粗，可减轻风蚀危害和风蚀后引起的机械损伤，根愈粗固持能力愈强，植株愈稳定；同时，根愈粗风蚀后抵抗风沙流的破坏能力也愈大，植株不易受害。而茎的迅速生长，可减少风沙流对叶片的机械损伤危害，以保持光合作用的进行，同时植株愈高，适应沙埋的能力也就愈强。

属于苗期速生类型的植物有：沙拐枣、花棒、杨柴、梭梭、木蓼等。而在沙丘背风坡脚能够安然保存下来的植物，则是那些高生长速度大于沙丘前移埋压的积沙速度的植物，如柽柳、沙柳、杨柴、柠条、油蒿、小叶杨、旱柳、沙枣、刺槐等。苗期速生程度决定于植物的习性，而成年后能否速生与有无适度沙埋条件以及萌发不定根能力有关。

② 稳定型适应

有些沙生植物及其种子，具有稳定自己的形态结构，以适应沙的流动性。杨柴种子扁圆形，表皮上有皱纹，布于沙表不易吹失，易覆沙发芽，其幼苗地上部分分枝较多，分枝角较大，呈匍匐状斜向生长，对于风沙阻力较强，易积沙而无风蚀，稳定性较好。沙蒿则以种子小，数量多，易群聚和自然覆沙，种皮含胶质，遇水与沙粒结成沙团，不易吹失，易发芽、生根，植株低矮，枝叶稠密，丛生性强，易积沙等特点适应沙的流动性。这类植物在流沙上全面撒播或飞播后，当年发芽成苗效果较好，苗期易产生灌丛堆效应。

③ 选择型适应

花棒、沙拐枣、沙柳等植物的种子呈圆球形，上有绒毛、翅或小冠毛，易为风吹移到背风坡脚，丘间地，或植丛周围等弱风处，通常风蚀少而轻，有一定的沙埋，对种子发芽和幼苗生长有利。植物生长迅速，不定根萌发力强，极耐沙埋，愈埋愈旺。这类植物能够以自身形态结构利用风力选择有利的环境条件发芽、生长，以适应沙的活动性。

④ 多种繁殖型适应

很多沙生植物，既能有性繁殖，又能无性繁殖，当环境条件不利于有性繁殖时，它就以无性繁殖进行更新，以适应流沙环境。这类植物有杨柴、沙拐枣、红柳、骆驼刺、沙柳、麻黄、沙蒿、白刺、沙竹、牛心朴子、沙旋复花等。

上述四种类型是沙生植物适应流沙风蚀、沙埋的基本类型，但是有些植物可以归属多种适应类型，而属于同种适应类型的不同植物种之间也有强烈差异。

可以看出，沙生植物对流沙环境活动性的适应途径主要是避免风蚀，适度沙埋，风蚀愈深危害愈严重；适度沙埋则利于种子发芽、生根，可以促进植物生长，有利于固沙，但过度沙埋则造成危害。研究表明，沙埋的适度范围可用沙埋厚度与灌木本身高度之比值（A）来衡量。$A = 0 \sim 0.7$ 为适度沙埋，$A > 0.7$ 为过度沙埋。

分布于流沙中的天然灌木、半灌木，常常利用自己近地层的浓密枝叶覆盖一定沙面，以阻截流沙形成灌丛堆，产生灌丛沙堆效应，消除风蚀，适度沙埋，促进生长发育，适应流沙环境。

（3）植物对流沙环境变异性的适应

流沙是一个不断发生变化的环境，尤其是在生长植物以后，随着植物的增多，流沙活动性减弱，流沙的机械组成、物理性质、水分性质、有机质含量、土壤微生物种类和数量、水分状况及小气候等均发生变化。随着这种环境的变化，植物的种类、组成、数量和结构也会相应的变化。根据国内外有关学者的研究，植物对环境变异的适应性变化，亦遵循一定的方向，一定的顺序，是有规律的。这种适应规律亦即沙地植被演替规律，这是恢复天然植被和建立人工植被各项技术措施的理论基础。

3.3.2.2 植物对流沙环境的作用原理

（1）植物的固沙作用

植物以其茂密的枝叶和聚积枯落物庇护表层沙粒，避免风的直接作用；同时植物作为沙地上一种具有可塑性结构的障碍物，使地面粗糙度增大，大大降低近地层风速；植物可加速土壤形成过程，提高黏结力，根系也起到固结沙粒作用；植物还能促进地表形成"结皮"，从而提高临界风速值，增强了抗风蚀能力，起到固沙作用。其中植物降低风速作用最为明显也最为重要。植物降低近地层风速作用大小与覆盖度有关。覆盖度越大，风速降低值越大。内蒙古林学院通过对各种灌木测定，当植被盖度大于30%时，一般都可降低风速40%以上。不同植物种，对地表庇护能力也不同。据新疆生土所测定，老鼠瓜的覆盖度为30%时，风蚀面积约占56.6%，覆盖度45%时，风蚀面积约占9.4%，覆盖度达72%时完全无风蚀。而沙拐枣覆盖度20%~25%时，地表风蚀强烈，林地常出现槽、丘相间地形，覆盖度大于40%时，沙地平整，地表吹蚀痕迹不明显，林地已开始固定。

当沙面逐渐稳定以后，便开始了成土过程。据陈文瑞研究，沙坡头地区在植被覆盖下的成土作用，每年约以1.73mm的厚度发展。地表形成的"结皮"可抵抗25m/s的强风（风洞实验）。因此，能起到很好的固沙作用。

（2）植物的阻沙作用

根据风沙运动规律，输沙量与风速的三次方成正相关，因而风速被削弱后，搬运能力下降，输沙量就减少。植物在降低近地层风速，减轻地表风蚀的同时，因风速的降低，可使风沙流中沙粒下沉堆积，起到阻沙作用。

据新疆生土所测定，艾比湖沙拐枣和老鼠瓜一般在种植第二年开始积沙，4年平均积沙量可达3m³以上。同时灌木较草本植物和半灌木单株阻积沙量多，也比较稳定，半灌木和草本植物积沙量有限且不稳定，全年中蚀积交替出现。另据陈世雄测定，植被阻沙作用大小与覆盖度有关，当植被覆盖度达40%～50%时，风沙流中90%以上沙粒被阻截沉积。

由于风沙流是一种贴近地表的运动现象，因此，不同植物固沙和阻沙能力的大小，主要取决于近地层枝叶分布状况。近地层枝叶浓密，控制范围较大的植物其固沙和阻沙能力也较强。在乔、灌、草三类植物中，灌木多在近地表处丛状分枝，固沙和阻沙能力较强。乔木只有单一主干，固沙和阻沙能力较小，有些乔木甚至树冠已郁闭，表层沙仍继续流动；多年生草本植物基部丛生亦具固沙和阻沙能力，但比灌木植株低矮，固沙范围和积沙数量均较低，加之入冬后地上部分全部干枯，所积沙堆因重新裸露而遭吹蚀，因此不稳定。这也正是在治沙工作中选择植物种时首选灌木的原因之一。而不同灌木其近地层枝叶分布情况和数量亦不同，其固沙和阻沙能力也有差异，因而选择时应进一步分析。

（3）植物改善小气候作用

小气候是生态环境的重要组成部分，流沙上植被形成以后，小气候将得到很大改善。在植被覆盖下，反射率、风速、水面蒸发量显著降低，相对湿度提高。而且随植被盖度增大，对小气候影响也愈显著。小气候改变后，反过来影响流沙环境，使流沙趋于固定，加速成土过程。

（4）植物对风沙土的改良

植物固定流沙以后，大大加速了风沙土的成土过程。植物对风沙土的改良作用，主要表现在以下几个方面：a. 机械组成发生变化，粉粒、黏粒含量增加；b. 物理性质发生变化，比重、容重减小，孔隙度增加；c. 水分性质发生变化，田间持水量增加，透水性减慢；d. 有机质含量增加；e. N、P、K三要素含量增加；f. 碳酸钙含量增加，pH值提高；g. 土壤微生物数量增加。据中科院沙漠所陈祝春等人测定，沙坡头植物固沙区（25年），表面1cm厚土层微生物总数243.8万个/g干土，流沙仅为7.4万个/g干土，约比流沙增加30多倍。h. 沙层含水率减少。据陈世雄在沙坡头观测，幼年植株耗水量少，对沙层水分影响不大，随着林龄的增长，对沙层水分会产生显著影响。在降水较多年份，如1979年4～6月所消耗的水分，能在雨季得到一定补偿，沙层内水分可恢复到2%左右；而降水较少年份，如1974年，仅降水154mm，补给量少，0～150cm深的沙层内含水率下降至1.0%以下，严重影响着植物的生长发育。

陈文瑞在沙坡头多年研究结果表明，沙坡头人工林下形成的土壤已经发育到明显的结皮层（A_0）和腐殖质层（A_1），剖面分化比较明显，与流沙相比，在物理性质方面具有质地细、容重低、孔隙度高、持水性强、渗透性慢等特征；在化学性质方面，养分含量高，碳酸钙积累显著，易溶性盐含量增加等；在抗蚀强度方面，结皮层可抗十一级大风。但所形成的土壤土层仍较薄，25 年生人工林下，平均土层厚度 4.33cm，每年平均成土 1.73mm，土层中粗粉沙含量高，黏粒少，较松脆，故应防止人畜践踏。

3.3.2.3 格局决定功能原理

根据荒漠化的定义可知，荒漠化发生的地区为在干旱、半干旱和亚湿润干旱区，即均为缺水的地区。因此，在这里进行植被建设与恢复，必须考虑水资源条件的支撑，即以水分平衡为基础。否则植被密度过大，水分难以支撑，就会产生退化和衰败现象，不仅使得人们的努力前功尽弃，而且还可能对当地的生态环境造成不可估量的负面影响，相关的实例不胜枚举。从另一个方面看，植被又是沙区生态环境的最佳和最终维护者，是生态系统的主体。因此如何使植被最大限度的发挥应有的防风固沙功能，特别在初期防护林体系建设中，是必须认真考虑和重视的问题。

借鉴生态学"格局（结构）决定功能"的原理，只有以大气降水为核心，在系统分析"植被—土壤—大气"连续体水分循环机制的基础上，探讨构建用最小的林木生物量（低密度或低盖度）达到最大防风固沙效果的防护林最佳配置模式，才能为林分中其他植物（期望植被）的生存提供必要的生存基础。

就常见行带式、均匀式和随机式配置（分布）格局的 3 种植被格局而言，分析不同格局的防风固沙效果发现，在相同盖度（密度）的情况下，密集配置的行带式格局要强于均匀式配置格局和随机式分布格局。因为前者克服了均匀分布式可能产生的"峡谷风效应"，也克服了随机式分布式可能形成的"聚集效应"和"峡谷风效应"。因此，行带式造林配置应该是沙区防护林营建的首选模式。对于"密集"，需要从林带的透风系数上确定，借用农田防护林已有的研究和实践结论，透风系数为 0.7 左右的通透式林带有最佳的防风固沙效果；而且防护林防风固沙效果的风洞模拟也曾获得同样的结果，因此，这一参数可以在造林的株行距设计中根据林木的构型和生长发育规律予以实现。

3.4 风蚀荒漠化防治的基本措施

风蚀荒漠化的防治通常称为防沙治沙，或简称治沙，其基本措施主要分为 3 类，一类是工程治沙措施，亦称物理性治沙措施；另一类是植物治沙措施，亦称生物治沙措施；还有一类是农业耕作措施，亦称农业工程措施。

3.4.1 工程治沙措施

工程治沙措施主要包括沙障治沙、化学固沙和风力治沙 3 种。目前生产中常用的是沙障固沙措施，其他 2 种由于材料、方法和使用范围的限制，应用的不是很广泛。

3.4.1.1 沙障治沙

（1）沙障及其治沙原理

沙障亦称机械沙障，或称风障，是指采用各种物理性材料，在沙面上设置的用以防风固沙、阻沙的各种形式的障蔽物集合体。

沙障治沙的基本原理就是增大地面粗糙度，控制风沙流动的方向、速度、结构，改变地表蚀积状况，达到改变风的作用力及地貌状况的目的。

沙障在治沙中的地位和作用极其重要，是植物措施无法替代的。在自然条件恶劣的地区，沙障是治沙的主要措施，在自然条件较好的地区，沙障是植物治沙的前提和必要条件。多年来我国治沙生产实践经验表明，沙障和植物治沙是相辅相成、缺一不可的平等地位，发挥着同等重要的作用。

（2）沙障的类型

沙障根据材料、配置方式、孔隙度、使用目的的不同，可以分成多种类型。

① 材料类型

沙障固沙方法起源于罗马尼亚，经苏联引用后，20 世纪 50 年代传于我国，其材料为稻草(或麦草)，以正方形格子布设，故称草方格沙障。随着人们认识的不断加深，以及材料科学的发展，目前用于制作沙障的材料可以说种类繁多，因此就形成各种各样材料的沙障类型。除草方格沙障外，还有枝条沙障、黏土沙障、砾(卵)石沙障、沙袋沙障、透风网沙障、土工格栅沙障、植物活体沙障等(图 3-16)。具体选用沙障材料时，应主要考虑取材容易，价格低廉，固沙效果良好，副作用小。

(a) 沙柳枝条沙障   (b) 卵石沙障

(c) 土工布沙障   (d) 小麦活沙障

图 3-16　机械沙障

就目前而言，使用比较广泛的仍属草方格沙障，原因是资源丰富，成本低廉，布设简单易行。特别是近几年草方格沙障铺设机的发明和投入使用(图 3-17)，让这种沙障进一步受到了人们的青睐。草方格沙障所用材料除麦草、稻草外，还包括其他各种柔性柴草和农作物秸秆。

枝条沙障选用的材料主要是各种高大草本植物的秸秆和一些林木枝干，其中沙区中沙

图 3-17　草方格沙障

生灌木、半灌木是最为常用的材料，如沙柳、红柳、沙拐枣、杨柴、沙蒿等，也有的地方使用芦苇秆、棉花秆、向日葵秆、玉米秆做沙障材料。

在沙区的地层中，经常会有一些湖盆沉积黏土的出露，这些沉积物质地细腻，结构紧实，抗风蚀能力极强，为此，人们常用这类黏土来作为建设沙障的材料。

根据拜格诺"沙粒起动风速与粒径平方根成正比"的风沙运动理论，当颗粒粒径大到砾石或卵石的程度，一般的风是无法吹动的，戈壁的形成就是这个道理。为此，人们常把砾石和卵石作为设置沙障的材料。

沙袋沙障是以尼龙、土工布、LA（聚乳酸）、高密度聚乙烯（HDPE）等材料制作成袋状外包，装入沙子做成的沙障，是一种"以沙治沙"的新方法。如能解决外包材料的环保、低廉和机械化（智能化）铺设问题，其推广应用的前景将会大大拓宽。目前，高密度聚乙烯（HDPE）羽翼袋沙障的铺装已研制成功集取沙、制袋、充沙、铺设一体化的铺设机械，大大地提高了沙障的铺设效率。

透风网沙障使用的材料主要有尼龙网、塑料网、铁丝网等，近些年，因为环保的需要，人们发明出了植物纤维网，并在生产中大量使用。

土工格栅沙障所使用的材料主要是一些高分子、耐老化的板式材料，可根据需要，选择透风和不透风两种材料。

植物活体沙障可分为两类，一类是借助植被建设，按沙障方式进行设计布局。这种类型沙障所选用的材料均为多年生灌木，一般为具有生态恢复目的的植物种（如沙柳、柠条、红柳、梭梭、沙拐枣等）。另一类是专门用于临时性固沙功能的植物活体沙障，常选择易于发芽、生长快、秸秆挺直的一、二年生草本植物（如沙米、狗尾草等）或农作物（小麦、莜麦、燕麦等），按规划布局种植生长到一定阶段，利用其生命体和残体在一定时间内发挥沙障作用。

② 配置方式类型

沙障的一般配置形式有行列式、格状、人字形、雁翅形、鱼刺形等。目前主要是行列式和格状式两种。

A. 行列式配置

这种类型沙障多用于单向起沙风为主的风沙地区，沙障走向应与主风向垂直。障间距根据沙障高度及沙障孔隙度、风力强度确定。一般而言，沙障高度越高，障间距应越大，高度越低，障间距也应越小。根据经验和观测研究发现，在平坦沙面上，沙障主要发挥防护功能的范围大约为障高的 8～12 倍距离，因此这一距离可初步设定为障间距，并根据沙障的孔隙度和风力强弱进行修正。风力弱的地方障间距可大些，风力强的地方障间距就要缩小。在坡面上设置沙障时，障间距的确定要根据沙障高度和坡度进行计算，公式为：

$$D = C \cdot H \cdot ctg\alpha \qquad (3-25)$$

式中　D——障间距离(m)；

　　　C——间距系数；

　　　H——障高(m)；

　　　α——沙面坡度(°)。

在新月形沙丘迎风坡布设沙障时，应首先沿主风方向在沙丘中部划一道向轴线作为基准，由于沙丘中部的风较两侧强，因此沙障与轴线的夹角要稍大于 90° 而不超过 100°，这样可使沙丘中部的风稍向两侧顺出。若沙障与主风方向的夹角小于 90°，气流易趋中部而使沙障被掏蚀或沙埋。沙丘顶部要留空一段，并先在沙丘上部按新月形划出一道设沙障的最上范围线，然后在迎风坡正面的中部，自最上设置范围线起，按所需间距向两翼划出设置沙障的线道，并使该沙障线微呈弧形(图 3-18)。对在新月形沙丘链上设障时，可参照新月形沙丘进行。但在两丘衔接链口处，因两侧沙丘坡面隆起，形成集风区，吹蚀力强，输沙量多，沙障间距应小。在链身上有起伏弯曲的转折面出现处，标志着气流在此转向，风向很不稳定，可在此处根据坡面转折情况，加设横档，以防侧向风的掏蚀。

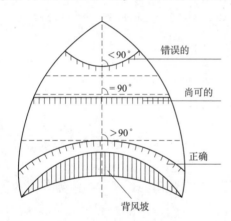

图 3-18　沙丘迎风坡沙障设置方向示意

B. 格状配置

这种沙障主要在风向不稳定，除主风外尚有侧向风较强的沙区或地段采用。根据多向风的大小差异情况，分别采用正方形格、长方形格，其边长设计尺寸可参考行列式配置要求，一般常用的规格有 1m×1m、1m×2m、2m×2m 等。

③ 沙障孔隙度类型

沙障孔隙度是指沙障孔隙面积与沙障总面积的比值，是衡量沙障透风性能的重要指标。可分为紧密结构、疏透结构和透风结构 3 种。孔隙度分别为 <25%、25%～50% 和 >50%。一般孔隙度在 25% 时，障前积沙范围约为障高的 2 倍，障后积沙范围为障高的 7～8 倍。而孔隙度达到 50% 时，障前基本没有积沙，障后的积沙范围约为障高的 12～13 倍。孔隙度越小，沙障越紧密，积沙范围越窄，沙障很快被积沙所埋没，失去继续拦沙的作用。反之，孔隙度越大，积沙范围延伸得越远，积沙作用强，防护时间也较长。这是因为当风沙流经过沙障时，一部分分散为许多紊流穿过沙障间隙，摩擦阻力加大，产生许多涡漩，互相碰撞，消耗了动能，使风速减弱，风沙流的载沙能力降低，在沙障前后形成积沙。在沙障前的积沙量小，沙障不易被沙埋，而在沙障后的积沙现象不断出现，沙堆平缓地纵向伸展，积沙范围延伸的较远，因而拦蓄沙粒的时间长，积沙量大。

为了发挥沙障较大的防护效用，在障间距离和沙障高度一定的情况下，沙障孔隙度的大小应根据各地风力及沙源情况来具体确定。一般多采用25%～50%的疏透孔隙结构。风力大沙源小的地区孔隙度应小；沙源充足时，孔隙度应大。

④ 使用功能类型

沙障按使用功能可分为直立式沙障和平铺式沙障两种。直立式沙障按高矮不同可分为：高立式沙障，高出沙面50cm以上；低立式沙障（或称半隐蔽式沙障），高出沙面20～50cm；隐蔽式沙障，几乎全部埋入与沙面相平，或稍露障顶。平铺式沙障按设置的方法不同又可分为带状铺设式和全面铺设式。

高立式沙障和低立式沙障使用功能：这两种沙障大多是积沙型沙障，风沙流所通过的路线上，无论碰到任何障碍物的阻挡，风速就会受到影响而降低，挟带沙子的一部分就会沉积在障碍物的周围，以此来减少风沙流的输沙量，从而起到防治风沙危害的作用。高立式沙障常用在靠近保护体的周围，起"最后一道防线"的作用。

平铺式沙障使用功能：平铺式沙障是固沙型沙障，利用沙障尽量隔绝风与松散沙层的接触，使风沙流经过沙面时，不起风蚀作用，不增加风沙流中的含沙量，达到风虽过而沙不起，就地固定流沙的作用，但对过境风沙流中的沙粒截阻作用不大。

隐蔽式沙障使用功能：隐蔽式沙障主要功能是起控制风蚀基准面的作用。该沙障是埋在沙层中的立式沙障，障顶与沙面相平或稍露出沙面，因此对地上部分的风沙流影响不大，遇到起沙风后仍会产生一部分风沙运动，但风蚀到一定程度后即不再往下风蚀，故而不会使地形发生明显变化。

（3）沙障的设置方法

沙障类型不同，功能要求不同，其设置方法也不一样。从手段上看，虽然有沙障铺设机的问世，但由于成熟度不够，推广应用还存在一定困难，目前大都采用人工的方法铺设。下面介绍3种沙障的设置方法。

① 半隐蔽式草方格沙障

制作材料：麦秆、稻草、软秆杂草。

铺设方法：选定需要治理的对象，在沙面上按设计要求划线，将制作材料均匀横铺在线道上，用平头锹沿划线方向压住平铺草条的中段，用力下踩至沙层10～15cm深，然后从两侧培沙、并踩实。操作时可单人进行，也可两人合作完成。

② 高立式沙障

制作材料：用芦苇秆、树木枝条或高秆作物秸秆等。

设置方法：用铡刀、锯子等工具把制作材料截成70～130cm长度的段节；选定需要治理的对象，在沙面上按设计要求划线；沿线开沟20～30cm深，然后将材料段节基部插入沟底，下部可加一些比较细碎的梢头，两侧培沙，扶正踏实。培沙要高出沙面10cm，最好在雨后设置。

③ 低立式黏土沙障

制作材料：黏土。

设置方法：选定需要治理的对象，在沙面上按设计要求划线，然后沿线均匀堆放黏土，形成高 15~20cm、断面呈三角形的土埂，踏实即可。切忌出现缺口现象，以防掏蚀。黏土方格沙障一定面积用土量根据沙障间距和障埂规格进行计算，其公式为

$$M = \frac{1}{2} \cdot a \cdot h \cdot s \cdot \left(\frac{1}{c_1} + \frac{1}{c_2} \right) \tag{3-26}$$

式中　M——需土量（m^3）；

　　a——障埂底宽（m）；

　　h——障埂高（m）；

　　s——所设沙障的总面积（m^2）；

　　c_1——与主风垂直的障埂间距（m）；

　　c_2——与主风平行的障埂间距（m）。

3.4.1.2　化学固沙

化学固沙实质上属于工程治沙措施的一种类型，其作用和机械沙障一样，也是植物治沙措施的辅助、基础和补充。

（1）化学固沙及其作用原理

① 化学固沙概念

利用稀释的具有一定胶结性的化学物质喷洒于松散流沙表面，液体迅速渗入到沙层以下一定深度后，将松散的沙子胶结成块或形成保护壳，从而起到防风固沙的作用。

化学固沙方法始于 20 世纪 30 年代，迄今已有近 90 年的历史。1934 年，苏联"全苏作物栽培研究所威海试验站"首先开展了沥青乳液固沙试验，到 1940 年，共试验 13 次，1951 年在土库曼铁路沿线的治沙实践中进行了小面积的推广应用。1950 年，美国利用加利福尼亚州贝克斯福尔地区"金熊石油公司"生产的一种叫做科赫雷尔斯（Coherx）的石油副产品乳剂，在加州克斯郡沙地及几个空军基地的原子弹试验场进行防尘和固沙试验，后来将此乳剂作为防尘材料运用在露天煤矿和交通运输便道上。1959 年苏联又采用聚丙烯酸胺在库尔斯克沙地进行固沙试验。60 年代后，化学固沙技术有了较大发展，世界上许多国家如英国、印度、德国、法国、伊朗、沙特阿拉伯、利比亚、阿尔及利亚、伊拉克、澳大利亚等也都曾先后开展化学治沙试验研究，均取得了不错的效果，其主要材料仍然是石油及石油副产品。最具代表性的应属英国，1960 年在澳大利亚用沥青乳剂固沙，以配合植树造林；1963 年在英格兰东部海岸沙丘用石油和橡胶乳防治风蚀和水蚀；1970 年在西属撒哈拉的埃尔阿翁附近，利用喷洒原油对运输线周边 9km 的流沙进行固定，效果良好。1969—1972 年前苏联又分别在卡拉库姆沙漠和克孜尔库姆沙漠利用页岩炼油副产品涅罗精（Nerosine）开展固沙试验。

我国的化学固沙试验研究工作始于 1956 年，60 年代起着手对沥青乳液固沙的配方、施工工艺、植被恢复方法等进行综合研究，并在包兰铁路的沙害地段及塔里木沙漠石油公路的试验路段，进行过较大面积的化学固沙扩大试验和中间试验，并取得一定成效。近些年又利用各种黏结剂开展过一些初步试验。

总体而言，由于受材料和技术的限制，化学固沙一直没有大的突破，发展较为缓慢。

② 化学固沙的作用原理

化学固沙的基本思路就是利用化学物质的胶结作用，把地面一定厚度松散的沙粒固结在一起，形成一层保护层，以此来隔绝气流与松散沙面的直接接触，从而防止土壤风蚀，并为植物的生长提供稳定的环境。所以从功能方面属于固沙型措施，只能将沙地就地固定不动，而对过境风沙流中所携带的沙粒却没有防治效能。

鉴于目前化学固沙实践中普遍采用全面覆盖的方式，其合理喷施厚度和溶液浓度难以把握，因而成为限制化学固沙发展的一大因素。因为厚度或浓度过大，保护壳会影响植物的萌生，而厚度或浓度过小，不能发挥其固沙功能。所以，人们提出利用戈壁地面的稳定性原理，选择环境友好型材料作为固结剂，以沙物质本身为材料，在沙表面模拟制成"砾石层"，即"人造戈壁"的理念，也许是化学固沙方法发展的出路之一。

（2）常用化学固沙材料简介

① 无机类化学固沙材料

A. 水玻璃类

它是以碱金属硅酸盐溶液（俗称水玻璃）为主体黏料，按照实际情况加入适量的固化剂和骨架材料等调和而成的胶黏剂，具有环保、资源丰富、黏结力强、制备简单，耐热、耐火和耐久性能优异等特点，因而在众多无机胶黏材料中脱颖而出，成为最具发展潜力的一类无机胶黏剂。由于水玻璃优良的黏结性能，早在 20 世纪 60 年代初就有关于水玻璃固沙方面的研究，但水玻璃与松散的沙粒粘结成的固沙层是一刚性壳层，易受外力破坏，特别是在干燥的气候条形下，极易失去内部水分而变得疏松，加上水玻璃碱性强、腐蚀性大，因此在固沙方面受到一定的限制。为了提高水玻璃固沙层的强度、降低脆性、延长固沙时间，需要采取合适的改性措施。目前常用的水玻璃改性剂有氟硅酸钠、乙酸乙酯和氯化铝等。其中氯化铝改性的水玻璃作为粘结材料制备的沙漠绿化砖的抗压强度在 2~5MPa，部分试样的抗压强度能达到 6MPa 以上。也有人采用山梨醇、四硼酸钠、碳酸锂和聚丙烯酰胺等对水玻璃进行化学改性后与助剂羧甲基纤维素钠复合，制成固沙材料。

B. 水泥类

水泥是一种粉状水硬性无机胶凝材料，包括硅酸盐水泥、普通硅酸盐水泥、矿渣硅酸盐水泥、火山灰质硅酸盐水泥、粉煤灰硅酸盐水泥和复合硅酸盐水泥六大类。水泥加水搅拌后成浆体，能在空气中硬化或者在水中更好的硬化，并能把砂、石等材料牢固地胶结在一起。硬化后不但强度较高，而且还能抵抗淡水或含盐水的侵蚀。由于沙漠化地区干旱少雨，空气湿度低，水泥的吸水保水性能差，水泥浆中所含的水分迅速蒸发，一段时间后水泥因缺乏足够的水分而中止水化，使生成的水化产物减少，导致强度降低。另外，水泥凝固硬化体属于脆性材料，在沙地中易发生龟裂，失去固沙保水作用。因此，为了制取坚固的在凝固期无需养护的水泥基固沙层，在固沙材料中掺入乳化沥青、聚丙烯酸钠高吸水树脂及聚氨酯、聚丙烯酸钠等有机物来阻止水分的蒸发，可保证水泥的正常水化，提高水泥固沙基材的强度和吸水保水性能，改善水泥基材的脆性，增强韧性。

C. 石膏类

石膏是单斜晶系矿物，主要化学成分为硫酸钙（$CaSO_4$）的水合物，经常用于水泥缓凝

剂、石膏建筑制品、模型制作、医用食品添加剂、硫酸生产、纸张填料、油漆填料等。由于其具有成本较低、强度较好、吸水保水性能强、不污染环境、无毒且可使植物迅速生长的特点，不仅能制成沙障来固定流沙，而且能与膨润土、化肥等制成复合材料，提高沙漠固沙植生的效率。但由于石膏的脆性，在沙漠环境下容易出现粉化现象，耐久性较差，必须增强其韧性，才有可能成为优良的固沙材料。

② 有机类化学固沙材料

A. 石油类

一般常用的有沥青乳液、高树脂石油、橡胶乳液和油-橡胶乳液的混合物等。其中，沥青乳液是当前各国在化学固沙工程中应用最广泛的材料。

沥青乳液又称乳化沥青，它是在乳化剂存在的条件下，通过乳化设备将沥青以微粒形式分散于水中的两相体系。其中的沥青微粒叫做分散相或内相，水叫做连续相或外相，这种乳液又称水包油式乳液。

沥青是石油产品，为黑色有机胶结材料，主要由 C、H、O、S、N 五种元素组成，属碳氢化合物，具有黏性、抗水性及防腐作用，其理化性质与它所含的元素 O、S、N 的多少有关，一般根据沥青软化温度(熔点)、比重、硬度等来决定其标号。乳化剂常用亚硫酸造纸废液，有时为了增加乳液的稳定性和分散度常加入水玻璃或烧碱。

沥青乳液制配的主要生产设备包括狭缝式胶体磨、蒸气锅炉、沥青加热锅、乳化液调配池和乳液贮存池。下面介绍 2 种沥青乳液配方及生产过程。

沥青乳液一号配方：乳化液的组成由亚硫酸盐造纸废液(pH<7，比重 1.28)12%，硫酸(工业用，比重 1.83)1.2%，水 86.8%；沥青材料则为 30 号石油沥青：200 号石油沥青=3：2；乳化液：沥青材料=1：1(体积比)。

沥青乳液二号配方：乳化液组成由硫化钠蒸煮废液(pH>7，比重 1.04)50%，硫酸(工业用，比重 1.83)1.5%，水 48.5%；沥青材料由 30 号石油沥青：200 号石油沥青=2：1组成；乳液则由乳化液：沥青材料=1：1(体积比)组成。

沥青乳液生产过程：按照配方，将沥青加热至 120~160℃，以降低沥青的黏度。在另一容器内将配好的乳化液加热到 65~70℃，两种材料经过滤后按体积比 1：1 的关系同时放入胶体磨的进料漏斗中，沥青和乳化液的混合料经搅拌后，经过 0.1~0.5mm 的狭缝后被乳化。乳液经出口流入贮存池。

沥青乳液质量的好坏取决于沥青乳液的颜色、分散度、稀释稳定性等指标，因此在质量检查时应分别检验这些指标。沥青乳液的颜色以棕色为最好，棕黑次之，黑棕色最差不易使用。分散度的检验可用玻璃棒插入沥青乳液中，取出时待乳液不在下滴时，观察玻璃棒上的漆膜，如果漆膜细腻不见颗粒，则分散度高，沥青乳液质量为佳；反之，漆膜粗糙，分散度低，沥青颗粒不够均匀，不成膜，则沥青乳化不好，或未乳化，不能使用。此时应检查配方比例是否正确或胶体磨转速是否正常，如没有差错应继续研磨。稀释稳定性的检验一般在喷洒前按比例稀释时，通过搅拌，如稀释均匀，则稳定性好，质量高；如果不易稀释或极不均匀，则不易使用。经过质量检查后符合标准的乳液就是配制好的沥青乳液，可以使用。

B. 合成高分子类

合成高分子是由可聚合小分子化合物经聚合反应形成的高分子量化合物，如合成橡胶、合成纤维、合成塑料、涂料、胶黏剂、聚乳酸纤维（PLA）等。合成高分子胶黏剂作为固沙材料是 20 世纪 60 年代以来发展起来的新型化学固沙材料，从形态上看，属于水溶性或油溶性的化学胶结物。具有施工方便且效率高，可改善劳动条件和缩短工期，固沙效果较其他化学材料显著和稳定的特点，因而引起人们的普遍关注和重视。合成高分子胶黏剂以合成聚合物或预聚体、单体为主体料制成，除聚合物外，还可根据情况加入固化剂、增柔剂、无机填料和溶剂等，其品种繁多。中国科学院兰州物理化学研究所赵水侠等以甲基三乙氧基硅烷为反应物，在盐酸催化下水解缩合，合成无色透明黏稠的液体有机硅氧烷预聚体，以质量分数为 0.06% 的 $NaOH-CH_3OH$ 溶液为固化剂，制得一种具有较高强度的固沙材料。杨万泰等研制出丙烯酸-全氟辛基甲基丙烯酸酯共聚物，有效地解决了化学固沙剂固沙层水渗透率低和吸水率高的缺点。杨明坤等合成了以羧甲基纤维素钠为主接枝丙烯酰胺的环保固沙剂，研究了羧甲基纤维素钠与丙烯酰胺投料比、引发剂浓度、反应时间、反应温度以及初始 pH 值对其性能的影响。董智等、李红丽等开展了不同浓度的土壤凝结剂喷洒固沙野外与风洞模拟试验，得到净风条件下，即使风速达到 24m/s，固沙试样也无风蚀现象发生。但在风沙沙流作用下，不同浓度处理的固沙试样其抗风蚀能力不同，且试验浓度以 30% 的固沙性价比为最佳。需要说明的是，高分子材料会热氧老化和光氧老化，从而发生链断裂和交联反应。这种分子链的裂解和交联使得固结层遭到破坏以致降低固沙效果。高分子材料由于成本高，以及生产工艺、原料来源和环保等方面的限制，一直未能广泛应用。

C. 生物质资源类

20 世纪 60 年代，前苏联曾试验研究木质素磺酸盐在沙土稳定中的应用。木质素磺酸盐是造纸工业的副产品，因其分子结构中含有羟基磺酸基等可与沙土颗粒结合的基团，再加之来源于可再生资源而且价格低廉，所以在流沙固定中得到重视。木质素是仅次于纤维素的第二大生物质资源，造纸制浆工业产生大量的含有木质素的废液，经常给生态环境造成严重污染，将制浆废液经过适当处理后用于防沙治沙中，既能解决环境污染问题，又能为治沙提供廉价的材料。由于木质素本身降解性好，容易被雨水冲走，需要通过改性才能满足要求。通常改性方法包括接枝、缩聚、复配改性和综合改性。原料来源与蒸煮工艺对制浆废液木质素结构有很大的影响。根据蒸煮工艺不同，制浆废液木质素主要分为木质素磺酸盐（LS）和碱木质素两大类，其中碱木质素又包括烧碱木质素（AL）和硫酸盐木质素（KL）等。KL 与 AL 由于 Ph-OH 含量较多，为接枝改性的理想原料。但在固沙剂的合成与实际应用中还要求接枝改性原料的水溶性要好，因此目前常用 LS 作为接枝改性的原料。

③ 有机-无机复合类化学固沙材料类

针对无机固沙材料力学和保水性能差等问题，通过在无机固沙材料中添加有机组分，形成一类新型复合固沙材料——有机-无机复合类化学固沙材料。复合固沙材料不仅弥补了各自的缺点，而且优势互补，从而提高了复合固沙材料的性能。水玻璃是一种广泛应用的廉价的黏结剂，黏结强度较高，耐热、耐水性能较好，但耐酸、碱性能较差，主要用于金属、玻璃、陶瓷等多种材料的粘接。为了使水玻璃能够更好地应用于荒漠化的防治，研

究者对其进行了一系列的化学改性，特别是添加有机胶黏剂进行复合化改性。

④ 微生物类

微生物类固沙材料是利用沙漠生物结皮人工接种固沙或是从生物结皮中分离出可固沙的细菌，然后将制成的液体菌剂直接用于固沙的新型固沙材料。生物结皮广泛分布在世界的干旱、半干旱地区，它主要是通过藻、地衣、苔藓、菌生等同土壤颗粒相互作用，在土壤表面发育形成一层特殊表面结构，对防风固沙、区域生态环境变化以及物质能量交换都起到了很大作用。生物结皮层的胶结机理是藻体选择性地运动到黏土含量较高的微环境中，通过细胞表面高分子多聚糖的物理吸附，与土壤表面的细小颗粒形成错综复杂的网络，同时自由羧基类负电荷基团与基质中金属离子(Ca、Si、Mn、Cu 等)因静电结合而胶结在一起，从而形成有机质层和无机层。

3.4.1.3 风力治沙

（1）风力治沙概念、原理及特点

① 风力治沙的概念

风力治沙是以风的动力为基础，人为地干扰控制风沙的蚀积搬运过程，因势利导，变害为利的一种治沙方法。从风沙物理学的角度，风力治沙就是应用空气动力学原理，通过人为干预，如设置障碍、降低地表粗糙度等措施，以增大地面风速、改变气流方向，按照人的意志实现风沙流的风蚀或堆积过程。

② 风力治沙原理

A. 自然辩证法的对立统一规律

辩证唯物主义认为，世界上的任何事物和现象都是由矛盾组成的，矛盾的对立面既有统一性，又有斗争性；矛盾双方既统一又斗争的结果，就是对立面的转化，推动事物的变化、运动和发展。对于风沙运动这一现象，它是以"风"和"沙"为基础，形成了若干对的矛盾统一体，如风力的强与弱、风沙流的饱和与非饱和、沙粒的跃起与跌落、地表的吹蚀与堆积、地表沙物质的固滞与输移等。本来风沙运动通常认为是一种灾害，但是如果能够通过辩证的思维，利用好各种矛盾的对立关系，并在适当时候创造条件，促进矛盾的转化，就可以变害为利，通过风力进行治沙，达到除害兴利的目的。例如，利用风力强劲会增大输沙量的道理，在一些可能受积沙危害的地方，通过人为设置聚风板等措施，增大风速，促进风沙运动，以消除危害；高大的流动沙丘难以治理，可以在沙丘迎风坡下部设置沙障等措施，将地面沙物质固滞住，使风沙流处于未饱和状态经过，增大输沙能力，对沙丘上部造成强烈吹蚀，以固促输，逐渐将沙丘削平。其他还有像断源输沙、以输促固、开源固沙等方针，也是风沙运动过程中这些矛盾体对立面转化实践的很好总结。

B. 空气动力学的质量守恒原理

空气动力学证实，空气作为连续介质，在运动过程中，遵循质量守恒原理，可由连续性方程来表达，即

$$\overline{V}_1 A_1 = \overline{V}_2 A_2 \tag{3-27}$$

式中　A_1、A_2——流管中任意两个截面的有效断面积(m^2)；

　　　V_1、V_2——对应两个截面气流的平均流速(m/s)。

此方程说明，空气在运动中，流经截面的有效面积大，速度就小；反之，截面积小，速度就大。现实中，很多现象都可以根据这一原理得到解释，如气流经过峡谷地带或山顶，风速就会变大，经过开阔地就有所降低；气流在同一管道细部流动速度较粗部大。

C. 风沙物理学的非堆积搬运和饱和路径学说

风沙运动的动力是风，风沙流中携带沙物质的含量即输沙量取决风力的大小，当风力较大时，风沙流的输沙量就多，当风力较小时风沙流的输沙量就少。某一风力条件下风沙流的最大输沙量称作饱和输沙量。风沙流达到饱和后，由于没有足够的能量再增大输沙量，这时从地面跃起沙粒的量与向地面跌落的量基本相同，风沙流处于一种动态平衡状态。当风沙流未饱和时，从地面跃起沙粒的量多于向地面跌落的量，地表就会呈现吹蚀状态；当风沙流过饱和时，从地面跃起沙粒的量少于向地面跌落的量，地表就会呈现堆积状态。气流(或风沙流)由非饱和的吹蚀状态变为饱和的堆积状态在时间上要有一段间隔，空间上表现为一定的距离，这段距离称为饱和路径长度。风沙流在这一长度区间的状态为非堆积搬运。

风沙地貌在景观上的最大特征就是沙丘与丘间的相间的分布。要使防护地段免受积沙危害，就要在风沙流运行途中，设法除去一部分携带的沙物质，使之处于非饱和状态，那样就可以在一定长度的地段上达到非堆积搬运，延长饱和路径，使之在这个地段内不产生堆积。也可以通过某种手段，增大风速，降低风沙流的饱和度，使搬运占优势，以消除在防护地段内造成的积沙危害，或使被沙埋压的地段沙物质搬运走。

③ 风力治沙的特点

与其他工程措施相比，风力治沙有如下特点：

方法简便易行。风力治沙不受自然条件限制，可灵活多样，应用地域很广。

资源的合理利用。我国沙区风能资源丰富，风力治沙是利用风力代替人力、机械做功，利用自然规律来改变自然地貌。

行之有效的治沙措施。利用风沙物理学理论，人为创造条件，使风变害为利，化消极因素为积极因素，为治理流沙危害增加了切实可行的方法。

固输结合理念具体的体现。固、阻、输结合是沙质荒漠化防治的基本思想，实践中多以固阻为主，风力治沙成为固输结合的典型案例。

应用范围广。风力可拉沙造田，修渠筑堤，掺沙压碱，改良土壤，扩大土地资源。

(2) 风力治沙的典型措施

风力治沙的基本措施是以输为主，兼有固、阻，固、阻、输相结合，应用范围更广，效果更佳。

① 集流输导

这种措施目前主要应用在线性工程，如公路、铁路等严重积沙地段的沙害防护方面。集流输导是利用气流的质量守恒原理，通过布设一定措施聚集风力，加大防护区内的风速，强化输导积沙，防止沙埋危害。聚集风力的方法有很多，最常见的为设置聚风板，材料可用木板、木架、枝条、芦苇把子等，只要编排成板面，即可发挥聚风作用。其主要方法包括：聚风下输法(图 3-19)、水平聚风输导法(即八字形输导) (图 3-20)和垂直聚风法(图 3-21)。

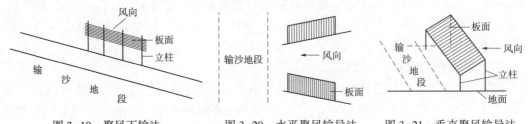

图 3-19　聚风下输法　　　图 3-20　水平聚风输导法　　　图 3-21　垂直聚风输导法

聚风下输法设置时聚风板面设置在支柱的上方，下方为聚风口，将聚风板设置在需要输沙的地段即可实现输沙之目的。水平聚风输导法设置时，是将两排板面呈八字形设置在需要输沙的地段，向着主风方向口大，在靠近输沙地段口小，呈倒八字形。垂直聚风输导法设置时，板面上缘最好向主风向倾斜，倾斜角度视风况而定，如果设施的抗风强度不够，可增设立柱支撑。

② 反折侧导

风在运行的路径上遇到障碍物后，其大小和方向都会发生变化。当风向与障碍物的走向的交角在45°以下时，风向将随障碍物的走向发生变化，同时会产生明显的压缩增速和次生二相流，形成一定的"净蚀区"。不仅风沙流中携带的沙物质在此难以停留，原有堆积的沙物质也将被不停卷走。利用这一反折侧导规律，在实践中当被保护物遭受锐角方向吹来的风沙危害时，可以采取一定的措施，改变风沙流的输移方向，从而使被保护物避开积沙的危害。常用的方法就是设置不透风的高立式机械沙障（高度在1m以上，如挡墙、导沙板等）进行侧导输移。在设置前，首先要了解地形和输导方向，确定沙障的位置、角度，以及导走沙物质的处理场所等。同时要辅助创造平滑的地面环境条件，在防止积沙的被保护地段，尽量清除障碍，筑成平滑坚实的下垫面，必要时在防护区铺设一些砾石或碎石，增加跃移沙粒的反弹力，加大上升高度。

③ 以固促输，断源输沙

利用非堆积搬运和饱和路径学说的理念，要防止某地段遭受沙子堆积埋压危害，或清除其上的原有积沙，可在该地段上风区的适当地点，采取适宜的治沙方法，固定流沙，切断沙源，使流经防护区的风沙流呈非饱和状态通过，地面的积沙就会被气流带走，或以非堆积搬运形式越过防护区，从而免受积沙危害。最典型示例就是实践中常用的"前挡后拉"治沙方法。该方法针对的对象主要是沙区中较高大的流动沙丘，因其流动性强，危害严重，治理难度大，而且水分条件较差，影响植物生存和生长，所以必须通过"消丘"降低高度和坡度，以改善环境条件。具体做法是，在沙丘迎风坡坡下游一定范围内（一般为坡脚至1/3~1/2坡长）设置固沙型或固阻结合型沙障，使风沙流在剩余的坡长区域内呈非饱和的非堆积搬运形式通过，这样在起沙风的作用下，就可不停地吹蚀走上面的沙物质，从而降低沙丘高度。为了不使被吹走的沙物质搬运到其他地方，可事先在沙丘背风坡后一定距离的地方设置条带状阻沙型沙障，条件好的丘间地可代之以栽植树木，以将吹来的沙物质阻滞在设定的区域内。待达到"平丘"目的后，即可进行全面植被恢复工作（图3-22）。这种方法就是利用风的强大搬运能力，因势利导，变害为利，代替人完成人工难以实现的任务。

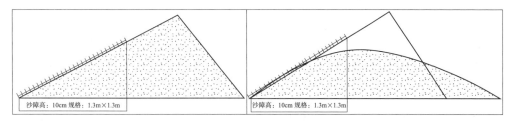

沙障高：10cm 规格：1.3m×1.3m   沙障高：10cm 规格：1.3m×1.3m

图 3-22　沙丘 "消高" 示意图

除此之外，像沙区黏质土壤、盐渍化土地的掺沙改良，以及渠道防沙等问题也可结合这一措施实现。

黏质土壤和盐渍化土地最不利的因素是土壤机械组成中细粒物质含量过高，影响通气透水，土壤毛细蒸发剧烈，适当掺入风成沙是一个不错的改良选项。沙区 "坨甸" 或 "丘滩" 相间分布是典型的地貌特征，利用周边沙丘有足够沙物质源供给的优势，人为创造有效的非堆积搬运和积沙条件，使丘间地某些黏质土壤和盐渍化土地达到适度而均匀掺沙，这样既可改变沙丘，又能改良土壤，可谓一举两得。非堆积搬运条件的形成可参考上述 "前挡后拉" 中的方法，积沙条件可通过在田间垂直主风向设置地埂的方法形成。

沙区渠道较多，风沙灾害防护非常必要。渠道防沙的基本要求是在渠道内不要造成积沙，这就必须保证风沙流通过渠道时成为不饱和风沙流，以非堆积搬运的方式通过，而且渠道的宽度必须小于饱和路径长度。因此在某些区段就必须采取措施，设法在通过渠道前从风沙流中卸载相当的沙量。其途径可通过灵活运用设置滞沙沟槽、防沙堤、地埂的方法得以实现。

④ 固阻结合，层层升级

风沙运动在不同的地貌条件下具有不同的规律，平坦的地形上表现为面上的无边界的泛动，每一颗沙粒的出发点和目的地都是随机的、不可预估的。而一旦形成成熟的沙丘，几乎所有的沙物质都被限制在所占区域内进行活动。其运动特点是从沙丘的迎风坡不停地被吹蚀搬运走，而在背风坡全部跌落堆积，外观上看就像是沙丘整体在搬运。基于这一现象，在对分布于戈壁地区、开阔地的工程设施进行防沙治沙设计时，可在外围一定距离内，设置固阻结合的立式紧密沙障，将远处吹刮来的沙物质进行阻截，使其聚积在沙障附近，当沙障被埋到一定程度后，向上提拔进一步发挥功能，如果是一次性沙障可重新再设置，进行连续风沙阻截，直至背风坡达到自然休止角，形成自然落沙坡为止。这些无规则的风沙运动就会变成有规则的运动，面上的问题变为点上的问题，防护措施更为具体和简单。沙区利用风力修渠筑堤，也可以采用这一方法。修渠时可按渠道设计的中心线设置沙障，先修下风一侧，然后修上风一侧。沙障距中心线的距离一般可按下式计算

$$I = \frac{1}{2}(b+a) + m \cdot h \qquad (3-28)$$

式中　I——沙障距渠道中心线的距离；

　　　b——渠堤底宽；

　　　a——渠堤顶宽；

　　　m——边坡系数（沙区一般为 1.5~2）；

h——渠堤高度。

筑堤是指在干河床内横向修筑堤坝，引洪淤地，改河造田。

3.4.2 植物治沙措施

3.4.2.1 封沙育林育草恢复天然植被

封沙育林育草(简称封育)是指在沙区原有植被遭到破坏或有条件生长植被的地段，实行一定的保护措施(设置围栏)，建立必要的保护组织(护林站)，把一定面积的地段封禁起来，严禁人畜破坏，给植物以繁衍生息的时间，借助天然力逐步恢复天然植被的措施。天然植被是生态系统建设的主要目的植被，能够自然恢复是最理想的途径。实践证明，在我国沙区，大部分地区都能够通过封育措施取得良好的成效。呼伦贝尔沙地现有樟子松林，90%以上是经过天然下种、人工封育后发展起来的。浑善达克沙地多伦县退化草场在封育当年草地植被盖度、高度、牧草产量就比未封育区分别增加了39.2%、1.6倍和1.5倍，封育到6年时，盖度达到最大(邢永亮等)。科尔沁沙地南缘的阜新彰武县阿尔乡镇沙地2003年围栏封育后，2014大部分流动沙丘转变半固定沙丘和固定沙丘，植被恢复效果显著(王秋丽)。毛乌素沙地的内蒙伊金霍洛旗毛乌聂盖村从1952年起封育1.73万 hm²流沙，至1960年已变成以沙蒿为主的固定沙地。新疆巴里坤县退化温性荒漠草原，通过对连续4年(2012—2015年)围栏封育样地和自由放牧样地的植被调查资料对比分析显示，围栏封育下草原植被的地上生物量随时间逐年增加，第四年与前3年相比增加速度较快，增幅达131.2%，沙生针茅在群落中的重要值增大明显，在群落中处于绝对优势地位，这是群落正向演替的标识。而自由放牧区草原植被群落的各项指征均变化不大(刘秀梅等)。

封育恢复沙区植被是非常有效的措施，成本最低、方法简单。据计算，封育成本仅为人工造林的1/20(灌溉)到1/40(旱植)，为飞播造林的1/3。可在干旱、半干旱、亚湿润沙区大力推广。

(1)封育形式

封育通常有3种形式，即全封、半封和轮封。

全封也叫死封，是指在封育期间，禁止放牧、开垦、砍伐、挖掘、割草和其他一切不利于植物生长繁育的人为活动。封育年限根据成林、成草、固土年限确定，一般5~7年，有的可达10~15年。这种方式适于沙漠、大面积流动和半固定沙地以及河流上游、水库和居民点附近风沙危害严重地区的植被恢复及防风固沙林、水源涵养林、风景林建设等的封育。

半封也叫活封，是指在植物主要生长季节实施封禁；其他季节，在不影响植被恢复，严格保护目的树种幼苗、幼树的前提下，适度利用，或有计划、有组织的进行放牧、打柴、割草等经营活动，但不能造成乱砍乱伐和破坏主体植被。这种方式适于固定沙地区的封育和生态经济型防护林、薪炭林建设区的封育。

轮封是指将整个封育区划片分段，实行轮流封育。在不影响育林育草和防风固沙的前提下，划出一定片段，供群众樵采、放牧、割草等，其余地区实行全封或半封。轮封间隔期2~3年或3~5年不等。通过轮封，使整个封育区都达到恢复植被的目的。此法能较好地照顾和解决群众当前利益和生产生活上的实际需要，适于培育饲料林、薪炭林。

（2）封育方法

提到封育人们就会简单地认为是设置围栏，实际上这只是封育的一个方面，对大面积的封育区来说设置围栏也不太现实，而且围栏的设置也有颇多负面效应，如妨碍交通，影响野生动物的活动和栖息，降低自然景观效果，可能造成牲畜集中啃食等。另外，围封只是部分解决了封育中的"封"，并为涉及"育"的问题。因此必须采取综合、系统的措施进行封育。

① 建立组织机构，加强管护。封育分为围栏封育和不围栏封育两种途径，无论哪种方式，管护都是封育的核心，系统完善的组织机构是管护的基础和关键。管护要严格实施责任制，责任要落实到人，落实到地块。现场管护人员必须要有较强的责任心，有一定专业素养。

② 制定规划和封沙育林育草公约。在充分考虑当地土地、林草资源权属和群众副业生产及开展多种经营需要的基础上，制定封沙育林育草规划，划定封育范围，明确权益以及封禁和解禁的标准和方法。同时订立护林护草公约和奖惩制度。

③ 以封为主，封育结合。封是手段，育是目的。封的过程中，如果原生种子库匮乏，可适当补播适生林草种子或补栽树木，进行移栽移植，必要时可施肥浇水；清除抑制幼树生长发育的杂草、杂灌；对疏林进行补植，对密林进行抚育间伐；如发生大面积的病虫害，及时进行防治。

（3）封育条件

封育地的选择最好是有一定数量的种源分布，且具有天然下种或萌芽、萌蘖能力的地区，包括种子传播、残存植株、幼苗、萌芽、根蘖植物的存在等。这就需要在封育前对被封育区自然环境条件和种子库情况进行详细的调查，摸清未来植被恢复的可能性和主要途径。有的封育区植被恢复完全靠当地本底资源就能解决，如大多数半干旱、半湿润沙区；而有的封育区可能需要靠外界条件辅助来完成。如新疆南疆某些山前戈壁封育时需要洪水将植物种子携带进来，这就需要选择夏洪到达与种子成熟有同步条件地方。胡杨种子靠风力传媒，这就需要选择风与种子成熟间良好耦合及有萌发条件的地方；而且胡杨种子成熟时间与夏洪时间同步，也可以通过引洪灌淤的途径将洪水引入胡杨生长区域，使种子能在洪水退后的淤泥上萌发并生长

3.4.2.2 飞机播种造林种草

飞机播种造林种草简称飞播，是指根据生物学与生态学的基本规律和植物天然下种更新原理，利用飞机将携带的、经过采取一定措施处理的乔灌草种子按要求均匀喷洒到沙地上，进行植被恢复的过程。这是治理风蚀荒漠化土地的一种非常重要措施，也是绿化荒山荒坡的有效手段，具有速度快、用工少、成本低、效果好的特点。尤其对地广人稀，交通不便，偏远荒沙、荒山地区恢复植被意义更大。一架运五飞机一天飞播的工作量相当于500人撒播的劳动量。

沙区飞播植被恢复技术在我国开展得很早，1958年在陕西榆林毛乌素沙地开始进行第一次飞播试验，1960年和1961年又连续进行了2次试验，取得了一定效果。使用的植物种有白沙蒿、黑沙蒿、草木犀、苜蓿、柠条、牛荆子6种。在吸取以前经验教训的基础上，1964年和1965年又选用花棒植物种在陕西榆林毛乌素沙地开展飞播试验，进一步积

累了经验。总体而言，这两阶段的工作，由于未完全掌握飞播的关键技术环节，收效不是很大。1974 年根据中央水电部、农林部的指示，陕西省农林局在西安召开"关于继续开展榆林沙区飞机播种试验座谈会"，决定由黄河水利委员会和陕西省农林厅主持，中国林科院、中国科学院西北水保所、北京林学院、中国民航总局科研所、西北农学院、省林业勘查设计院、地区林业局、地区治沙所、黄委绥德水保站、县林业局 10 个单位抽派科技人员组成沙区飞播试验研究协作组，继续在榆林沙区开展试验研究。经过 8 年的努力，取得重大进展。该项工作在 1982 年得到了邓小平同志和中央领导的高度重视和大力支持，再经 1983—1985 年在沙区不同立地条件类型上的大规模推广实验，终于获得成功，并总结出飞播的关键技术。迄今，飞播技术经过不断探索和完善，已居于世界领先地位。即使在降水不足 200mm 的荒漠草原区飞播也能取得不错效果。

（1）沙区飞播的关键技术

① 植物种选择

飞播不同于人工种植，并不能将种子埋进土中，所以满足飞播植物种需要具备一定的条件。特别是沙区的流动沙丘，迎风坡有剧烈风蚀，背风坡有严重沙埋，这样就对飞播植物种提出了更特殊的要求。如只要有适当的降水，就能够独自扎根生长成苗，即易吸水发芽，生长快，根系扎得深的植物；最好地上部分有一定的生长高度及冠幅，在一定的密度条件下，形成有抗风蚀能力的群体；同时还要求植物种子、幼苗适应流沙环境，能忍耐沙表高温。可见并不是任何植物都能飞播的。经过大量试验，目前在草原带沙区飞播最成功的植物有花棒（*Hedysarum scoparium*）、杨柴（*H. monglicum*）、柠条（*Caragana korshinskii*）、油蒿（*Artemisia ordosica*）、籽蒿（*A. sphaerocephala*）、沙打旺（*Astragalus adsurgens*）。在荒漠草原沙区有花棒、籽蒿、蒙古沙拐枣等。其他植物种，或不能发芽，或不能保苗，或固沙能力差等难以在流沙上飞播。

为了提高飞播的成效，最好采取多种植物混播的方式，灌草结合，豆科植物与非豆科植物结合，多年生植物与一二年生植物混合播种等，适宜的地区可增加乡土乔木树种，如榆树、樟子松等，为形成疏林地景观打下基础。

② 种子的发芽条件及种子处理

飞播在沙表面的种子能否顺利发芽，与地表性质、粗糙度、小气候及种子大小、形状等许多因素有关。不是裸露在沙表面经过暴晒的种子都能顺利发芽，在流沙上的种子需要自然覆沙过程。经过试验与观察，我国大部分沙地东南起沙风容易促进种子自然覆沙，西北起沙风也能使种子自然覆沙，但效果不如东南风。就种子本身而言，扁平种子易覆沙，大粒、轻而圆的种子覆沙较差。当然沙丘不同部位受风力作用不同，覆沙也有明显差别。

就种子的发芽条件来看，需要有一定的温度、水分条件和氧气。一般飞播时，温度、氧气基本不成问题，但在选择某些材料进行种子处理时需注意其透气性。种子发芽的关键是水分条件，这一点在播期中讨论。

想要保证种子的发芽率，对种子进行一定的技术处理尤为重要。对于部分种壳坚硬、带蜡质、种子包在荚果内等类型的种子，需要进行机械处理或药物、温水浸种，帮助种子提高吸水性和活性，减少种皮表面的病毒，缩短发芽时间，提高发芽势。落在沙面上的种子，不能够适时地发芽生长，经常会遭受动物的采食，需要进行趋避处理，才能减少种子损失，保证飞播的成效。在流动沙丘上，为防止某些体积大而轻的种子(如花棒)被风吹跑发生位移，可在种子外面包上一层粘土，使种子重量增加5~6倍，制成种子丸，叫种子大粒化(或丸粒化)处理。这种处理不影响种子发芽，但能大大提高种子抗风能力，防止位移，提高飞播效果。但是增加了重量和体积对飞播来说也有其不利的一面。如何既提高固结力，又减少重量，是需要认真考虑的问题。1993年榆林治沙所和榆林种子站的科技人员对此进行了改进，大粒化不再用黄土，而是用骨胶和沙子来代替。如要大粒化50kg花棒种子，用骨胶2kg，加水25kg，在大锅里熬4h，准备好过筛的细沙40kg。在容器中将熬好的胶水倒在花棒种子上，立即搅拌，接着将沙子倒进，趁热迅速搅拌均匀，使每个种子都沾一层胶水，外面沾满沙子。拌匀后铲出晾在毡布上，晒干收好备用。种子实际仅沾沙子25kg，重量上增加种子的一半，体积增加不多，达到了既提高固结力，又减轻重量的目的，应用效果良好。

飞播实践中，为了达到综合效果，人们还常常将促进发芽、防止动物采食与"丸粒化"等措施融于一体，研发出多效复合剂包衣与"大粒化"相结合技术，以简化种子处理环节，提高飞播效率。

③ 飞播期选择

适宜的飞播期应该保证种子发芽所必须的水分和温度条件以及苗木生长足够的生长期，使种子能迅速发芽从而减少动物危害，又能使苗木充分木质化以提高越冬率，还能保证苗木能生长一定的高度和冠幅，满足防风蚀的需要。

适宜播期还要考虑种子发芽后能避开害虫活动盛期，减少幼苗损失；具备适当的种子自然覆沙条件，以提高发芽率和保苗率。

因此，必须利用当地气象站长期观测资料进行统计分析，深入研究飞播区气候特点和规律。搞清播后风力状况，既避免强烈的风沙运动，把种子聚集或埋掉，又需要有轻度或微度的风沙运动，以实现种子自然覆沙。搞清播后有效降雨和阴天出现的时机和分布，既保证种子有顺利发芽的条件，同时要求播期有较高的降雨保证率。

榆林沙区经过长期的飞播实践发现，播期在5月下旬至6月上旬较为适宜，基本能够满足上述条件的要求。4月下旬至5月中旬虽有种子发芽的温度和降雨条件，但出苗后正是金龟子危害盛期，苗木生长反不如5月下旬到6月上旬播种的表现好。

④ 播种量的确定

播种量的大小直接影响苗木密度、郁闭时期、植被质量、防护效益等。对沙区飞播来说，第一年幼苗密度涉及能否消弱风力，减轻风蚀，最终影响飞播成败。每种飞播植物当年生长季末都要达到一定高度和冠幅，确保使沙地地表特征由风蚀转变为沙埋，还要求苗木有一定密度。这实际上是一件很复杂的工作，特别是在混播情况下，计算难度更大。根据实际调查资料发现，纯林花棒一年生幼苗1m²需20株、杨柴需16株基本可抵抗风蚀。

单位面积播种量的确定，除必须的幼苗密度外，还要考虑种子纯度、千粒重、发芽率、苗木保存率和鼠虫害损失率等，其计算公式如下

$$N = ng/(10^2 \cdot P_1 \cdot P_2 \cdot P_3 \cdot P_4) \tag{3-29}$$

式中　N——单位面积播种量(kg/hm²)；

　　　n——每平方米面积计划有苗数；

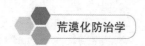

g——种子千粒重（g）；

P_1——种子纯度（用小数表示）；

P_2——种子发芽率（用小数表示）；

P_3——种子受鼠鸟虫害后保存率（小数表示，经验值）；

P_4——苗木当年保存率（小数表示，经验值）。

根据上式计算，杨柴亩播量 0.75～1kg，花棒 1～1.5kg。近年由于飞播技术的不断改进，播量不断下降，花棒、杨柴播量降到每亩 0.5kg，沙蒿原播量 0.5kg，降到 0.3kg。明显地节省了种子用量，或者说同样的种子量大大地扩大了播种面积，降低了飞播成本。实践证明，混播效果优于单播，有更好的群体固沙效果。如能使沙生先锋植物与后期耐旱植物混播成功，固沙效果会更稳定。

⑤ 飞播区立地条件选择

实践证明，飞播区立地条件也是影响飞播成功与否的重要因素。沙区的立地条件主要由沙丘密度、沙丘面积、沙丘高度、沙丘类型和植被覆盖度等决定的。一般而言，沙丘密度大、沙丘高、天然植被覆盖度小、地下水位深的地区，飞播的效果就会差，成功的可能性也会低，反之，效果就会好，成功的可能性也会高。

榆林流动沙地基本上可分为两大类型。一种是沙丘高大密集（沙丘密度为 0.75～0.82），沙丘间低地较窄，地下水较深；另一种是沙丘比较稀疏（沙丘密度 0.54），丘间地较宽阔，地下水较浅。后者水分条件较好，飞播出苗率、保存率高，植株生长量大，易形成大面积幼苗群体，因而飞播成效高；前者则相反。内蒙古阿拉善腾格里沙漠飞播成功，也与飞播区是平缓流沙地有关。可见，飞播立地条件的选择对飞播成效有重要意义。

⑥ 飞播有害生物防治

对于飞播来说，有害生物主要表现为鼠、兔、鸟、虫等动物对种子的采食、幼苗的啃食和蚕食。如果不采取一定的防治措施，会大大降低飞播的成功率。据毛乌素沙地飞播调查数据显示，飞播花棒等豆科植物种子受鼠虫害较严重，小面积播种可能受害 90% 以上，大面积播种种子受害达 13%～64%。花棒、杨柴发芽后受大皱鳃金龟子危害严重，该虫活动高峰正值种子发芽期，其幼虫在地下危害根系。兔害在播种当年结冻前及次年解冻后，可成片咬断受风蚀的幼株，受害率可达 17%～31%。因此对兔鼠虫害必须防治。

对鼠害可采取化学和机械、生物捕杀措施防治。金龟子可用药物防治，也可人工捕杀，或放鸡捕食。一只公鸡一天可食 300 只金龟子。还可营造紫穗槐隔离带诱杀。兔害可狩猎捕杀，设套捕杀。对鸟类危害的防止，可在种子处理过程中加入趋避剂。如发现花棒幼苗立枯病，应采用化学药剂防治。

需要说明的是，所谓飞播有害生物防治，只是针对飞播具体任务而言。实施过程中必须遵守有关环境保护、动物保护等法律法规，不能造成环境污染等不良现象，更不能威胁鸟类等受保护动物的生存。

⑦ 飞播区的经营管理

科学合理的经营管理也是影响飞播成效的重要因素。首要的任务是对播区实施严格的封禁保护措施，防止人畜破坏，至少应维持飞播后 4～6 年。只有把飞播区封禁起来，幼苗才能顺利成长，并促进自然植被的恢复，加上飞播植物的未来更新，共同构建播区生态环境的主体。播区管护需要设置专门组织，并形成保护网络，有专人负责，也需要对群众进行广泛深入地宣传，真正提高群众的认识，把护林护草变成群众自觉的行动。同时，必要的抚育措施也不能忽视，如补播补植，移密补稀，条件好的地方，可栽植树木，即人们常说的"飞封造"。适当的时间，要进行适度利用，以保证土地生产力和效益最大化。

（2）飞播作业与方式

飞播作业的主要工具是飞机，我国目前飞播用的飞机有伊尔-14、运5两种。伊尔-14载重可达2250kg，飞行高度300～400m，播幅可达120～130m，日播4万～5万亩；运5载重900kg，飞行高度100～200m，播幅75～87m，日播1万～2万亩，飞行速度为160km/h。目前撒种装置为电动开关，通过可调的定量盘和扩散器喷撒种子，但在机上不能调整撒种口，故不能随时调整播量，这一点急需改进。

播前要做好各项准备工作，设计人员要绘制详细的飞播作业图(1∶10000)和播区位置图(1∶200000)提供给机组人员。飞播作业图应附作业计划表，标明按航带号顺序的每架次植物种、播种面积、播量，各航带用种量，每架次装种量，作业方式。图上绘出播区位置桩号平面图。机组人员播前到现场踏察，熟悉情况，试航，然后可正式飞播。

航向与作业方式　航向是指播带方向，考虑到风对飞播的影响，航向应与主风向一致。作业方式为单程式、复程式、交叉式3种。根据播带长短，每架次播种的带数来确定飞行方式。

单程式：每架次所载种子仅单程播完一带。适用播量大，播带长的播区。

复程式：每架次所载种子可往返播两带或多带，适用播量小，种子小的播区。

交叉式：交叉播时，播种地覆盖两次种子，每次用种子一半，第二次和第一次成直角飞行，可保证种子分布更均匀。

航高与播幅　影响播幅的因素很多，如果其他因子相同，航高提高可加大播幅。但是播小粒种子易受风速影响，故播幅要小，航高要低。籽蒿、沙打旺小粒种子，航高50～60m，大粒种子花棒航高70～80m。飞播撒种不均匀，中间密，两边稀，为提高均匀度，播带两边要增加20%～30%重叠系数。

风对飞播质量有很大影响，风速增大，播幅加宽。侧向风大时造成种子飘移，甚至飘出播带。因此，作业时，侧向风速不能超过5.4m/s，侧风角不能大于40°，顺逆风时，播大种子风速不宜超过6～8m/s，播小种子风速不宜超过6m/s。

飞播时要保证按设计播量播种，必须调整好定量盘（出种口），以适当航高保证播幅，及时开启出种箱。

除指挥、联系、保卫、交通、装种、后勤等工作以外，要及时测定每一带播幅，落种密度，做好航带两端、中点地面导航，最好使用GPS导航系统，可大大节省人力。

播后要进行成效调查，用路线（航带中央）调查方法，飞播当年在发芽后和生长季结束后各调查一次，调查路线上每隔5m（背风坡6m）设1m²样方。当成苗面积率过小时，抽样数不足，可增设一条调查线，以保证精度。调查项目包括：地形部位、有苗株数、株高、冠幅、地径、蚀积情况和天然植被情况。计算发芽面积率（1m²样方有一株以上健壮苗为统计单位）。还可以根据需要进行沙地水分、风蚀、风速的定位观测。

$$有苗面积率＝（有苗样方数/调查样方数）×100 \qquad (3-30)$$

近年来，内蒙古农业大学和赤峰林业部门的科技人员协作，设计研制出一种"喷播机"，形成了一套近似飞播技术的喷播技术。该机由履带拖拉机牵引，在流动沙丘上进行播种作业。由于是将种子喷出去撒播沙表，喷撒部件可以灵活转动，能保持播幅50m，从播种质量的角度上要优于飞播。该机可在面积不大的流动沙丘区机动灵活作业，或在没有飞机的条件下实现快速绿化。

3.4.2.3　人工造林种草

人工造林种草是最传统的和最基本的植被建设手段，包括直播、植苗造林、扦插造林3种方式。沙区由于类型复杂多样以及困难立地条件的决定，所以无论是在植物种选择上、还是整地方法上、或是种植方式等方面，都有其自身的特点和要求。

（1）直播

① 直播概念与特点

直播也称人工播种，是以植物种子作材料，直接播于土壤中而建设植被的方法。这种方法可以说具有非常悠久的历史，它最初起源于原始农业，时间在万年以上，其目的主要是制造食物，现代农业中农作物、蔬菜的生产也还都沿用着直播。对于直播造林种草来说，出现的时间就晚多了，我国北魏贾思勰所著的《齐民要术》中有过记载，目标是种植中药材，后来人们为开发林果、薪柴、木材、食料、饲料等资源，开展过各种各样的直播试验和实践，但有目的的针对生态环境建设进行直播在我国还只是近几十年的事情，而且发展很快。目前利用直播方法恢复沙区植被已成为最重要的植物治沙措施之一。

直播与扦插、植苗两种方式相比，有如下优点：

——施工过程简单，有利于进行大面积植被建设；

——省去了烦琐的育苗环节，劳动强度小，大大降低了成本；

——从种子发芽开始就生长在原状沙地上，苗木根系不存在受损伤问题，也不存在缓苗期，林木适应性会显著增强。

② 直播的关键技术环节

由于沙区困难立地条件决定，直播存在着相当大的风险，主要原因是：A. 种子萌发需要足够的水分，但在干沙地通过播种深度调节土壤水分的作用却很小，覆土过深难以出苗；适于出苗的播种深度沙土极易干燥。B. 由于播种覆土浅，风蚀沙埋对种子和幼苗的危害比植苗更严重，且播下的种子也易受鼠虫鸟的危害。然而只要措施得当，成功的可能性也还是很大的。近些年，我国在草原带沙区直播花棒、杨柴、锦鸡儿、沙蒿、冰草，在半荒漠沙区直播沙拐枣、梭梭等成功的事例很多。

实践证明，在沙区开展直播造林种草，技术上必须在植物种、播期、播种方式、播量、覆土厚度、管理等环节进行科学合理选择和有效搭配，才能取得良好成效。

从植物种选择方面看，因为沙漠地区的几百种植物中绝大部分都是由种子繁殖形成的，理论上这些植物均可用于直播的候选，另外也可以有条件地引入一些外来直播种。建设实践中具体选用什么植物，需要遵循以下原则：

——适生性原则。选择的植物种一定能保证能够顺利发芽和正常生长，所以必须要掌握植物的发芽和生长规律，并因地制宜地进行施工设计。

——生态系统整体目标构建原则。对于拟建区，首先应明确生态系统建设的方向，选择的植物应符合建设的总体设计目标，有助于推动系统的正向演替。

——价值性原则。选择的植物不仅能够快速、有效地发挥防风固沙的作用，最好有较高的资源价值，如饲料、木料、燃料、肥料等价值。

就播期来看，春夏秋冬都可进行直播，施工的季节限制性比植苗、扦插小得多。适宜的播期要求可参考飞播中关于播期选择的内容。我国西北地区 7、8、9 三月降水集中，风蚀沙埋、鼠兔虫害均较轻，对直播出苗有利。但当年生长量较小，木质化程度低，次年早春抗风力弱，保苗力差。为延长生长季提至 5 月下旬至 6 月上旬，也有保证播种成功的降雨条件而获得好效果。

直播的播种方式分为条播、穴播、撒播 3 种。条播是指按一定方向和距离开沟播种，然后覆土的一种种植方式。穴播是指按设计的播种点(或行距穴距)挖穴播种后覆土的一种种植方式。撒播是将种子均匀撒在沙地表面，不覆土，靠自然覆沙的一种种植方式。条播、穴播容易控制密度，因播后覆土，种子稳定，不会位移，种子最好播在湿沙层中。撒播不覆土，播后至自然覆沙前这段时间如果有风力作用，易发生位移，稳定性较差，成效更难控制，特别是播大、圆、轻的种子，需要大粒化处理。

播种深度即是覆土深度，这是一个非常重要的因素，直播常因覆土不当导致造林种草失败。一般情况下根据种子大小而定，沙地上播小粒种子覆土要浅，约 1～2cm，如沙打旺、沙蒿、梭梭等；播大粒种子覆土要深，约 3～5cm，如花棒、杨柴、柠条等，过深会影响出苗。对于出苗慢的树草种实际上在沙地上播种是不适宜的。

播量也是一个重要影响因素，上述 3 种播种方式，撒播用种最多，浪费大；穴播用种最少，最省种子；条播用种量居中。具体播量计算可参考飞播播量部分。

播种后要注意封禁保护和防止病虫鼠兔等危害。风沙严重的地区，有条件的情况下可结合工程措施辅助进行直播。

（2）植苗造林

植苗造林即所谓的栽植，是以苗木为材料进行植被建设的方法。由于苗木类型不同，植苗可分为一般苗木、容器苗、大苗栽植 3 种形式。

① 一般苗栽植

一般苗木多是由苗圃培育的播种苗和营养繁殖苗，有时也用野生苗。由于苗木具完整的根系，有健壮的地上部分，因此适应性和抗性较强，是沙地植被建设应用最广泛的方法。但从播种育苗、起苗、假植、运输，一直到栽植，工序多，如果控制不好，苗木会因风吹日晒失水，苗根受损伤或劈裂，茎、叶、牙折断或脱落，运输中苗木发热、发霉等情况，从而影响成活率、保存率、生长量等。因此，要十分重视植苗造林的技术要点。

A. 苗木质量

这是影响成活率的重要因素，必须选用健壮苗木，一般固沙造林多用一二年生苗。苗木必须达到标准规格，保证一定根长(灌木 30～50cm)、地径、地上高度。根系无损伤、劈裂，过长、损伤部分要修剪。不合格的小苗、病虫苗、残废苗坚决不能用来造林。

B. 苗木保护

从起苗到定植前要做好苗木保护。起苗时要尽量减少根系损伤，因此起苗前 1～2 天

要灌透水，使苗木吸足水分，软化根系土壤，以利起苗。起苗必须按操作规程保证苗根一定长度，要边起苗边拣边分级，立即假植，去掉不合格苗木，妥善地包装运输，保持苗根湿润。

为了保持苗木的水分平衡，栽植前应对苗木(主要是裸根苗)进行适当处理。地上部分的处理措施有：截干、去梢、剪除枝叶、喷洒化学药剂、喷洒蒸腾抑制剂或其他制剂等。地下部分的处理措施有：修根、漫水、蘸泥浆、蘸吸水剂和化学药剂、激素蘸根及接种菌根菌等。

C. 苗木栽植

栽植主要包括栽植深度、栽植位置和具体施工要求等。适当的栽植深度应根据树种、气候、土壤条件、造林季节的不同灵活掌握。一般考虑到栽植后穴面土壤会有所下沉，故栽植深度应高于苗木根颈处原土痕2~3cm。栽植过浅，根系外露或处于干土层中，苗木易受旱；栽植过深，影响根系呼吸，根部发生二重根，妨碍地上部分苗木的正常生理活动，不利于苗木生长。栽植深度应因地制宜，不可千篇一律。在干旱的条件下应适当深栽，土壤温润黏重可略浅些；秋季栽植可稍深，雨季略浅；生根能力强的阔叶树可适当深栽，针叶树大多不宜栽植过深，截干苗宜深埋少露。

沙地造林一般多用穴植，栽植穴规格根据苗木大小确定，能使根系舒展不致蜷曲，并能伸进双脚周转踏实为宜。穴的直径一般不小于40cm。穴的深度直接影响水分状况，我国半荒漠及干草原沙区，40cm以下为稳定湿沙层，几乎不受蒸发影响。因此，穴深要大于40cm。对于紧实沙地，加大整地规格对苗木成活和生长发育大有好处。

栽植位置一般在植穴中央，使苗根有向四周伸展的余地，有时也把苗木置于穴壁的一侧(坡地多为里侧)，称为靠壁栽植。靠壁栽植的苗木，其根系贴近未破坏结构的土壤，可得到通过毛细管作用供给的水分，此法多用于栽植针叶树小苗。

定植前苗木要假植好，栽植时最好将假植苗放入盛水容器内，随栽随取，以保持苗根湿润。取出苗木置于穴中心，埋好根系，使其均匀舒展，不窝根，更不能上翘、外露，理顺根系后填入湿沙，至坑深一半时，将苗木向上略提至要求深度，用脚踏实，再填湿沙，至坑满，再踏实(如有灌水条件，此时应灌水，水渗完后)覆一层干沙，或盖上塑料薄膜、植物茎秆、石块等，以减少水分蒸发。

如造林地土质疏松，水分条件较好，栽植侧根较少的直根性苗木时，也可用缝植法。操作是用长锹先扒去干沙层，将锹垂直插入沙层深约50cm，再前后推拉形成口宽15cm以上的裂缝，将苗木放入缝中，向上提至要求深度，再在距缝约10cm处，插入直锹至同一深度，先拉后推将植苗缝隙挤实、踏平。该法造林工作效率较高。

D. 植树季节

植苗季节以春季为好，此时土壤水分、温度有利于苗木发根生长，恢复吸收能力，地上长芽发叶，耗水又较少，能较好地维持苗木体内水分平衡，利于苗木成活与生长。春植苗木宁早勿晚，土壤一解冻便应立即进行，通常是在3月中旬至4月下旬。如需延期栽植，需对苗木进行特殊的抑制发芽处理，如假植于阴面沙层中或贮于冷窖内。

秋季也是植苗主要季节。此时气温下降，植物进入休眠状态，但根系还可生长，沙层水分较充足稳定，利于苗木恢复吸水，次年春生根发芽早。有时为避免冬春大风抽干茎干受害，也可截干栽植，留干长度可在地面上 5~20cm。秋季植苗期长，从苗木落叶至结冻前均可进行，一般在 10 月中旬至 11 月。东北沙地秋栽樟子松，栽后用土将苗木全部埋好，次年早春将土扒开，保护苗木安全越冬。陕北定边长茂滩林场等单位采用沟植法栽 3~4 年生不带或少带果枝的沙蒿活沙障，秋栽比春栽成活率高，黑沙蒿成活率在 80% 以上，白沙蒿约 50%。

②容器苗栽植

容器苗是指在特制的容器中装入配制好的营养土而培育出来的苗木。容器育苗研究始于 20 世纪 30 年代，60 年代在北欧一些国家进行生产应用，到 80 年代容器苗生产在全欧、美、亚洲得到迅猛发展，其中以高纬度地区应用最为成功，如加拿大、瑞典、挪威、芬兰、南非、巴西等国家。我国 20 世纪 50 年代首先在南方营造不易成活的桉树、木麻黄等一些树种上试验应用取得成功，80 年代才逐渐在北方干旱地区育苗中开始生产，目前已经发展成一种主要的育苗方式，栽植面积不断扩大。与普通苗圃苗相比，容器苗造林有如下优点：

——缩短了育苗期。大田要用 3~4 年育成的针叶树苗木，容器苗 1~2 年或更短时间就能育成，工厂化育苗更快，由于人为控制，能形成良好环境，苗木生长加快；

——延长了造林期。由于容器苗根系发达，未受损伤，对恶劣环境适应能力强，只要土壤水分和温度适宜，就可以造林；

——苗木质量高。由于育苗过程中有意识培养苗木发达的根团，又未受损伤，可以提高造林成活率和保存率；

——容器苗培养便于机械化和工厂化。

用单株苗木比较，育苗成本提高了，但从总的造林成本比较是降低了。由于提高了造林成活率、保存率，又基本上消除了缓苗期，生长较快，成材率大大提高，克服了造林不见林的现象。

用于容器育苗生产的容器种类很多，大体上可分为塑料容器(塑料薄膜、硬塑料杯)、泥容器(营养砖、营养体)、纸容器三大类。从容器制作材料来看，塑料容器一般为聚氯乙烯和聚酯类塑料，按质地不同又可分为薄膜型和硬质型；泥容器为泥炭；纸容器多为木浆纸或废旧报纸。容器按其化学性质可分为能自行分解腐烂和不能自行分解两类。聚脂类塑料容器和泥炭容器、纸质容器可以分解，用聚乙烯和聚苯乙烯生产的容器不能被微生物分解，但容器可多次使用。可分解容器造林时苗木与容器不必分开，不能自行分解容器则需去掉容器后方可造林。

我国过去由于经济条件限制，育苗容器多用报纸、牛皮纸、软塑袋等廉价材料，近些年黑塑料袋、硬塑料容器开始普及。最近几年，在育苗领域又出现了几种复合型的育苗容器。这些容器兼有各种优点，在育苗方面得到了很好的推广。如由浙江省林业科学研究院的江波、朱锦茹、袁位高等发明的修根型育苗容器(2003 年获国家专利)。其特点是容器底面设置 2~4 条凹槽，凹槽内设有注水孔；容器底面设置的凹槽的宽度为 2~4cm，凹槽深度为 2~3cm；每条凹槽内设置的注水孔孔数为 2~5 孔。容器底面凹槽能使容器底面始终保持水分，使容器内的苗木达到自然断根；育苗容器采用硬塑料制作，具有较好的强度，可满足重复利用的要求，使容器的生产成本十分经济，有利于提高育苗的经济效率，同

时，还可减少容器废弃造成的污染。又如环保型育苗容器(可降解育苗容器)、控根快速育苗容器、全营养育苗容器等都得到了很好的利用。取得了良好的效益。尤其是由厦门市专成绿化工程有限公司研制的环保型育苗容器。此容器具有国外同类产品能吸收阳光中波长在290~380nm间的紫外线，使塑料大分子老化并迅速引起大分子全面瓦解，变成低分子物资，具有化为粉末之功能，而且能进一步被真菌、细菌等微生物分解。这种利用阳光和微生物双重作用进行分解，并完全降解的技术，在世界上也是领先的。而且在育苗后可直接埋入土壤，不会影响植物生长，减少了传统黑色塑料育苗容器的拆袋时间，有不会因拆袋而损坏苗木的根系，保证了苗木移植后的成活率。此外，由恩微科技有限公司牛建辉提出的秸秆可降解营养钵，使用秸秆、牛粪及粘合剂按一定比例配比，经挤压成型机挤压形成六棱柱、方形等营养钵，营养体可在土壤中分解，钵体可为容器苗提供营养，育好苗的钵体可直接运到沙地进行穴植，也可将空的钵体先栽植于沙地里，然后灌装沙子后进行播种浇水，将育苗与种植合二为一。

容器基质是培育容器苗的关键，基质的选择应遵循"因地制宜，就近取材，理化性质良好，有较好的保湿、保肥、通气、排水性能，成本低，无病虫害"的原则。按照基质的配制材料不同，可分为以下三种：一是主要以各种营养土为材料，质地紧密的重型基质；二是以各种有机质为原料，质地疏松的轻型基质；三是以营养土和各种有机质各占一定比例，质地重量介于前两者之间的半轻基质。目前后两种基质广为应用。容器基质的物理化学性质对苗木生长具有决定性作用。秦国峰等对马尾松容器苗基质的研究表明，基质有机质、氮和磷含量高、容重低、疏松通气，则有利于苗木生长与根系发育。反之，苗木生长与根系发育就会受到影响。

沙区大部分区域为造林困难立地，非常适合采用容器苗进行造林。育苗中，可以根据因地制宜、就地取材的原则，直接用沙做基质，并加入一定比例的黏土(不超20%)、肥料等配成营养土，这些都是沙区容易获得的资源，能够大大降低育苗成本。

(3) 扦插造林

扦插造林也称插条造林，是利用林木的营养器官(根、茎、枝等)作插穗直接扦插到土壤中繁殖新个体的方法。如插条、插干、埋干、分根、分蘖、地下茎等，在沙区植被建设中，应用较广、效果较好的是插条和插干。

扦插造林是沙区最主要和最具推广应用的一种造林方法，其优点是方法简单，便于推广；生长迅速，固沙作用好；就地取条、干，不必培育苗木。

凡是具有营养繁殖能力的林木原则都能进行扦插造林，但不同树种营养繁殖能力的强弱有别，所以扦插造林的成功率也不同。我国沙区中经常用来扦插造林的树种有杨树、柳树、黄柳、沙柳、小红柳、柽柳、花棒、杨柴、紫穗槐、沙木蓼、沙拐枣等。尽管植物种不多，但在植被建设中作用很大，沙区大面积黄柳、沙柳、高干造林基本是扦插造林发展起来的。

插条造林的关键是插穗的选取，一般选1~3年生、长势健壮无病虫害、木质化程度高的枝条，粗1~3cm，插条长40~80cm。条件好用短插条，条件差用长插条。于生长季结束到次年春树液流动前选割插条，用快刀一次割下，上端剪齐平，下端马蹄形，切口要光滑。

插条制好后可立即扦插，但采下后浸水数日再扦插有利于提高成活率（紫穗槐插条以冬埋保存者为好）。若插穗需较长时间存放，可用湿沙埋藏；用生根粉（ABT）等刺激素进行催根处理可加速生根，提高成活率，促进嫩枝生长。

扦插造林一般选择在春秋两季，多用倒坑栽植法，即随挖穴随放入插条（勿倒放），后挖取第二坑湿沙填入前坑内，分层踏实。再将第三坑湿沙填入第二坑，如此效率较高。插深多与地面平，沙层水分较差及秋插低于地表 3~5cm。

陕北群众创造了沙柳簇式栽植法，疏中有密配置，既可抗风蚀，又可解决过密造成水分养分不足的问题。

1996 年赤峰巴林右旗林业局在巴彦尔登苏木沿河缓山坡流动沙丘上用黄柳、杨柴插条扦插成 2×2m 规格的网格活沙障固沙取得成功。具体方法：10 月黄柳、杨柴落叶后，选取长 150cm 以上的健壮枝条作插条，在沙丘上垂直主害风等高挖间距为 2m 的平行沟，沟宽25cm，深 80cm，密植插条，株距 3~5cm，将黄柳插条作主带，沿沟下沿垂直放好，填湿沙，二踩三埋，踏实。地表 20cm 以上的枝条剪掉撒铺两侧。在垂直主带间距 2m，平行挖副带扦插沟，扦插杨柴条。次年春黄柳、杨柴成活发芽生枝，成活率在 80% 左右，流沙即得到固定。网格中可栽杨柴、种沙蒿、植樟子松苗。黄柳、杨柴成大后有较高的经济效益和生态效益，网格中还有发展牧草的潜力。目前这种方法在很多地方得以推广，通过扦插各种树木建立活沙障。

另外，作为扦插造林方法之一的高杆造林，由于在沙区具有颇多优点，所以被广泛采用。特别是在沙丘背风坡下部和丘间低地，更加适合。首先，这种方法能将插杆栽植到更深的沙层中，吸收更广泛区域的水分和养分；其次，能够克服风沙流的风蚀沙埋对扦插苗木的危害；最后，可以尽快成"林"，产生生态和经济效益。

沙区高杆造林常用的树种主要是旱柳和一些杨树树种（品种）等。具体做法是，选 3~4年生，长 2~4m，小头直径 3~4cm 的壮杆，于清明节前 10~15 天砍下，将大头浸泡水中，到清明前后天气转暖，再将全杆浸入水中充分吸水，约 25~30 天树皮出现白色或浅黄色凸起，便可取出栽植。植深 0.8~1.2m，穴径 0.4~0.5m，分层踩踏压实。也可使用打孔机械等进行钻孔深栽。

3.4.2.4 生物结皮固沙

生物结皮也称生物土壤结皮，是地表面土壤颗粒与微生物（细菌、真菌、放线菌）、隐花植物（地衣、藻类、苔藓）等有机结合和粘附胶结而成的结构复杂、相对独立的固结层。它广泛分布于全球各大洲陆地表面，但在不同气候类型区和生态系统中的表现形态、结构组成、形成机理和功能有所不同。在沙区，生物结皮也叫沙结皮，它的产生与存在可以说对沙地生态系统形成与演替具有特殊的意义。

首先，沙结皮的大面积出现标志着沙面活动性的降低或停止。因为只有稳定的床面才可能产生沙结皮，流动沙地是无法形成沙结皮的。所以，在沙漠化程度评价指标的选取时，人们曾提出用沙结皮这一指标，包括沙结皮覆盖率、沙结皮厚度、沙结皮类型等。

其次，沙结皮具有遏制风沙运动和有效保护地面的良好作用。沙结皮中的细菌、真菌、地衣和苔藓植物的地下菌丝和假根能够黏结沙粒，增加了沙质土壤稳定性，改变了土壤表层结构特征，增强了土壤抵抗侵蚀的能力。

再次，沙结皮通过改变降水入渗、地表径流、蒸发和凝结水捕获等方式重新分配了土壤水分。来自温带荒漠的研究表明(李新荣等)，沙结皮对降水起到了显著的拦截作用，阻止了水分向土壤深层的入渗，使土壤水分浅层化。刘翔等通过对古尔班通古特沙漠中广泛分布的沙结皮渗水实验观测得出结论，与自然沙面相比，藓类结皮、地衣结皮、藻结皮覆盖下初渗速率降低幅度依次为 36.10%、46.42%、50.39%。

最后，沙结皮的存在能够促进土壤形成过程，对生态系统结构构建和稳定有着积极的作用。有人曾提出藻类植物是演替最初阶段的先锋植物，依靠它固定空气中的 N，使土壤有机化，依靠它分泌的黏液质来保持土壤水分及防止黏土粒子流出，给后续植物演替创造条件。陈隆亨和陈文瑞等对 20 世纪 20 世纪 50、60 年代建立的沙坡头铁路固沙带的沙结皮理化性质及微生物区系进行测定后的结果显示：机械组成中黏粒随沙地固定程度提高，结皮中物理性黏粒(粒径小于 0.01mm)由 0.36% 提高到 8.24%，而结皮下层从 0.15% 提高到 5.61%，结皮层的黏粒比结皮下层显著增加。有机质、速效养分、易溶性盐类含量也随沙丘固定程度而增加。矿物含量分析结果，结皮层 SiO_2 含量随沙丘固定而减少，流动沙丘为 81.87%，固定沙地结皮层(0~0.5cm)为 71.16%。三氧化物含量则提高，流沙为 11.48%，固定沙地结皮层为 14.52%。CaO、MgO 含量的变化也与三氧化物有相同的规律。土壤微生物区系分析结果表明，放线菌、细菌、芽孢杆菌随沙丘固定程度而增多，结皮下层多于结皮层，这可能是结皮层过于干燥的结果。微生物总量中，以细菌占优势，放线菌次之，真菌最少。

正是因为沙结皮上述这些特点和功能，在沙漠化防治中，沙结皮的人工促成便成为一项固沙措施被提出，并逐渐得到广泛重视。

一般来说，生物结皮从低级到高级常常会呈现微生物结皮、藻类结皮、藻类-地衣结皮、藻类苔藓结皮等序列，自然情况下沙结皮形成往往需要几年至几十年的时间(Li；Guo)。因此，如何通过人工培育和扩繁技术，促进沙结皮形成，对加快沙区生态恢复和重建进程具有重大实践意义。

早在 20 世纪 80 年代，张继贤等就在沙坡头沙丘上进行了人工沙结皮促成试验，分三组进行设计：①用 0.01mm 细土 1kg/m²；②1kg 细土加 10 克沙蒿粉；③不加措施的沙丘作对照。

将上述①、②中的物质撒于沙表使之与表面 1cm 的沙粒混合均匀，经 6~8m/s 风速吹扬及 1mm 降雨湿润又蒸发后，除对照外，上述处理的沙面均出现结皮。80 天后调查结皮保存面积，细土的为 76.3%；细土加沙蒿粉组为 90%；对照组无结皮形成。这表明，人工措施促进沙结皮形成是完成可能的。

Chen 等人、Wang 等人和 Lan 等人在库布齐沙漠成功分离、培养了具鞘微鞘藻和爪哇伪枝藻，通过掌握人工藻结皮的生理特性、耐胁迫能力和外在土壤水分、温度、光照和养分供应等环境条件及其在沙丘的分布规律，确定了最佳光照、温度和养分条件，建立了工厂化生产流程和沙面接种技术体系。在腾格里沙漠，李新荣等从本地沙结皮中分离、培养了 3 种蓝藻，同时配合使用固沙剂和高吸水性聚合物在流沙进行接种，1 年后土壤硬度明显增加，新生沙结皮碳水化合物含量、蓝藻生物量、微生物生物量、土壤呼吸、碳固定和有效量子产率可达到发育 20 年自然沙结皮的 50%~100%。此外，根据所筛选的藓类植物芽、茎、叶碎片无性繁殖能力证明了人工培养藓结皮的可行性，并分别确定了古尔班通古特沙漠刺叶墙藓、腾格里沙漠和毛乌素沙地真藓、黄土高原土生对齿藓人工培养的最佳温湿度、营养液及浓度、基质和野外接种方法。上述人工培养的藻和藓类材料在田间接种后，显著增强了固沙功能，改善了沙面土壤的水文和理化属性，为我国干旱和半干旱地区沙化土地修复提供了有力的技术支撑，有望推广至全球其他类似地区，甚至可能用于月球和火星表面尘埃的控制。

3.4.3 旱作农业耕作防蚀措施

旱作农业(dry farming)，也称旱农，是指干旱、半干旱和半湿润易旱地区完全依靠天然降水进行农作物生产的一种旱地农业。我国北方沙区东部旱作地区是指沙质草原和其中的沙荒地区，主要包括：鄂尔多斯沙区(毛乌素沙地和库布齐沙漠)，锡林郭勒草原和沙区(浑善达克沙地和乌珠穆沁沙地)，西辽河和嫩江沙区(科尔沁沙地和嫩江沙地)及邻近沙质草原，呼伦贝尔沙地及草原等。这一地区降水量为 250~400mm，最东部靠近大兴安岭地区可达 500mm，日平均温度 ≥10℃ 的积温达 2000~2800℃，农业主要依靠天然降水完成，一般不进行灌溉。风蚀沙化则是我国北方旱作农业区更为突出的问题，由于过度的开垦及不适当的耕作，造成植被破坏，土地沙化严重，引起地力下降，农田产量低而不稳。

分布在干旱、半干旱的沙区和沙质土地上的旱作农田，其沙害主要有风蚀沙化和沙打禾苗两种形式，后一种又紧密依存于前一种。风蚀沙化是风沙危害农田的一种主要方式。春季播种时正值风季，沙质耕地基本上处于裸露状态，在强风作用下，疏松的表土易遭风蚀，将刚入土的种籽甚至幼苗随表土被吹蚀而外露地表以至吹走，造成毁种，严重时要重播 2~3 次，甚至 4~5 次。风蚀沙化一方面表现为土壤中细粒和营养物质不断被吹蚀，另一方面表现为表土沙粒日益增多，使原来较为肥沃的土壤日趋贫瘠，生产力下降，最终导致土地撂荒。由于风蚀吹扬漂移的土粒，在耕地附近遇到草丛、灌丛及其他障碍物时，便在附近堆积起来，于是地表出现片状流沙或灌丛沙堆，慢慢向半固定沙地和流动沙地发展，沙漠景观开始出现，而且这些沙物质会在大风作用下形成风沙流，因而沙打禾苗，农田毁种现象也时有发生。特别地，在草原开荒形成的旱作农田地区风蚀沙化更是如此。在没有开垦过的沙质草原，天然植被茂密，地表累积了一层枯枝落叶，这就形成了保护层，通常不会出现土壤风蚀的现象。但在大面积开荒进行旱作、不断轮荒的情况下，稳定的天然植被保护层被破坏，于是土壤风蚀得到了发生和发展的条件，土壤沙化过程不断扩展，往往形成"一两年粮食满仓、三四年沙丘成行，五六年只得撂荒"的现象。风蚀形成的风沙流及耕地周围流动、半固定沙丘的风沙运动形成的风沙流，在运动过程中接踵而来的沙粒打击作物幼苗，轻者使枝叶受伤，毁苗折杆，造成作物过度蒸腾乃至凋萎死亡；重者使幼苗枯死，造成晚熟、减产或无收。

(1) 带状耕作

旱作地区的土壤抗蚀能力差，不宜采用大面积耕作，而宜采用带状耕作，保留一定宽度的原生植被，起防止风蚀的屏障作用；也可进行小块状耕作，尽量缩小耕作面，以防止或减轻土壤风蚀。这种耕作带的宽度应根据所保留的天然植物带内植被的高度而定，一般地，耕作宽度均以天然植被高度的 15~20 倍为宜。如保留的天然植被是油蒿，植丛高一般

在 60~80cm，按防护范围为植株高的 15~20 倍计，则耕作带的宽度应限制在 9~12m。

带状耕作时，天然植被间隔的密度应根据具体情况而定。在背风的地形部位，间隔可以窄些，迎风处则应宽些，一般间隔带的宽度应保留在 7~8m 左右，过窄防风蚀效果不显著。

（2）作物留茬

作物留茬的目的是直接隔离风与土的直接接触，加大地面的粗糙度，防止风对土壤的侵蚀，而且留茬还有助于集沙和保护下伏表土中的易蚀性颗粒不易移动，进而降低土壤风蚀。此外，作物留茬也可减少耕地的耕耘次数、保持土地表层的残留物，减少蒸发量，使土壤蓄积更多的水分，增加土壤表面的抗风蚀性，达到控制风蚀的目的。臧英等在坝上地区进行了传统耕作（秋后翻耕 20cm）、免耕留茬（20cm）+耙地、免耕留茬（20cm）和免耕不留茬四种对比试验，结果表明：免耕留茬、免耕留茬+耙地和免耕无覆盖三种处理分别比传统耕作相对减少输沙量 73.75%、75.31% 和 14.17%。留茬的两种处理比没有留茬的处理风蚀量少，免耕留茬和免耕留茬+耙地处理分别比免耕不留茬减少土壤损失 71.24% 和 69.41%。因此，需在秋收时增加作物留茬，以减少土壤风蚀。此外，留茬还可以增加土壤蓄水，据中国农业科学院土壤肥料研究所 1992—1993 年的试验，免耕留茬地夏闲期 2m 土体比传统耕作地多蓄水 9.9~11.5mm，蓄水效率增加 3.5%；深松留茬地夏闲期比传统耕作地多蓄水 25.8~34.9mm，蓄水效率增加 9.3%~10.8%。

作物留茬措施一般都是采取与主风垂直的方向作垄进行播种，播种的作物秋收时都要留一定高度茬口（10~20cm），以防止冬春季的土壤风蚀，直至翌年春播前翻耕清茬后进行播种。实验表明，留茬时间越长，对防止土壤风蚀越有利。秋后即耕作，土壤风蚀量达 57t/hm²，表土风蚀深度达 4.3mm，而在 3 月耕作时风蚀量下降至 35t/hm²，表土风蚀深度 2.6mm，留茬至 4 月份翻耕时风蚀量为 31t/hm²，表土风蚀深度 2.3mm；一直留茬的风蚀量仅为 23t/hm²，表土风蚀厚度 1.7mm。董智对裸耕地与不同留茬地风速的观测结果表明，玉米留茬、向日葵低留茬、向日葵高留茬同一高度的风速分别下降了 12%、20.2% 和 76.4%，地表粗糙度分别为裸耕地粗糙度的 5.6 倍、11.6 倍和 123.1 倍。刘世增等人将留茬的葵花秸秆视为留茬沙障，发现葵花秸秆沙障降低风速效果显著，留茬秸秆沙障内风速变化与常规沙障材料设置的沙障表现出相同的趋势。同时，他指出用留茬的葵花秸秆作为沙障，可节约资源，降低成本，是一种高效的沙障。杨阳研究库布其沙漠旱作农田时指出，玉米留茬地输沙量<免耕地<翻耕地，留茬高 30cm 玉米地内输沙量为 28.7g，占总输沙量的 14.29%，在风沙活动频繁的地区，地表作物留茬起到与沙障相同的作用。

据中国科学院兰州沙漠研究所在宁夏盐池县高沙窝地区的测试结果（表 3-13），秋翻裸露耕地距地面 2m 高处的风速为 5.8m/s，至地面 5cm 处下降到 41%，而在留茬地茬向与主风垂直的谷茬地上，风速相应削弱了 3 倍，可见留茬对削弱风速的作用愈接近地表愈强。正因为如此，在风季裸露地表土被风蚀 6339kg/hm²，但在留茬地不仅没有受到风蚀，反而每公顷积沙达 3800.25kg。风积细沙具有一定肥力，俗称"油沙"，鄂尔多斯沙区群众说："留茬留得高，顶上粪，带茬休闲，可缩短休闲年限"。由此可见，风蚀性沙土旱作留茬，对于防止和削弱风蚀确有一定作用。

表3-13　高沙窝旱地裸露地块与留茬地近地面风速与粗糙度和蚀积量的比较

地况	2m高处风速（m/s）	距地面不同高处输沙量占比（%）							粗糙度（cm）	风蚀（-）和堆积（+）沙量（kg/亩）
		200	100	50	30	20	10	5		
秋翻裸露耕地	5.8	100	90	79	71	63	51	41	0.417	-6339
茬高10~20cm的谷茬地	4.9	100	87	72	63	51	36	23	1.740	+3800.25

留茬的方向对防风蚀作用影响很大，因此，在播种作物时，播种的走向一定要与主风向垂直，而且留茬的高度以10~20cm为宜（表3-14）。留茬过高浪费秸秆，过低影响防护效果。

表3-14　高沙窝旱地留茬方向对土壤风蚀的影响

留茬行向	地表粗糙度（cm）	风蚀（-）和堆积（+）沙量（kg/亩）
垂直于主风向，茬行距80~20~80cm	1.740	+253.35
平行于主风向，茬行距80~20~80cm	0.398	-17563.15

另外也可以采取不同作物带状间作，收割时留下高秆，在冬、春风季起立式沙障的作用。但这种间作带的间距要视留茬高秆的高度而定。

（3）秸秆覆盖

秸秆覆盖是利用作物秸秆、残茬等覆盖在下茬作物生长期间或农闲时的土壤上，增加土壤湿度，减少土壤风蚀的措施。目前覆盖形式常见的如秸秆整株覆盖、秸秆粉碎还田覆盖、秸秆粉碎浅旋覆盖、秸秆高留茬、整秆立地以及地膜+秸秆覆盖等形式。因覆盖方式、土壤耕作方式及各地区的实际条件不同，各地形成各不相同的保护性耕作工艺体系或模式（陈翠花等）。

秸秆覆盖可以改善土壤结构，提高土壤肥力，增加土壤各种团聚体的数量和稳定性，调节土壤温度，低温时有"增温效应"，高温时有"降温效应"，促进作物生长发育。由于覆盖的秸秆或地表残茬的自然分解，能增加土壤N、P，特别是可溶性K的含量，并且促进土壤有机质的形成和增加，改善供肥性能。利用秸秆覆盖能显著的减少株间蒸发量，增强土壤水分保蓄能力，提高水分的利用效率。最重要的，由于地表覆盖秸秆或残茬，增加了地表的粗糙度，阻隔了风力直接作用于土面，可以有效地防止土壤风蚀与沙尘飞扬。在黑龙江省安达牧场土壤风蚀试验区的试验结果表明，残茬覆盖可明显减少风蚀损失，其中，80%覆盖度相对于无覆盖农田减少总风蚀63.9%，50%覆盖度相对于无覆盖地农田减少57.7%，30%覆盖度相对于无覆盖地减少46.9%。赵满全等认为保留直立的作物留茬和秸秆覆盖均可以明显地提高起沙风速，减少近地表的土壤风蚀，直立秸秆越高，风蚀量降低的程度越大。当秸秆高度为30cm、秸秆覆盖率为30%时，风蚀量仅为传统耕地的25%左右。虽然平铺的作物残余物质对减少风蚀有一定效果，但是直立秸秆比平铺更为有效。

（4）免耕少耕

免耕和少耕是20世纪60年代后才推行的防止土壤风蚀、保水保土的新耕作方法。免耕是免除土壤耕作直接播种农作物的一类耕作方法，不翻耕、不耙，也不中耕，它是依靠生物的作用进行土壤耕作，用化学锄草代替机械除草。免耕法靠作物根系、土壤微生物、蚯蚓的活动来调节土壤三相（固相、液相和气相）比，以满足作物对水、肥、气、热的需求。免耕法需要一系列配套的高技术，至今在美国也未见大范围推行。少耕指在常规耕作

基础上减少土壤耕作次数和强度的一类耕作技术。保持地面状态的深松可以打破犁底层，活化心土层，增强土壤透水、透气性，并可以尽量保持地表覆盖。我国从 20 世纪 70 年代开始，在全国范围内开展了免耕试验。但免耕对于机械要求较高，需要各种作物配套的专用机械设备。近年来，我国各地依据作物种类、土壤类型研制了一批免耕机械。

（5）起垄防风技术

起垄也叫做垄，是沙区旱作农田常用的集水防风耕作技术。该技术通过在犁耕形成的细长垄脊上或犁沟内进行种植，改变地表微地形，拦蓄径流，增加土壤蓄水，降低近地表风速，能够有效防止土壤风蚀。我国北方半干旱沙区，气候干燥，降水少，蒸发强烈，冬春季节多大风扬沙天气，水分胁迫和土壤风蚀是限制作物生长的主要因子。起垄并将作物种植在垄沟内的垄作方式更适于该地区的气候条件。岳建国等人在研究新疆春季蓖麻防风沙栽培技术时发现，垄作土壤中，粒径为 0.05 ~ 0.25mm 的易蚀性颗粒含量较低，非易蚀性粗粒和黏粒含量较高，土壤抗风蚀能力增强，而垄作下起伏的地表增大了地表粗糙度和垂直方向上的风速梯度，有效降低了近地表风速，对防止沙尘灾害和保护作物幼苗有重要作用。在其他条件相同的情况下，土壤风蚀与土壤湿度有关，湿度越小则越容易风蚀。起垄能够改变灌水及降雨的分配情况和土壤表面空气流动的速度，使土壤水分增加而散失速度减慢，从而减少土壤的风蚀。刘目兴等人在研究沙区旱垄作对油菜生长环境的影响时发现，垄作相对于平作增加了生长季内土壤耕作层水分含量，土壤易蚀性颗粒含量降低，地表粗糙度和垂直风速梯度增大，有效降低了土壤可蚀性和近地表风速，对防治土壤风蚀和保护作物幼苗有重要作用。

结构合理的垄作是沙区旱作农田微观土地利用结构调整的有效措施。对于垄向来说，一般与主风向垂直，有明显削弱风力减轻风蚀的作用。垄向与风向成 0° 时风蚀量最大，90° 时风蚀量最小（荣姣凤等）。在 15m/s 风速和 3cm 表土含水率为 4.5% 的条件下，垄向与风向成 0° 时的风蚀量为 90° 时的 4.8 倍。垄高对于输沙量影响显著，在不可蚀性颗粒含量为 10% 的耕地，土垄高度 10cm 和 20cm 时，相对于平坦耕地（在 10m/s 风速作用下）输沙量降低 45% 和 95%，相对于全可蚀性耕地，降低 73% 和 98%。而不可蚀性颗粒含量为 15% 的耕地，土垄高度为 10cm、20cm 和 24cm 时，输沙量分别降低 46%、94% 和 98%，相对于全可蚀性平坦耕地，分别降低 75%、99% 和 99.4%。但土垄高度再增加时，风蚀量反而会因垄顶风速增大而增加。

（6）人工种草和绿肥

种植牧草可形成覆盖保护层，保护土壤免受风蚀，同时，种植牧草特别是豆科牧草还可以明显起到改良土壤作用，增加团粒结构，增强土壤抗蚀性能。在科尔沁沙地进行的试验证实，人工牧草可以改良土壤的物理性状，降低土壤容重，提高土壤孔隙度，使土壤的保水、保肥相通透性得到改善。随着土壤结构和肥力的改善，沙土的黏结性和内聚力就会增强，从而降低土壤的易蚀性和环境的沙化。此外，人工草地的建设能大大缓解农牧区饲草不足、季节供应不平衡的矛盾，又能防风固沙、改良土壤和改善生态环境。所以在沙地治理开发中常作为调整土地利用结构、扩大畜牧业生产比重和防风固沙、治理生态环境的重要措施被提出，而在生产实践中也容易为农牧民接受并得到推广。常用的牧草种有苜蓿、野豌豆、沙打旺、草木樨等，这些牧草不仅可以单独种植覆盖地面和改良土壤，也可与主要作物混种，在主要作物还是幼苗期时起覆盖作物的功用，当主要作物正常生长后，即可翻耕或刈割作绿肥使用。研究表明，$1hm^2$ 的绿肥作物对土壤有机物的贡献相当于每公顷施用 4.2~5.2t 干有机物质或 20~26t 的农家肥。

（7）伏耕压青

休闲伏耕压青，对于防止或减轻耕作土壤的风蚀效果良好。一般在休闲当年或第二年6~7月份，进行伏耕压青，将田间杂草翻入土中，使之在气温、地温较高的情况下，腐熟分解，维持地力，蓄积夏秋雨水，同时在秋、春季不再翻耕，有利于防止土壤风蚀；另一方面还可以促进土壤的熟化程度，有利于翌年春播作物的生长。

3.5 风蚀荒漠化的综合防治

沙漠化的综合防治是指用各种工程的、生物的和农业的技术措施和手段，以遏制风沙灾害和防止土地退化为核心，对沙漠化土地进行治理、利用和生态恢复。

3.5.1 沙区立地类型划分

3.5.1.1 立地类型划分概念与意义

立地是一个生态学术语，主要对象是植物，如森林、草场、农作物等，指在一个区域内特定的生境类型。立地因学科不同而有所差异，林业上使用的较为广泛，称森林立地，是指在一定的空间范围内对林木生长发育意义重大的环境条件的总体，包括气候、地貌、水文、土壤和生物等。构成立地的各种因子叫做立地条件。具有相同或相似立地条件的地段的综合称为立地类型。立地类型可以理解为是这样的地段，在这些地段上影响植物生长的自然因子(如气候、肥力、水文、沙地流动性等)是相同或相近的，也就是植物生长的效果相同，在同样经济条件下应采取同样的措施，这样的地段总和就划为一个立地条件类型。所谓立地分类，实质就是立地类型划分，目的是根据环境中各立地因子的变化状况，将那些具有相同或相近立地因子及作用特点相似的地段(景观单元)进行归并分类、统计分析，以确定与其他地段(景观单元)的差别。实践中，人们具体开展的针对生态系统的、有目的的各种经营和建设活动都是在各种立地类型上进行的，其意义就在于可以比较准确地贯彻因地制宜、因害设防、适地适树、适地适草、适地适粮等原则，按立地类型制订和实施各种人工技术措施和手段。

沙区作为地球陆地生态系统中一类特殊而广泛分布的立地，本底条件脆弱，且处于生态退化状态，生境环境恶劣，大部分地区属于造林困难立地。为了有针对性的开展沙漠化的综合防治，能在植被建设时正确地选择植物种和拟定科学合理的治理技术措施，必须进行立地类型划分。

3.5.1.2 沙区立地条件分析

（1）立地条件概述

一般而言，不论是什么生物气候带的沙地，只要地面稳定、温度适宜、有一定的水分或灌溉条件，就可能进行植被建设，如果土壤条件好，还可能会有更大的生物量和生产力。但沙区自然条件极为复杂，影响因子众多，为了正确地进行立地条件类型划分，首先要搞清楚制约沙地植物成活、生长、发育的环境因子类别，并进而对影响程度和级别的划

 荒漠化防治学

分。关于环境因子的类别，经过归纳筛选，主要分为如下这些：

①气候条件，包括光照、温度、降水、风等；

②地形地貌条件，包括山地、丘陵、平原、海拔、坡度、坡位、坡向等；

③沙丘(覆沙)条件，包括沙丘类型、沙丘高度、沙丘密度、沙丘部位等；

④土壤条件，包括土壤类型、土壤物理与化学性质等；

⑤地下水条件，包括地下水深、地下水矿化度等；

⑥植被条件，包括植物种类、覆盖度；

⑦土地利用类型条件，包括农田、草场、林地等。

(2)立地条件分析

①气候条件。气候带不同，沙地光、温、降水、风力等因子都有差别，即使是同一气候区，这些因子也可能有所变化。一般光照影响不是很大，风力在我国各大沙区变化不大，所以可以不考虑，主要影响因子是降水和温度。降水不必多说，是植物生存成活的最重要因子，没有降水就没有植物，缺少降水，就不可能有很多植物；温度不仅直接影响植物的萌发生长，而且间接调控着土壤和大气水分。二者对生境而言，既有着相近的功能，独立作用于植物，同时又是一对矛盾统一体，有着相异的功能，温度高，蒸散量大，大气和土壤就会趋于干燥化。基于此，人们常常将降水和温度因子作为组合对生境气候条件进行分析与评价，提出干燥度和湿润指数等量化指标。如荒漠化定义中干旱区、半干旱区和亚湿润干旱区等的划分，又如按潜在植被条件类型进行的森林区、森林草原区、草原区、荒漠草原区、荒漠地区等的划分，都是综合指标评价的结果。现实中，在降水量小于250mm的荒漠草原和荒漠地区，沙地造林仅靠降水已感不足，特别是乔木林。而降水量250~400mm的草原地区(高寒草原除外)，大面积、高密度营造乔木林也是不适宜的，即使灌木林，密度也不能过大。

②地形地貌条件。地形地貌中山地、丘陵、平原等因子在区域尺度立地评价时有意义，如高寒沙漠化土地、温性沙漠化土地等，地区性的评价一般不考虑。海拔、坡度、坡向、坡位等因子主要用于具有山地、丘陵区分布的沙漠化土地立地类型划分。地形地貌可根据地形、海拔和坡度等分为为密山、多山、少山、无山等；具体的山体按坡向进一步分为阳坡、阴坡、半阳坡、半阴坡等；按坡位分为顶坡、中坡、下坡等。这些因子都对植被类型、分布和恢复有重要影响。

③沙丘(覆沙)条件。沙丘(地)特别关注的是其流动性，但这又主要取决于植被覆盖情况，一般覆盖度小于15%的沙丘(地)处于流动状态，称为流动沙丘(地)；15%~40%的沙丘(地)处于半流动、半固定状态，统称为半固定沙丘(地)；大于40%的沙丘(地)基本处于固定状态，称为固定沙丘(地)。沙丘高度、部位和沙丘密度主要是通过改变沙地水分、风力分配、蚀积转换而间接影响植被，高大沙丘水分条件相对较差，风力强劲，风蚀沙埋严重，植物难以生存与生长；低矮沙丘水分条件相对较好，风力弱，风蚀沙埋轻，植物容易生存与生长。一般高度小于5m高的沙丘为低沙丘(或沙平地)，5~10m为中沙丘，10~25m为高沙丘，25~50m为高大沙丘，大于100m为沙山。低沙丘和中沙丘上生长的植被，如果是深根性的乔灌木，有可能扎到地下潜水层，除降水外，还能得到额外水源的补给，但其他类型的沙丘几乎没有可能。就沙丘部位而言，分迎风坡、背风坡和丘间地，以

及沙丘迎风坡上部、中部、下部等。沙丘迎风坡以风蚀为主，背风坡以堆积为主，但高沙丘迎风坡上部、高大沙丘和沙山迎风坡中上部往往会有堆积现象产生；下部水分条件较好，植被建设较容易，越往高水分条件越差，植被建设较困难。有人综合考虑沙丘类型和部位，按沙丘风蚀沙埋程度划为4级。

——强度风蚀：大沙丘迎风坡中下部及中小沙丘迎风坡。

——中度风蚀：大沙丘迎风坡中上部。

——弱度风蚀：沙丘的沙质丘间地。

——沙埋区：沙丘背风坡及其基部。

沙丘密度是指单位面积上沙丘的数量，分为高密度（沙丘地占比大于70%）、中密度（沙丘地占比在30%~70%之间）、低密度（沙丘地占比小于30%）等。这个因子对立地的影响较为复杂，因为不仅受制于沙丘的大小（高度），而且取决于沙丘的流动性。

④ 土壤条件。土壤是一个由多因素耦合的复杂的自然综合体，是构成立地的基础。不同气候类型区，土壤类型差别很大，植被类型也不一样。半干旱草原区地带性土壤以栗钙土为主，干旱半荒漠区以棕钙土、灰钙土为主，而极干旱荒漠区以灰漠土和灰棕漠土为主。同一气候区，由于地形、地貌、水文条件的差异，土壤类型也会不同，植物群落也就不一样。同是半干旱草原区的毛乌素沙地，硬梁地以淡栗钙土为主，主要分布的是典型草原植物群落；软梁地以风沙土为主，分布沙生灌木群落；地下水位高的滩地多为草甸土、沼泽土、盐碱土，分布着草甸、沼泽和盐生植物群落。即使同一类型土壤，由于形成时间长短不同，相互之间也有区别，群落特征也会不一样。流动沙丘土壤处于母质阶段，其上生长的主要是一、二年生先锋植物；半固定沙丘有成土的趋势，但无层次分化，植被发展为根茎性植物阶段；固定沙丘有明显土壤层次结构，天然植被以半本灌木沙蒿为主。土壤质量的好坏取决于诸多因素，如土壤结构、质地、水分、养分、微生物、酸碱度等，它们都从不同角度对植物产生影响，其机制与过程在土壤学中都有详细的阐述。这里需要说明的是，在沙漠化地区，由于降水量小，蒸发量大，土壤盐渍化比较普遍，有时甚至成为制约性因素，须特别注意。关于土壤盐渍化程度常用土壤含盐量度量，常分成4级。

——非盐渍化及弱盐渍化沙地：含盐量小于0.3%，一般树种都能生长。

——中盐渍化沙地：含盐量为0.3%~0.7%，耐盐树种可以生长。

——重盐渍化沙地：含盐量为0.7%~1.0%，必须改良土壤，否则不能造林。

——盐土沙地：含盐量大于1%，树木不能生长（盐土地表盐结皮层含盐量可达15%）。

⑤ 地下水条件。地下水深影响沙地水分，一般而言，地下水位在1~2m深，多数树种都能生长良好。地下水位小于0.5m，需选择耐湿树种；大于5m在草原区要选择耐旱树种，如在干旱区乔木树种则不能生长。植物根系分布范围内，地下水矿化度及所含矿物盐种类对植物生长有重要影响。地下水矿化度可分为4级。

——淡水及弱矿化水：地下水含干物质小于3g/L，一般树种均能适应。

——矿化水：地下水含干物质大于3~10g/L，耐盐树种可生长。

——强矿化水：地下水含干物质10~20g/L，耐盐性最强树种才能适应。

——极强矿化水：地下水含干物质大于20g/L，树木已经不能生长。

⑥ 植被条件。植被是立地条件的综合体现，植物种类和覆盖度直接反映了沙地流动性和水分养分情况，沙地主要天然植物种与植被演替阶段是一致的，如在草原带以黑沙蒿为主的固定沙地，是处在植被演替的旱生植物阶段，沙地水分比较缺乏。

⑦ 土地利用类型条件。土地利用类型条件是指在自然生态系统基础上叠加了某种人为痕迹的立地特征，它不仅直接反映了受干扰的程度，而且指明了未来利用方向和特有治理方略。农田是受人为干扰程度最深的一种立地类型，一般由草场开垦而来，分旱作农田和水浇地。这种利用类型的变更彻底改变了其物质和能量的循环过程，可能产生新的环境问题，因此防治手段上亦应有所考虑。草场和林地原始的成分较多，自然条件是最好的参考因素。

除上述几大影响因素外，与沙地起源相关的下伏物对立地条件有一定影响。一类是妨碍根系生长的基岩及极坚硬黏土、盐渍土、盐层、钙积层等，此类下伏物分布越深越好，小于 2m 对植物不利；另一类不妨碍根系伸展且能增加养分，提高保水力，如埋藏黏土或黏质间层。若分布在 0.5~2m 深左右，对植物生长最为有利。覆沙不深（20~30cm）的埋藏土壤人们称之为"蒙金地"，有利于水分下渗与保存，不利于水分蒸发，极适于作物生长。

（3）立地条件类型划分体系

从上面沙区立地条件分析过程可以看到，影响沙地植物的立地条件的因子非常繁多，而且错综复杂，相互交叉，相互制约，都在不同时空尺度上发挥着作用。要全面正确分析和理清这些环境因素的地位和作用，科学合理划分立地类型，仅用几个简单指标或其组合、在一个层面和尺度上很难实现，必须遵循系统性、综合性、主导性、实用性的原则，确定行之有效的分类系统。朱灵益等（1993）在《毛乌素沙地乔灌木立地质量评价》中总结国内外立地类型划分经验，并结合毛乌素沙地的生态地理和环境特征，提出 5 级分类体系（表 3-15），分别为：立地区、立地带、立地类、立地组和立地型。前 2 个为高级立地单元，即区划单元，后 3 个为立地分类单元。

表 3-15　毛乌素沙地立地分类系统

立地单元	立地区	立地带	立地类	立地组	序号	立地类型
分类依据	气候带干燥度	干燥度	中地貌	小地貌、土壤地下水位	序号	沙丘高度、流动状况、伏沙厚度
立地单元	内蒙古草原半干旱区	鄂尔多斯高原干草原带	沙地类	沙丘立地类型组	Ⅰa-1	流动半流动沙丘
					Ⅰa-2	固定半固定沙丘
					Ⅰa-3	流动半流动沙丘间地
					Ⅰa-4	固定半固定沙丘间地
					Ⅰa-5	平缓流动半流动沙地
					Ⅰa-6	平缓固定半固定沙地
			滩地类	湿滩地伏沙立地类型组	Ⅱa-1	湿滩流动半流动沙丘
					Ⅱa-2	湿滩固定半固定沙丘

（续）

立地单元	立地区	立地带	立地类	立地组	序号	立地类型
分类依据	气候带 干燥度	干燥度	中地貌	小地貌、土壤 地下水位	序号	沙丘高度、流动状况、伏沙厚度
立地单元	内蒙古草原半干旱区	鄂尔多斯高原干草原带	滩地类	干滩地伏沙 立地类型组	Ⅲa-1	干滩小型流动半流动沙丘
					Ⅲa-2	干滩小型固定半固定沙丘
					Ⅲa-3	干滩平缓流动半流动沙地
					Ⅲa-4	干滩平缓固定半固定沙地
				盐碱地伏沙 立地类型组	Ⅳa-1	轻盐碱化流动半流动沙丘
					Ⅳa-2	轻盐碱化固定半固定沙丘
			黄土梁地类	黄土伏沙 立地类型组	Ⅴa-1	黄土流动半流动沙丘
					Ⅴa-2	黄土固定半固定沙丘
					Ⅴa-3	黄土流动半流动沙丘间地
					Ⅴa-4	黄土固定半固定沙丘间地
					Ⅴa-5	黄土平缓流动半流动沙地
					Ⅴa-6	黄土平缓固定半固定沙地
			梁地类	硬梁伏沙 立地类型组	Ⅵa-1	硬梁平缓流动半流动沙地
					Ⅵa-2	硬梁平缓固定半固定沙地
				软梁伏沙 立地类型组	Ⅶa-1	软梁平缓流动半流动沙地
					Ⅶa-2	软梁平缓固定半固定沙地
			河谷阶地立地类型	河谷阶地立地类型组	Ⅷa-1	河谷阶地新积土型
				河浸滩立地类型组	Ⅸa-1	细沙河浸滩潮土型
					Ⅸa-2	瘀质河浸滩潮土型
		鄂尔多斯高原荒漠草原带	沙地类	沙丘立地类型组	Ⅰb-1	流动半流动沙丘
					Ⅰb-2	固定半固定沙丘
					Ⅰb-3	流动半流动沙丘间地
					Ⅰb-4	固定半固定沙丘间地
					Ⅰb-5	平缓流动半流动沙地
					Ⅰb-6	平缓固定半固定沙地
			滩地类	湿滩地伏沙 立地类型组	Ⅱb-1	湿滩流动半流动沙丘
					Ⅱb-2	湿滩固定半固定沙丘
				干滩地伏沙 立地类型组	Ⅲb-1	干滩小型流动半流动沙丘
					Ⅲb-2	干滩小型固定半固定沙丘
					Ⅲb-3	干滩平缓流动半流动沙地
					Ⅲb-4	于滩平缓固定半固定沙地
				盐碱地伏沙 立地类型组	Ⅳb-1	轻盐碱化流动半流动沙丘
					Ⅳb-2	轻盐碱化固定半固定沙丘
			梁地类	硬梁伏沙立 地类型组	Ⅵb-1	硬梁平缓流动半流动沙地
					Ⅵb-2	硬梁平缓固定半固定沙地
				软梁伏沙立 地类型组	Ⅶb-1	软梁平缓流动半流动沙地
					Ⅶb-2	软梁平缓固定半固定沙地

（续）

立地单元	立地区	立地带	立地类	立地组	序号	立地类型
分类依据	气候带 干燥度	干燥度	中地貌	小地貌、土壤 地下水位		沙丘高度、流动状况、伏沙厚度
立地单元	内蒙古草原半干旱区	鄂尔多斯高原森林草原带	黄土梁地类	黄沙立地类型组	Ⅴc-1	黄土流动半流动沙丘
					Ⅴc-2	黄土固定半固定沙丘
					Ⅴc-3	黄土流动半流动沙丘间地
					Ⅴc-4	黄土固定半固定沙丘间地
					Ⅴc-5	黄土平缓流动半流动沙地
					Ⅴc-6	黄土固定半固定沙地
			河谷阶地类	河谷阶地立地类型组	Ⅷc-1	河谷阶地新积土型
				河漫滩立地类型组	Ⅸc-1	细沙河漫滩潮土型
					Ⅸc-2	砾质河漫滩潮土型

① 立地条件类型地区：以控制本区水热条件的基本因素为依据，反映地带性大尺度气候差异，地域上是相连的完整区域，是分类系统的高级、中高级单位。

② 立地条件类型区：在上述大尺度地域划分的基础上，依据中尺度地域水热条件差异进一步划分，在地域上也是相对完整连片的区域，反映中尺度区域的气候差异。

③ 立地条件类型组：由地域不相连接，但能重复出现的生态条件相似的立地类型组合，反映小尺度地域的差异(基质、水分、地形、地貌等)。

④ 立地条件类型：立地划分的基本单位，可落实到具体地块，是生态条件相同或近似的地段组合。

3.5.2 沙区防护林体系建设

防护林体系建设是沙漠化综合防治的核心，是沙区农牧业生产、交通运输和人居环境生态安全的重要保障，是沙区生态系统恢复和重建的重要环节。20 世纪 50 年代我国包兰铁路穿沙段综合防护体系的巨大成功，极大鼓舞了人们治理沙害的信心和决心，1978 年"三北"防护林体系建设工程的启动实施，为沙区防护林体系建设提供了平台和基础。经过 40 多年的努力和实践，沙区防护林体系建设取得了颇多的成果，不仅在我国北方万里风沙线上建立起了一道乔灌草结合、网带片一体的绿色长城，有效遏制了沙漠化不断恶化势头，同时摸索总结出各种成功的经验和模式，为未来沙漠化综合防治提供了技术保障。

3.5.2.1 干旱区绿洲防护林体系

绿洲是指干旱区荒漠背景下的生态系统，是水、土、气、生等条件优化组合的非地带性单元，是具有稳定水源供给、利于生物生存及人类聚集繁衍的地域系统。绿洲是我国西北干旱区的精华，尽管其面积仅占西北干旱区总面积 3% ~ 5%，但抚育了 90% 以上人口，创造了 95% 以上的工农业产值。在没有水利就没有农业，没有林业也没有农业的干旱绿洲，防护体系是其生存与发展的生命线。绿洲防护林体系原则上由 3 部分组成，一是绿洲外围的封育灌草固沙带；二是骨干防沙林带；三是绿洲内部农田林网及其他有关林种。

（1）封育灌草固沙沉沙带

该部分为绿洲最外围防线，它接壤沙漠戈壁，地表疏松，处于风蚀风积都很严重的生态脆弱带。为制止就地起沙和拦截外来流沙，需建立宽阔的抗风蚀、耐干旱的灌草带。其方法，一靠自然繁生，二靠人工培养，实际上常是二者兼之。灌草带必须占有一定空间范围，有一定的高度和盖度才能发挥固沙防蚀、削弱外来风速的作用。关于该带的宽度，其原则是有条件的情况下，越宽越好，至少不应少于200m，这要因地制宜地与实际条件相结合。灌草带形成后，一般都有很好的生态效益及一定的经济效益，但利用时要格外慎重，不能影响防护作用及正常更新。新疆吐鲁番县利用冬闲水灌溉和人工补播栽植形成灌草带，新疆莫索湾150团通过封禁3000m被破坏的梭梭林地促其幼林恢复，都是很好的成功案例。

（2）防风阻沙带

这是干旱绿洲防护林体系的第二道防线，位于灌草带和农田之间。其作用是继续削弱越过灌草带的风速，沉降风沙流中剩余沙物质，进一步减轻风沙危害。此带因条件不同差异很大，勿要强求统一模式。

在不需要灌溉的地方，当沙丘带与农田之间有广阔低洼荒滩地，适于大面积造林时，宜应用乔灌结合，多树种混交，形成实际上的紧密结构防护林带。大沙漠边缘、低矮稀疏沙丘区宜选用耐沙埋的灌木，其他地方以乔木为主。沙丘前移林带难免遭受沙埋，要选用生长快、耐沙埋树种（如杨树），不宜采用生长慢的树种。为防止背风坡脚造林受到过度沙埋，应留出一定宽度的安全距离。其计算公式为：

$$L = \frac{h-k}{S}(v-c) \tag{3-31}$$

式中　L——安全距离（m）；

　　　h——沙丘高度（m）；

　　　k——苗高（m）；

　　　S——苗木年生长量（m）；

　　　v——沙丘年前进距离（m）；

　　　c——沙埋苗木高1/2处的水平距离（m），据生长快慢取0.4或0.8。

若地势狭窄应尽量设窄林带，林带应为乔灌混交林或保留乔木基部枝条不修剪，以提高阻沙能力。营造多带式林带，带宽不必严格限制，带间应育草固沙。

在必须灌溉时，因水分限制，林带不要过宽，20m左右即可，只有在外缘沙源丰富，风沙危害严重的地带才营造多带式窄带防沙林。其迎风面要选用枝叶茂盛抗性强的树种。后面则高矮搭配。

如果第一道防线作用很强，第二道防线则以防风为主。第一道防线近期防护效果差，第二道防线需有较大宽度，乔灌混交，紧密结构。如林内积沙，要清除出去铺撒在背风面。

（3）绿洲内部农田林网及其他林种

它是干旱绿洲防护林体系的第三道防线，位于绿洲内部，一般建成纵横交错的防护林网格。其目的是改善绿洲近地层小气候条件，形成有利于作物生长发育、提高作物产量质量的生态环境，这点和一般农田防护林的作用是相同的。不同的是它还要控制绿洲内部土地在大风时不会产生大的风沙活动。实践中绿洲内部农田林网主要有两种模式，即"小网格窄林带"和"大网格宽林带"。前者主林带宽 4~8m、栽植 2~4 行树、带间距 200m 左右，副林带宽 4~8m、栽植 2~4 行树、带间距 300m 左右；后者主林带宽 16~20m、栽植 8~10 行树、带间距 500m 左右，副林带宽 12~16m、栽植 6~8 行树、带间距 1000m 左右。需要说明的是，上述的模式和结构指标，只具有借鉴和参考价值，各地在具体进行防护林网设计时，须根据当地风况和条件的不同，因地制宜地进行调整。关于树种的选择，一般多以速生杨树为主，但近些年由于天牛的危害，人们也试图调换一些其他树种，如樟子松、白蜡、沙枣、刺槐等。

3.5.2.2 沙区农田防护林体系

沙区农田是指分布在半干旱和亚湿润干旱化区的各种农业土地类型，包括水浇地和旱作农田。在这些地区，由于干旱和多风，在缺少地面保护的情况下，农田极易产生风蚀沙化，危害农作物生长，即使有灌溉，也难以高产。实践证明，防护林对这里的农业生产具有重要作用，甚至可以说是沙区农田的基本建设内容。

沙区护田林除具有一般护田林作用(小气候效应)外，最重要的任务是控制土壤风蚀，保证地表不起沙，这主要取决于林带间距和林带结构。实际观测表明，林带间距为 15~20H(H 为成年树高)，带间遇大风时风速可降到起沙风速以下，基本能够达到地面不起沙的要求，这一间距称作有效防护距离。当然，这还要取决于林带结构如何。一般地林带结构根据透风系数的大小可分为 3 种基本类型，即紧密型、疏透型和透风型。

（1）紧密型

透风系数<0.35，这种结构的林带一般是由主要树种、辅佐树种和灌木树种组成的三层林冠，上下紧密，林带比较宽，中等风力遇到林带时，基本上不能通过，大部分空气由林带上部越过，在背风林缘附近形成静风区，风速很快恢复到旷野风速，防风距离较短。

（2）疏透(稀疏)型

透风系数在 0.35~0.7 之间，一般由主要树种、辅佐树种和灌木树种组成的三层或二层林冠，林带的整个纵断面均匀透光，从上部到下部结构都不太紧密，透光孔隙分布均匀。风遇到林带分成两部分：一部分通过林带，如同从筛网中筛过一样，在背风面的林缘形成许多小旋涡；另一部分气流从上面绕过。因此，在背风的林缘附近形成一个弱风区，随着远离林带，风速逐渐增加，防护距离较大。

（3）透风(通风)型

透风系数>0.7，这种结构的林带一般是由主要树种、辅佐树种和灌木树种组成的二层或一层林冠，上部为林冠层，有较小而均匀的透光孔隙，或紧密而不透光；下层为树干层，有均匀的栅栏状的大透光孔隙，风遇到林带，一部分从下层穿过，一部分从林带上面绕行，下层穿过的风由于万德利(Venturi)效应，风速有时比旷野还要大，到了背风面林缘开始减弱，在远的地方才出现弱风区，这段距离有的成为林带的"混合长"。在此之后，逐渐恢复，因此，对风的影响距离也较大，但消能效果会低。

综合上述 3 种林带结构类型的特点，可以发现，疏透结构的林带是最理想的。具体规划和建设时，林带的结构除通过多树种复层混交外，可以根据选择树种冠形、调整林带宽度、配置株行距及林木经营等多种手段达到预定目的。另外，如果配合一些农业耕作措施，如作物留茬、秸秆覆盖、大垄耕作等，在强化土壤风蚀防止效果的同时，可适当加大农田防护林林带的间距，或减小林带宽度，也可选用透风型防护林结构。在主栽树种选择方面，一般而言，有灌溉条件的地区和亚湿润干旱区以速生乔木树种为主，而半干旱区以耐旱乔木(如榆树、樟子松、云杉、刺槐、文冠果)或灌木为主。

3.5.2.3　沙区草场防护林体系

草场多来自于草原，正常情况下自然植被能够维持生态系统的平衡，原则上是不需通过建设防护林进行保护的。但因气候变化，加上长期过度放牧、开垦与弃耕，乱挖乱砍，缺乏有效投入等人为因素的影响，导致严重的荒漠化。水土流失，风沙肆虐等现象严重威胁着草场的生产力和生态环境。为尽快保护草场，恢复植被，推进生态平衡，建设草场防护林体系是行之有效的最佳途径。

关于草场防护林如何构建？既是一个理论问题，又是一个实践问题，人们很早以来就在不停地探索。特别是实践方面，我国各个沙区都利用乡土树种结合引进树种，营造了各种形式的林分，有的是片状造林的，有的是条带状造林的；有的是均匀格局的，有的是非均匀格局的；有的是乔木林，有的是灌木林；有的是单一树种的，有的是混交树种的。广义上这些林分都可以认为是防护林。直到杨文斌"低覆盖度治沙理论"的提出，才真正解决了草场防护林的理论和实践问题，不仅解释了近些年部分地区防护林不断退化的原因，也为防护林体系建设增添了新内涵，明晰了未来沙区草场防护林建设的基本方向。

"低覆盖度治沙理论"是以沙区水分这一重要因子为核心提出的，其宗旨是保证水分平衡的基础上，优选最节省水分和耐旱的适生树种，通过优化配置，以最少的林木覆盖(叶面积指数)达到最佳防风固沙和水土保持的作用。其中的"林木两行一带密集式结构"既符合生态学中"因地制宜"的原则，又是对景观生态学"格局决定功能"原理的实践创新。涉及的"边缘效应理论""分散效应理论"也是对应用生态学中植物生长合理利用光水温条件因子法则、生态学中能流物流原理、气象学中"峡谷风效应"的发展和完善。

众所周知，沙区是属于少水的地区，正是由于缺水、植被覆盖低下才导致严重的沙漠化，而要通过人工造林防治沙漠化，必然要消耗一定的水分，水是生态建设最主要的限制因子。有限的大气降水，能滋养的植物是有限的，大量的人工树种必然占有相应的资源，主要是水分和养分，特别是水分，那么天然植物的可利用资源就会减少。如果人工树种占有的水资源等于或超过当地降水量，天然植物不但无法生存，人工树种也会受到影响，甚至出现衰退现象。而这与人工造林防风固沙、保护生态、实现生态平衡的目的相悖。那么如何构建草场防护林体系才是科学合理的呢？

事实上，对大多数沙区草场来说，影响天然植被恢复的关键问题是风沙运动。只要遏制了风沙运动，土壤种子库在适当的时候就有复生的机会，生态系统就会可以正向演替。如果再施加人为正面的干预和诱导，可以加速这种演进的速度。所以，防护林最主要的作用应侧重于"防护"，确切地说是"绿色防护"，最好是与原有生态系统融于一体的"近自然绿色防护"。

欲达到上述目的，造林树种的选择和营造方法是首当其冲的。我国经过数十年的植物治沙实践，取得了颇多的技术和经验，可以说在这方面已经较为成熟，这在前面的内容中也已经有所涉猎，需要说明的是，如果所选树种有一定的经济利用价值当然最好。接下的问题就是景观格局和配置问题,即如何营建最少的林分,达到最佳的防风固沙效果。从生态学角度来讲,格局决定功能,基于此,通过分析植被可能出现的几种格局(天然和人工)发现,在相同植被覆盖度(叶面积指数)的情况下,从防风固沙的角度方面,垂直风向的条带状密集分布(多人工)植被格局,比随机分布(多天然)和均匀分布(多人工)效果要好。也就是说,如果要达到相同的防风固沙效果,理论上垂直风向的条带状密集分布植被格局可以比随机分布和均匀分布需要更少的植被量(叶面积指数),占有更少的生长资源,能够给自然植被生长留出更多的空间和资源。这样,就为防护林景观优化格局布设找到了建设的基本方向。

另一方面,行带式"密集式配置"是可以通过调整林木带行数和株距的途径得以实现的。大量的事实证明,"两行一带"更符合植物最大限度、最有效利用生长资源(光、温、水、气)的原理,即所谓的"边缘效应"。这样"两行一带"再加上适当调整株距就能达到密集式配置,而且造林程序简单,易于人工实施,更适于未来的机械化作业。因此"两行一带"密集式造林模式就被"国家林业和草原局"纳入新的造林规范。

关于模式中的密集式问题,是一种理想化的概括,与一般防护林相同,林带的透风类型可以是紧密型、疏透型或透风型,具体要求是不能有大的间断或"破口",否则会由于"峡谷效应"使被保护区产生风蚀。

防护林造林设计中还有一个核心的问题,就是林带间距(带距)。它的大小取决于造林树种(主要是树高)、林带透风类型以及当地风况。大量的研究结果表明,一般情况下,紧密型防护林带的有效防护距离为 $10\sim12H$(H 为树高),疏透型防护林带的有效防护距离为 $12\sim15H$,而透风型防护效果欠佳,通常不宜选择。

3.5.2.4　沙区地面交通沿线防护林

随着我国社会经济的不断发展,沙区地面交通已经成为重要的基础设施建设内容。纵横交错的地面交通线路,很多都分布在干旱沙区(或戈壁地区),有的甚至穿越大沙漠的腹地,交通运输安全受到风沙灾害的严重威胁。为了保障交通线路的正常运行,构建完善的交通沿线防护林体系是一条行之有效的途径,意义重大。

在这一领域,我国一直走在国际前列,引领世界沙区路域风沙灾害防治工作的发展方向。

早在 20 世纪 60 年代,包兰铁路宁夏沙坡头段建成的"五带一体"的铁路防沙治沙体系,堪称我国乃至世界沙漠铁路建设史上的创举,其成果获国家科技成果特等奖和联合国"全球环境保护 500 佳"称号。这一体系不仅确保了数十年来包兰铁路运营畅通无阻,为国家经济建设和人员流动做出重大贡献,取得了巨大的生态、经济和社会效益,也推动了防沙治沙事业的发展,为类似地区交通线路的风沙灾害防治提供了可供参考的样板。

"五带一体"的铁路防沙治沙体系是在腾格里沙漠活动前沿高大密集的格状流动沙丘群中和降水量不足 200mm 的恶劣条件下,经过长期艰苦防沙治沙实践建立起的"以固为主,固阻结合""以生物固沙为主,生物固沙与机械固沙相结合"的综合铁路防沙治沙体系。它体现了"因地制宜,因害设防,就地取材,综合治理"的原则。该体系包括固沙防火带、灌溉造林带、草障植物带、前沿阻沙带、封沙育草带(图 3-23)。

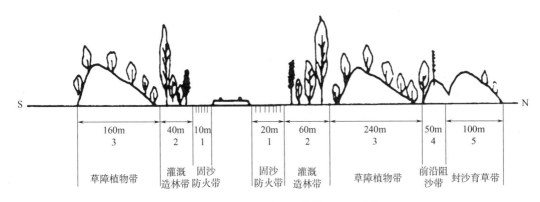

图 3-23　沙坡头铁路防护林体系配置示意

（1）固沙防火带

在路基迎风面 20m，背风面 10m，因固沙防火需要，清除植物，整平沙丘，铺设 10～15cm 厚的卵石、黄土或炉渣。

（2）灌溉造林带

利用该区紧靠黄河的水源条件，通过 4 级扬水，提水上沙丘。在固沙防火带外侧迎风面 60m，背风面 40m 范围整修梯田，修筑灌渠，梯田设障，灌水造林，3～5 年可形成稳定可靠的防护林带。

设置本带理由是由于沙坡头地段条件恶劣，干旱年份造林成活率不高，降雨只能维持稀疏耐旱灌木的生长，对成片灌木水分显得十分不足，植株枯萎退化，遇连续干旱、特别干旱年分植被大面积死亡，大有流沙再起之势，对行车安全构成威胁。本着有水则水，无水则旱的原则，建立较高质量的灌溉林带。实践中筛选出成功的乔灌木树种有二白杨、刺槐、沙枣、樟子松、柠条、花棒、黄柳、沙柳、紫穗槐、小叶锦鸡儿、沙拐枣等。调查发现，尽管有水灌溉，但因肥力不足，灌木生长优于乔木，混交林仍应以灌木为主。特别是，黄河水中含有大量泥沙，利用得当有利于改良土壤和树木生长。通过试验与实践总结出灌水量与间隔期，乔木半月灌水一次，定额 33m³/亩，灌木一月灌水一次，每次 66m³/亩，灌溉林带有很好的防护效益，极大地改善了铁路两侧的荒凉景观。

（3）草障植物带

本带是"体系"主体核心部分。在灌溉带外侧，迎风面 240m 左右，背风面 160m 左右，流沙地全面扎设 1m×1m 半隐蔽式麦草方格沙障；然后二行一带（隔一行），株行距 1m×1m，栽植沙生旱生灌木（花棒、柠条等）。设沙障、造林不可能一次成功，需反复多次。在此生物措施、工程措施是同等重要的。

沙坡头地段流动沙丘迎风坡 20cm 干沙层以下为含水量 2%～3% 的湿沙层，40cm 以下为稳定湿沙层，夏秋降雨有渗透性水分补给，可供沙旱生植物生长发育，此为植物固沙的依据。

关于固沙植物种，造林初期试验过几十种乔灌草植物种，从中筛选出一批优良的固沙植物。主要有花棒、柠条、小叶锦鸡儿、头状和乔木状沙拐枣、黄柳、油蒿等。

造林前先划分立地条件，根据不同立地条件，结合植物种生物生态学特性，进行合理配置。

实践中发现，全面均匀造林效果不好，主要是水分问题。垂直主风带状栽植效果较好，通常二行一带配置，株行带距为 1m×1m×2m，油蒿株距 0.5m，混交类型中以柠条×花棒、柠条×油蒿、花棒×小叶锦鸡儿效果较好。

造林在春秋两季进行，秋季为主，方法多为植苗造林；黄柳、沙柳用扦插；油蒿雨季撒播。直播因限制因子太多，生产上很少采用。

在麦草沙障和植物长期共同作用下，林地表面如果形成沙结皮，就是治沙成功的标志，表明流沙正向土壤发育。表层沙土组成变细，黏粒增加，肥力提高，抗风蚀能力增强，微生物、低等生物数量大量增加。但沙结皮的存在影响了降雨时地表透水性能。

（4）前沿阻沙带

为保护草障植物带外缘部分的安全，用高立式沙障建立前沿阻沙带。该带用桩柳笆或枝条，地上障高 1m，地下埋 30cm，成折线形加固，设置在丘顶或较高位置，起阻沙积沙作用。

（5）封沙育草带

在阻沙带迎风面百米范围内，局部沙丘迎风坡采取围栏封育、设置沙障、栽植灌木的方法，促其自然植被自然，以减轻阻沙带压力。

"五带一体"的铁路防沙治沙体系的巨大成功，为沙区地面交通沿线风沙灾害防治起到很好的示范作用。各地纷纷借鉴，并根据不同的交通线路类型、气候条件、立地特点、风沙活动规律和建设资源状况等，灵活应用，创新发展，建立了各具特色的沙区地面交通沿线风沙灾害防治模式。如塔克拉玛干沙漠穿沙公路防护模式，青藏铁路高寒沙区风沙灾害防护模式，浑善达克沙地典型草原沙区铁路防护林建设模式、库布齐穿沙公路防护模式等。可以说囊括了我国所有沙漠化类型区，包括最严酷的荒漠环境区域。

塔克拉玛干沙漠穿沙公路是建于我国新疆南疆塔里木盆地的一条沙漠公路，全长 522km，横贯世界上最大的流动沙丘区——塔克拉玛干沙漠。沿线自然条件极其严酷，气候非常干旱，年均降水量不足 50mm，植被稀少，沙丘流动性极大，公路经过的流沙地带占全线总长的 92%。据了解，在这种恶劣的自然环境中修筑如此之长横贯流动沙漠的沥青路面等级公路，在世界上尚属首次。防沙治沙科技人员在对路域自然地理特征和风沙运动规律进行系统观测和分析的基础上，借鉴已有的沙漠公路防沙治沙经验和技术，综合运用阻、固、输、导、控相结合的防沙方法，设计和建设了一条长 436km、宽 72~78m、横贯被称为"死亡之海"的新疆塔克拉玛干沙漠南北的绿化带，有效地控制了风沙对公路的危害，自 2005 年 6 月竣工建成以来，畅通无阻。这条绿化带建在塔里木沙漠公路两侧，它对保护沙漠公路、改善生态环境、拉动南疆经济的发展都具有重大意义。该绿化带的建设有颇多创新和突破，首先针对这里的自然环境条件，从众多乔灌植物种中筛选了梭梭、红柳、沙拐枣等强抗旱、抗盐碱的适生灌木树种；然后以就地取材和经济适用为原则，配设各种类型沙障，如草方格沙障、芦苇沙障等，作为植前辅助措施；并因地制宜地发明和采用微咸水滴灌技术，即保证了苗木的正常生长，又使得土壤不至于盐碱化；最后通过林分精细化管理，确保绿化带功能的持续和稳定发挥。

青藏铁路是是一条连接青海省西宁市至西藏自治区拉萨市的国铁 I 级铁路，是通往西藏腹地的第一条铁路，也是世界上海拔最高、线路最长的高原铁路。全线长 1956km，共设 85 个车站，分两期建成。一期工程东起西宁市，西至格尔木市，814km，1958 年开工建设，1984 年 5 月建成通车；二期工程，东起格尔木市，西至拉萨市，1142km，2001 年 6 月 29 日开工，2006 年 7 月 1 日全线通车。青藏铁路沿线地貌类型复杂多样，穿过崇山峻岭，越沙漠戈壁，过盐湖沼泽，跨河流湖泊，大部分线路处于高海拔地区和"生命禁区"，西格段沿线海拔大部分在 3000m 以上，建设难度极大。面临着三大世界铁路建设难题：千里多年冻土的地质构造、高寒缺氧的环境和脆弱的生态。我国工程技术和施工人员，发扬勇于创新，不畏险阻，攻坚克难的精神，战胜重重困难，终于实现了这条铁路建设的成功和顺利通车，创造了空前世界的奇迹。这其中的路域防沙治沙体系也是一大创举。与一般的温带沙漠不同，这里适生植物种偏少，可选择的空间较小；植物生长缓慢，发挥功能的时间点严重滞后；材料匮乏，可利用资源不足。为此，在路域防沙治沙工程设计和建设过程中，本着保护优先和经济适用的原则，首先加大路域周边的封育力度，保护好已有的天然植被，并通过就地取材布设砾石沙障、卵石沙障、黏土沙障、草方格沙障、芦苇沙障，以及有机引入竹篱、柳篱、土工布透风沙障、纤维网透风沙障等各式各样的沙障，层层拦截，控制风沙危害。在此基础上，宜乔则乔、宜灌则灌、宜草则草，建设路域植被生态系统。树种包括二白杨、新疆杨、银白杨、小叶杨、沙枣等乔木，柽柳、柠条、小叶锦鸡儿、花棒、梭梭、沙拐枣等灌木。青藏铁路的防沙治沙可以说是目前使用沙障类型最齐全、人工利用植物材料最多的防护体系。

浑善达克沙地铁路防护林体系是建在半干旱典型草原沙区的路域防护林体系。这里自然条件较好，降水 250~500mm，有植物生长条件，以植物固沙为主，机械沙障固沙为辅。防护带宽度取决于风沙危害程度，防护重点在迎风面，一般以多带式组成防护体系，带宽在 20m 左右，带距 15m 左右。带内初期要除草，确保林木生长，带间要育草，林带外缘留一定宽度固沙育草带。林带要专人保护，严防人畜破坏。由危害严重、一般到轻微，迎风面可设 5 带、3 带到 1 带，背风面设 3 带、2 带到 1 带。树种，铁路东段(降水>350mm)以乔木为主或乔灌结合，西段(降水<350mm)选用耐旱灌木，条件差的立地，初期可设置平辅式、半隐蔽式、立式、立杆草把沙障用以保护苗木，以后不需再设沙障。本区铁路东段选择的乔木主要有适合当地条件的杨树、樟子松、油松、旱柳、白榆等；灌木有胡枝子、紫穗槐、黄柳、沙柳、小叶锦鸡儿、山竹子等；半灌木差把嘎蒿、油蒿等；西段增加柠条、花棒、杨柴、沙棘、籽蒿等，灌木半灌木比重增加，乔木比重减少，以至不用乔木。配置上，东段乔灌草结合，条件好的地段可乔木为主，较差地段以灌木为主；西段以灌木为主，能灌溉地段乔灌草结合。在造林技术上应注意：①远离路基(百米以外)的流动沙丘顶部、上部可不急于设障造林，待丘顶削低后再设障造林；②要根据立地条件和树种生物学特性合理配置树种，提倡针阔混交，提高树种多样性；③严格掌握造林技术规程，保证造林质量；④降水>400mm 地区，造林应争取一次成功。

需要补充说明的是，地面交通线路中铁路与公路的防沙治沙相比，铁路沿线风沙灾害防治难度更大，而且有其自身特点，主要表现在风蚀路基，线路积沙，磨蚀机械传动部分、沿线通讯设备和钢轨 3 种形式。

① 风蚀

沙质路基易遭风蚀。路肩部位风速最大，风蚀最严重，坡脚部位易积沙。风蚀使路基宽度减小，枕木外露，甚至钢轨悬空。

荒漠化防治学

② 积沙

线路积沙是铁路沙害最普遍的现象，积沙有3种形式。

——舌状积沙：风沙流经过路基，沙粒沉积成前低后高如舌状的沙堆。埋压道床钢轨，长度可达几米至几十米，高出轨面可达几十厘米。发生具突然性，大风时积沙极快。

——片状积沙：是线路积沙最普遍的形式，风沙流受线路阻碍，沙粒均匀地沉积在道床上。初期对线路影响不大，但对养护造成极大困难。当埋没钢轨时已危害严重，清除工作极为困难。

——堆状积沙：沙丘前移，流沙成堆状埋压在线路上。此类积沙便于预测和提前采取措施。如已形成险情，清除工作量很大。

不同路基形式积沙不同，路堤越高，路暂越深长，越不易积沙；平坦地段路基最易积沙，巡道时应注意。

线路积沙的危害主要有以下几种。

——造成机车脱轨。当积沙超过轨面20cm，长度超过2~3m，就可能使导轮脱轨，毁坏线路，甚至翻车。

——停运缓运。造成重大经济损失，影响经济建设。

——拱道。列车通过时震动使沙粒渗落床底，枕木和钢轨被抬高，因抬高不匀使车厢摇晃，甚至断钩脱轨。

——低接头。清除线路积沙会使道渣减少影响道床不实，造成钢轨接头下沉，也会造成车厢摇晃，有断钩危险。

——线路积沙，湿度增大，会腐蚀枕木，缩短使用寿命。

——流沙堵塞桥涵，排洪不畅，导致冲毁线路及设施。

③ 磨蚀

风沙活动使钢轨、机械、通讯设备受到严重磨蚀，影响使用寿命，并干扰通讯，还可造成电线混线事故。

风沙活动影响司机视线，不利正常行车；风沙严重使养路、巡道、维修工作不能进行。

3.5.3　区域沙漠化综合防治典型模式

3.5.3.1　亚湿润干旱区沙漠化防治模式

亚湿润干旱区是指湿润指数在 0.5~0.65 之间的地区，总面积75.17万 km²，占国土面积的 7.8%，占荒漠化发生范围总面积的 22.5%，分布于 18 个省（直辖市、自治区），377 个县（市、旗）。亚湿润干旱区北起大兴安岭西部的呼伦贝尔高原，其东部界线接近于典型草原与草甸草原之间的界线，穿过黄土高原北部后，沿青藏高原北缘向西，然后向南绕过柴达木盆地，抵达青藏高原西南部。东部地区湿润指数 0.65 等值线经过地区年降水量大致在 300~500mm 之间，海河平原北部和太行山山前地带低于 600mm，青藏高原地区接近 200mm。另外还有属于亚湿润干旱区的 14 个分散的岛状区域分布在东部和西南部，其中包括西辽河流域、海河平原北部、太行山山前地带、宣化、怀来和大同盆地、忻定盆地、太原盆地等以及横断山区的干热河谷、藏南谷地和海南岛西部。海河平原北部和太行山山前地带形成比较干旱的气候是由于山东半岛和泰山的雨影作用；晋中盆地和雁北盆地是由于位于森林带向草原带的过渡带上的盆地效应；藏南谷地则是因为喜马拉雅山的雨影作用(慈龙骏)。

亚湿润干旱区是荒漠化潜在发生地理范围中条件最好的区域，沙漠化大多是由人为不合理的经济活动导致的，总体治理难度较小，可恢复成原生植被状态，也可结合当地社会经济环境，因地制宜地合理利用沙地资源，开展多种经营，促进区域经济发展。

(1) 松嫩沙地治理模式

① 沙地庄园式开发模式

该模式构建于黑龙江省泰来县，这里属嫩江沙地中心，为典型温带北部大陆性气候。年均降水量380mm，年均气温4.1℃，无霜期为136~140天。春季干旱多风，主害风方向为西北风，全年平均风速4.2m/s，起沙风日达114天，风旱并进，且春季占50.8%。土壤为风沙土，有机质含量0.88%。由于农业生产环境恶劣，沙漠化严重，土壤贫瘠，广种薄收，农业产量低下，人们生活十分贫困。为了改变沙区面貌，发展沙区经济，尽快脱贫致富。以政策为引导，以农户为单元，推掉承包田，把家搬到承包的沙地中，首先按规划要求建立庄园式房舍及附属设施，其次在沙地上营造以网格为主、网、带、片相结合的防风固沙林体系，最后在适宜地方结合井灌种植各种经济植物，并发展加工和养殖业。具体做法是：在固定沙地上营造"窄林带、小网格"(规格250m×250m)乔灌结合的护田林网，在网格内种植瓜果、药材、蔬菜、杂粮、牧草等。林网中乔木树种为樟子松，2行品字型配置，株行距4m×4m；灌木树种为沙棘，2行品字型配置，株行距2m×2m。在半固定沙地上构建"宽林带、大网格"(规格450m×500m)乔木防护林网以及与主林带平行的2带(带距150m)灌木林带，网格内种植牧草、饲料。林网中乔木树种为杨树或樟子松，3行品字型配置，株行距3m×3m；灌木树种为小叶锦鸡儿、沙棘和胡枝子等，2行品字型配置，株行距2m×2m。在流动沙地上，以乔灌草相结合的方式营造防风固沙林。庄园式开发模式，使人、畜、禽、果、菜等融为一体，形成种植、养殖、加工产业链条，促进农林牧协调发展和"三个效益"的有机结合。截至1996年，该县街基小区已有155户农民进驻，其风沙灾害得到有效遏制，环境明显改善，经济效益显著，人均年收入从1991年的235元增加到3139元，翻13倍以上(毕有广等，李成军等，朱俊凤)。

② 沙地旅游开发模式

该模式构建于松嫩沙地腹部的齐齐哈尔市郊。长期以来，这里由于自然因素和人为破坏，造成植被稀疏，沙漠化土地不断扩大，风沙干旱等自然灾害频发。1993年该市水师营乡纳入全国防治荒漠化试验示范基地建设后，利用区位优势，通过资金的密集型投入，结合适生乔、灌、花、草植物品种的大量引种，以及产、学、研、用相结合开展沙漠化土地治理，建立起了沙地森林公园、观光果园、沙地度假村、娱乐游览区、水域开发区、观光养殖场等多元化项目，形成具有民族特色的沙、水、田、林、路、花、草、鱼、亭、阁融为一体的沙区旅游度假胜地，为沙地因地制宜开发利用闯出一条新路，推动了当地经济的快速发展。截至1998年，示范区的总产值比过去增加5倍，人均收入达2500元(朱俊凤)。

(2) 科尔沁沙地治理模式

① 沙地樟子松林固沙模式

该模式构建于科尔沁沙地东南部的辽宁省彰武县境内，该县属于温带大陆性季风气候，气温日变、季变较大，年平均气温 5.7℃，绝对最高气温为 37.2℃，绝对最低气温 -29.5℃。年降水量 450~550mm，雨量多集中在 6~8 月 3 个月，冬季少雪，年蒸发量 1200~1450mm，为降水量的 3 倍(朱迎新)。樟子松天然分布于大兴安岭北部，呼伦贝尔草原亦有天然林分布。它树干通直，生长迅速，寿命长(150~250 年)，材质好，适应性强，喜阳光和酸性土壤，极耐寒冷，耐土壤贫瘠，较耐旱，忌水湿与积水环境，是极好的用材林、防护林树种。1952 年章古台固沙造林试验站建立后，科技人员经过调查和分析，于 1953 年从呼伦贝尔红花尔基调入种子，在章古台培育樟子松幼苗试验获得成功，随后于 1955 年在沙地上造林试验又获得成功。经过 60 年实践探索，奇迹般地营建出万顷樟子松人工防风固沙林绿色屏障，并形成一套成熟造林技术体系。樟子松幼苗不耐风吹沙打，不宜在流动与半流动沙丘和撂荒地直接栽培，需配合运用沙障等措施进行灌木固沙、封沙育草，待地面稳定后进行造林。樟子松幼苗造林不易生根，移栽不易成活，栽植大苗成活率低，宜选择 2 年生的良种壮苗，即高度 13~16cm，地径 0.35~0.55cm，或使用容器苗。适当晚植、深植，采取苗木剪根，成活幼树埋土越冬(连续 2~3 年)。4 月中旬至下旬栽植，可避开风沙；根系层加深 10cm，利于防风保墒；苗木根系自根茎以下保留 25cm，左右剪掉，防止窝根，并刺激萌发新根。加强樟子松林分经营管理，樟子松纯林易发生病虫害，最好与阔叶树混交；林分密度过大会因水分不足而衰退，不同林龄适宜密度有别，幼龄林 1200~1500 株/hm²，中龄林 600~975 株/hm²，近熟林 375~450 株/hm²，成熟林 200~280 株/hm²。该模式在"三北"防护林及防沙治沙工程中得到大力推广(朱迎新，朱俊凤，金连成)。

② 沙地衬膜水稻栽培模式

该模式构建于科尔沁沙地南缘内蒙古奈曼旗大柳树林场，该区属于温带半湿润与半干旱过度气候区，干湿季明显，春季干旱多风，夏季高温多雨，年平均气温 6.1~6.4℃，≥10℃年活动积温 3000~3100℃，无霜期 150 天左右，降水量 340~450mm，集中于 6~8 月作物生长期，雨热同季，整体气候条件符合水稻生长需求。沙地衬膜水稻栽培技术是在水资源条件较好，而漏水、漏肥、基质不稳定的流沙上，利用沙基质栽培原理，通过根系层下方铺设塑料薄膜，既防渗漏又防盐分上移，直接用沙土做水田土，配以优化灌水、施肥、免耕及选用适宜优良品种，种植高产水稻。塑料薄膜要求有较高强度，能够坚持 10 年以上连续使用，覆沙层铺设厚度 15~20cm 为宜。该技术使极为贫瘠的流沙成为高产集约农田，亩产稻谷 500~600kg，产出投入比分别为灌溉农田、旱地农田和沙地种草的 1.39、2.33 和 2.14 倍，改善了当地农民的食物结构，提高了生产和生活水平。稻田退水还可灌溉草地，发展集约畜牧业。该模式目前已在通辽和赤峰市推广近万亩。

③ "小生物圈"整治模式

该模式构建于科尔沁沙地腹地的内蒙古科尔沁左翼后旗境内，该区属于大陆型季风气候区，冬季严寒少雪，春季风大沙多。年平均气温 5.9℃，无霜期 138~148 天左右，降水量 400~450mm，集中于 6~8 月作物生长期。土壤主要为风沙土，兼有草甸土、沼泽土、碱土、泥炭土等，地形坨甸相间分布。针对沙地分布特点和当地的社会经济状况，以户或联户为单位，以水分条件较好的丘间地为中心，按同心圆形式划成 3 个闭合区，即中心区、保护区、缓冲区。中心区：设于面积不小于 1hm² 的甸子地内，沿丘间地边缘建防护林带，中心建住房、建井和配套的灌溉体系，种植粮食和精饲料。保护区：中心区外围建草库伦，进行草场改良，设家畜棚圈。缓冲区：保护区外再对流动沙地进行封育，控制流沙间内部蔓延。整个系统内形成水、草、林、机、粮五配套和农牧林副各业与生活环境协调发展的格局。该模式起步早、建设快，当年可以见效，而且容易推广。特别是以种植业促进养殖业的发展，经济效益显著，主要适用于沙丘密集分布，丘间地占比较小，牧户居住较为分散地区，并可起到分流居民密集村庄的农户，缓解人口压力的功效。截至1996年，科尔沁左翼后旗沙日塔拉苏木99%的农牧户都建立了"小生物圈"，粮食产量较上一年翻一番，人均收入增加182元(韩天宝等)。

④ "多元系统"整治模式

该模式构建于科尔沁沙地南缘奈曼旗的尧勒甸子村，该区属于大陆型季风气候区，冬寒夏热，春季风大沙多干旱，教来河从村南绕过。年平均气温6.4℃，无霜期151天左右，降水量368.2mm，70%集中于6~8月，蒸发量1972.8mm，年平均风速为3.5m/s，土壤主要为风沙土，兼有草甸土、栗钙土等。这是以村为单位的荒漠化整治和发展农牧业的综合模式，适用于以农为主较大甸子地的坨甸交错区。其治理思路为以调整结构为中心，首先调整土地利用结构，压缩劣质农田退耕，其次调整各业内部结构，即林业建设固沙林带、农田防护林和经济林，形成生态和经济效益兼有的防护体系；农业上对保留的农田进行平整，建立灌溉设施形成旱涝保收基本农田，同时调整种植结构，扩大作物种类，引入优良品种和丰产栽培技术；畜牧业上，对退耕农田和退化草场实行围栏封育和补播改良，调整畜种畜群结构，实行科学养殖。经多途径全方位的系统整治，求得整体上最佳效益。该村在耕地面积压缩2/3以上情况下粮食总产增加70%，人均收益增长1.3倍，解决了温饱，遏制了荒漠化扩展(姜冬梅，孙保平)。

(3) 赤峰市带、网、片、点，多林种、多树种配置防沙林体系模式

该模式构建于内蒙古赤峰市克什克腾旗三义乡和巴林右旗巴彦尔登治沙林场。该林场为浑善达克沙地和科尔沁沙地的结合部，属于典型农牧交错带。降水量280~365mm，蒸发量1750~2160mm，平均风速2.8m/s，主害风为西北风，地形坨甸相间或连片梁窝状半固定沙丘，丘高一般为5~30m。针对当地的沙丘分布状态、类型和危害特点，采用带、网、片、点相结合，针阔混交，乔、灌、草相结合，构建多树种、多功能防护林体系和宜林、宜牧、宜农、宜经的立体化复合经营格局，达到短、中、长匹配，生态、经济、社会效益统一的风沙治理和开发利用模式。

"带"就是防沙林带，主要设置于半固定梁窝状沙丘的迎风面。为降低来流风强、遏制沙丘的进一步活化，垂直主风向建立30m~50m宽的若干组阻沙林带，以"少先队杨"与沙棘行间混交及樟子松纯林而构成，乔木株行距2m×4m，灌木株行距1.5m×4m，透风系数0.4~0.5，带间距200m~400m，带间种植牧草。

"网"就是护田林网，主要设置于平缓开阔的固定沙丘地上。通过窄林带、小网格的形式形成保护屏障，防止土壤风蚀。以樟子松、榆树、赤峰杨为主栽树种，4行1带，带宽18m，行距为4m、10m、4m，株距2m。网格大小200m×200m。网格内种植农作物、优质牧草和中药材。

"片"就是片林，主要设置于流动、半流动的贫瘠沙地上。用抗逆性强的小叶锦鸡儿、

杨柴等灌木树种为主，进行片状造林，株行距 2m×3m。

"点"就是点状造林，主要设置于丘间地和沙质草场上。根据地形和水分条件，随机选择点位，采用单株和簇状造林方式，形成近自然的疏林草地景观。树种选用樟子松、白榆、元宝枫、旱柳等。

该模式经过 10 年的发展，项目区植被盖度由原来的 15% 提高到 82%，林木覆盖率由 16.6% 提高到 30%，治理效果非常明显。

（4）沿河沙地开发治理模式

该模式构建于永定河沿岸沙地的北京南郊大兴县黄村镇，该区是华北平原的一部分，为海河水系的永定河洪积-冲积平原，属于半湿润大陆季风气候。春季干旱多风，夏季炎热多雨，无霜期 181 天，年降水量 569.4mm，沙质土壤占 62.9%，沙丘高度最大达 10m，河漫滩局部地段有裸露砂砾。基于优越的区域地理环境和较好的立地条件，以生态经济学理论为指导，以水资源合理利用为根本，以农林复合经营为基础，林、水、路、渠、电、宅、田统一规划，统一建设，在沙地城郊生态经济园林景观型防护林体系建设的基础上，综合运用土地整理技术、节水灌溉自动化控制技术、生物改良土壤和环境友好新型肥料使用技术、经济林植物优选及扩繁技术、沙地节水型果农复合种植技术等，并结合计算机技术和现代信息技术等，实现沙漠化土地综合治理、开发应用和科学决策、集约经营，经多学科多部门有机合作，建立稳定、持续、立体、高效的复合农林生态系统，探索出了大面积沿河沙地治理开发的有效途径和模式，促进农、林、牧、副全面发展，生态效益、经济效益、社会效益明显，由原来的荒沙村、贫困村、落后村变为一个美丽村、富裕村、先进村，达到治沙致绿、治害致美、治穷致富的目标。建成集生态景观型防护林体系建设、高效果农混作示范、优质树种选繁试验、新技术组装示范以及荒漠化技术培训与对外合作交流为一体的综合试验示范基地。

3.5.3.2　半干旱地区沙漠化防治模式

半干旱区是指湿润指数在 0.2~0.5 之间的地区，总面积为 113.9 万 km²，占国土面积的 11.9%，占荒漠化发生范围总面积的 34.4%，分布于我国 7 个省（自治区），141 个县（市、旗）。半干旱区东部由典型草原和荒漠草原组成，进入青藏高原后变为高寒草原和高寒荒漠。新疆北部大部分属于半干旱区，主要由荒漠和半荒漠组成（慈龙骏）。

半干旱区沙漠化的成因大部分是在脆弱的生态地理背景下，人为不合理的经济活动所致。在消除人为过度干扰的情况下，施之以合理的管理和治理措施，完全能够很快恢复原生植被，恢复生态系统的平衡与稳定。

（1）毛乌素沙地"三圈"生态经济模式

"三圈"模式是对毛乌素沙地自然地理条件分异规律而进行细致分析和大量野外调查研究的基础上提出来的。其基本出发点是针对毛乌素沙地沙地主要由滩地、硬梁地、软梁地三种典型景观组成的特点，因地制宜地安排和布设治理和开发措施体系，以实现资源合理利用，增加生态系统生物多样性，提高各种自然灾害的抵御能力，达到生态环境持续改善、资源持续利用、经济效益稳定提高的目标。

第一圈：滩地绿洲高效复合农业圈

滩地是平缓的甸子地，条件优越，约占整体区域 10%~15%。在滩地外围建立乔灌草结合、常绿与落叶结合的防护林体系，滩地内部采用豆科牧草压青、施用有机肥、沙土掺加草炭土等综合改土技术手段，结合喷灌、滴灌等节水灌溉措施和集约经营，建立高效农、林、果、牧、药基地。

第二圈：软梁台地径流(集雨)林草圈

毛乌素沙地中软梁地与低缓沙丘区是滩地中心与外围灌木群落的过渡区，生境条件相当较好，约占整体区域 30%~40%。应用地表径流集水、保水措施，引进高经济价值、耐干旱、耐贫瘠的经济灌木(如大扁杏、蒙古扁桃、沙棘、枸杞等)，结合滴灌节水技术，条带状栽植林木，块状间作人工草地，建立经济灌木与半人工草地相结合的综合体系，形成径流式园林经济基地。其作用一是构成高效生态经济复合系统的第二层防护屏障，二是提供高经济价值的产品，防护与经济效益并重。

第三圈：硬梁地灌草防护圈

在滩地和软梁地之外分布着大量的硬梁地，约占整体区域 30%~40%。这里残存着片状针茅、糙隐子草等群落，面积很小，放牧潜力不大。通过条带状栽植当地具有代表性的灌木树种(如小叶锦鸡儿、柠条、杨柴等)，建立灌木防护区，固定地表，保护原生植被，阻挡外围中高大沙丘入侵，同时作为灌木种质库和半放牧割草地。

(2) 榆林沙地综合治理模式

榆林沙区位于毛乌素沙地南部，属于半干旱以农为主、农牧结合的过渡地带，处于长城沿线，其北为毛乌素沙地，南部为黄土丘陵区。其主体景观有河谷阶地的覆沙黄土丘陵及流沙、半固定丘、固定沙丘相间的类型，此外还有湖盆滩地与沙丘相间分布的地类。榆林沙区荒漠化的主要表现有流沙不断南侵、毛乌素沙地向南逐步扩展，形成"沙进人退"的局面。20 世纪 50 年代，本区沙漠化土地占到总土地面积的 72.9%。

榆林沙地综合治理模式的技术体系由三个主要系统构成，即：固沙造林、恢复植被技术系列；沙地人工新绿洲开发建设技术系列；综合高效开发技术系列。这 3 个系列紧密相联，相互促进，体现整体的效益。后一系列是在前二系列的基础上近十几年中逐步发展起来的，使整个技术体系达到更高的水平。

① 固沙造林、恢复植被技术系列。迅速稳定沙面阻止流沙侵袭是该区域沙漠化治理的重要目标之一，也是进行其他整治开发的保障条件。榆林沙区年降水量 300~450mm，沙丘干沙层以下含水量 2%~4%，可满足旱生植物需求。沙地地下水埋藏较浅，同时有部分地表水可利用，因而固沙以植物措施为主，对根据不同的沙丘形态，立地类型进行适地适树造林，主要方法有：前挡后拉造林、撵沙腾地造林、密集式造林、农田林网和远离城镇的大面积流沙上进行飞播造林。经 40 多年努力，到 1996 年，仅榆林市造林保存面积达 451.7 万亩，林木覆盖率达 42.7%，建成三条大型防风固沙林带，总长 281km，沙地出现了 59 块万亩以上的成片绿化区，最大的一块面积为 36 万亩，营造农田防护林网 2790 条，总长 1116km，基本实现了农田林网化，570 万亩流沙得到了固定或半固定。

② 沙地人工新绿洲开发建设技术系列。以合理开发利用水资源为核心，利用区域内河流、湖泊和水库的水源，自流引水或机械抽水，以水冲沙、拉沙等进行造田，主要技术有拉沙造田、打沙筑坎、拉沙修渠及在无河流湖泊但较平坦、地下水位高的滩地开挖自流灌溉地塘、打机井、多管井等。因地制宜地运用这些技术建设旱涝保收的灌溉农田，并与

固沙造林,封沙育草结合调整土地结构,形成沙水田林路及草场、村舍配套,农牧林副综合发展的不同规模的新人工绿洲。就榆林市来说,从20世纪50年代到1996年已在沙地中共开辟出水地50万亩,比新中国成立前增长了20倍,人均水地达3.3亩,成为榆林粮食生产区。1994年在遭受历史上罕见的特大旱灾情况下,南部黄土区减产28%,两沙区仅减产16%。近年又建成吨粮田6万亩,农民人均占有粮已达527kg。

③综合高效开发技术系列,这一系列在近十几年内形成,即在防风固沙体系和人工绿洲建设的基础上,引入一系列先进技术进行组装配套和再创造,对原有防护体系和生产体系进行改造,提高其生产能力并持续发挥生态、经济和社会效益。主要包括4个方面。

第一,对现有防护林体系的生态经济型改造。由单一树种、单一生态防护效益向多树种、生态经济型转变。推广沙地樟子松造林和以苹果、沙棘、山杏等为主的经济林等。

第二,高效绿洲农业系列技术。整治灌溉农田,同时调整种业结构,引入优良品种,发展经济作物,建设日光温室,采用滴灌等先进技术进行节水高效种植。

第三,以精养和规模养殖为主的畜牧技术。即通过封育、飞播、围库仑等建设优质灌草结合草场,以草定畜,改放牧为舍饲圈养,引入优良品系进行改良。并适当发展笼养鸡等规模性养殖生产。

第四,林副产品加工增值技术,包括沙柳造纸、刨花板制作,充分利用沙区丰富的高岭土资源,生产陶瓷和耐火材料等。

通过综合高效开发和对原有防护系统的改造,使沙区生态环境和生产条件进一步改善。榆林市1996年沙区农业总产值达1.76亿元,农民人均纯收1469元。同时沙区住房、道路、电力、通讯及教育、文化、卫生等明显的改善和发展。

3.5.3.3 干旱区沙漠化防治模式

干旱区是指湿润指数在0.05~0.2之间的地区,该区分布面积最大,为142.7km²,占国土面积的14.9%,占荒漠化发生范围总面积的43.1%。分布于我国5个省(自治区),91个县(市、旗)。干旱区位于天山山脉以南,帕米尔高原以东,贺兰山以西,昆仑山脉、祁连山脉以北以及青藏高原西北部的广大地区,主要由荒漠和极干旱荒漠组成(慈龙骏)。

干旱区沙漠化的成因主要是气候变化和人为活动造成的,治理难度较大,应以保护为主,有条件的地区可进行人工植被恢复,并结合区域特点,发展沙产业。

(1)库布齐沙漠多元开发治沙模式

库布齐沙漠是我国的第七大沙漠,位于内蒙古自治区境内的鄂尔多斯高原北部,处于河套平原黄河"几"字弯里的南岸,东西长400km,南北宽50km,总面积为1.39万km²。以流动沙丘为主,占60%以上,形态多为新月形沙丘链和格状沙丘,高10~60m,沙源主要来自古代黄河冲积物。1988年,以亿利资源集团为核心的沙漠化治理队伍开始着手库布齐沙漠的植被恢复和沙产业开发工作。一是农业治沙。通过开发本土化耐旱、耐盐碱种质资源,挖掘沙漠植物经济价值,适度开发甘草、苁蓉、有机果蔬等种植加工业。同时,按照"宜草则草、草畜平衡、静态舍养、动态轮牧"的原则,依托沙柳、柠条、甘草、紫花苜蓿等高蛋白沙生植物资源,实施灌木林平茬复壮饲草化利用,发展有机无抗生素饲料,在生态修复区适度发展牛、羊、地鵏等本土化畜禽养殖,激励群众自发种植、养殖的积极性。二是工业治沙。利用生物、生态,工业废渣和农作物秸秆腐熟等技术,发展土壤改良剂、复混肥、有机肥料等制造业，治沙改土，打造农庄有机田，减少沙层，变废为宝。三是能源治沙。充分利用沙漠每年 3180 小时日照的资源，大力发展沙漠光伏项目。通过"板上发电、板间养羊、板下种草"的方式，利用光伏板生产绿色能源，通过光伏板间草林种植防风治沙，通过光伏板下养殖羊及家禽形成的天然生物肥反哺种植，实现良性互动。四是金融治沙。亿利资源集团联合数十家大型企业和金融机构发起设立了"绿丝路基金"，通过金融手段撬动更多资金，投资沙漠产业。30 年来，在各级政府的大力支持和当地广大群众的共同努力下，库布齐沙漠成为世界上唯一被整体治理的沙漠，不仅生态资源逐步增长，区域生态明显改善，沙区经济不断发展，得到了国际社会的广泛认可和权威认证。联合国环境署经过 4 年实地调研与科学评估，于 2017 年 9 月在《联合国防治荒漠化公约》第 13 次缔约方大会上正式发布《中国库布齐生态财富评估报告》，认定库布齐共计修复绿化沙漠 6253km²，为社会创造生态财富 5000 多亿人民币，带动当地民众 10.2 万人摆脱贫困。这也是联合国官方发布的第一份生态财富报告。

（2）阿拉善梭梭林肉苁蓉沙产业开发模式

该模式构建于内蒙古阿拉善盟境内。阿拉善盟是全区沙漠最多、土地沙化最严重的地区，有巴丹吉林、腾格里、乌兰布和三大沙漠分布，面积为 8.4 万 km²，占全盟国土面积的近 1/3。沙漠化土地面积为 20.4 万 km²，占全盟国土面积的 76%。该地生态恶劣，植物种类稀少、结构简单，多为旱生、超旱生和盐生的灌木、半灌木。近些年来，阿拉善盟通过"三北"防护林建设、天然林保护、退耕还林（草）和野生动植物保护及自然保护区建设四大工程及造林补贴项目的实施，在有效保护和经营天然梭梭林的同时，大面积营造人工梭梭林，并利用梭梭能够寄生"沙漠人参"—肉苁蓉的特性，在天然与人工梭梭林中接种肉苁蓉，发展肉苁蓉产业，打造梭梭苁蓉产业基地。截至 2017 年底，全盟保护天然梭梭林 1450 万亩，人工营造梭梭林 420 万亩，人工接种苁蓉面积达到 70 万亩，年产值达 3 亿元以上，不仅有效遏制了当地的风沙危害，而且大大促进了区域经济的发展。

（3）荒漠绿洲咸水灌溉模式

该模式构建于甘肃省河西走廊东段民勤县境内。该县处于巴丹吉林沙漠与腾格里沙漠两大沙漠之间，现有土地面积 1.6 万 km²，境内沙漠、戈壁等占 94%，绿洲占 6%，为温带大陆性干旱气候区，年均气温 7.8℃，≥10℃稳定活动积温 3149.4℃，无霜期 151 天，年均降水量 110mm，主要集中在 7~9 月，干燥度>4。该县地处石羊河下游，发育在经地质历史演变而成的洪积、湖积母质上。石羊河流域是地面水盐分堆积区，地下水矿化度高。20 世纪 80 年代初，为高效利用当地水资源，民勤地区开发咸水灌溉、节水灌溉为主导的绿洲农业的荒漠化土地治理模式。

咸水灌溉的关键措施是实行一年一度的河渠淡水储灌洗盐，实现淡水、咸水交替灌溉。

① 储灌和淋溶洗盐：是以 2700~3900m³/hm² 的淡水量在播种或返青前储灌，如土壤盐分高，在苗期以 825~1200m³/hm² 的量再灌一次淡水，然后以 750~900m³/hm² 水量可灌 3~4 次咸水。

② 按水质矿化度控制灌水量：<2g/L，按 750~900m³/hm² 的量，每年可灌 6 次，总水量为 3600~4650m³/（hm²·a）；2~6g/L，须储灌 3000m³/hm² 淡水，然后每年灌 3~4 次，

总量为 2250~3000m³/(hm²·a)；>6g/L，禁止灌溉。

③节水灌溉设施主要有混凝土薄板塑料衬砌的引水渠、毛渠，用三角量水堰量水、秒表计时确定灌水量，并配以相应的水质监测设施。近年来，采用滴灌、微喷等措施大大提高了节水效率。这种节水制度，不仅用于作物种植，而且用于草场、防护林、固沙林、经济林等，从而达到荒漠化土地综合治理效果。

（4）柴达木荒漠戈壁封沙育林育草模式

该模式构建于柴达木盆地荒漠戈壁区的青海省都兰县境内。该县处于昆仑山前戈壁带和风沙土带上，地势平坦，海拔约2800m，属于温带荒漠气候。年平均气温3.8℃，≥10℃活动期积温2339℃，年均降水量66.8mm，集中于6~8月，蒸发量2088~2716mm，生长期203天，年平均风速3.5~3.7m/s。土壤以灰漠土为主，还有风沙土和部分盐渍土。植被以旱生和超旱生灌木荒漠植物群落为主，有柴达木沙枣、沙拐枣、柴达木猪毛菜、唐古拉白刺、青海猪毛菜等。1980年开始，结合"三北"防护林建设工程的实施，为了探究尽快恢复荒漠植被的途径，遏制沙漠化进程，保护和改善荒漠生态环境，发展盆地林业和绿洲产业，在海西蒙古族自治州都兰县宗巴滩进行封沙育林育草工作。封育区中戈壁占封育总面积的80%，并有伊克高河、哈图河、清水河和洪水河通过。封育初起是在确定封育范围的基础上进行人力保护，1981年正式建立沙生植物保护站后，实施全面的和有计划的封育保护。如成立管护组织、划分保护区类别、出台保护条例、设定保护标识、建立固定观测样地等。经过10年的封育保护，过去基本被砍光灌木的样地，植物种类达7种，平均株高0.42m。单位面积株数由原来每公顷90株增加到3000株，覆盖度由0.4%增大至9.9%，地上部分的生物量由每公顷19.05kg增至685.5kg，收到良好的生态效益和经济效益，封沙育林育草可谓是最简捷、最实用的生态恢复手段。

（5）荒漠绿洲混农林业发展模式

该模式构建于极端干旱荒漠区新疆和田县境内。该县地处塔克拉玛干沙漠的南缘，属于温带内陆荒漠气候，生境十分严酷。年平均降水量34.9mm，蒸发量2563mm，年平均气温12.1℃，沙尘暴天数24~48天，最多可达64天，浮尘天数200天。一句顺口溜能够真实体现这里的恶劣环境，"和田人民苦，一天半斤土，白天吃不够，晚上接着补"。发源于昆仑山的玉龙喀什河流经该县注入沙漠中，因此有一定的灌溉条件。自汉代以来，由于沙漠的蔓延，和田绿洲被迫向南迁移了200多千米，迄今，全地区两千余千米的风沙线仍以每年5m的速度向前推移。全区人口143870人，是一个以维吾尔族为主体（占人口96.7%）的多民族聚居地区。为了改善生产和居住条件，和田人民自古以来就有植树造林的优良传统和习惯。1978年"三北"防护林体系建设工程实施以来，结合农村"五好"建设，和田县的林业生产获得了蓬勃发展，1993年实现了农田林网化，从整体结构上形成了形式多样的混农林业，1994年被评为全国治沙先进单位。

和田地区的混农林业，是以农田防护林为骨架，绿洲边缘或内部夹荒地的薪炭养畜林（即防风阻沙基干林带），以及绿洲内部形式多样的农林混作构成的，具有保护、改善和维护绿洲生态平衡的显著功能，并有利于提高荒漠地区光热资源和水土资源的利用率。绿洲农田防护林网建设起始于1976年，根据我国干旱区防护林建设经验，采用"窄林带、小网格"布局，林带以2~4行林木组成，株行距2m×3m，乔木林下配置灌木，疏透度0.4~

0.5。绿洲林网的配置与灌区、道路相匹配。林网内实行农林复合经营，包括"四旁"植树、居民点绿化、营造小片经济林(核桃、枣等)、用材林和大片薪碳林、养畜林，还有葡萄长廊、果粮间作、葡粮间作、毛渠植桑等内容，有效地改善了绿洲的产业结构和环境质量，为和田地区农业连年丰收发挥了重要生态屏障作用。干旱荒漠地区，"水利是农业的命脉，林业是农业的保障"尤为典型。在水资源有限，人口逐年增加的压力下，为了充分利用古老绿洲充沛的光热资源和灌溉之利，发展立体栽培，以耕代抚，一水一肥多用的农林结合、牧林结合的混农林业具有巨大的潜力。为提高林业经济效益，发挥和田地区蚕桑和园艺的优势，在实现农田林网化的基础上，结合林种、树种结构的调整和农田防护林的更新改造，模式多样的混农林业得到蓬勃发展。1992 年粮食单产提高到 302.82kg，总产 6.3 亿 kg，棉花单产提高到 65kg，总产 0.4 亿 kg，粮棉单产和总产分别提高 240.8%、445.2% 和 228.7%、1389.1%。农村人均口粮由 1979 年的 266.5kg 增加到 422.3kg，广大农民的温饱问题得以解决，并为脱贫致富，创建高产、优质高效生态农业奠定了良好的环境基础。

复习思考题

1. 风蚀荒漠化的成因机制与过程。

2. 风蚀荒漠化的评价指标。

3. 中国的主要沙漠和沙地有哪些？其基本特征是什么？

4. 荒漠化防治的风沙物理学原理。

5. 起动风速、起沙风、风沙流、输沙量、风沙流结构的概念。

6. 风沙流中沙粒运动的形式有哪些？其特点是什么？

7. 起动风速的影响因素。

8. 风沙流结构的影响因素。

9. 沙丘移动的方式有哪几种？

10. 沙丘移动速度及影响因素。

11. 荒漠化防治的生态学原理。

12. 如何认识植物适应沙区环境的机制？

13. 风蚀荒漠化防治的基本措施有哪些？

14. 旱作农业区沙漠化防治措施有哪些？

15. 简述作物留茬的作用。

16. 植物治沙的主要措施。

17. 封沙育林育草的概念及形式。

18. 飞机播种造林种草的关键技术。

19. 沙区人工造林的形式。

20. 沙区生物结皮的功能与形成机理。

21. 立地条件的概念。

22. 沙区立地条件的特点及划分方法。

23. 沙区防护林类型及构建技术。

24. 我国风蚀荒漠化防治的典型模式。

推荐阅读书目

张奎壁，邹受益．治沙原理与技术[M]．北京：中国林业出版社，1990.

孙保平．荒漠化防治工程学[M]．北京：中国林业出版社，2000.

丁国栋．沙漠学概论[M]．北京：中国林业出版社，2002.

丁国栋．风沙物理学[M]．北京：中国林业出版社，2010.

赵景波，罗小庆，邵天杰．荒漠化及其防治[M]．北京：中国环境出版社，2014.

参 考 文 献

白子红．榆林沙区防沙治沙区域优化模式综述[J]．防护林科技，2009，89(2)：74-76.

包岩峰，杨柳，龙超．中国防沙治沙60年回顾与展望[J]．中国水土保持科学，2018，16(2)：144-150.

毕广有，曹志伟，谭继伟．嫩江沙地几种治理开发模式的初步研究[J]．防护林科技，2000，44(3)：50-53.

曹志伟，权崇义，张恩俭．嫩江沙地几种治理开发模式初步研究[J]．吉林林业科技，2001，30(2)：18-21.

池海清．沙地衬膜栽培水稻技术研究成果[J]．现代农业科学，2008，15(7)：1-6.

慈龙骏．全球变化对我国荒漠化的影响[J]．自然资源学报，1994，9(4)：289-303.

慈龙骏．我国荒漠化发生机理与防治对策[J]．第四纪研究，1998(2)：97-107.

慈龙骏，吴波．中国荒漠化气候类型划分与中国荒漠化潜在发生范围的确定[J]．中国沙漠，1997，17(2)：107-112.

丁国栋．风沙物理学[M]．北京：中国林业出版社，2010.

丁国栋．沙漠学概论[M]．北京：中国林业出版社，2002.

董飞，刘大有，贺大良．风沙运动的研究进展和发展趋势[J]．力学进展，1995，25(3)：368-382.

董玉祥，刘玉璋，刘毅华．沙漠化若干问题研究[M]．西安：西安地图出版社，1995.

董治宝．中国风沙物理研究五十年[J]．中国沙漠，2005，25(3)：293-305.

董智，李红丽．乌兰布和沙漠人工绿洲沙害综合控制技术体系[J]．中国沙漠，2011，31(2)：339-345.

董智．乌兰布和沙漠绿洲农田沙害及其控制机理研究[D]．北京：北京林业大学，2004.

高尚武．治沙造林学[M]．北京：中国林业出版社，1981.

高锡林．内蒙古林业生态建设技术与模式[M]．北京：中国林业出版社，2008.

国家林业局防沙治沙科学技术司．防沙治沙实用技术[M]．北京：中国林业出版社，2002.

韩天宝，赵哈林．"科尔沁沙地"小生物经济圈"的建立模式探讨[J]．内蒙古林业科技，1997，80(5)：10-15.

金连成．樟子松林衰退的原因及防治对策[J]．辽宁林业科技，2000(2)：8-10.

赖俊华，张凯，王维树，等．化学固沙材料研究进展及展望[J]．中国沙漠，2017，37(4)：644-655.

李滨生．治沙造林学[M]．北京：中国林业出版社，1990.

李成军，孙洪范，张延新．嫩江沙地几种沙产业模式的探讨[J]．防护林科技，2007，80(5)：108-109.

李红丽，董智，左合君，等．乌兰布和沙漠农田沙害特征及其时空变化规律[J]．中国沙漠，2011，31(2)：346-351.

李新荣．毛乌素沙地荒漠化与生物多样性的保护[J]．中国沙漠，1997，17(1)：58-61.

李振山，倪晋仁．风沙流研究的历史、现状及其趋势[J]．干旱区资源与环境，1998，12(3)：89-97.

李振山，倪晋仁．挟沙气流输沙率研究[J]．泥沙研究，2001(1)：1-7.

梁燕，刘立明，李连海. 嫩江沙地庄园式农田防护林的防护效益[J]. 林业科技，1998，23(3)：22-25.

刘凤婵，李红丽，董智，等. 封育对退化草原植被恢复及土壤理化性质影响的研究进展[J]. 中国水土保持科学，2012，10(5)：116-122.

刘恕. 试论沙漠化过程及其防治措施的生态学基础[J]. 中国沙漠，1996，6(1)：6-12.

刘贤万. 实验风沙物理与风沙工程学[M]. 北京：科学出版社，1995.

刘小平，董治宝. 湿沙的风蚀起动风速实验研究[J]. 水土保持通报，2002，22(2)：1-5.

刘秀梅，李小锋. 围栏封育对新疆山地退化草原植物群落特征的影响[J]. 干旱区研究，2017，34(5)：1077-1082.

马世威，马玉明，姚云峰. 沙漠学[M]. 呼和浩特：内蒙古人民出版社，1999.

孙保平. 荒漠化防治工程学[M]. 北京：中国林业出版社，2000.

唐麓君. 治沙造林工程学[M]. 北京：中国林业出版社，2005.

铁生年，姜雄，汪长安. 化学固沙材料研究进展[J]. 材料导报A：综述篇，2013，27(3)：71-75.

汪海霞，吴彤，禄树晖. 我国围栏封育的研究进展[J]. 黑龙江畜牧兽医，2016(5)：89-92.

王涛. 中国沙漠与沙漠化[M]. 石家庄：河北科学技术出版社，2003.

王文舒，孟和巴雅尔，段志鸿，等. 阿拉善盟梭梭肉苁蓉产业发展现状[J]. 绿色产业，2019：27-31.

吴溢文，陈永，郑福斌. 化学固沙材料的研究现状[J]. 功能材料(增刊)，2008(39)：607-609.

吴正. 风沙地貌学[M]. 北京：科学出版社，1987.

吴正. 风沙地貌与治沙工程学[M]. 北京：科学出版社，2003.

吴正，彭世古. 沙漠地区公路工程[M]. 北京：人民交通出版社，1981.

吴正. 中国沙漠及其治理[M]. 北京：科学出版社，2009.

杨依天，杨越，武智勇. 西北干旱区绿洲化及其环境效应综述[J]. 河北民族师范学院学报，2015，35(2)：20-25.

翟凌霄. 对陕西榆林治沙的思考[J]. 防护林科技，1999，40(3)：22-25.

张广军. 沙漠学[M]. 北京：中国林业出版社，1996.

张奎壁，邹受益. 治沙原理与技术[M]. 北京：中国林业出版社，1990.

赵哈林. 沙漠生态学[M]. 北京：科学出版社，2012.

赵性存，潘必文. 风沙对铁路危害及其防治措施[J]. 地理，1965(1)：13-17.

郑兴伟，赵凌泉，杨柏松，等. 嫩江生态经济型沙地治理模式建设[J]. 防护林科技，2013(6)：67-70.

中华人民共和国林业部防治荒漠化办公室编. 联合国关于在发生严重干旱和/或荒漠化的国家特别是在非洲防治荒漠化的公约[M]. 北京：中国林业出版社，1994.

朱俊凤，朱震达. 中国沙漠化防治[M]. 北京：中国林业出版社，1999.

朱迎新. 章古台沙地樟子松人工林固沙效果探究[J]. 生态文明建设，2014(5)：62-64.

朱震达，陈广庭. 中国土地沙质荒漠化[M]. 北京：科学出版社，1994.

朱震达，吴正. 中国沙漠概论(修订版)[M]. 北京：科学出版社，1980.

朱震达. 中国的沙漠 沙漠化 荒漠化及其治理的对策[M]. 北京：中国环境科学出版社，1999.

第 **4** 章

水蚀荒漠化及其防治

水蚀荒漠化是指在干旱、半干旱和亚湿润干旱区由于降水(主要是降雨)产生的水土流失而造成的一种土地退化类型,它具有明显的地形特征和不连续的局部集中分布的特点,主要出现在一些河流的中、上游及山脉的山麓地带。我国水蚀荒漠化土地主要分布在黄土高原北部的无定河、窟野河、秃尾河流域,泾河上游、清水河、祖厉河的中上游,湟水河下游及永定河的上游;在东北地区西部,主要分布在西辽河的中上游及大凌河的上游;此外,在新疆的伊犁河、额尔齐斯河及昆仑山北麓地带也有较大面积的连续分布。

水蚀荒漠化地区由于环境气候条件恶劣,植被条件差,特别是坡地开垦,长期过牧,乱樵、滥采、乱挖,破坏森林和草地等人类不合理的经济活动以及山区修路、开矿、建场(厂)等工程项目不注意环境保护,造成严重的水土流失,导致土地退化和生物生产力的降低、多种自然灾害的发生与发展,极大地影响着当地的经济建设、社会发展与人民生活水平的提高。

4.1 水蚀荒漠化的防治原理

4.1.1 水力侵蚀机制与过程

水力侵蚀是指在降雨雨滴击溅、地表径流冲刷和下渗水分作用下,土壤、土壤母质及其他地表组成物质被破坏、剥蚀、搬运和沉积的全部过程,简称为水蚀。水力侵蚀是目前世界上分布最广、危害也最为普遍的一种土壤侵蚀类型。在陆地表面,除沙漠和永冻的极地地区外,当地表失去覆盖物时,都有可能发生不同程度的水力侵蚀,造成土地退化。

4.1.1.1 泥沙起动机制

水流能够冲刷推动泥沙运动的最小流速,称为起动流速或临界流速。它分为滑动起动和滚动起动两种。

对于床面静止泥沙所受的作用力有水流的推移力、上举力、泥沙重力及其分力和坡面的摩擦力等。若要使静止泥沙沿坡面滑动,必须满足水流推移力与反作用力平衡的关系,而要使其沿坡面滚动,则应使滚动力矩与反力矩平衡。由此可推导出泥沙颗粒的滑动起动流速 V_d 和滚动流速 V_{do}:

$$V_d = K_1 \cdot \sqrt{d} \tag{4-1}$$

$$V_{do} = K_2 \cdot \sqrt{d} \tag{4-2}$$

式中　d——颗粒粒径；

　　　K_1、K_2——系数，可由泥沙受力分析求得。

由此可见，泥沙起动流速大小与粒径大小密切相关。砂粒粒径总是与流速平方成正比，而泥沙的体积或重量又与粒径立方成正比，因此，搬动的砂粒颗粒的体积或重量总与流速的 6 次方成正比，即 $G \propto V^6$，这就是山区河流能够搬运粗大的颗粒、巨石的原因。

泥沙的起动流速除了与泥沙粒径有关外，与颗粒沉速、水深等也有密切关系，沙玉清教授和苏联沙莫夫分别根据实验资料求得起动流速的经验公式：

沙玉清公式：　　　$V_o = 37.7 \dfrac{d^{3/4}}{\omega^{1/2}} R^{1/5}$　（适用于粗沙、细沙）　$\tag{4-3}$

沙莫夫公式：　　　$V_o = (0.01 + 4.7d)^{1/2} \left(\dfrac{H}{d}\right)^{1/6}$（适用于粗沙）　$\tag{4-4}$

式中　V_o——起动流速；

　　　d——泥沙粒径；

　　　ω——平均沉降速度；

　　　R——水力半径；

　　　H——水深。

4.1.1.2　水力侵蚀作用过程

水流对地表泥沙的作用过程包括剥离、搬运和堆积。

（1）水流侵蚀作用

水流及其携带的泥沙通过冲蚀、碰撞和磨蚀等作用破坏地表，并冲走地表物质的作用叫水力侵蚀作用。根据作用方向，侵蚀作用分为下蚀和侧蚀两种方式。

水流对河床垂向的侵蚀、切深床面的作用称为下切侵蚀，简称下蚀或切蚀。下蚀强度决定于水流动能、含沙量及河面组成物质的抗蚀性能，水流动能愈大，含沙量愈小，地面组成物质愈松散，下切速度愈快；相反，下切愈慢。而水流在源头与床面坡度突变处不断切深床面，并向上发展，使形成的沟谷源头后退，指向源头的侵蚀作用，又称溯源侵蚀或向源侵蚀，溯源侵蚀导致沟谷的伸长。侧蚀（或叫旁蚀）则是水流拓宽床面的作用，它主要发生在水流弯曲处的凹岸，其作用强度受环流离心力和水流冲刷力控制。

水流对土壤侵蚀的强度，常用侵蚀模数、侵蚀深度、沟谷密度及地面割裂度等指标来表征。土壤侵蚀模数是指单位面积上每年侵蚀土壤的平均重量。可用下式计算：

$$M_s = \sum W_s \cdot F^{-1} \cdot T^{-1} \tag{4-5}$$

式中　M_s——土壤侵蚀模数；

　　　W_s——年侵蚀总量；

　　　F——侵蚀（产流）面积；

　　　T——侵蚀（产流）时限（年）。

侵蚀深度（h）是将上述 M_s 转化成土层深度（mm），表示侵蚀区域每年平均地表侵蚀的土层厚度，转化式为：

$$h = \frac{1}{1000} \cdot \frac{M_s}{r_s} \tag{4-6}$$

式中 r_s——侵蚀土壤的容重。

沟谷密度和地面割裂度则是用单位面积上沟谷的长度和沟壑面积占流域总面积的百分数来形象地反映已经侵蚀的强度大小。

根据中华人民共和国水利部批准《土壤侵蚀分类分级标准》(SL190—2007),把水力侵蚀强度分为微度、轻度、中度、强烈、极强烈和剧烈侵蚀六级。

(2) 水流搬运作用

水流挟带泥沙及溶解质,并推动坡面物质移动的作用,称为水流搬运作用,泥沙随水流搬运方式有悬移和推移两种。悬移是较细小的泥沙在水流上举力作用下起动并进入水流,以与水流相同的速度呈悬浮状态搬运的一种方式。悬移质的悬浮主要受紊流的旋涡流影响,它的数量与水流流速、流量及流域的组成物质有关。

起动泥沙颗粒较大时,可在水流中回落到床面上时,对床面泥沙有一定冲击作用,使另一部分泥沙跃起进入水流,或起动泥沙沿床面滚动、滑动,称为推移。

推移质与悬移质之间,以及河床上泥沙之间存在着不断的交换现象,这一交换,使水流含沙量分布连续,泥沙颗粒较均一。

在一定水流条件下,能够搬运泥沙的最大量称水流挟沙能力,或饱和挟沙量。如果水流中实际含沙量超过挟沙能力,河床就要淤积,反之,河床就要冲刷。水流挟沙能力与断面平均流速、水力半径、悬沙粒径及泥沙的平均沉降速度等因素有关。M. A. 雅里加诺夫在分析各因素的基础上建立了坡面流挟沙能力经验公式:

$$S = \alpha \frac{V^3}{gh\omega} \tag{4-7}$$

式中 S——水流挟沙能力(径流含沙量);

　　　g——重力加速度;

　　　V——水流流速;

　　　h——坡面流水深;

　　　ω——泥沙颗粒沉速;

　　　α——系数,随降雨对水流的紊动不同而变化。

黄河水利委员会根据黄河干支流的实测资料,得出水流挟沙能力经验公式为:

$$S = 1.07 \frac{V^{2.25}}{R^{0.74} \omega^{0.77}} \tag{4-8}$$

式中 R——水力半径,其余符号同上。

这些经验公式因为推求时所用的资料不同,因而每个公式都有一定的适用范围,应用时要慎重。

由于水力侵蚀作用,使单位面积的坡面上可能最大的产沙量,被称为侵蚀率 ε,其表达式为:

$$\varepsilon = \frac{Sq}{L} \tag{4-9}$$

式中　S——水流挟沙能力；

　　　q——单宽径流量；

　　　L——坡长。

利用公式 4-7、4-9 及 $q=CIL$ 和曼宁公式整理后可得下式：

$$\varepsilon = \frac{a}{n^3} \cdot \frac{C^2 I^2 L J^{3/2}}{g\omega} \tag{4-10}$$

式中　ε——侵蚀率；

　　　C——径流系数；

　　　I——降雨强度；

　　　J——坡度；

　　　L——坡长；

$\dfrac{\alpha}{n^3}$——系数，其中 α 与降雨有关，n 是地表粗糙率系数。

可见坡面侵蚀与径流系数、降雨强度、坡长和坡度成正相关关系，与地表粗糙程度及泥沙沉速成负相关关系。水土保持正是通过改良土壤，增加粗糙率，减少径流和改变地形，减小坡度等措施实现对土壤侵蚀的防治。

（3）泥沙堆积

当水流能量降低，水流中含沙量大于挟沙力时，搬运泥沙就要发生沉积，亦称堆积，堆积先从推移质中的大颗粒开始，最后悬移质转化为推移质，继而在床面上停积。

水流携带的泥沙在重力作用下下沉时，同时又受水流阻力影响。当重力与水流阻力相等时，泥沙以等速下沉，这个速度称为泥沙的沉速。根据重力与水流阻力相等关系式，可得泥沙沉速公式：

$$\omega^2 = \frac{4}{3\lambda} \cdot \frac{(r_s - r_\omega)d}{l} \tag{4-11}$$

式中　ω——泥沙沉速；

　　　λ——阻力系数。

水流的侵蚀、搬运、堆积的作用是同时进行的，且不断地转化。但就水流某一段来说，总是以某一作用为主。图 4-1 表示出侵蚀、搬运、堆积的关系，横坐标为泥沙粒径大小，纵坐标为水流的摩阻流速，$V_* = \sqrt{\tau_0/\rho}$ 或沉速 ω，其中 τ_0 为作用于床面的水流切应力。这样可以利用临界摩阻流速 V_{*c} 代替泥沙起动时的水流切应力 τ_0，作为泥沙起动的判断值。当摩阻流速相当于泥沙沉速时，泥沙才能悬移运动。

根据图中 COD 线(不同粒径泥沙的临界摩阻流速 V_{*c})和 EOF 线（泥沙的沉速）两条曲线的相对位置，泥沙的沉积条件可以分为 3 个不同区域。

① 在 COD 线以上：$V_* > V_{*e}$，运动泥沙与床面泥

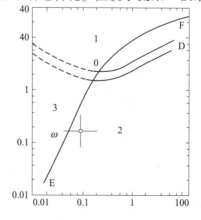

图 4-1　泥沙沉积条件分区

沙有可能发生交换，只有当上游来沙量超过水流挟沙能力时，泥沙才开始沉降；反之，如上游来沙量不及水流挟沙能力，河床就会发生冲刷。其中 OFD 部分的泥沙运动以推移为主，其余泥沙以悬移为主。

② 在 EOD 线以下：$V_* < V_{*c}$ 及 $V_* < \omega$，水流既不能冲刷床面泥沙，使之搬运而去，又不能足以支持上游来沙，使之继续在水中悬移，因此泥沙迅速淤积。

③ 在 COE 线左侧，$\omega < V_* < V_{*c}$，水流不足以自河床中取得泥沙补充，但只要上游来沙，则因该段的紊动强度能够支持其继续悬移运动，将上游来沙输送下去，不发生过多沉积。

4.1.2 水力侵蚀形式及其特点

水力侵蚀过程中剥蚀、搬运和沉积 3 种状态的发生，归根结底都是在不同具体条件下，水的破坏力大于土体的抵抗力的结果。由于水营力 3 种状态的不同，对土壤的作用形式不仅表现在作为流体力学性质上，而且表现在流体的物理性质和水的化学性质上。水土流失不仅受地表径流的影响，还受雨滴击溅和下渗水的作用。

水是土壤肥力不可缺少的因素，在土壤肥力形成过程中，它是水份循环和营养循环最基本的也是具有决定性的因素。但有时水也能引起土壤肥力的降低和破坏。水的三种不同形态以各种方式对土壤进行侵蚀，引起水土流失，造成土地退化。常见的水力侵蚀形式主要有雨滴击溅侵蚀、层状面蚀、砂砾化面蚀、鳞片状面蚀、细沟状面蚀、沟蚀、山洪侵蚀、库岸波浪侵蚀和海岸波浪侵蚀等。

（1）雨滴击溅侵蚀及其特点

在雨滴击溅作用下土壤结构破坏和土壤颗粒产生位移的现象称为雨滴击溅侵蚀，简称为溅蚀。雨滴落到裸露的地面特别是农耕地上时，具有一定质量和速度，必然对地表产生冲击，使土体颗粒破碎、分散、飞溅，引起土体结构的破坏。

溅蚀可分为 4 个阶段（图 4-2），即干土溅散阶段、湿土溅散阶段、泥浆溅散阶段、地表板结阶段。雨滴击溅发生在平地上时，由于土体结构被破坏，降雨后土地会产生板结，使土壤的保水保肥能力降低。雨滴击溅侵蚀发生在斜坡上时，因泥浆顺坡流动，带走表层土壤，使土壤颗粒不断向坡面下方产生位移。

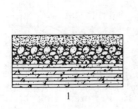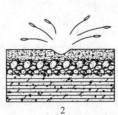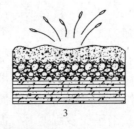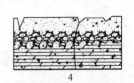

图 4-2　土壤溅蚀过程

1. 干土溅散　2. 湿土溅散　3. 泥浆溅散　4. 地表板结

雨滴击溅侵蚀能力大小取决于降雨性质，即雨滴大小、降雨强度、雨量等。威斯迈尔在前人研究的基础上，经过大量寻优计算，找到了一个反映侵蚀力的复合参数指标，即降雨侵蚀力指标 R：

$$R = EI_{30} \tag{4-12}$$

式中　E——该次降雨的总动能；

　　　I_{30}——该次暴雨过程中出现的最大的 30min 降雨强度，从自记雨量计的记录纸中选取曲线最陡的一段计算出来。

江忠善提出我国黄土高原降雨侵蚀力 R 指标：

$$R = EI_{30}, \quad E = \sum eP, \quad e = 27.83 + 11.55 \log I \tag{4-13}$$

式中　P——相应时段雨量；

　　　I——相应时段雨强；

　　　E——动能。

鉴于 E 值求解的困难，中科院水保所、西北林学院等单位在研究了黄土区降雨侵蚀特征后，提出侵蚀力指标的计算式：

$$R = PI_{30} \tag{4-14}$$

式中　P——该次降雨量；

　　　I_{30}同前。

刘秉正依据我国自记雨量资料少、系列短的实际情况在对陕西渭北地区 23 个县 28~33 年降水资料分析计算和侵蚀相关分析的基础上，提出了新的年侵蚀力 R 计算方程：

$$R = 105.44 \frac{(P_{6-9})^{1.2}}{P} - 140.96 \tag{4-15}$$

式中　P_{6-9}——某年 6~9 月降雨量；

　　　P——该年年降雨量，经检验相对误差不超过 10%。

雨滴击溅侵蚀除了受降雨侵蚀力影响外，同时受土壤可蚀性大小影响，即受土壤质地、结构、地表植被、坡度等影响。在侵蚀力不变的情况下，溅蚀量决定于影响土壤可蚀性的诸因子，对同一性质土壤以及相同管理条件来说，则决定于坡面倾斜情况和雨滴打击方向，在平地上，垂直下降的雨滴溅蚀土粒向四周均匀散布，形成土壤交换，不会有溅蚀后果，而在坡地上或雨滴斜向打击下，土粒则会向坡下或因风力斜向移动(图 4-3)。

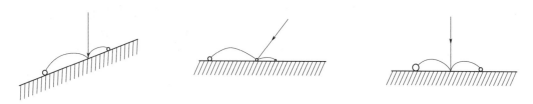

图 4-3　不同条件下雨滴打击所引起的物质迁移状况

溅蚀作用在风力作用下，会改变打击角度，并推动雨滴增加打击能量，当作用于不同坡向、坡度上时，会形成复杂的溅蚀。若某地降雨期间风向不断变化，可能在暴雨后的影响趋于平衡；但对整个降雨期间保持固定方向的风，对土壤溅蚀会有较大影响。

埃利森根据模拟实验最早提出雨滴溅蚀量计算公式：

$$W = KV^{4.34} d^{1.07} I^{0.65} \tag{4-16}$$

式中　W——半小时雨滴的溅蚀量；

V——雨滴速度；

d——雨滴直径；

I——降雨强度；

K——土壤类型常数（粉沙土 $K=0.000785$）。

比萨尔也得出类似公式：

$$W=kdV^{1.4} \tag{4-17}$$

式中符号同上。

可见对同一性质的土壤，溅蚀量决定于降雨性质（即雨滴速度、直径大小、降雨强度等）。对不同性质的土壤溅蚀量则与降雨动能有密切关系。Fill 研究得出沙土溅蚀量与动能 0.9 次方成正相关，壤土则与降雨动能 1.46 次方成正相关。

江忠善则在陕北黄土丘陵区不同坡度上进行试验研究得出，溅蚀从分水岭到坡下是不均匀的，呈带状分布。在坡顶，降雨能量几乎全用于将土粒溅向坡下，且无表面径流影响，一般溅蚀量最大；而坡下部的降雨能量多用于溅起土粒的重新搬运，而且径流深的增加，也会影响溅蚀量。当然实际中，由于多种因素影响，侵蚀过程是十分复杂的。

（2）面蚀及其特点

斜坡上的降雨不能完全被土壤吸收时在地表产生积水，由于重力作用形成地表径流，开始形成的地表径流处于未集中的分散状态，分散的地表径流冲走地表土粒的过程称之为面蚀。面蚀按发生的地质条件、土地利用现状和发生程度不同，可分为层状面蚀、砂砾化面蚀、鳞片状面蚀和细沟状面蚀。

坡面水流形成初期，水层很薄，由于地形起伏的影响往往处于分散状态，没有固定的流路，多呈层流，速度较慢。在缓坡地上，薄层水流的速度通常不会超过 0.5m/s，最大也在 1~2m/s 之间。因此，能量不大，冲刷力微弱，只能较均匀地带走土壤表层中细小的呈悬浮状态的物质和一些松散物质，即形成层状侵蚀。但随降雨继续进行，植物截留和填洼都已饱和，降雨强度大于下渗强度，地表便开始出现沿天然坡度流动的细小水流即漫流。随径流汇集的面积不断增大，同时又继续接纳沿途降雨，因而流量和流速不断增加，到一定距离后坡面水流的冲刷能力便大大增加，产生强烈的坡面冲刷，引起地面凹陷，随之径流相对集中，侵蚀力相对变强，在地表上会逐渐形成细小而密集的沟，形成细沟侵蚀，最初出现的是斑状侵蚀或不连续的侵蚀点，以后互相串通成为连续细沟，这种细沟沟形很小，且位置和形状不固定，耕作后即可平复。细沟的出现，标志着面蚀的结束和沟道水流侵蚀的开始。

坡面径流冲刷侵蚀与流速、流量、坡度及土壤质地等都有密切关系。土壤颗粒和容重越大，要求的冲刷起动流速就大。冲刷流速和粒径、容重之间有如下关系：

$$V_o=\alpha d^2 \left(r_s-1\right)^{\frac{2}{3}} \tag{4-18}$$

式中 V_o——起动流速；

d——粒径；

r_s——泥沙比重；

α——系数。

所以沙土较黏土易冲刷，细粒较粗粒易冲刷。

坡面径流量(或径流深)越大，坡度越陡，径流对坡面土壤的冲刷力就越大，对地面侵蚀量也越大。在稳定流条件下，水流流过单位面积坡面时产生的冲刷作用力大小为：

$$F = G\frac{hx}{1000}\sin\theta \qquad (4-19)$$

式中　F——冲刷力；

　　　G——每立方米含沙水流重量；

　　　hx——距分水岭 X 处径流深；

　　　θ——坡度。

侵蚀量与径流量之间则存在指数函数关系，即：

$$M_s = aQ^b \qquad (4-20)$$

式中　M_s——侵蚀量；

　　　Q——径流量；

　　　a——系数；

　　　b——指数。

可见随着径流量和流速增大，侵蚀能量和侵蚀力跟着增大，径流与冲刷呈指数函数关系。随各地土壤性质、植被密度、坡度等不同，指数大小不一，我国黄土区指数均大于1。

面蚀带走大量土壤营养成分，导致土壤肥力下降。在没有植物保护的地表，风直接与地表摩擦，将土粒带走也会产生明显的面蚀。面蚀多发生在坡耕地及植被稀少的斜坡上，其严重程度取决于植被、地形、土壤、降水及风速等因素。

（3）沟蚀及其特点

在面蚀的基础上，尤其细沟状面蚀进一步发展，分散的地表径流由于地形影响逐渐集中，形成有固定流路的水流，称作集中的地表径流或股流。集中的地表径流冲刷地表，切入地面带走土壤、母质及基岩，形成沟壑的过程称之为沟蚀。由沟蚀形成的沟壑称作侵蚀沟，侵蚀沟的发育在沟谷形态和侵蚀特征上是不同的，据此可划分为浅沟、切沟、冲沟、坳沟四个不同发育阶段。

沟蚀是水力侵蚀中常见的侵蚀形式之一。虽然沟蚀所涉及的面积不如面蚀范围广，但它对土地的破坏程度远比面蚀严重，沟蚀的发生还会破坏道路、桥梁或其他建筑物。沟蚀主要分布于土地瘠薄、植被稀少的半干旱丘陵区和山区，一般发生在坡耕地、荒坡和植被较差的古代水文网。

按侵蚀沟发生与形成的地貌部位不同，侵蚀沟可分为原生侵蚀沟和次生侵蚀沟。发生在坡面上的侵蚀沟称为原生侵蚀沟，而发生在洼地底部的侵蚀沟称为次生侵蚀沟(图4-4)。从图中可以较为明显地看出，在两条侵蚀沟长度基本相同时，原生侵蚀沟可能汇入的地表径流量要比次生侵蚀沟少，也就是说在治理侵蚀沟时，原生侵蚀沟的治理要比次生侵蚀沟的治理难度小。

由于地质条件的差异，不同侵蚀沟的外貌特点及土质状况是不同的，但典型的侵蚀沟组成基本相似，即由沟顶、沟沿、沟底及水道、沟坡、沟口和冲积扇组成。

沟顶(沟头)是侵蚀沟的最顶端，具有一定深度，呈峭壁状。绝大多数流水经沟头形成跌水进入沟道，它是侵蚀沟发展最为活跃的部分，其发展方向与径流方向相反，因此常称之为

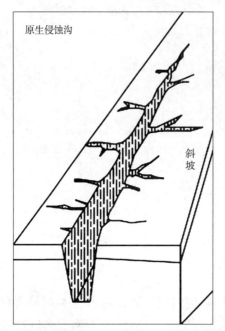
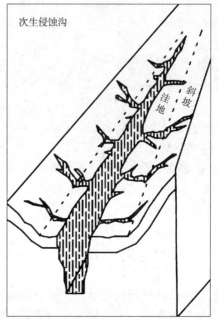

图 4-4　原生侵蚀沟与次生侵蚀沟

溯源侵蚀。一般侵蚀沟不只一个沟头。沟头的上方是水流集中的地方，比周围地形低。

侵蚀沟与斜坡的交界线称为沟沿，一般沟沿方向与径流方向近平行，只有极少量的径流通过沟沿进入沟道，若水量较大，则会冲刷出新的沟头。对于次生侵蚀沟，侵蚀沟沿可能不明显，从沟沿处进入沟道的水量也大。

侵蚀沟底与水道：侵蚀沟横切面最低部分连成的面，是侵蚀沟底。在侵蚀沟刚刚发生时，沟底不明显，而主要是由两沟坡相交部分的一条线，当沟蚀进入第二阶段之后，才出现较宽的沟底。进入侵蚀沟的地表径流在上游地段，沟底全部过水，在下游地段，径流往往在沟底的一侧流动，有了固定的水道，只在山洪暴发时，才可能出现径流占满整个沟底的情况。以沟沿为上界，沟底为下界的侵蚀沟斜坡部分称之为侵蚀沟坡，简称沟坡。沟坡是侵蚀沟横切面最陡的部分，沟坡常与地平面成一定角度，角度的大小与侵蚀沟的地质组成、侵蚀沟的发育阶段、侵蚀沟的过水量和水深等因素有关。粘质土沟坡较陡，砂壤土沟坡较缓；发展时期的侵蚀沟沟坡较陡，衰老期侵蚀沟的沟坡较缓；过水量大、水深的地段沟坡较缓。只有沟坡形成稳定的自然倾角（安息角）后，沟岸才可能停止扩张而形成稳定的沟坡。

侵蚀沟口是集中地表径流流出侵蚀沟的出口，是径流汇入水文网的连接处。理论上也是侵蚀沟最早形成的地方。在沟口的沟底与河流交汇处，通常就是侵蚀基准面。所谓侵蚀基准面就是侵蚀沟所能达到的最低水平面。也就是说侵蚀沟底达到侵蚀基准面后，就不再向下侵蚀。

当携带泥沙的径流流出沟口，由于坡度变缓、流路变宽使得径流流速降低，导致水流挟带的泥沙在沟口周围呈扇状沉积，形成洪积扇。每次洪水过后，总有一层泥沙沉积下来，因此可根据洪积扇的倾斜度、层次、冲积物质、植物状况等推断出侵蚀沟历史及其发展状况。

（4）山洪侵蚀

在山区、丘陵区富含泥沙的地表径流、经过侵蚀沟网的集中，形成突发洪水，冲出沟道向河道汇集，山区河流洪水对沟道堤岸的冲淘、对河床的冲刷或淤积过程称之为山洪侵蚀。由于山洪具有流速高、冲刷力大和暴涨暴落的特点，因而破坏力较大，能搬运和沉积泥沙石块。受山洪冲刷的河床称为正侵蚀，被淤积的称为负侵蚀。山洪侵蚀能改变河道形态，冲毁建筑物和交通设施，淹埋农田和居民点，可造成严重危害。山洪的比重往往在 1.1~1.2 之间，一般不超过 1.3。

暴雨时在坡面的地表径流较为分散，但分布面积广、总量大，经斜坡侵蚀沟的汇集局部形成流速快、冲力强的暴发性洪水溢出沟道，产生严重侧蚀。山洪进入平坦地段，因地势平坦，水面变宽流速降低，在沟口及平地淤积大量泥沙形成洪积扇，或沙压大量的土地，使土地难以再利用。当山洪进入河川后由于流量很大，河水猛涨引起的决堤，可淹没、冲毁两岸的川台地及城市、村庄或工业基地，甚至可导致河流改道，给整个下游造成毁灭性的破坏。

（5）下渗侵蚀

由于水流下渗，增加了土体重力，同时下渗水浸泡使土体颗粒之间凝聚力减弱，当重力超过内摩擦力、凝聚力和根系的固持力时，就会发生滑坡、崩塌、泻溜等，造成土壤侵蚀，由于这类侵蚀的直接作用力主要是重力，故也叫重力侵蚀。

同时水流在下渗过程中，不断淋溶土壤，使细粒和各种盐分跟着向下移动，造成上层土壤组成颗粒变粗，养分降低，生产力下降。而随着淋溶不断进行，下移的细粒和盐分在一定部位形成积层，使继续下渗的水在不透水积层上产生侧向流动，形成土体下部的管状暗沟，产生潜蚀。而上部重量增加，可塑性加大，从而下坠成为陷穴。此外，在较为宽广平坦的积水坑，由于水分下渗，充填了土体内所有孔隙，使土壤通气不良，嫌气性细菌发育，长时积水产生土壤沼泽化，使土壤物理性质恶化，肥力降低，生产力衰退，也可形成荒漠化。因而，增加水流下渗可减少地表径流冲刷，避免径流侵蚀，但下渗不当，也会发生特殊的水土流失，降低生产力。

水力对土壤侵蚀除了以雨滴击溅、地表径流及下渗水流形式侵蚀外，还与其他营力共同作用或 3 种状态水营力交替作用对土壤产生混合侵蚀。最常见的混合侵蚀就是泥石流。

4.1.3　影响水力侵蚀的因素

影响土壤水力侵蚀的因素有自然因素，也有人为因素。自然因素是侵蚀发生、发展的潜在条件，人为的不合理的活动是造成土壤加速侵蚀的主导因素。

4.1.3.1　降雨对水力侵蚀的影响

降雨是侵蚀发生的动力，它一方面直接打击地表土壤形成击溅侵蚀，另一方面形成地表径流，冲刷土体，同时参与形成了土壤内在的一些特征，以一种综合效应来影响侵蚀。

（1）降雨量

一般来说，年降雨量大，可能侵蚀总量也大，但实际侵蚀量大小与地表状况及土壤特

征有关。与土壤侵蚀直接相关的常常是侵蚀模数超过 $1t/km^2$ 的可蚀性降雨量。在黄土高原，每年引起土壤流失的可蚀性降雨量约 163.0mm，其中坡面为 128.1mm，沟道小流域为 197.5mm。对于低强度、长历时、大雨量的降雨，虽然很少因产生地表径流冲刷而导致土壤侵蚀，但因有大量水分下渗，增加土体重力，破坏土体团粒结构，会产生重力侵蚀。

(2)降雨强度

降雨强度是指单位时间内的降雨量，它是降雨因子中对土壤侵蚀影响最主要的因子。当降雨强度很大时，雨滴的直径和末速都很大，因而它的动能也很大，对土壤的击溅作用也表现的十分强烈。由于降雨强度大，土壤的渗透、蒸发和植物的吸收、截持量远远小于同一时间内的降雨量，因而形成大量的地表径流，只要降雨强度大到一定程度，即使降雨量不大，也有可能出现短历时暴雨而产生大量径流，因此其冲刷的能量也很大，所以侵蚀也就严重。大量研究证明，降雨强度与土壤侵蚀量呈正相关，土壤侵蚀只发生在少数几场暴雨之中。

(3)雨型

雨型是指降雨的时空分布与降落类型，雨型不同，雨滴特性(包括雨滴形状、大小、分布、降落速度、接地时冲击力等)亦不同，因而产生的击溅侵蚀能力不同。一般阵雨较普雨来势猛，历时短，强度大。就一定雨强来说，阵雨更易引起土壤侵蚀，特别是暴雨，强度大，雨滴大，所具动能也大，造成的侵蚀作用强。

(4)前期降雨

本次降雨以前的降雨称前期降雨，前期降雨使土壤水分饱和，再继续降雨就很容易产生径流而造成土壤流失。在各种因素相同的情况下，前期降水的影响主要表现为降雨量的影响。

4.1.3.2 地形对水力侵蚀的影响

地形因素之所以是影响土壤侵蚀的重要因素，就在于不同的坡度、坡长、坡形及坡面糙率是否有利于坡面径流的汇集和能量的转化而决定，当坡度、坡形有利于径流汇集时，则能汇集较多的径流，而当坡面糙率大则在能量转化过程中，消耗一部分能量用于克服粗糙表面对径流的阻力，径流的冲刷力就要相应地减小，因此地形是影响降到海平面以上降雨在汇集流动过程中能量转化最主要的因素，地形影响能量转化的主要因子有坡度、坡长、坡形、坡向。

(1)坡度

坡面坡度是决定径流冲刷能力的基本因素之一。水流所具有的能量是水流质量与其流速的函数，而流速的大小主要决定于径流深度和地面坡度。坡度大小不仅影响流速，而且还影响渗透量与径流量，因而坡度直接影响径流的冲刷能力。在其他条件相同时，坡度愈大，流速愈大，土壤侵蚀量愈大。冲刷量随坡度加大而增加，但坡度增大到一定限度后，冲刷因径流量的减少而减小。在黄土高原丘陵沟壑区，这个转折坡度大约为 25°~28.5°。

地面坡度对雨滴的击溅侵蚀也有一定影响。在平坦地面，即使雨滴可能导致严重的土粒飞溅现象，也不致造成严重的土壤流失，而在坡面上，溅蚀量则随坡度增大而加大。

(2)坡长

坡长指的是从地表径流的起点到坡度降低到足以发生沉积的位置或径流进入一个规定

沟(渠)的入口处的距离。坡面越长，径流速度就越大，汇聚的流量也愈大，侵蚀力就愈强，所以在其他条件相同时，坡面长度直接影响水力侵蚀强度。如果结合降雨条件分析，情况就更为复杂，归纳起来有3种情况：

① 在特大及较大暴雨情况下，雨量在 10～15mm 以上，强度超过 0.5mm/min 时，坡长与径流量、冲刷量均成正相关；

② 在降雨的平均强度小，或平均强度较大而持续时间较短的情况下，坡长与径流量成负相关，而与冲刷量成正相关；

③ 在一次降雨量很小，只有 3～5mm，强度很小，历时也很短的情况下，坡长与径流量、冲刷量均成负相关。

（3）坡形

坡形对水力侵蚀的影响，实际上是坡度和坡长综合作用的结果。对于上下坡度一致的直线形坡面，下部集中径流量最多，流速大，造成的土壤冲刷强烈；对于上部缓下部陡的凸形坡，下部冲刷强烈；对上部陡下部缓的凹形坡，中上部侵蚀强烈，下部侵蚀较小，甚至可有堆积发生；对于起伏相间的阶段形坡，在台阶部分侵蚀弱，台阶边缘则易发生沟蚀。

（4）坡向

坡向不同，所接受的太阳辐射不同，从而影响土壤温度、湿度、植被状况等一系列环境因子的不同，其侵蚀过程也有明显的差异。实践观测结果表明阳坡的侵蚀大于阴坡。

4.1.3.3　土壤条件对水力侵蚀的影响

土壤是侵蚀对象，又是影响径流的因素。因此，土壤的各种性质都会对侵蚀产生影响，特别是透水性、抗蚀性和抗冲性对土壤侵蚀有很大影响。

土壤的抗蚀性是指土壤抵抗径流对其分散和悬浮的能力。土壤愈粘重，胶结物愈多，抗蚀性愈强。腐殖质能把土粒胶结成稳定团聚体和团粒结构，因而含腐殖质多的土壤抗蚀性强。土壤的抗冲性是指土壤抵抗径流对其机械破坏和推动下移的能力。土壤的抗冲性可以用土块在水中的崩解速度来判断，崩解速度愈快，抗冲能力愈差；有良好植被的土壤，在植物根系的缠绕下，难于崩解，抗冲能力较强。

影响土壤上述性质的因素有土壤质地、土壤结构及其水稳性、土壤孔隙、剖面构造、土层厚度、土壤湿度，以及土地利用方式等。

土壤质地通过土壤渗透性和结持性来影响侵蚀。一般来看，质地较粗，大孔隙含量多，透水性就愈强，对缺乏土壤结构和成土作用较弱的土壤更是如此。渗透速率与径流量呈负相关，有降低侵蚀的作用。

土壤结构性愈好，总孔隙率愈大，其透水性和持水量就愈大，土壤侵蚀就愈轻。土壤结构的好坏既反映了成土过程的差异，又反映了目前土壤的熟化程度。我国黄土高原的幼年黄土性土壤和黑垆土，土壤结构差异明鲜。前者容重大，总孔隙及毛管孔隙少，渗透性差；后者结构良好，容重小，根孔及动物穴多，非毛管孔隙多，渗透性好。不同的渗透性导致地表径流量不同，侵蚀也不同。

土壤中保持一定的水分有利于土粒间的团聚作用。一般情况下，土体愈干燥，渗水愈快，土体愈易分散；土壤较湿润，渗透速度小，土粒分散相对较慢。试验表明，黄土只要

含水量达 20%以下，土块就可以在水中保持较长时间不散离。

土壤抗蚀性指标多以土壤水稳性团粒和有机质含量的多寡来判别，土壤抗冲性以单位径流深所产生的侵蚀数量或其倒数作指标。

4.1.3.4 植被对水力侵蚀的影响

植被通过冠层拦截降雨，保护地面免受雨滴打击，并调节地表径流，增加土壤入渗时间，削减径流动能，加强和增进土壤渗透性、抗蚀性和抗冲性等，对抑制土壤侵蚀发生起到积极作用。

（1）拦截降雨

植被的地上部分常呈多层重叠遮蔽地面，并具有一定的弹性和开张角，能承接、分散和削弱雨滴及雨滴能量，截留的雨滴汇集后又会沿枝干缓缓流落或滴落地面，改变了降雨落地的方式，减小了林下降雨强度和降雨量，利于水分下渗，因而减少了地表径流和对土壤的冲刷。截留作用的大小因覆盖度、郁闭度及雨强的不同而不同，一般覆盖度大，郁闭度高，截留作用大；而降雨强度增大，截留量减少。

（2）调节径流

森林、草地中常常有一层枯枝落叶，具有很强的涵蓄水分的能力，同时也可改变土壤特性，提高土壤渗透能力，从而影响径流形成或减少径流量，延长径流时间，减缓径流流速，起到调节径流的作用。

（3）团结土体

植物根系对土壤有很好的穿插、缠绕、团结作用，能把根系周围的土体紧紧固持起来，增大抗蚀性和抗冲性，减少了土壤冲刷。

（4）改良土壤性状

植被可以增加土壤腐殖层含量，促进成土过程，增加土壤团聚性，改善土壤结构，从而提高土壤抗蚀性和抗冲性。

4.1.3.5 人为活动对水力侵蚀的影响

人为活动对土壤水力侵蚀的影响具有两个方面的作用：一方面是人为过度的经济活动，如过度垦殖，过度采伐，过度放牧，造成侵蚀加剧，成为水蚀荒漠化发生、发展的主导因素；另一方面是人们通过改变地形条件，改良土壤性状及造林种草，改善植被状况等途径，制止侵蚀的发生，促进退化土壤的逆转。

4.2 水蚀荒漠化防治

4.2.1 水蚀荒漠化工程防治技术

4.2.1.1 概述

（1）水蚀荒漠化工程防治技术概念

水蚀荒漠化工程防治技术即水土保持工程，指应用工程的原理，在干旱、半干旱和亚湿润干旱区防治以山区、丘陵区为主要对象的水土流失，保护、改良与合理利用水土资源，以利于充分发挥水土资源生态效益、经济效益和社会效益，建立良好生态环境的一项措施。它对于水土流失区的生产建设、国土整治、江河治理、生态环境平衡都具有重要的意义。

(2) 水蚀荒漠化工程防治技术的研究内容

水蚀荒漠化工程防治技术的研究对象主要是坡面及沟道中的水土流失过程及其工程防治措施。水土流失的形式包括水的损失及土体的损失。水的损失主要是指坡面径流的损失；土体的损失除包括雨滴溅蚀、片蚀、细沟侵蚀、浅沟侵蚀、切沟侵蚀与典型的土壤侵蚀外，还包括河岸侵蚀、山洪、泥石流及滑坡等侵蚀形式。

根据兴修目的及其应用条件的不同，水蚀荒漠化工程防治技术可以分为以下四种类型：①山坡防护工程；②山沟治理工程；③山洪排导工程；④小型蓄水用水工程。

山坡防护工程的作用在于用改变小地形的方法防止水土流失，将雨水及融雪水就地拦蓄在坡面，并加以利用，增加作物、牧草及林地的可利用的土壤水分。同时将未能就地拦蓄的坡地径流引入小型蓄水工程。在有发生重力侵蚀危险的坡地上，可修筑排水工程或支撑建筑物防止滑坡作用。山坡防护工程的措施有斜坡固定工程、山坡截流沟、水窖(旱井)、蓄水池、梯田、水平沟、水平阶、拦水沟埂等。

山沟治理工程的作用在于防止沟头前进、沟床下切、沟岸扩张，减缓沟床纵坡，调节洪峰流量，减少山洪或泥石流的固体物质含量，使山洪安全排泄，对沟口不造成灾害。属于山沟治理工作的措施有沟头防护工程、谷坊工程、拦沙坝、淤地坝及沟道护岸工程等。

山洪排导工程的作用在于防止山洪或泥石流造成的有重大经济损失的危害，属于山洪排导工程的有排洪沟、沉沙场、导流堤等。

小型蓄水用水工程的作用在于将坡地径流及地下潜流拦蓄起来，减少水土流失危害，灌溉农田，采用先进灌水技术，提高用水率和作物产量。小型蓄水工程包括小水库、蓄水塘坝、淤滩造田、引洪漫地、引水上山、节水灌溉等。

4.2.1.2 山坡防护工程

(1) 斜坡固定工程

斜坡是指向一个方向倾斜的地段，包括坡面、坡顶及其下部一定深度的坡体。按物质组成可将斜坡分为岩质斜坡、土质斜坡，按人为改造程度可分为自然斜坡和人工边坡；按稳定性可分为稳定斜坡、失稳斜坡和可能失稳斜坡，后两者又称病害斜坡；若按地貌部位又可分为山坡、梁峁坡、沟坡等。

斜坡固定工程是指为防止斜坡岩土体(组成斜坡的岩体和土体)的运动、保证斜坡稳定而布设的一种工程措施，包括挡墙、抗滑桩、排水工程、护坡工程、削坡和反压填土、植物固坡措施等。斜坡固定工程主要用于防治重力侵蚀，在防治滑坡、崩塌和滑塌等块体运动方面起着重要作用。

(2) 山坡截流沟

山坡截流沟是为拦截径流而在斜坡上每隔一定距离横坡修筑的水平的或具有一定坡度的沟道。山坡截流沟能截短坡长、阻截径流、减免径流冲刷，将分散的坡面径流集中起来，输送到田间地头。山坡截流沟与梯田、涝池等田间工程及沟头防护等措施相配合，可保护田地，防止沟头前进，防治滑坡等。

山坡截流沟通常修筑在坡度40%(<21.8°)以下的坡面上，与纵向布置的排水沟相连，

把径流排走。一般来说，截水沟在坡面上均匀布置，间距随坡度增大而减小。为防止滑坡，在滑坡可能发生的边界以外 5m 处可设置一条截水沟，若坡面面积大，径流流速也大时，也可设置多条。如有公路或多级削坡平台马道，则应充分利用其内侧设置截水沟。在一些雨季常发生集中暴雨径流的地段，可在适当地点修土石坝或柳桩坝等壅水建筑物，桐挖截流沟截引山洪。表 4-1 为截流沟间距随坡度的变化值，可供参考。

表 4-1　山坡截流沟间距

%	坡度（°）	沟间距（m）	%	坡度（°）	沟间距（m）
3	1.7	30	9~10	5.1~5.7	16.5
4	2.3	25	11~13	6.3~7.4	15
5	2.9	22	14~16	8.0~9.1	14
6	3.4	20	17~23	9.4~12.6	13
7	4.0	19	24~37	13.3~20.0	12
8	4.6	18	38~40	21.0~21.8	11.5

（3）沟头防护工程

黄土区侵蚀沟沟头侵蚀的几种主要形式也是斜坡块体运动。由于黄土入渗力强、多孔疏松、湿陷性大，经暴雨径流冲刷，沟蚀剧烈，沟头溯源侵蚀速度很快。沟头侵蚀危害工农业生产，其危害主要表现为造成大量土壤流失，大大增加沟道输沙量；毁坏农田，减少耕地；切断交通。

沟头侵蚀的防治应按流量的大小和地形条件采取不同的沟头防护工程。根据沟头防护工程的作用，可将其分为蓄水式沟头防护工程和泄水式沟头防护工程两类。

① 蓄水式沟头防护工程

当沟头上部来水较少时，可采用蓄水式沟头防护工程，即沿沟边修筑一道或数道水平半圆形沟埂，拦蓄上游坡面径流，防止径流排入沟道。蓄水式沟头防护工程又分为沟埂式和埂墙涝池式两种类型。沟埂的长度、高度和蓄水容量按设计来水量而定。

② 泄水式沟头防护工程

当沟头集水面积大且来水量多时，沟埂已不能有效地拦蓄径流；或当受侵蚀的沟头临近村镇，威胁交通，而又无条件或不允许采取蓄水式沟头防护时，需修筑泄水式沟头防护工程。一般泄水式沟头防护工程有支撑或悬臂跌水、坞工式陡坡跌水和台阶式跌水三种类型。

4.2.1.3　田间工程

（1）梯田

梯田是山区、丘陵区常见的一种基本农田，它是在坡地上沿等高线修成台阶式或坡式断面的田地，由于地块顺坡按等高线排列呈阶梯状而得名。梯田是一种基本的水土保持工程措施，可以改变地形、拦蓄雨水、减洪减沙、改良土壤、增加土壤水分、防治水土流失、增加产量、改善生态环境等都有很大作用。梯田切断了坡面径流，减小了坡面径流汇集面积和径流量，因此梯田是根治坡地水流失的主要措施。梯田可实现保水、保肥、保土、高产、稳产的目的；因此，实现坡地梯田化，是贫困山区退耕陡坡，种草种树，促进农林牧副业全面发展的可持续发展道路，也是改造坡地、保持水土、全面发展山区和丘陵区农业生产的一项重要措施。我国规定，25°以下的坡地一般可修成梯田种植农作物；25°以上的则应退耕植树种草。

① 梯田的分类

按断面形式可分为阶台式梯田、波浪式梯田两类，其中阶台式梯田又分为水平梯田、坡式梯田、反坡梯田和隔坡梯田4种；

按田坎建筑材料可分为土坎梯田、石坎梯田、植物田坎梯田；

按土地利用方向可分为农用梯田、水稻梯田、果园梯田、林水梯田等，以灌溉与否分为旱地梯田、灌溉梯田；

按施工方法可分为人工梯田、机修梯田。

② 梯田的规划

梯田的耕作区应以一个经济单位农业生产和水土保持全面规划为基础，在每个耕作区内，根据地面坡度、坡向等因素进行具体的地块规划。地块应基本上顺等高线呈长条形、带状布设，当地形复杂时，不强求一律顺等高线，可依据"大弯就势，小弯取直"的原则进行，以利于机耕。若梯田有自流灌溉条件，可采取小比降（如 1/300～1/500），即使特殊情况最大也不宜超过 1/200。地块长度在有条件的地方可采用 300～400m，一般是 150～200m，在此范围内，地块越长机械操作工效越高。在梯田规划过程中，应合理妥善地修建一些附属物，如坡面蓄水拦沙设施、梯田区道路及灌溉排水设施等。具体规划请参阅有关文献。

③ 梯田的断面设计

梯田的断面关系到修筑时的用工量、埂坎的稳定、机械化耕作和灌溉的方便等。其基本任务是确定在不同条件下梯田的最优断面。所谓"最优"断面就是同时达到适应机耕和灌溉要求、保证安全与稳定、最大限度的省工3个要求。最优断面的关键是确定适当的田面宽度和埂坎坡度。

Ⅰ 梯田的断面要素　见梯田的断面要素见图4-5，包括地面坡度、埂坎高度、埂坎坡度、田面净宽等。

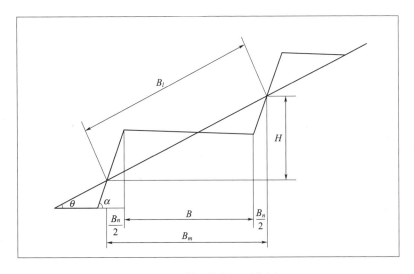

图 4-5　梯田的断面要素图

θ. 坡面坡度（°）　α. 埂坎坡度（°）　H. 埂坎高度（m）　B. 田面净宽（m）

B_n. 埂坎占地（m）　B_m. 田面毛宽（m）　B_l. 田面斜宽（m）

一般根据土质和地面坡度先选定田坎高和侧坡(田坎边坡),然后计算田面宽度,也可根据地面坡度、机耕和灌溉需要先定田面宽,然后计算田埂高。各要素间的关系及计算方法如下(单位均为 m):

$$B_m = H \times ctg\theta \tag{4-21}$$

$$B_n = H \times ctg\alpha \tag{4-22}$$

$$B = B_m - B_n = H \times (ctg\theta - ctg\alpha) \tag{4-23}$$

$$H = B / (ctg\theta - ctg\alpha) \tag{4-24}$$

$$B_1 = H / \sin\theta \tag{4-25}$$

从上述关系可以看出,若知悉田面宽度、埂坎坡度和地面坡度三个数值,其余要素值均可由计算而得。而对于一块具体的地块来说,地面坡度是个常数,因此田面宽度和埂坎坡度是断面要素中起决定作用的因素。在断面设计和最优断面确定时,主要考虑这两个要素。

在挖、填方相等时,梯田挖(填)方的断面面积可由公式 $S = HB/8$ 计算。这样每亩的土方量则为 $V = S \cdot L = HB/8 \times 666.7/B = 83.3H(\mathrm{m}^3)$。根据上述公式则可计算出不同田坎高的每亩土方量。

Ⅱ梯田田面宽度的设计 梯田最优断面的关键是最优的因面宽度。所谓"最优"田面宽度,就必须是保证在机耕和灌溉的条件下,田面宽度为最小。

Ⅲ埂坎外坡的设计 梯田埂坎外坡基本要求是,在一定的土质和坎高条件下,要保证埂坎的安全稳定,并尽可能地少占农地,少用工。

在一定的土质和坎高条件下,埂坎外坡越缓则安全稳定性越好,但其占地和用工量也就越大。反之,如埂坎外坡较陡,虽然用工量减少,但安全稳定性变差。因此"最优断面"的要求即为既要安全稳定,又要少占地、少用工。

(2)坡面蓄水工程

在干旱而雨量集中的水土流失地区,常修筑坡面蓄水工程,用来拦截坡面径流,充分利用降雨满足人畜用水与农作物、林木等的需水量。常见的坡面蓄水工程有水窖(又名旱井)、涝池(又名蓄水池)。

①水窖

水窖按其形式可分井窖、窑窖两种。

Ⅰ井窖 井窖主要分布在黄河中游地区,由窖筒、旱窖、散盘、水窖、窖底等部分组成。在粘土地区,窖筒直径可控制在 0.8~1.0m,在疏松的黄土上,一般为 0.5~0.7m,窖筒深度在粘土上 1~2m 即可,在疏松黄土上需3m 左右。旱窖指窖筒下口到散盘这一段,一般不上胶泥,也不能存水。散盘指旱窖与水窖连接的地方。水窖的四周窖壁捶有胶泥以防渗漏,主要用来蓄水。窖底直径随旱井的形式而定,一般为 1.5~3.0m,最小 0.7m左右。

Ⅱ窑窖 窑窖与西北地区群众居住的窑洞相似,其特点是容积大,占地少,施工安全,取土方便,省工省料。窑窖的容积一般为 300~500m³,窑高 2m 以上,窑长 6~25m,上宽 2.0~3.5m,底宽 0.5~2.5m。根据其修筑方法的不同可分为挖窑式、屋顶式两种。

窑窖的总容积是水窖群容积的总和,应与其控制面积相适应。如果来水量不大,可设

1~2个水窖，如果来水量过大，则应修水窖群拦蓄来水。其布置形式常见的有梅花形、排子形两种。梅花形是将若干水窖按梅花形布置成群，用暗管连通，从中心水窖提水灌溉。而排子形水窖群一般顺等高线方向布置在窄长的水平梯田内，窖底以暗管连通，在水窖群的下一台梯田地坎上设暗管直通窖内，窖水可自然灌溉下方农田。

水窖窖址的选择应具备几个条件：有足够的水源；有深厚而坚硬的土层；在石质山区，多利用现有地形，在无泥石流危害的沟道两侧的不透水基岩上，加以修补，做成水窖。应便于人畜用水和灌溉农田。

② 涝池

涝池又叫蓄水池或堰塘，可以拦蓄地表径流，防止水土流失，也是山区抗旱和满足人畜用水的一种有效措施。涝池一般为圆形和椭圆形。

Ⅰ 涝池位置的选择　涝池一般都修在乡村附近、路边、梁峁坡和沟头上部。池址土质坚实，最好是黏土或黏壤土，硬性大的土壤容易渗水和造成陷穴，不宜修涝池。此外，涝池位置的选择还应注意以下几点：有足够的来水量；涝池池底稍高于被灌溉的农田地面，以便自流灌溉；不能离沟头、沟边太近，以防渗水引起坍塌。

Ⅱ 涝池的布置形式　涝池的布置形式一般有平地涝池或结合沟头防护、开挖小渠将地下水引入涝池或结合山地灌溉，开挖涝池和连环涝池几种形式。

Ⅲ 涝池的修筑方法　涝池可按以下方法修筑：挖土培岸埂，岸埂分层填筑，且埂高应高出蓄水面0.3~0.7m；设置溢水口，溢水口用砖或草皮铺砌；当涝池水面低于地面时，为便于安装提水设备，应在池边安设支架；为了防止池水渗漏，应夯实池底。

4.2.1.4　沟床固定工程

沟床固定工程是为固定沟床，拦蓄泥沙，防止或减轻山洪及泥石流灾害而在山区沟道中修筑的各种工程措施，包括沟头防护、谷坊、拦沙坝、淤地坝、小型水库、护岸工程、治滩造田工程等。沟床固定工程的主要作用在于防止沟道底部下切，固定并抬高侵蚀基准面，减缓沟道纵坡，减小山洪流速。沟床的固定对于沟坡及山坡的稳定也具有重要意义。

（1）谷坊

谷坊是山区沟道内为防止沟床冲刷及泥沙灾害而修筑在侵蚀沟道上游的横向挡水拦沙建筑物，又名防冲坝、沙土坝、闸山沟等，高度一般小于3m。

① 谷坊的作用

谷坊的主要作用有：

——固定与抬高侵蚀基准面，防止沟床下切；

——抬高沟床，稳定山坡坡脚，防止沟岸扩张及滑坡；

——减缓沟道纵坡，减小山洪流速，减轻山洪或泥石流灾害；

——使沟道逐渐淤平，形成坝阶地，为发展农林业生产创造条件。

② 谷坊的种类

谷坊的种类划分由于所选依据不同，划分的类型也不同。根据所用建筑材料来分，大致可分为土谷坊、石谷坊、枝梢谷坊、插柳谷坊、浆砌石谷坊、竹笼装石谷坊、木材谷坊、混凝土谷坊、钢筋混凝土谷坊和钢料谷坊。根据使用年限可分为永久性谷坊和临时性谷坊，混凝土谷坊、钢筋混凝土谷坊和浆砌石谷坊均为永久性谷坊，其余基本上属于临时

性谷坊。按谷坊的透水性质可分为透水性谷坊和不透水性谷坊。

③ 谷坊位置的选择

谷坊一般布设在流域的支毛沟中，自上而下，小多成群，组成谷坊群，进行节节拦蓄，分散水势，控制侵蚀，减少支毛沟径流泥沙对干沟的冲刷。谷坊位置的选择应考虑以下几个方面：

——谷口狭窄处；

——沟床基岩出现外露；

——上游有宽阔平坦的贮砂空间；

——在有支流汇合的情形下，应在汇合点的下游修建；

——谷坊不应设在天然跌水附近的上下游，但可设在有崩塌危险的山脚下。

（2）拦沙坝

拦沙坝是布置在沟道中游，以拦截山洪及泥石流中的固体物质的拦挡建筑物。它是荒溪治理主要的沟道工程措施，坝高一般为3~15m。

① 拦沙坝的作用

在水土流失区沟道内修筑拦沙坝，具有以下功能：

——拦蓄泥沙（包括块石），以免除泥沙对下游的危害，便于下游河道的整治；

——提高坝址处的侵蚀基准，减缓了坝上游淤积段河床比降，加宽了河床，并使流速和流深减小，从而大大减小了水流的侵蚀能力；

——淤积物淤埋上游两岸坡脚，由于坡面比高降低，坡长减小，使坡面冲刷作用和岸坡崩塌减弱，最终趋于稳定。

——拦沙坝在减少泥沙来源和拦蓄泥沙方面能起重大作用。

② 坝址选择

为了充分发挥拦沙坝控制泥沙灾害的作用，应将拦沙坝布置在以下位置：

——小流域沟道内的泥沙形成区，沟道断面狭窄处；

——泥沙形成区与流过区交接段的狭窄处；

——荒溪泥沙流过区开阔段下游狭窄处；

——荒溪泥沙流过区与支沟汇合处下游的狭窄处；

——泥沙流过区与沉积区连接段的狭窄处。

③ 坝高确定

确定拦沙坝坝高应考虑以下因素：拦沙效益、工程量和工期、坝下消能设施、坝址所处的地质条件和地形条件以及投资和技术条件。一般坝高越高，拦沙越多，拦沙效益越明显；但坝高越高，工程量越大，工期越紧，因此应根据劳力配备情况、工期情况及投资和技术条件决定合理的坝高。

④ 坝型选择

拦沙坝的坝型主要根据山洪或泥石流的规模和当地的建筑材料来选择。石料方便，采运条件又方便的地方，可采用砌石坝；在石料缺乏，发生泥石流的危险性大的沟道，可考虑选用混凝土坝或钢筋混凝土坝。

Ⅰ 砌石坝 砌石坝又分为浆砌石坝、干砌石坝和砌石拱坝等。

浆砌石坝属重力坝。其作用原理是将坝前的泥沙压力、冲击力、水压力等水平推力，通过坝体传递到坝的基础上；坝的稳定主要由坝体重力的分力决定。砌石坝结构简单，能防御泥石流，是常用的一种坝型。但这种坝型施工进度较慢，耗费的水量比较多。浆砌石坝的坝轴线尽可能修筑在沟谷较狭窄，沟床和两岸岩石比较完整或坚硬的地方。其断面一般为梯形，在坝的两端，为防止沟壁崩塌，必须加边墙，其高度应大于设计水位(泥位)。

干砌石坝只适用于小型山洪荒溪，在石料丰富的地区，亦为常用的坝型，干砌石坝的断面为梯形。

砌石拱坝常修筑在河谷狭窄、沟床及两岸山坡的岩石比较坚硬的地段。拱坝两端嵌固在基岩上，坝上游的泥沙压力和山洪的作用力均通过石拱传递到两岸岩石上。拱坝的形状，常采用施工简便的定圆心、定半径的圆拱坝。拱圈的中心角以 110°~120° 为宜，最小不得小于 80°。

Ⅱ 混合坝　根据取材不同，混合坝可分为土石混合坝、木石混合坝。

土石混合坝，当坝址附近土料丰富而石料不足时，可选用此类型坝。土石混合坝的坝身用土填筑，而坝顶和下游坝面则用浆砌石砌筑，坝的上游坡须设置粘土隔水斜墙，下游坡脚设置排水管，并在进口处设置反滤层。

木石混合坝，在盛产木材的地区，可采用木石混合坝，坝身由木框架填石构成。为防止上游坝面及坝顶被冲坏，常加砌石防护。木框架用圆木直径一般大于 0.1m。

Ⅲ 铁丝石笼坝　这种坝型适用于小型荒溪，在我国西南山区较为多见。它的优点是修建简易，施工迅速，选价低。不足之处是使用期短，坝的整体性也较差。

Ⅳ 格栅坝　格栅坝是近年发展起来的挡拦泥石流的新坝型。它具有节省建筑材料(与整体坝比较能节省 30%~50%)、坝型简单、施工进度快、使用期长等优点，格栅坝的种类很多，有钢筋混凝土格栅坝和金属格栅坝等。

⑤ 重力坝的断面设计

拦沙坝断面设计的任务是，确定既符合经济要求又保证安全的断面尺寸。其内容包括：断面轮廓的初步尺寸拟定；坝的稳定计算和应力计算；溢流口计算；坝下冲刷深度估算；坝下消能。步骤为：

——断面轮廓尺寸的拟定　坝的断面轮廓尺寸是指坝高、坝顶宽度、坝底以及上下游边坡等。

——坝的稳定计算和应力计算　作用在坝体上的力有坝体重力 G、上下游淤积物重、坝前水压力、泥沙压力、坝基扬压力、泥石流冲击力、地震力等。

——溢流口设计　溢流口设计的目的在于确定溢流口宽度 B 和高度 H。一般溢流口的形状为梯形，边坡坡度为 1:0.75~1:1。对于含固体物很多的泥石流沟道可为弧形。

——坝下消能与冲刷深度的计算。

由于山洪及泥石流从坝顶下泄时具有很大能量，对坝下基础及下游沟床将产生冲刷和变形，因此应设消能措施。常见的拦沙坝坝下消能措施有子坝(副坝)消能、护坦消能。子坝消能适合运用于大中型山洪或泥石流荒溪。这种消能设施的构造是，在主坝的下游设置一座子坝，形成消力池，以消去过坝山洪或泥石流的能量。子坝的坝顶应高出原沟床0.5~1.0m，以保证子坝回淤线高于主坝基础顶面。子坝与主坝间的距离，可取 2~3 倍的

主坝坝高。护坦消能仅适用于小型沟道，常用浆砌块石砌筑，其长度为2~3倍的主坝高。

坝下游冲刷深度的计算，实际是一个比较复杂的问题，只有运用模型试验及对比实际工程资料，才能得到较为准确的结果。

⑥ 拱坝

拱坝在平面上是圆弧形，可由混凝土和浆砌石筑成。在拱坝中拱的受力分析中，以压力为主，且应力在断面上分布较为均匀，所以它可以充分利用浆砌石和混凝土材料抗压强度高的特点，减薄坝体厚度，节省筑坝材料，一般可节省1/2~1/3。

由于拱坝受力特点与重力坝不同，其对地形、地质的要求也不同，一般来说，在地形上，拱坝要求坝址沟谷较窄，以便通过拱的作用把水及泥沙压力传递到两岸。在地质上，要求岩石坚硬完整，没有大裂隙和软弱夹屋，同时要求两岸山头有一定厚度。

拱坝的布置主要是确定拱坝的垂直断面图和平面图。在荒溪中修筑拱坝，其垂直断面多采用上游面垂直，下游面有一定斜坡的形式。在平面上拱圈是圆弧形。坝顶中心角一般为110°~130°，随高程的降低，河谷宽度逐渐减小，拱圆的中心角也逐渐减小，反之拱圈的厚度则随高程降低，随水及泥沙压力加大而增加。

（3）淤地坝

淤地坝是修在沟道中下游地段，以拦泥淤地发展农业生产为目的的拦挡建筑，一般由坝体、溢洪道、放水建筑物三部分组成，其作用为拦泥淤地、发展生产、荒沟变良田；稳定和抬高侵蚀基准，稳定两侧沟坡；蓄洪、拦泥、削峰、减轻下游的压力。

① 淤地坝的分类和分级标准

Ⅰ 淤地坝的分类　淤地坝的分类有多种，按筑坝材料可分为土坝、石坝、土石混合坝等。按坝的用途可分为缓洪骨干坝、拦泥生产坝等；按建筑材料和施工方法可分为夯碾坝、水力冲填坝、定向爆破坝、堆石坝、干砌石坝、浆砌石坝等。

Ⅱ 淤地坝的分级　淤地坝一般根据库容、坝高、淤地面积、控制流域面积等因素分级，参考水库分级标准，可分为大型、中型、小型三级，具体标准见表4-2。

表4-2　淤地坝的分级标准

分级标准（万 m³）	库容（万 m³）	坝高（m）	单坝淤地面积（hm²）	控制流域面积（hm²）
大型	100~500	>30	>10	>15
中型	10~100	15~30	2~10	1~15
小型	<10	<15	<2	<1

② 坝系规划

坝系是指在一个流域中建多个淤地坝，各坝位置不同，功能不尽相同，形成拦泥、生产、防洪、灌溉相结合的功能单位。坝系可分为干系、支系、系组。在某级支沟中的坝系称为某一级淤地坝支系，干沟上的则为干系。在一条沟道上，视沟的长短可分为一个或几个系组。

合理的坝系布设方案，应满足投资少、多拦泥、淤好地，使拦泥、防洪、灌溉三者紧密结合为完整的体系，达到综合利用水沙资源的目的。因此，坝系规划尤为重要。

坝系规划的原则是：

——坝系规划必须在流域综合治理规划的基础上，上下游、干支沟全面规划，统筹安排，种治结合，综合治理；

——最大限度地发挥坝系调洪拦沙、淤地增产的作用，充分利用流域内的自然优势和水沙资源，满足生产上的需要；

——各级坝系，自成体系，相互配合，联合适用，调节蓄泄，确保坝系安全；

——坝系中必须布设一定数量的控制性的骨干坝，作为防洪保坝、安全生产的中坚工程；

——在流域内进行坝系规划的同时，要提出交通道路规划。对泉水、基流水源，应提出保泉、蓄水利用方案，勿使水资源埋废。坝地出现盐渍化的应尽早治理。

坝系的形成一般有3种：先支后干；先干后支；以干分段、按支分片、段片分治。

坝系中建坝的顺序一般也有3种方法：自上而下；自下而上；相互加高。

③ 淤地坝工程规划

Ⅰ坝址选择　坝址选择在很大程度上取决于地形和地质条件，但有时单考虑这两个因素有些不够。坝址选择一般应从以下几方面考虑：

——在地形上要求河谷狭窄，坝轴线短，库区宽阔容量大，沟底比较平缓；

——坝址附近应有宜于开挖溢洪道的地形和地质条件；

——坝址附近要有良好的筑坝材料，取用容易，施工方便；

——坝址地质构造稳定，两岸无疏松的坍土、滑坡体，断面完整，岸坡不大于60°；

——坝址应避开开沟岔、弯道、泉眼，遇有跌水应选在跌水上方；

——库区淹没损失要小，应尽量避免村庄、大片耕地、交通要道和矿井等被淹没；

——坝址还必须结合坝系规划统一考虑。

Ⅱ资料收集和地形测量　进行工程规划时，一般需要的资料有地形、地貌资料；流域、库区和坝址地质及水文地质资料；流域内河、沟水化学测验分析资料以及流域变化的主要特征；水文气象资料、天然建材的调查、社会经济资料等。

Ⅲ集水面积测算及库容曲线绘制　集水面计算常采用的方法有求积仪法、方格法、梯形计算法以及经验公式法，经验公式为

$$F = fL^2 \tag{4-26}$$

式中　F——集水面积(m^2)；

L——流域长度(m)；

f——流域形状系数，狭长者0.25，条叶形0.33，椭圆者0.4，扇形者0.50。

库容曲线指的是淤地坝坝高与库容、面积曲线，具体绘制方法可参考有关资料。

④ 淤地坝坝高的确定及其调洪演算

淤地坝除了拦泥淤地外，还有防洪的要求。因此淤地坝的库容包括拦泥库容和滞洪库容，相应于这两部分库容的坝高即为拦泥坝高和滞洪坝高。因此淤地坝的总坝高等于拦泥坝高、滞洪坝高及安全超高之和。

拦泥坝高主要受淤地面积、淤满年限、工程量和施工方法的影响。

在设计时，首先应分析该坝的坝高—淤地面积—库容曲线，初步选定经济合理的拦泥坝高，再由其关系曲线中查得相应坝高的拦泥库容，其次由初拟坝高加上滞洪坝高和安全

超高的初估值，一般为 3.0~4.0m，作为全坝高来估算其坝体的工程量。

滞洪坝高的确定，以及其中调洪演算请参阅水文方面的有关资料，这里不再论述。

⑤ 土坝设计

土坝是由土料填筑而成的挡水建筑物，是淤地坝和小型水库采用最多的一种坝型。土坝按土料组合和防渗设备的不同，可分为均质土坝、心墙土坝、斜墙土坝和多种土质坝等；按施工方法的不同，可分为碾压式土坝、水中填土坝和水力冲填坝等。

（4）护岸工程

① 护岸工程

沟道中的护岸工程的作用为防止滑坡及横向侵蚀、防止山坡崩塌的威胁、保护谷坊、拦沙坝等建筑物等。护岸工程一般分为护坡工程与护基（或护脚）工程。

枯水位以下称为护基（脚）工程，其特点是常潜没于水中，时刻都受到水流的冲击和侵蚀作用。因此，在材料和结构上要求具有抗御水流冲刷和推移质磨损的能力；富有弹性，易于恢复和补充，以适应河床变形；耐水性能好、便于水下施工。

常用的护脚工程有抛石、石笼、沉枕等。

在枯水位以上的称护坡工程，又叫护岸堤。其作用是防止山洪的横向侵蚀，发挥挡土墙的作用，稳固坡脚。护岸堤可采用砌石结构，也可采用生物护坡。砌石护岸堤又可分为单层干砌块石、双层干砌块石和浆砌石 3 种。

② 整治建筑物

整治建筑物对河岸也起到了保护作用，按其性能和外形可分为丁坝、顺坝等。

丁坝是由坝头、坝身和坝根三部分组成的一种建筑物。坝根与河岸相连，坝头伸向河槽，在平面上与河岸连接成丁字形，坝身处于坝头与坝根间。其主要作用是改变山洪流向，防止横向侵蚀；缓和山洪流势，使泥沙沉积，并能将水流挑向对岸，保护下游的护岸工程和堤岸不受水流冲击；调整沟宽，迎托水流，防止山洪乱流和偏流，阻止沟道宽度发展。按高度分为淹没式和非淹没式两种。

顺坝是一种纵向整治建筑物，由坝头、坝身和坝根三部分组成。坝身与水流方向近平行或略有微小交角，直接布置在整治线上，具有导引水流、调整河岸的作用。顺坝有淹没式和非淹没式两种。淹没顺坝用于整治枯水河槽，坝高由整治水位而定，自坝根到坝头，沿水流方向略有倾斜，其坡度大于水面比降，淹没时从坝头至坝根逐渐漫水。非淹没式在河道整治中采用较少。根据顺坝建筑材料的不同，可分为土坝和石顺坝两种。

（5）治滩造田工程

治滩造田就是通过工程措施，将河床缩窄、改道、裁弯取直，在治好的河滩上，用引洪放淤的办法，淤垫出能耕种土地，以防止河道冲刷，变滩地为良田。

① 治滩造田的类型

治滩造田主要有以下几种类型：束河造田、改河造田、裁弯造田、堵叉造田和箍洞造田。在宽阔的河滩上，修筑顺河堤等治河工程束窄河床，用腾出的地方造田称束河造田；而利用新挖河道将原河改道而在老河上造田的方法为改河造田；将过分弯曲的河道取直后在老河弯内造田的方法为裁弯造田；在河道分叉处堵塞某一叉造田的称堵叉造田；而在小流域内顺河道方向砌筑涵洞且填土造田的称箍洞造田。

② 河滩造田的方法

Ⅰ 修筑格坝　根据滩地园田化规划，用土料或石料设置与顺河坝垂直的横坝称格坝。其主要作用是大大减小平整土地及垫土的工程量，当顺河坝局部被冲毁时，格坝可发挥减轻洪灾的作用。

格坝间距的大小主要决定于河滩地形条件和河滩坡度的大小，坡度愈大，间距愈小，格坝间距一般在 30~100m。格坝高度与间距关系密切，但根据实验，格坝高度以 1.0~1.5m 为宜。高度过大，费工费时且稳定性差，过低则减少了土地利用率。

Ⅱ 引洪漫淤造地　引洪淤灌是在洪水季节将河流中含有大量泥沙的洪水引进河滩，使泥沙沉积下来后再排走清水的造田方法。它可以充分利用山洪中的水、肥、土资源，变洪害为洪利，并且为洪水和泥沙找到了出路，有效地保持了水土。

在小面积河滩地上引洪漫淤造地，可以在河堤上直接开口。直接引洪水入滩造地。每隔 80~150m 布置一个引洪口，其方向与水流方向成 60°夹角。而在较大的河滩上引洪淤地，则需布置引洪渠系，渠系的设计，可参考农田水利方面的资料。

4.2.1.5　山洪排导工程

山洪排导工程是指在荒溪冲积扇上，为防止山洪及泥石流冲刷与淤积灾害而修筑的排洪沟或导洪堤等建筑物。其目的在于保护居民生命及建筑物等财产安全。

（1）山洪及泥石流排导沟

山洪及泥石流排导沟是开发利用荒溪冲积扇，防止泥沙灾害，发展农业生产的重要工程措施之一。

① 排导沟的平面布置

排导沟在平面布置上有如下几种形式：向中部排、向下游排、向上游排和横向排。前两种方式可用于含固体物质较多的泥石流荒溪，对于含固体物质少的山洪荒溪，最好用第三种或第四种方式。

② 排导沟的类型

根据挖填方式和建筑材料的不同，排导沟可分为三种类型：挖填排导沟、三合土排导沟和浆砌块石排导沟。一般按荒溪特性决定排导沟类型。挖填排导沟简单易施，适用于泥石流荒溪冲积扇；三合土排导沟宜用于高含沙山洪荒溪；而浆砌块石排导沟适用于排泄冲刷力强的山洪。

③ 排导沟的防淤措施和断面设计

Ⅰ 防淤措施：

排导沟设计要保证排泄顺畅，既不淤积，又不冲刷，为防淤积须修建沉沙场、选择合适的纵坡和合理的沟底宽度和出口衔接。

Ⅱ 排导沟横断面设计：

横断面设计步骤如下：

第一步：根据荒溪类型，计算山洪或泥石流的设计流量；

第二步：根据冲积扇的特性选定排导沟的断面形式；

第三步：确定底宽；

第四步：根据山洪或泥石流流量公式试算水深或泥深；

第五步：确定排导沟深度。

Ⅲ 纵断面设计：

纵断面设计步骤如下：

第一步：测绘地面高程线；

第二步：绘出排导沟的沟底线；

第三步：根据横断面设计水(泥)深，绘出水(泥)位线；

第四步：根据水(泥)位高程和超高，绘出堤顶线；

第五步：计算冲刷深度。

（2）沉沙场

沉沙场的主要作用是拦蓄沙石。

① 沉沙场规划布置

在规划沉沙场时应考虑以下几点：第一，山坡陡峻、坡面侵蚀强烈，山洪泥石量大的荒溪流域可修沉沙场；第二，在坡度较小的沟段修筑；第三，在淤积作用强烈而又可能危及农田、房舍的沟段不宜设置沉沙场；第四，沉沙场淤满后可另选场地设场。

② 沉沙容量的确定

沉沙容量按每年 1~2 次的挟沙量来决定。在考虑沉沙场的容量时，要对流域的地质、地形、坡度、植被等情况进行调查研究后计算沉沙量。

③ 沉沙场的结构

沉沙场最简单的构造是将宽度扩大，沟岸用普通砌石或其他护岸工程加以防护。在沉沙场的入口与出口处，都要修筑横向建筑物，并需使沉沙场以外沟道的上下游大致维持沟床原有高度。

4.2.1.6 小型蓄水用水工程

（1）小型水库

水库由挡水坝、溢洪道、放水建筑物三部分组成，通常称为水库的"三大件"。按国家规定标准，库容 100 万~1000 万 m³ 的叫"小Ⅰ型水库"，库容在 10 万~100 万 m³ 的叫"小Ⅱ型水库"。

① 库址选择

库址选择是水库工程中有关全局的问题，应从经济、安全、合理几方面考虑。根据经验应注重以下几个方面的问题：

地形要口小肚大；有适宜的集水面积；坝址和库址地质良好；库址靠近灌区且比灌区高；坝址附近要有足够和适用的建材；坝址附近要有适宜开挖溢洪道的山垭；水库上游宜草木丰茂，且淹没损失要小。除此以外，库址还要考虑施工和交通运输等条件。

② 水库的特征曲线

水库的特征曲线即水库面积曲线和水库容积曲线。水库建成后，随着水库水位的不同，水库的水面面积也不同，这个水位与面积的关系曲线简称为水库面积曲线，该曲线根据库区地形图绘制。水库各种水位与库容间的关系为水库容积曲线，其绘制可由水库面积曲线推算。

③ 水库的特征水位

表示水库工作状况的水位有 4 个：即设计低水位(死水位，$H_低$)；设计蓄水位($H_设$)；

设计洪水位($H_{洪}$)；校核洪水位($H_{校}$)，

（2）山地灌溉及其技术

① 山地灌溉

山地灌溉主要是指直接为山区农业生产服务的灌溉、排水系统和山区灌溉方法，它是干旱、半干旱山区农田基本建设的重要组成部分。山区灌溉排水系统主要包括取水枢纽、灌溉渠系、防洪排水系统、蓄水工程、田间工程、渠系建筑物。

Ⅰ 灌溉渠系规划

引水枢纽规划　引水枢纽的引水口高程应尽量满足自流灌溉的要求，渠道应选在河槽比较稳固，河岸比较坚实，且地质条件较好的河段；坝（闸）址所在河段面应比较均匀，宽窄适宜，且河道水流应垂直坝轴线；最好不要在支流汇入处设置引水工程，以避免水流干扰；冲沙闸和进水闸应尽量设在靠岸的低水河槽一侧，以利引水冲沙。引水枢纽包括有坝取水枢纽和无坝取水枢纽，有坝取水枢纽组成包括拦河坝（闸）、进水闸、冲沙闸、导水墙、防洪堤等。无坝取水枢纽的布置形式有：导流堤式渠首、多首制渠首及具有沙帘的无坝渠首。

渠系规划　渠系规划是指从水源取水后的输水、配水渠道系统，排水系统及灌排水系上的建筑物的规划与布置。包括干渠及干渠以下渠道布置。

干渠的布置在我国主要有以下几种：第一，居高临下，即干渠布置在灌区的较高地带，选择较小的纵坡，其方法有盘山开渠、水不低头和脊背行水、白马分鬃；第二，合理穿绕，即渠道穿越沟、谷时，必须根据情况，使渠道合理通过障碍物，一般可采用绕行与直穿两种形式；第三，便于处理山坡水，即与山溪冲沟交叉时，应使渠沟底有较大高差，使山坡水不进入渠道，且便于建立交叉建筑物；第四，长藤结瓜，即在有条件的地区，干渠应与沿途小水库，塘堰相边接。

支、斗渠的布置原则是：第一，支、斗渠的面积应根据自然地形特点确定，尽量不打乱原有排水系统；第二应考虑地形条件；第三，应满足机耕和园田化的要求；第四，渠道级数应根据地形特点来定；第五，灌排分开，采取两套系统。

农渠的布置原则是：第一，在满足条件下，尽量使轮灌组的面积相等；第二，尽量与耕作方向平行或垂直，以便于整地；第三，易碱地区，农渠、农沟可根据地形条件相间布置；第四，为了便于机耕，农渠控制的范围，在平原旱作区，长度以 400~1000m、间距以200~400m 为宜，在山丘区，应与整地结合。

渠系建筑物规划：渠系建筑物可分为配水建筑物、输水建筑物、交叉建筑物、泄水建筑物和防渗、防冲及防淤建筑物。

建筑物布置，选型的一般要求为：首先要根据渠系平面布置及纵断面图相互结合，按建筑物类型特点比较选定；其次，在满足水位、流量安全及管理方便的条件下，其数量愈少愈好；最后，在选择建筑物类型时，应考虑当地的地质条件、施工技术和材料来源等条件。

Ⅱ 灌溉渠道设计

这部分内容请参考农田水利学的有关资料。

Ⅲ 小型渠道建筑物

跌水　跌水是水流经由跌水缺口流出，呈自由抛射状态跌落于消力池的联接建筑物，

有单级跌水和多级跌水两种形式。单级跌水落差一般不超过3m，通常由进口、跌水墙、消力池和出口四部分组成。跌水口横断面常用梯形、矩形和底部加台堰等形式，进口常用片石或混凝土等护底，以防水流冲刷。

陡坡　陡坡由进口、陡槽、消力池及出口四部分组成。与跌水的不同之处只是以陡槽代替了跌水墙，陡槽由浆砌石与混凝土做成，纵坡一般为 1 : 3 ~ 1 : 5。其水流状态为急流。小型陡槽的断面多为矩形，两侧边墙做成挡土墙式。

渡槽　渡槽是一种渠系上的交叉建筑物，当渠道与河流、山沟、道路、洼地相遇时，可修建渡槽，使渠水架空通过。常见的有梁式、拱式两种类型，常用的建筑材料有砖石、混凝土、钢筋混凝土、钢、钢丝网水泥、木材等。

水闸　渠系建筑物中的水闸有进水闸、分水闸、节制闸、冲沙闸四种类型。水闸的用途多，但基本构造是相同的，一般都由上游连接段、闸室及下游连接段三部分组成。

② 灌溉技术

良好的灌溉技术不仅可保证灌水均匀，节省用水，也有利于保持土壤结构和提高肥力，防止土地退化。

灌水方法一般有地面灌溉、地下灌溉、喷滴灌和扬水灌等。具体内容请参考农田水利，这里不再做介绍。

4.3　水蚀荒漠化地区林草植被建设技术

林草植被建设是水蚀荒漠化防治的重要手段，也是恢复水蚀荒漠化地区生态系统的基本途径。鉴于我国水蚀荒漠化的严重性和极端危害性，新中国成立后特别是"三北"防护林体系建设工程实施以来，一直非常重视水土保持林草植被建设工作，并开展相应的研究。经过长期探索和实践，我国在该领域取得重大进展，在立地类型划分、植物种选择、适地适树适草对位、布局结构配置、营建手段等方面获得一系列经验与成果，为水蚀荒漠化防治提供了重要技术保障。

4.3.1　林草植被的水土保持作用

我国水土流失几乎遍布全国，东北的黑土，南方的红土都能产生强烈的水土流失，而西北干旱、半干旱区的黄土高原、黄土丘陵及土石山区，则是我国乃至世界水土流失最严重的地区。

为了更有效地和水土流失作斗争，搞好水土保持工作，必须采取综合防治措施。它包括：科学的土地利用和水土保持规划；水土保持工程措施；水土保持林草植被建设措施；水土保持农业耕作措施；法律法规及包括奖惩政策在内的法制措施；以提高群众思想与技术素质为主的宣传教育、科技培训措施；对水土资源科学、严格而有效的管理措施等，缺一不可。组成一个互相联系、相辅相成的全方位的综合体系。然而水土流失毕竟是多种原因造成的林草植被严重破坏的直接结果。因此林草植被建设在水土保持各项措施中有其特殊的不可取代的作用，且是一项持久的、有永续利用价值的根本性的生物工程，兼有效果好，成本低，随时间延长，效果更佳，除生态效益，还有较好的经济与社会效益，有利于促进社会与经济发展，提高人民生活水平。

实践证明，林草植被生态系统的存在是控制水土流失的重要保证，在大气候基本不变的前提下，植被是控制水土流失最积极的因素。

4.3.1.1 林草植被的水文效应

（1）林草冠层通过对降雨的再分配调节地表径流

在林草覆盖的流域土地上，降雨到达林草冠层上，要被重新分配，总趋势是到达林（草）地土壤表面的降雨减少。相当一部分降水被林（草）冠层和枯枝落叶层截留。进入土壤的水分在土内重新分配，而后更有效地供给林草等植物吸收、蒸腾，以及缓慢地下渗变为土内径流，补充河川。同时，枝叶、枯落层的阻截消耗了雨滴的动能，减少和消除了雨滴对土壤的打击力，从而防止了土壤被侵蚀。林冠层截留量的大小与树种、树冠结构、林冠郁闭度、林冠层湿润状况有关。一般规律是：软阔叶树比硬阔叶树截留量大，针叶树比阔叶树截留量大，灌木在针阔叶树之间。林冠截留量还与降雨量、降雨性质有关。一般来说，降雨量大，截留量也大，但不是直线关系。雨量小时，截留量随降雨增加而增加，截留率也增加，直至林冠截留达到饱和，将不再随降雨而增加，截留率则相对减少。当降雨强度较小时，截留量会增加，降雨强度大时，则截留量减少。降雨历时长或间歇降雨，截留量要大。截留率与降雨量成反比，与降雨强度成反比。成林截留率大致在 5%～30% 之间。

由树冠截留降雨的一部分转向树干流向地面形成干径流，叫干流。在干旱地区，降雨较少时，干流直接流到树干基部周围土壤中被根系吸收，对根系生长十分有利。当林地干燥时，干流一般不会变成地表径流。

（2）枯枝落叶层对降雨截留作用

降雨被林冠截留后，到达林地又被枯落物层截留、吸收、分散、消能，之后再进入土壤进行第二次再分配。枯落层的水保作用是多方面的，如彻底消灭降雨的动能；吸收降雨；增加地表粗度，分散、滞缓、过滤地表径流；形成保护层，维持土壤结构的稳定；增加土壤有机质，改良土壤结构，提高土壤肥力。水保林应能在林地形成深厚枯落物层，但不同类型的森林，枯落物数量变化很大，它取决于枯落物输入量，也取决于枯落物分解速度，但分解速度一般小于输入速度，所以能不断积累。其现存量决定了截留降雨量的多少。而不同地区、不同树种枯落物现存量差异很大，因此截留降雨的多少差异也很大。

4.3.1.2 对林草地土壤水文性质改良作用

（1）林草地土壤入渗能力较高

林草植被覆盖下的土壤与裸地相比，土壤入渗能力有很大不同，林草地土壤入渗能力要高于裸地。林草地初期、终期入渗能力均高于裸地，这主要是因为植被改良了土壤，改善了土壤物理性质。可归于以下几方面：

① 枯落物的存在及分解是提高林草地入渗能力的重要原因。这主要是枯落层避免了雨滴击溅地表，防止结皮形成；对泥沙的过滤作用，防止了土壤孔隙堵塞；枯落物分解形成大量腐殖质，进而形成大量水稳性团粒，形成了良好的土壤结构；枯落物层增加土壤有机质为微生物及土壤动物、昆虫提供食物和保护，促进了土壤孔隙发育和结构的稳定；

② 植物根系大量生长于林草地土壤中，不断有老根死亡，新根产生，在土壤各层留

下大量孔隙和有机质。根系死亡腐烂分解成腐殖质，促进了土内微生物、动物的活动，特别是蚯蚓的活动，结果形成了大量大孔隙，其活动的中间产物能胶结土壤颗粒，形成大量水稳性团粒，稳定了土壤骨架；

③ 植物根系对土壤有机械作用，根系也分泌一些胶状化学物质，有利于根孔周围土壤胶结，保持孔隙稳定连通。故林草覆盖的土壤表层、深层孔隙度，特别是非毛管孔隙度高于裸地。植物生长可调节小气候，调节冻土深度，有利于保持土壤入渗率。

（2）改善土壤径流状况

植物覆盖的土壤有机质含量高，孔隙发达，结构稳定，土壤物理性质垂直梯度变化较缓和，整个剖面上渗透能力较高，死亡和生长着的根系及动物活动能形成各方向特别是向下的孔隙，使土内径流发生很大变化。表现在：土内径流发生深度增加，剖面饱和导水率提高，流路更复杂；土壤剖面蓄水能力提高，垂直渗透能力提高，水分可进入更深土层，这完全不同于裸地；使降雨进入地下水机会增加，对水源涵养暴雨削洪起了重要作用。对质地细或间层发达土壤，由于植物生长的横断与穿透作用，提高了间层导水率，间层中形成通道，避免了浅层水分蓄积，而增加了土内径流深度，提高了土体稳定性。

（3）林草地土体贮水能力提高

土壤水分贮存能力的大小，对植物自身生长、发育和控制洪峰、防止土壤侵蚀都是重要因素，已成为评价林草植被涵养水源作用的重要指标。由于林草地有其分布深、数量多的大孔隙，因而具有较高的重力持水量，说明林草地土壤更有利于水土保持和水源涵养，即更加有利于降雨的吸收和将该部水分迅速通过根系分布层向下输至饱和带变成吸收贮水量，以恢复地表入渗能力。土壤吸收贮水量的大小反映了土壤保水性及土壤水分对植物生长的有效性，其大小取决于土壤非饱和导水性及毛管孔隙度。大孔隙越多，土壤透水性越强，但土壤保水性越差；毛管孔隙度高，土壤保水性好，水分有效性也越高。林草既提高了土壤非毛管孔隙，也提高了毛管孔隙度，故土壤保水性即吸收贮水量远大于裸地。

4.3.1.3 消减洪峰与涵养水源作用

（1）消减洪水作用

由于林草植被的改土作用，对地表覆盖作用，都促进降雨向下渗透，从而减少地表径流。又因地被物对降雨的阻截与吸收，土壤饱和持水量较高，这样林草植被在客观上就起到了消减洪峰的作用。即延长了洪峰历时，降低了洪峰值，减少了洪水总量。一般情况下无林草流域随着造林种草，建设植被和覆盖度的提高，直接径流都减少了，洪峰流量则明显减少。大量事实证明，林草植被对消减洪峰的作用是非常明显的。但这一作用受林草植被条件、土壤地质条件、地形条件、气候条件的制约，不同的条件，作用程度也不同。相反，林草植被的破坏，不论是多雨还是少雨区，直接径流量和洪峰量都是增加的。

（2）涵养水源作用

涵养水源作用是指土壤中暂时贮存的水分一部分以土内径流和地下水的形式补充河川，从而起到调节河流流态特别是季节性河川水文状况的作用。林草植被的这一作用因各国各地地理环境、气候条件、研究方法的差异，对林草植被，对流域总径流量即林草植被的涵养水源作用的研究结果却是很不相同。这个问题是个复杂问题，有待理论研究与试验的进一步工作。

4.3.1.4 林草植被防止土壤侵蚀和改良土壤作用

（1）林草植被对水蚀控制作用

① 林草植被对径流侵蚀力的影响

据研究，暴雨径流对土壤侵蚀力的影响主要表现在 3 个方面：一是推移作用，当土粒抵抗力小于径流推力时，土粒随径流产生推移运动；二是悬移作用，水流在土粒上下产生压力差具有向上的分速度时，使土粒悬浮在径流中；三是摩擦作用，不仅径流中的沙粒与地面摩擦可带动地面沙粒一起运动，且径流本身对地面也存在极大的剪切力使地面发生剥蚀。在陡坡上侵蚀力大大加强。从径流对土壤侵蚀的机理、过程看，径流侵蚀力的大小主要决定于径流的流量和流速。如果能有效地降低径流的流量与流速，就能降低径流的侵蚀力和对泥沙的搬运能力。水保林草植被对径流流量和流速都有明显降低作用，这种作用主要是增加土壤蓄水量和地表粗糙度。

② 林草植被对土壤抗蚀力的影响

从对林草地土壤结构分析来看，林草地土壤可以形成大量较大的稳定性团聚体，增加了土壤抗蚀力。土壤抗蚀力增加能使土壤容许流速和容许切应力值提高，因而在径流条件相同时，林草地土壤流失量比裸地小。许多研究表明人工林草地土壤抗蚀性高于农田。一般随林龄增加土壤抗蚀性也增强，且与土壤腐殖质和毛根数量关系密切。

③ 林草植被控制土壤侵蚀的效果

林草植被建设对引起土壤侵蚀的各种因素都起了积极作用，降低了各种土壤侵蚀的危险性。实践证明，一个流域土壤侵蚀总量与植被覆盖度有关。生长良好的林草地径流和土壤侵蚀都较少，分别不到裸地的 5% 和 10%，若植被覆盖度<70%，径流和侵蚀量会迅速增加。只要达到一定的植被覆盖度且分布合理，就可把土壤侵蚀强度控制在容许侵蚀强度以下。

对于一次暴雨，林草植被的拦沙效益更能显示出巨大作用。据西峰水保站在南山小河沟流域试验，10 年生刺槐林减沙效益达 75.1%，在子午岭林区的研究，森林减沙效益达 99.5%~100%。

（2）林草根系对土体固持作用

① 林草根系固土作用

林草植物，为了自己的生存而形成了强大根系，土壤越干旱瘠薄这一特点越突出。有些植物根深和根幅都超过地上部分几倍到几十倍。植物根系密集地、纵横交错地分布在不同土层中，紧紧把土体网络固持成一体，防止和减少了边坡上重力侵蚀的发生，增强了边坡稳定性。所有植物对滑坡都有抑制作用，但以木本植物效果最佳。根系对土体的固持力实际上是对土壤抗剪强度的增强，它起到了防止边坡土体滑动、增强边坡稳定性的作用。这是根系对土体固持的实质。

② 影响根系固土作用的因素

林草根系提高边坡稳定性的作用大小受很多因素影响。树种不同，固土作用也不同，水平根型树种不如直根型树种和散生根型树种固土效能强，而散生根型树种又不如主根型树种固土效能强；树种不同，其根系抗拉力也不同，固持力就不同。根的抗拉力是影响植物根系固土能力的重要因素。而影响植物根系抗拉力强度的又一重要因素是根系的直通性，直通性小的根系分枝角度小，纤维组织好，具较大抗拉力。此外，立地条件对根系抗

拉力也有很大影响。疏松土壤，根系能自如伸展，较通直，有较大抗拉力。坚硬土壤、砾石地上的情况则相反。根的抗拉力还随根径增大而增大，而根的抗拉力强度则相反，随根径增大而减小。故须根型树木比主根型植物固土作用好。林龄与根系固土能力也有密切关系，林龄大固土能力也大。然而就林木而言，根系有效固土深度约为1m，对表层土体滑动有抑制作用，对深层土体移动无能为力。

③ 林草植被对土体的改良作用

水土流失严重地区，自然植被恢复很困难，只有人为科学地恢复植被并随植被建设和生长发育，水土流失可迅速得以控制，土壤水热条件及生物活动状况才能逐步得到改善。生态系统的物质与能量循环的数量和速度都会变化，系统更趋复杂，物流能流速度加快，促进了土壤发育过程，使土壤理化性质得到改善，肥力不断提高。植被生长环境条件也得到改善，形成了生态系统的良性循环。

植被对土壤的改良作用主要通过下述三条途径实现。

Ⅰ 土壤养分输入与循环

林草地土壤养分能够得到保持与减少淋失。方法有二种：一是土壤生物群活动把被淋溶的组分从土壤下层搬运到上层，重新分配。二是林草养分循环。

降水受林冠截留影响，其化学性质也有所变化。林内降雨和干流与裸地比，除氢离子有减少，其余主要阳离子都有明显增加，如氮的含量增加。水土流失土壤缺氮，氮又是植物生长必须的大量元素，它主要靠大气降水和生物固氮来解决，固氮主要靠豆科植物，林草植被起了十分重大的作用。

Ⅱ 林草植被增加了土壤有机质

土壤有机质主要来源是植被。建设植被增加土壤有机质是改良土壤、提高土壤抗蚀力、培肥土壤的一项根本性措施。土壤有机质来源，一是林草植被年复一年的枯枝落叶；二是不断更新死亡的植物根系。草本植物在这一过程中起了极其重要的作用。

Ⅲ 林草植被改变了土壤的物理性质

这一效果对林草生长发育和控制水土流失有最直接的意义。与裸地比，林草地因生物小循环作用强，土壤物理性质如容重、孔隙度、结构(水稳性团粒结构)及其稳定性、持水性、导水性等方面都比裸地好。林草增加了土壤有机质，加强了土壤微生物的活动，它们的分解产物具有极大的胶结作用，有机质在微生物的作用下分解，产生稳定的有机酸，它能增加团聚体的稳定性。观察证实，根系对土壤结构的改善有重大意义，但机理尚未彻底证实。土壤动物的活动是改变土壤物理性质的又一重要原因，最突出的还属蚯蚓的活动。

4.3.1.5 林草植被改善小气候环境作用

林草植被对于土壤辐射、气温、地温、干热风、风速、空气湿度、无霜期和初终霜期、冻土深度、积雪、土壤湿度等气候因子都有较好的调节控制和改善作用，有利于形成对生物有益的小气候环境。这是林草改善生态条件的重要组成部分。

4.3.2 水土保持林(草)及其体系建设

4.3.2.1 水土保持林林种

荒漠化区水土流失广阔，自然条件复杂，各地域间水土流失形式、强度差异较大，这导致水土保持林林种的多样性和复杂性的特点。划分水土保持林林种的主要依据是：①以地域环境条件和防护对象不同为依据，如梁峁防护林、塬边防护林等；②以区域防护对象的要求，以造林目的为依据，如坡地径流调节防护林、沟道防护林等，有些兼有以上二者特点，如固土护坡林，固土为造林目的，护坡为防护对象，具双重含义。

黄土地区水土保持专有林种主要有以下六种：梁峁（包括分水岭）防护林、坡地径流调节林、固土护坡林、坡地改土林、侵蚀沟防护林、塬边防护林。归纳起来为两大类：坡地防护林和侵蚀沟防护林。

坡地防护林的形成与不同坡面水土流失防治特点有直接关系。当雨落地面向低处汇流时，开始产生水土流失，为此要在坡面顶部，沿分水岭附近营造防护林来吸收和分散地表径流，即为梁峁防护林；当坡面较缓（2°~5°），为控制溅蚀及防止沟壑形成及为吸收调节上方泄下的地表径流而造的防护林，即坡地径流调节林；当坡度较大（5°~25°），坡面细沟侵蚀、面蚀比较严重、土壤肥力差，无法利用呈荒芜状态时，为改良土壤，防止水土流失，提高土地生产力而营造的防护林即为坡地改土林；坡陡（>25°），坡面具有冲沟形成条件及滑坡、崩塌危险，不宜垦耕放牧，划为林地，营造以最大程度吸收地表径流、固持土体的防护林，即为固土护坡林。

侵蚀沟防护林形成与防止侵蚀沟发展、扩大的防护目的相联系，由沟道防护林和塬边防护林二个专有林种组成。径流形成后在黄土条件下极易产生沟壑并迅速向四周发展，为防治这一侵蚀形式营造能固定、改造沟壑的防护林，即侵蚀沟防护林。由于塬面与侵蚀沟交织，高差大，径流汇集后通过塬边向侵蚀沟跌水造成沟岸崩塌，沟蚀发展，为防止蚕食塬面、沟蚀扩展而造的防护林为塬边防护林。

坡陡土薄的土石山区也有其专有防护林，如固土护坡林，水保护牧林，沟道防冲林，护岸护滩林等。分布广，具薄层土壤条件的石山地带，无林草区要大量种树种草，使之成为水源涵养林（草），它对改善水文条件，调节水土流失速度和强度有十分重要的意义。故水源涵养林是重要的水保林种之一。

上述水土保持林只是代表性林种，实际上根据生产生活中多种社会需求派生出来的林种更加繁多，它们既有联系，又有区别，常表现"一林多用"的特点，这反映出水土流失区自然经济状况的复杂性和综合治理原则的灵活性。

4.3.2.2　水土保持林（草）体系

它是根据水土流失地区自然条件、社会经济条件、地域间环境条件、生产特点、水土流失性质、程度与强度，按不同防护目的、防护对象，因地制宜，因害设防地配置相应的水土保持林种，构成彼此联系的防护整体，该体系是三北地区大防护林体系的主要组成部分，它必须反映出乔灌草、多林种、带片网、造封管相结合的特点。关君蔚先生1979年提出的我国水保林体系如图4-8所示。

4.3.2.3　水土保持林（草）的体系建设

（1）小流域水土保持林草空间配置

① 配置原则

所谓水土保持林体系的配置就是各种生态治理措施在各类生产用地上的规划和布设。为了合理配置各项工程，必须认真分析研究水土流失地区的地形地貌、气候、土壤、植被等条件及水土流失特点和土地利用状况，并应遵循以下几项基本原则：

水土保持林种	林种的生产性
分水岭防护林（梁峁防护林）	用材林，经济林
坡地径流调节林	用材林，经济林
固土护坡林	用材林，经济林
坡地改土林	经济林
梯田地坝防护林	饲料，燃料林
侵蚀沟防护林	用材林，经济林
坡地护牧林	燃料，饲料林
护岸、护滩林	用材林，饲料，燃料林
塬面塬边防护林	用材林，经济林
水源涵养林	用材林
石质山地沟道防护林	用材林，经济林
山地护牧林	饲料，燃料林
山地果树，经济水保林	用材林，经济林
池塘水库防护林	用材林，经济林
山地渠道防护林	用材林，经济林

我国水土保持林体系

图4-8 我国水土保持林体系构成图示

——以大中流域总体规划为指导，以小流域综合治理规划为基础，以防治水土流失、改善生态环境和农牧业生产条件为目的，各项生态工程的配置与布局，必须符合当地自然资源和社会经济资源的最合理有效利用原则，做到局部利益服从整体利益，局部整体相结合。

——因地制宜，因害设防，进行全面规划，精心设计，合理布局，根据当地林业生产需要和防护目的，在规划中兼顾当前利益和长远利益，生态和经济相结合，做到有短有长，以短养长、长短结合。

——对于水土保持林体系，在平面上实施网、带、片、块相结合，林、牧、农、水相结合，力求各类生态工程以较小的占地面积达到最大的生态效益与经济效益。

——水土保持林体系在结构配置上要做到乔、灌、草相结合，植物工程与水利工程相结合，力求设计合理，简便易行。

② 配置方法与模式

在一个流域或区域范围内，水土保持林业生态工程体系的合理配置，必须体现各生态工程，即人工林草生态系统的生物学稳定性，显示其最佳的生态经济效益，从而达到持续、稳定、高效的水土保持生态环境建设目标，水土保持林草生态工程体系配置的主要设计基础是各工程（或林种）在流域内的平面配置和立体配置。所谓"平面配置"是指在流域或区域范围内，以土地利用规划为基础，各个生态防护林的平面布局，在配置的形式上，兼顾流域水系上、中、下游，流域山系的坡、沟、川、左右岸之间的相互关系，统筹考虑各种生态工程与农田、牧场、水域及其他水土保持设计相结合；所谓林种的"立体配置"，既指某一林草生态工程(或林种)的树种、草种组成、人工林草生态系统的群落结构的配合形式，又指以流域为单位，从流域出口到分水岭由各林草生态工程所组成的空间结构。在水土保持林草生态工程体系中通过各种工程的"平面配置"与"立体配置"使林农、林牧、林草、林药得到有机结合，使之形成林中有农、林中有牧、植物共生、生态位重叠的，多功能、多效益的人工复合生态系统，以充分发挥土、水、肥、光、热等资源的生产潜力，不断提高和改善土地生产力，以求达到最高的生态效益和经济效益。

此外，在大中流域或较大区域水土保持林草生态工程建设中，森林覆盖率或林业用地比例往往也是确定林草生态工程总体布局与配置所要考虑的重要因素。

(2) 坡面水土保持林

坡面既是山区丘陵区的农林牧业生产利用土地，又是径流和泥沙的策源地。坡面土地利用、水土流失及其治理状况，不仅影响坡面本身生产利用方向，而且也直接影响土地生产力。在大多数山区和丘陵区，就土地利用分布特点而言，坡面除一部分暂难利用的裸岩、裸土地(主要是北方的红黏土)、陡崖峭壁外，多是林牧业用地，包括荒地、荒草地、稀疏灌草地、灌木林地、疏林地、弃耕地和退耕地等，统称为荒地或宜林宜牧地，以及原有的天然林、天然次生林和人工林。后者属于森林经营的范畴，前者才是水土流失地区主要的水土保持林用地，主要任务是控制坡面径流泥沙，保持水土，改善农业生产环境，在坡面荒地上建设水土保持林。

由于山区丘陵区坡面荒地常与坡耕地或梯田相间分布，因此，就局部地形而言，各种林草生态工程在流域内呈不整齐的片状、块状或短带状的分散分布。但就整体而言，它在地貌部位上的分布还是有一定的规律的，它的各个地段连结起来，基本上还是呈不整齐而有规律的带状分布，这也是由地貌分异的有规律性决定的。

① 坡面水土保持(或水源涵养)用材林

在因过度放牧、樵采，严重破坏了原有植被而水土流失严重的坡面上，通过人工营造水土保持林方法防止坡面土壤侵蚀，增加坡面稳定性，同时可获得小径级用材。特别在立地条件较好的坡面。多年实践经验证明，山地斜坡长期水土流失、土层浅薄、干旱、贫瘠，造林立地条件差，只能生产小径材、矿柱材等。

在小流域高山远山的一些水源地区，坡面不合理利用、植被恶化引起水文状况恶化及水土流失，此类坡面应依托残存次生林、草灌植被通过封山育林草，逐步恢复植被，形成较好的林分结构，发挥调节坡面径流、防止土壤侵蚀、涵养水源、生产一定用材的作用。

由于山地施工形成的大面积山地坡面裸露，水土流失严重，引发滑坡、泥石流等危害，应配合必要的工程护坡，营造水保护坡林(草)，是投资少、效果好的措施。

配置特点：

Ⅰ 营造坡面水保用材林应通过树(草)种选择、混交配置，或其他经营技术，一来保证用材树种生长速度和生长量，二来尽可能长短结合，早日获得其他效益(薪炭、编织材、林粮间作等)。

这类立地造林困难，应通过水保整地工程：水平阶、反坡梯田、窄条梯田、鱼鳞坑等

整地形式。主要是正确解决整地时间、深度，细致整地，改善幼树成活生长条件。植物种搭配采用乔灌混交复层林，发挥生物群体间有利影响，为提高林草生长及稳定性创造条件。通过混交调节主栽树种密度，使林分尽快郁闭，形成较好枯落层，发挥涵养水源，调节坡面径流、固持坡面土体之作用。

主要乔木与灌木水平带状混交　沿等高线，结合整地措施，先造灌木带（沙棘、灌木柳、紫穗槐等），每带 2~3 行，行距 1.5~2.0m，带间距 4~6m，灌木成活至第一次平茬后，在带间栽乔木 1~2 行，株距 2~3m。

乔灌隔行混交　乔灌同时造林，行间混交。

结合农林间作的乔灌纯林　间作是短期的，一旦林分郁闭，间作即告结束。要重视乔灌树种选择，生产上多用纯林方式，经营得当可获良好效果。整地用窄条梯田，反坡梯田。初期间作作物，以耕代抚，促进树木生长。

Ⅱ 小流域水源涵养用材林的封山育林（草）。此类坡面依托残存次生林、灌、草等植物，通过封育达到恢复水源涵养林，形成稳定林分之目的。此类坡面尽管已经环境恶化，但尚存良好立地质量和各种植物，只要封育合理，加以人工干预，可较快恢复森林植被，各地实践已经证明。封山育林除政策、管护措施外，技术上主要是林分密度管理与结构调整。

② 坡面薪炭林

发展薪炭林既可防止坡面水土流失，又能解决农村生活能源，意义十分重大。长期以来由于农村生活能源未得到妥善解决，导致大量破坏天然植被，加剧水土流失，恶化生态环境，后果十分严重。

配置特点：

——规划中选择距居民点较近、交通较方便，不适用于高经济利用、水土流失严重的坡地作为薪炭林生产基地。

——营造关键是树种选择。一般薪炭树种应适应干旱、贫瘠立地条件，再生能力强，耐平茬，生物量高，热值高。在北方干旱、半干旱地区采用适应性强的灌木比同条件下的乔木优越得多。

——经营。可因地制宜采取不同形式，如薪炭专用林，乔灌树种结合的块状、带状经营等。在大量应用灌木的同时（柠条、沙棘等），也可将乔木（刺槐、白榆等）灌木状经营。有条件的地方也可采用封山育林、轮封轮伐，或对低价值林分加以改造获得薪柴。

薪炭林建设要逐步走向科学经营，以达到一林多用的综合效益，形成如薪炭饲料固土护坡林。

③ 复合林牧护坡林

坡面复合林牧护坡林的任务在于为恢复植被或培育牧草创造条件，利用木本植物直接提供饲料，保障坡草场免于水土流失及大风寒冷冻害。畜牧业是山区、丘陵区主要的生产事业，在生态农业中有重要作用。这些立地差的地区有经营畜牧业的传统习惯，但长期过度放牧，导致载畜量下降，植被覆盖度降低，可食草种减少，严重限制了牧业发展，加剧了水土流失，严重影响山区经济发展。因此，恢复改善天然牧场，培育人工草地，改善牧场管理，已成为关键问题。

配置特点：

Ⅰ 放牧护坡林树种选择

不论是饲料林还是草场护牧林所选用的乔灌树种应具备下述特点：

——适应性强，耐旱耐瘠，水土流失山地植物生长条件差，直接播种的效果不好，选用适应性强的乔灌树种效果较好；

——适口性好，可作饲料树种的叶子、嫩枝(杨、柳、刺槐、沙棘、柠条等)的适口性较好；

——营养价值高，含较高蛋白质及其他营养元素，多数适口的可作饲料的乔灌木树种，均有较高营养价值，常超过优良牧草指标；

——生长快，幼龄时可提供大量饲草，经济价值高；萌蘖性强，平茬或轮牧后能迅速恢复生长。

Ⅱ 配置

山地放牧(刈割)林可根据地形采用短带沿等高线布设，带长10~20m，每带由2~3行灌木组成，带间距4~6m，水平邻带间留缺口。除灌木外也可应用乔木按灌木状栽培。不论怎样，要使灌乔丛形成大量枝叶，又便于牲畜直接采食。同时灌丛配置要有效地截留坡地上的径流泥沙。这种饲料林为天然牧草生长创造了良好小气候条件，使饲料林生物产量比单纯灌木或单纯牧草地都高。

护坡林的配置目的在于改善草场小气候及牧坡水土条件，促进牧草生长。而林木嫩枝叶还可作饲料。在牧场周围护牧林以带状沿等高线配置，每带植树2~3行，宽度为5~6m，带间距为带宽10倍左右，注意留出牧道。

灌木饲料林多采用直播造林，播后前3年要严加封禁管护，3年后平茬促进地上生长。当然也可进行植苗造林。乔木栽植造林后为按灌木经营，第二年即可平茬，使地上部分形成灌木丛状。需营造乔木护牧林带或片林时，要注意整地和抚育措施。

(3) 山地水文网、侵蚀沟道防护林

① 土质侵蚀沟道防护林

土质侵蚀沟道系统指黄土高原和丘陵各地貌类型上的侵蚀系统及黄土类母质特征的沿河冲积阶地、山麓坡积、部分洪积扇土地基础上冲刷形成的现代侵蚀沟系。今以黄土高原为例。

黄土高原沟壑占40%~50%，因其所占面积很大，在这一地区也具重要生产价值。如建设川台坝地稳定高产农林果草及其他副产品生产基地。

黄土地区因各地自然历史条件不同，沟壑侵蚀发展程度不同，治理利用水平各异，沟道造林措施也比较复杂，可概括为以下几种类型进行讨论。

Ⅰ 侵蚀基本停止，沟道农业利用较好，坡面已治理较好，沟道采取打坝淤地等措施稳定沟道坡度，抬高侵蚀基点的地区，治理措施在于巩固各项水土保持措施的效果，充分发挥土地生产潜力。在这类沟道中，在现有耕地范围外，选择水肥条件较好，沟道宽阔地段发展速生丰产用材林。利用坡缓土厚向阳沟坡建设干鲜果园较为理想，应特别注意加强水保整地措施，因地制宜按窄带梯田、大型水平阶、鱼鳞坑方式进行整地，可结合进行果农间作，争取果粮丰收。果园规划要考虑水源和运输条件，果园周围密植紫穗槐灌木带调

节上坡汇集的径流，并就地取得绿肥原料和篓筐编织材料。如利用沟坡造林，造林地选在坡脚以上，到沟坡全长 2/3 为止。再上多为陡崖，勿因造林引起新的人工破坏。上缘造林可选萌蘖性强的树种，如刺槐、沙棘等，使其茂密生长，自然蔓延滋生，进一步稳固沟坡陡崖。

Ⅱ 沟系中下游侵蚀基本停止，上游侵蚀仍然活跃，沟道内部分利用。在黄土丘陵沟壑区，此类沟道比例大，是治理及合理利用的重点。

这类沟道的治理与利用，有条件的沟道应打坝淤地，修筑沟壑川台地建设基本农田。流域打坝自下而上，依次推进，修一坝成一坝，再修一坝。施工过程中，可在其外坡分层压入杨柳苗条，或插柠条、沙棘等灌木，成活后发挥固坝缓流作用。坝坡上种植灌木有更大固土护坡能力功能。

沟系上游沟底纵坡大，沟道狭窄，沟坡崩塌严重，沟头仍在前进。沟顶上方坡面仍在侵蚀破坏，这类毛、支沟汇集大量固体及径流直接威胁中下游坝地安全与生产。故这类沟道治理有重要意义。

沟头前进与沟岸扩张均与沟底下切刷深有直接关系，此时应首先固定沟底。措施是：沟顶上方修建防护工程，拦截径流，控制沟头前进；沟底根据顶底相照原则，建筑谷坊群工程，抬高侵蚀基底，减缓纵坡坡度，稳定侵蚀沟坡；当然条件适宜也可以造林种草固定沟底。

制止溯源侵蚀需固定侵蚀沟顶，关键在于固定侵蚀沟顶的基部及附近沟底，免于洪水冲淘。在顶基部一定距离(1~2 倍沟顶高度)内配置编篱柳谷坊，在准备建谷坊的沟底按 0.5m 株距打入一行 1.5~2m 长柳桩，地上露出 1~1.5m，距这行柳桩 1~2m 处按同样规格平行打入另一行，再用细活柳枝分别于两行柳桩进行编篱到顶，两篱间倒满湿土，整实到顶。编篱坝到沟顶一侧也堆上湿土形成迎水缓坡，整实。谷坊施工整实时在背水一侧卧入 90~100cm 长 2~3 年生柳枝，即为土柳谷坊；也可在谷坊高杆插柳。这两种措施均为工程与生物措施紧密结合，洪水来临时，谷坊与沟头之间的空间发挥缓力池作用。柳枝发芽茂盛生长后可发挥长期稳定的缓流挂淤作用，沟头基部减少冲淘，溯源侵蚀会迅速停止。

为防止规划为坝地以外的需稳定的沟底下切，可参照土柳谷坊施工法建谷坊群，这既可巩固谷坊，加速缓流挂淤，又可逐渐在各谷坊间造出好地。

若沟底已停止下切，又不宜农业利用，最好进行高插柳桩的栅状造林，取长 2m，小头粗 2~5cm 的柳桩，按株距 0.3~0.5m，行距 1~1.5m，垂直流线，2~5 行为一栅配置，栅间距为壮龄柳高的 5~10 倍，其间逐渐挂淤改土为农林利用创造条件。当然也可直接进行造林种草来固定沟底。

如某处沟床仍在下切，重力侵蚀在沟坡还很活跃，对此只要采用工程与生物措施相结合的方法，先把沟底固定，当林木长起之后，重力侵蚀物将稳定堆积在沟坡两侧，沟底流水也无力将泥沙冲走，逐渐形成天然安息角。其上崩塌也会减少。在稳定的坡脚可先栽沙棘、刺槐、小冠花等根蘖性强的植物种，树木成活后平茬松土，使其向上坡发展，这些植物不怕泄溜物埋压，很快又用青绿枝叶覆盖起来。

Ⅲ 沟系上中下游侵蚀都活跃，全沟系都无法合理利用。这类沟纵坡大，支沟处于切沟阶段，沟头向源侵蚀，沟坡崩塌、滑坡均活跃。措施：一是对距居民点远，当下又无力治理者，先封禁，减少人为破坏，自然恢复植被，或播种林草种子，促进植被恢复；二是对距居民点近，对农水工交设施有威胁，应采取上述措施积极治理，沟道稳定后再考虑利用。

② 石质山区沟道防护林

土石山地、石质山地在山区总面积中占相当比重。其自然条件复杂多变，一旦植被破坏，水土流失加剧，地力迅速减退。暴雨山洪、泥石流可能暴发，冲毁土地住宅，酿成大灾难。这是很多山区的普遍现象。陡坡开荒，水土流失，年复一年，直至土层完全丧失，这也是造成沟道中土沙汇集，诱发泥石流的原因之一。发挥水土保持林草防护功能，增加流域植被覆盖，可控制泥石流发生和减少其危害。但只有当坡面达到一定治理时，沟道泥石流防治才有可能。为防止泥石流营造坡面水保林时，树种选择、林分配置应形成深浅根林草植物混交的异龄复层林，成林郁闭度必在0.6以上。坡地造林要注意整地方法（水平阶、水平沟、反坡梯田、鱼鳞坑等）。

配置：当坡面得到治理，主沟道开阔，纵坡平缓，山脚土厚时应进行农业、经济林利用。其支沟山陡沟窄坡度大时，沟底要修建沟道工程，防止泥石流，暴发时减少损失，有效方法是在沟底尤其是在转折处修建一定数目的谷坊，呈密集谷坊群。修谷坊应就地取材，建干砌石谷坊，提高沟床侵蚀基准，拦截沟底泥沙，为以后利用创造条件。当沟底工程与防护林结合，被强大树木群体占领时，方达制止泥石流作用。沟道下游出口附近渐趋开阔，沟道两侧多修石坎梯田和坝地，在地坎边线稀植经济、用材树种。

在我国北方干旱的亚湿润区、半干旱区、部分干旱区的水蚀荒漠化土地上，近年来飞机播种乔灌草植物种建设植被取得了许多可喜的成绩。飞播是该区快速、优质、大面积进行植被建设和发展生态大农业的有效途径。在降雨300~600mm的陕北黄土高原主要飞播植物为沙打旺、小叶锦鸡儿、沙棘、油松、侧柏；冀北、冀西山地年降水400~700mm的半干旱半湿润区，飞播植物主要是油松；西北半荒漠年降水200mm左右的地区，主要飞播植物种为柠条、沙棘、毛条等。具体飞播技术可参考风沙区飞播部分。

复习思考题

1. 水蚀荒漠化的基本概念与成因机制。
2. 水力侵蚀的机制及其作用过程。
3. 水力侵蚀的形式及特点。
4. 影响水力侵蚀的因素有哪些？其机制是什么？
5. 水蚀荒漠化防治工程的措施及特点。
6. 山坡截流沟的概念。
7. 梯田的类型及断面要素包括哪些？
8. 谷坊的概念及布设条件。
9. 拦砂坝的概念及布设条件。
10. 淤地坝的概念、结构组成及布设条件。
11. 小型水库的结构组成及设计特征水位包括哪些？
12. 水蚀荒漠化防治中植被的作用是什么？

13. 水土保持林种包括哪些？

14. 简述我国水土保持林体系。

15. 水蚀荒漠化防治中水土保持林配置模式。

推荐阅读书目

孙保平. 荒漠化防治工程学[M]. 北京：中国林业出版社，2000.

张洪江. 土壤侵蚀原理(第2版)[M]. 北京：中国林业出版社，2008.

王百田. 林业生态工程学(第3版)[M]. 北京：中国林业出版社，2010.

余新晓，毕华兴. 水土保持学(第3版)[M]. 北京：中国林业出版社，2013.

参 考 文 献

蔡强国，陆兆熊，王贵平. 黄土丘陵沟壑区典型小流域侵蚀产沙过程模型[J]. 地理学报，1996，63(2)：108-117.

陈永宗，景可，蔡强国. 黄土高原现代侵蚀与治理[M]. 北京：科学出版社，1988.

丁乾平，王小军，尚立照. 甘肃省水蚀荒漠化土地动态变化及防治对策[J]. 中国水土保持，2013(8)：29-31.

贺振，贺俊平. 基于MODIS的黄土高原土地荒漠化动态监测[J]. 遥感技术与应用，2011，26(4)：476-481.

李红超，孙永军，李晓琴，等. 黄河中游地区荒漠化变化特征及影响因素[J]. 国土资源遥感，2013，25(2)：143-148.

孙保平. 荒漠化防治工程学[M]. 北京：中国林业出版社，2000.

唐克丽. 中国水土保持[M]. 北京：科学出版社，2004.

王百田. 林业生态工程学(第3版)[M]. 北京：中国林业出版社，2010.

王汉存. 水土保持原理[M]. 北京：水利电力出版社，1992.

王礼先. 流域管理学[M]. 北京：中国林业出版社，1994.

王礼先，于志民. 山洪泥石流灾害预报[M]. 北京：中国林业出版社，2001.

王秀茹. 水土保持工程学(第2版)[M]. 北京：中国林业出版社，2009.

魏霞，李占斌，李勋贵. 黄土高原坡沟系统土壤侵蚀研究进展[J]. 中国水土保持科学，2012，10(1)：108-113.

吴发启. 水土保持概论[M]. 北京：中国农业出版社，2003.

杨明义，田俊良. 坡面侵蚀过程定量研究进展[J]. 地球科学进展，2000，15(6)：649-653.

余新晓，毕华兴. 水土保持学(第3版)[M]. 北京：中国林业出版社，2013.

张洪江. 土壤侵蚀原理(第2版)[M]. 北京：中国林业出版社，2008.

张科利，唐克丽. 浅沟发育与陡坡开垦历史的研究[J]. 水土保持学报，1992，6(2)：59-67.

张科利，唐克丽，王斌科. 黄土高原坡面浅沟侵蚀特征值的研究[J]. 水土保持学报，1991，5(2)：8-13.

郑粉莉. 发生细沟侵蚀的临界坡长和坡度[J]. 中国水土保持，1989(8)：23-24.

郑粉莉，唐克丽，周佩华. 坡耕地细沟侵蚀影响因素的研究[J]. 土壤学报，1989，26(2)：109-116.

周忠学，孙虎，李智佩. 黄土高原水蚀荒漠化发生特点及其防治模式[J]. 干旱区研究，2005，22(1)：29-34.

Cerda A. Parent material and vegetation affect soil erosion in eastern Spain[J]. Soil Science Society of America

Journal, 1999, 63: 362-368.

Charmaine M, Vincent C. Land degradation impact on soil carbon losses through water erosion and CO_2 emissions [J]. Geoderma, 2012, 177-178: 72-79.

Evan R. Water erosion in British farmers´ fields-some causes, impacts, predictions[J]. Progress in Physical Geography, 1990, 14: 199-219.

Massimo C, Gabriele B, Antonio P L, et al. Studying the relationship between water-induced soil erosion and soil organic matter using Vis-NIR spectroscopy and geomorphological analysis: A case study in southern Italy[J]. Catena, 2013, 110: 44-58.

Maruxa C M, Martinho A S, João P N, et al. Assessing the role of pre-fire ground preparation operations and soil water repellency in post-fire runoff and inter-rill erosion by repeated rainfall simulation experiments in Portuguese eucalypt plantations[J]. Catena, 2013, 108: 69-84.

Tal S, Peter M A. Geoinformatics and water-erosion processes[J]. Geomorphology, 2013, 183(1): 1-4.

Zhou X, Al-Kaisi M, Helmers M J. Cost effectiveness of conservation practices in controlling water erosion in Iowa[J]. Soil and Tillage Research, 2009, 106(1): 71-78.

Chaplot V, Mchunu C N, Manson A, et al. Water erosion-induced CO_2 emissions from tilled and no-tilled soils and sediments[J]. Agriculture, Ecosystems & Environment, 2012, 159(15): 62-69.

第5章

盐渍荒漠化及其防治

5.1 盐渍土的形成与分布

5.1.1 盐渍土的形成过程

5.1.1.1 土壤盐化过程与碱化过程

所谓盐渍土(或叫盐碱土),包括盐化土和碱化土两类性质不同的土壤。当土壤表层中的可溶性盐类(如 NaCl)超过 0.1% 时,称为盐土。而当土壤表层含较多的 Na_2CO_3 时,会使土壤呈强碱性,交换性钠离子占阳离子交换量的百分比超过 5% 时,称为碱化土,超过 15% 时便称为碱土。盐渍土在我国土壤分类上被列为十二系列土壤类型中的一种。

盐渍土的形成是可溶性盐类在土壤表层重新分配的结果,其盐分来源于矿物风化、盐岩、降雨、灌溉水、地下水及人为活动等。盐类成分包括钠、钙、镁的氧化物、碳酸盐和硫酸盐等易溶盐类,盐类在土壤中积累形成盐渍土的过程称为盐渍化。盐渍化按其成因可分为原生盐渍化和次生盐渍化两种类型。原生盐渍化是指未经人类活动干扰,因成土自然因素(包括地质、水文地质、水文、气候、地形和生物因素等)变化而导致盐碱成分在土壤中聚集而形成的土壤盐渍化。次生盐渍化则指由于人类不合理的活动而导致的区域水盐失调,地下水位上升,可溶性盐类在土壤表层或土壤中逐渐积累的过程。

土壤盐渍化过程可分为盐化和碱化两种过程。盐化过程是指地表水、地下水以及母质中含有的盐分,在强烈的蒸发作用下,通过土体毛管水的垂直和水平移动逐渐向地表积聚的过程。盐化过程由季节性的积盐与脱盐两个方向相反的过程构成,但以水盐向上运动、可溶性盐分在地表积聚占优势的积盐过程为主,在灌溉或降雨入渗时,地表积累的盐分向下淋溶而造成土壤的脱盐。一般地,水盐运动过程中,因盐类的溶解度不同而使其在土体中的淀积呈现垂直分异,最先淀积在底土中的是溶解度小的硅酸盐化合物,往上即是碳酸钙和石膏淀积层,易溶性盐类(包括氯化物和硫酸钠、镁)由于溶解度高而较难达到饱和,盐分随水分上升,最后在剖面表层聚积成混合积盐层。因不同盐类的溶解度随温度变化而变化,因而积盐具有明显的季节性累积特点。

中国盐渍土的积盐过程可分为 7 种:①现代积盐,是最为广泛的一种积盐方式,当地下水埋深小于临界深度时,潜水中的盐分通过毛管上升水流不断向地表聚积,水分蒸发而盐分被滞留聚积于地表。②残余积盐,是土壤中残积有较高的水溶性盐类,因气候干旱、降水稀少而不能淋洗仍残留在表层和土体中。③洪积积盐，是由季节性洪水、河流洪水冲刷和溶解流经地区含盐地层中的盐分，与泥沙一起形成洪水径流，在山前平原散流沉积。④生物积盐，是盐生植物的分泌物或残体分解时，将盐分聚积于地表。⑤风力积盐，含盐土层在风力作用下被侵蚀、搬运，以风沙流、沙尘暴等形式迁移到别处沉积。⑥次生积盐，指灌溉不合理，导致地下水位上升，使原非盐渍化土壤变为盐渍土或增强了土壤原有盐渍化程度。⑦脱盐碱化，当地下水位下降，在淋溶作用下土壤脱盐过程中，土壤胶本从溶液中吸附钠离子形成碱土或碱化土壤。一般地，次生积盐指的即是次生盐渍化。

碱化过程是指土壤中交换性钠不断进入土壤吸收性复合体的过程，又称为钠质化过程。碱土的形成依赖于土壤胶体中有显著数量的钠离子，同时这些交换性的钠离子发生水解。阳离子交换作用在碱化过程中起重要作用，特别是 Na-Ca 离子交换是碱化过程的核心。碱化过程通常通过苏打（Na_2CO_3）积盐、积盐与脱盐频繁交替以及盐土脱盐等途径进行。

5.1.1.2　土壤次生盐渍化过程

（1）土壤次生盐渍化过程及其成因

土壤次生盐渍化是指由于人类经济活动的一些不利措施，如大水灌溉、有灌无排、渠系严重渗漏、排水受阻、平原中高水位蓄水等引起含有可溶性盐的地下水位上升，使原来非盐渍化的土壤或已经改良为非盐渍化的土壤，经过盐渍过程演变为盐渍化土壤。

由于地下水位的抬升，水位距地表距离缩短，随着土壤水分蒸发，地下水不断随土壤毛细管上升，在上升过程中将溶于水中的盐分携带到土壤表层积聚起来，形成盐渍化。地下水位越高，矿化度越大，蒸发越强烈，则土壤次生盐渍化程度越严重。因此，含有可溶性盐类的地下水位上升是形成土壤次生盐渍化的根本原因。

引起灌区地下水位上升的原因是多种多样的，主要有：

① 渠系渗漏水大量补给地下水

在自流渠灌区，渠系严重渗漏、水的利用率低是全球性的普遍现象。全球水的利用率在 5%～15% 之间。由于渠道高、填方多、输水期长、缺乏防渗设施以及管理不善等因素，造成渠系严重渗水，大量补给地下水，使地下水位抬升。据宁夏水文总站对引黄灌区地下水的平衡分析，地下水总补给量中渠道渗漏补给占 76.5%，可见渠道渗漏是地下水的主要补给来源。

② 缺少充分的出流条件促使地下水位上升

出流条件不完善是地下水位抬升的根本原因。发展自流渠灌的地区，大多是在冲积平原的低平位置，排水不良。同时，由于大部分地区修建新渠时，重灌轻排，甚至只灌不排，使地下水补给量与排水量之间失去平衡，来水量大于去水量，从而使地下水位上升，引起盐分积累。

③ 过量灌水促使地下水位上升

造成过量灌水的原因很多，主要有：田间工程不配套，无法控制用水量；灌溉技术落后，田块不平，田块过大，实行串灌、漫灌；管理不善，灌水量过大，大部分水入渗地下，补给地下水，使地下水位抬升。

以上是由于地下水位上升造成土壤次生盐渍化的主要原因。对于此类次生盐渍化，只要采取有效措施，节源开流，降低地下水位，是有可能预防和逐步消除的。

除了灌水不当，使地下水位抬升，造成次生盐渍化外，利用高矿化度的咸水、碱性

水灌溉也是引起次生盐渍化的因素之一。我国西北、华北的一些缺水地区，为了抗旱增产，利用高矿化度（3～8g/L）的咸水灌溉，虽然短时期内得到了一定的增产作用，但长期使用，却使土壤中盐分显著增加，形成盐渍土。灌溉用水矿化度越高，土壤盐渍化程度就越重。

另外，随着工业发展，工业废水（污水）大量排放，或者直接引用污水灌溉，也会造成土壤盐分积累。工业废水成分复杂，其中盐碱类物质占很大比重，如皮革废水矿化度为2～8g/L，如果直接用于灌溉容易发生土壤次生盐渍化。长期进行污灌，土壤含盐量会显著增加。

（2）次生盐渍化发生的特点和规律

灌区土壤次生盐渍化发生常常迅猛，盐分垂直剖面分布的表聚性显著增大，多呈带状和斑点状分布。次生盐渍化常具有如下发生和分布规律：

① 灌区的地上河道或输水渠道两侧，由于渗漏水的影响，次生盐渍化沿河、渠呈条带状分布。离河、渠越近，地势越洼，渠道或河床越高，发生越严重。

② 洪积扇扬水灌区的下部或多级扬水灌区的一级扬水地区，大面积成片发生。

③ 耕种的条田中，由于地面不平和土质影响也有次生盐渍化的发生，多为插花盐斑，呈点片状分布，面积小，难改造。

④ 平原水库、湖泊、常年积水的洼地和插花种稻的稻田周围地带，由内向外呈辐射状分布。

⑤ 渠道交岔的三角地带易发生盐渍化。

⑥ 垦殖盐渍土而发展的自流灌区，地下水位上升快；原属残余的盐土经过灌水后复活为现代积盐过程。在灌区的非盐渍化和轻度盐渍化的面积增大，而强度盐渍化的面积较一般自流渠灌区缩小。盐斑多分布于条田中间，仅在干、支渠两侧呈带状分布。

（3）盐斑的成因

盐斑，即耕地中小面积的斑块状的盐渍土，它的产生是土壤次生盐渍化的标志。盐斑的盐分含量以中心最多，由里向外逐渐变少。

形成盐斑的因素有自然因素，也有人为因素。在古地形地貌中，冲积平原地貌岗坡洼起伏，河流缺口改道，古河槽变迁的地段，塑造的地形地貌屡经变化，原来低地淤高，高地相对变低，反复多次，沉积不同厚薄的砂粒层次，形成土壤分布的不均匀性，使土壤水盐重新分配，水盐运行的速度发生差异，形成盐斑。

而在灌溉中，人们对田块整地不平，垦殖盐土时改良不彻底，或新建渠系的渗漏或水旱轮作时平掉积盐田埂，或者在开荒造田时将含盐表土层填在沟洼处等因素，都会造成土壤分布的不均匀性，使水盐重新分配，影响水盐正常运行，产生盐斑。

可见土壤的不均匀性是盐斑形成的基础，故根据盐斑的成因类型的不同，采用相应的措施是有可能预防或消除盐斑形成的。

5.1.2　盐渍土的形成条件与类型

5.1.2.1　盐渍土的形成条件

土壤底层或地下水的盐分随毛管水上升到地表，水分蒸发后，盐分积累在表层土壤即形成盐渍土。盐渍土的形成必须具备一定的条件，才能使盐分在土壤表面聚积起来。这些

条件主要有:

(1)物质来源

充分的盐类物质来源是形成盐渍土的基础。盐类物质来源的主要途径有:①岩石风化物;②含盐地层的风化和再循环;③火山活动的产物;④深层盐水的外冒;⑤风蚀风积盐类;⑥生物累积的盐分等。对于一个地区或一个地段上的土壤盐渍化,其盐分来源的途径往往不是单一的,而可能是多种多样的,因而研究盐分来源的方式时,应考虑各地区的特点,并结合地貌的发展历史、气候、水文、水文地质、植物和土壤母质等加以分析研究。

(2)地形条件

土壤盐分的累积必须具有适宜的地形条件,盐分才能富集起来,才能形成盐渍土。地形高低的差异,反映土壤沉积母质的粗细及其排列厚薄不同,同时地形的高低又使大气降水所形成的地面和地下径流发生通畅或滞缓的差异。对于水盐的重新分配起着决定性的影响,直接关系到土壤盐渍化的发生条件。

由于盐分随地表或地下径流由高处向低处汇集,使低洼地成为水盐汇集之所。从大中地形来看,一般山麓、高平原地势高,坡度陡,地下水位深,自然排水通畅,土壤质地粗,径流通畅,矿化度低,一般不发生盐渍化。而低洼地区,地下水的出流条件不好,成为地下水和地表水的汇集之处,盐随水来,却不能随水而去,便逐渐积盐形成盐渍土,因而盐渍土多处于低平地、局部洼涝地、内陆盆地及沿海低地。在岗地、坡地和平地相互毗连的大中地形上,坡地上因地下水位较高、蒸发强烈、盐分向上积聚而常常出现"岗旱洼涝二坡碱"的现象,洼地则因有水暂时处于涝渍状态,待水分蒸发后便成为盐渍之地。从小地形来看,盐分积聚常常发生在积水区的边缘或局部微高突起处。这是由于高处因灌不上水或积水薄,蒸发作用强烈,盐分随毛管水由低处往高处不断迁移集中,使高处积盐较重,常形成盐斑。此外,伴随着地形高低的变化,盐分含量也因之变化,加之各种盐类溶解度的差异,在山麓、坡地、洼地等不同地形部位形成了盐分的化学分异,产生了盐渍化的分带性。

(3)水文条件

地下水位高、矿化度高是形成盐渍化的重要条件。在蒸发量远大于降水量的条件下,地下水位越浅,矿化度越高,随蒸发作用而供给土壤表层的水盐越多,地表积盐越重,土壤盐渍化程度越大。通常地下水位埋藏深度浅于3m,土壤易发生盐渍化,而地下水位在10m以下一般不会发生盐渍化。

水文地质条件也是影响土壤盐渍化的重要因素。地下水埋深越浅和矿化度越高,土壤积盐越强。在一年中蒸发最强烈的季节,不致引起土壤表层积盐的最浅地下水埋藏深度,称为地下水临界深度。临界深度不是常数,一般来说,气候越干旱,蒸降比越大,地下水矿化度越高,临界深度越大;此外,土壤质地、结构以及人为措施对临界深度也有影响。地下水位埋藏越浅,地下水越容易通过毛管作用上升至地表而越容易导致盐渍化发生。土壤开始发生盐渍时地下水的含盐量称为临界矿化度,其大小取决于地下水中盐类的成分。以氯化物—硫酸盐为主的水质,临界矿化度为 $2 \sim 3g/L$;以苏打为主的水质,临界矿化度为 $0.7 \sim 1.0g/L$。

（4）气候条件

在中国北方干旱半干旱地区或季节性干旱地区，降水量小，蒸发量大。在高温低湿，蒸发强烈条件下易于积盐。受季风气候影响，盐渍土的盐分状况具有季节性变化。夏季降雨集中，土壤盐分易淋洗而产生季节性脱盐；而春、秋干旱季节，蒸发量大于降水量，盐分易于迁移至表土而引起土壤积盐。各地土壤脱盐和积盐的程度随气候干燥度的不同而差异很大，从盐渍土的发生特征而论，随蒸降比值的变化而变化，一般从东到西随蒸降比值的递增，盐渍化面积和积盐强度大大增加。

（5）生物条件

地表植被对地面蒸发有很大影响，植被稀疏或光板地因地面蒸发强烈，极易积盐形成盐渍化，而植被密度增大，可减少土壤水分蒸发量，减轻积盐。盐土植物、碱土植物和盐生植物，能够从土壤中吸取盐分积累至体内，植物死亡后的有机残体或枯落物分解后，盐分可回归土壤，逐渐积累于地表，因而也易引起土壤积盐。此外，还有一些泌盐植物可将吸收的盐分直接排出体外，随着枝叶或通过分泌功能排出体外，到达土壤表层引起积盐，如胡杨、柽柳等。

（6）人为因素

在灌溉地区，因人为用水不当，如无计划引水、大量漫灌、有灌无排，土地不平，有机肥料不足，耕作不善等都会造成或加强盐渍化，灌区土壤次生盐渍化主要是因为人为用水不当形成的。此外，夹荒地垦殖导致的干排积盐地减少，天然植被破坏，削弱生物排水功能等也是造成次生盐渍化的原因。在东部部分沿海地区，由于在下水超采使地下水位持续下降，打破淡水层与咸（海）水层之间的界线，发生咸（海）水入侵，再提水灌溉时便会引起土壤盐渍化。

5.1.2.2　盐渍土的类型

（1）盐土的分类

① 根据盐渍化程度划分

按土壤全盐量及作物产量因盐渍化而降低的程度，前苏联学者对盐渍化土壤进行了分级（表5-1）。这一分级的特点是详细划分了不同化学成分类型的等级标准。前苏联学者的盐渍化土壤的划分方法需要明确土壤盐分类型，在生产实践上也不方便使用，基于此，我国在此基础上制定了综合考虑土壤含盐量的盐渍化划分等级（表5-2）。该分类主要按地区和盐分类型大致划分为两种含盐量系列。

② 根据盐渍土形态特征划分

结皮盐土：俗称盐碱地、卤碱、黑卤碱、土盐。地表有白色盐结皮，盐分类型以氯化物为主，也含有硫酸盐，在浅层地下成水或微成水且地下水位较高条件下发育而成，滨海和内陆常见这类土壤。

蓬松盐土：俗称扑腾碱、面儿碱、毛毛碱、白卤土、硝碱、白不咸、土硝。在薄薄的盐结皮下，有一层陷鞋帮或鞋底的蓬松层，其中充满细粒的芒硝结晶。盐分类型以硫酸盐为主。

表 5-1 土壤盐渍化分级标准(黎立群, 1986)

盐化程度	作物减产程度	盐分聚积层中盐分总量或残渣量(%)						
		苏打型	氯化物-苏打型/苏打型-氯化物型	硫酸盐-苏打型/苏打-硫酸盐型	氯化物型	硫酸盐-氯化物型	氯化物-硫酸盐型	硫酸盐型
非盐化	无下降	<0.1	<0.15	<0.15	<0.15	<0.20	<0.25	<0.30
轻度	10%~20%	0.10~0.20	0.15~0.25	0.15~0.30	0.15~0.30	0.20~0.30	0.25~0.40	0.30~0.60
中度	20%~50%	0.20~0.30	0.25~0.40	0.30~0.50	0.30~0.50	0.30~0.6	0.40~0.70	0.60~1.00
强度	50%~80%	0.30~0.50	0.40~0.60	0.50~0.70	0.50~0.80	0.60~1.00	0.70~1.20	1.00~2.00
盐土	无收获	>0.50	>0.60	>0.70	>0.80	>1.00	>1.20	>2.00

表 5-2 我国土壤盐渍化分级标准

盐分系列及适用地区	非盐化	轻度	中度	强度	盐土
滨海、半湿润、半干旱和干旱区	<0.1	0.1~0.2	0.2~0.4	0.4~1.0	>1.0
半荒漠与荒漠地区	<0.2	0.2~0.4	0.4~0.6	0.6~2.0	>2.0

潮湿盐土:俗称卤碱、潮碱、黑油碱、黑卤碱、万年湿、油腻碱。表面常呈潮湿状态,是由氯化钙和氯化镁等盐类存在而具有很强的吸湿性造成的。

苏打盐土:俗称马尿碱、泡碱、臭碱、土碱。主要分布在大型洼地的边缘稍高的倾斜地形上,地表有一层极薄的结皮,结皮鼓成泡状,多是光板地,盐分以苏打为主,碱性强。

草甸盐土:具有腐殖质层,有稀疏的耐盐植被,地表常有盐霜和盐结皮,下层显示出滞育化特征,底层常见有石灰结核、石膏和少量其他盐类。

③ 根据盐分种类划分

按盐分组成中阴离子比值划分为氯化物,氯化物—硫酸盐,硫酸盐—氯化物,硫酸盐。按阳离子比值划分为:钠质型,镁钠型,钙钠型,钙镁型(表5-3)。

表 5-3 不同盐分分类

阴离子	盐渍化类型	阳离子		盐渍化类型性
CL^-/SO_4^{2-}		$Na^+ + K^+/Ca^{2+} + Mg^{2+}$	Ca^{2+}/Mg^{2+}	
>2	氯化物	>2	>1	钠
1~2	氯化物-硫酸盐	1~2	<1	镁钠
0.2~1	硫酸盐-氯化物	1~2	>1	钙钠
<0.2	硫酸盐	<1	—	钙镁

(2)碱土的分类

① 按碱化程度划分

按碱化程度划分即按代换性钠离子占代换总量的百分数(即钠化率)来划分,可分为非

碱化土壤(<5%)；弱碱化土壤(5%~10%)；碱化土壤(10%~15%)；强碱化土壤(15%~20%)；碱土(>20%)。

② 按发生过程划分

按发生过程划分，即按碱土的成土条件和成土过程划分，可分为草甸碱土、瓦碱土、草甸构造碱土、草原碱土、龟裂碱土、荒漠碱土或镁质碱土等。

Ⅰ 草甸碱土

草甸碱土一般都受一定的地下水的影响，故表层有轻微的季节性积盐与脱盐从而发生碱化，故又称盐化碱土。

Ⅱ 瓦碱土

瓦碱土是华北农民群众的俗称，又称"缸瓦碱""牛皮碱"，分布在黄淮海平原和汾渭河谷平原，多呈斑状插花分布于耕地中。其地下水埋深多在2m左右，矿化度1~2g/L。瓦碱土的形成主要是钠质盐渍土在积盐和脱盐频繁交替过程中，钠离子进入土壤吸收性复合体而使土壤碱化，以及低矿化地下水中重碳酸钠和碳酸钠在上升积累过程中使土壤碱化。瓦碱土一般含盐量不超过5g/kg，心土、底土含盐量小于1~2g/kg，以重碳酸钠和碳酸钠为主，碱化度为20%~40%，高的可达50%~70%，pH达9或9以上。

Ⅲ 草甸构造碱土

草甸构造碱土当地又称"暗碱土"或"碱格子土"。多分布于松辽平原、内蒙古东部和北部、山西境内沿长城内外各盆地的低阶地上。与苏打盐土组成复区，插花分布于小地形较高处。草甸构造碱土的地下水埋深多为2~3m，矿化度约3g/L，多为苏打水，其淋溶层和碱化层含盐不超过5g/kg，以碳酸钠和重碳酸钠为主，碱化度为30%~70%，甚至更高，土壤pH都在9以上。草甸构造碱土，根据柱状碱化层在土层中出现的部位可以分成结皮柱状草甸碱土(柱状层或碱化层距地表0~1m)，浅位柱状草甸碱土(柱状层或碱化层位于距地表3~7cm)，中位柱状草甸碱土(柱状层或碱化层位于距地表10~16cm)，深位柱状草甸碱土(柱状层或碱化层位于距地表16cm以下)。这四种草甸构造碱土的含盐量和积盐层深度也不相同。土壤含盐量为结皮柱状草甸碱土>浅位柱状草甸碱土>中位柱状草甸碱土>深位柱状草甸碱土。积盐层深度则为结皮柱状草甸碱土<浅位柱状草甸碱土<中位柱状草甸碱土<深位柱状草甸碱土、正是由于柱状碱化层、积盐层及上壤含盐量的高低差别，使这四种草甸构造碱土在利用价值及改良难易上有很大不同。其中，利用价值方面，相对来说是深位柱状草甸碱土>中位柱状草甸碱土>浅位柱状草甸碱土>结皮柱状草甸碱土；改良的难易程度上，由难到易分别是结皮柱状草甸碱土>浅位柱状草甸碱土>中位柱状草甸碱土>深位柱状草甸碱土。

Ⅳ 草原碱土

草原碱土过去也称碱土，它主要分布在东北大兴安岭以西的蒙古高原，呈斑块状与黑钙土、栗钙土组成复区。地下水位深，在5~6m或以下。

Ⅴ 龟裂碱土

龟裂碱土分布在漠境和半漠境地区，如新疆、甘肃、宁夏和内蒙古河套平原。其地表有极薄的黑褐色藻类结皮层，下为1~5cm的灰白色轻质淋溶层，下垫1~2m厚的鳞片或层片状结构，较紧实，脆而易碎的过渡层；再下层为黏重、紧实、呈短柱状的碱化层；碱化层下为盐化层及母质层。土壤的碱化度高，为 20%~60%，个别可达 70%~90%。pH 则达 10。

Ⅵ 荒漠碱土或镁质碱土

荒漠碱土或镁质碱土主要分布在河西走廊等地。这里的地下水位高，达 1~2m，矿化度小于 1g/L。表土 15~30cm 以下出现 30cm 厚的块状或核状结构且坚实的白土层，底土则常有锈斑和石灰结核。它应属草甸碱土，但其特点是表土、亚表土中含大量交换性镁，达 6~7cmol/kg，毒性大，因而单列为亚类。镁质碱土碱化度高达 70%~90%，含盐量亦较高，可达 2~20g/kg，所以也称为镁质盐土。其成因多与母质含镁矿物风化有关。

5.1.3 中国盐渍土的分布

盐渍土在世界各大洲均有分布，涉及 100 多个国家和地区，面积达 9.54 亿 hm²，约占地球陆地总面积的 10%。中国约有盐渍土 9913 万 hm²，其中现代(活化)盐渍化土壤约 3693 万 hm²，残余盐渍化土壤约 4487 万 hm²，潜在盐渍化土壤约 1733 万 hm²。在所有盐渍土中，约有 670 万 hm² 分布于农田之中，多为因灌溉不当引起的次生盐渍化。

中国的盐碱土主要分布在干旱、半干旱和亚湿润的干旱地区，集中于淮河-秦岭-昆仑山一线以北的盆地、平原，滨海地区及灌区，在辽、吉、黑、冀、鲁、豫、津、晋、新、陕、甘、宁、青、苏、浙、皖、闽、粤、琼、内蒙古及西藏等 21 个省(直辖市、自治区)均有分布。根据盐碱土的类型及所在地区的水文地质、地形、成土母质和气候特点，将我国盐碱土的主要分布区域分为 6 个(表 5-4)。

表 5-4 中国盐渍土主要类型区面积与分布

盐渍土类型区	面积(万 hm²)	气候类型区	分布区域
滨海盐碱土区	214	湿润、半湿润区	沿海地区辽宁、河北、天津、山东、江苏、上海、浙江、福建、广东、广西、海南等 11 个省(直辖市、自治区)
黄淮海斑状盐碱土区	170	半湿润、半干旱区	华北地区的河北、河南、山东、山西、陕西
东北苏打碱化盐渍区	437	半湿润、半干旱区	东北的黑龙江、吉林、辽宁等省
宁蒙片状盐渍区	837	半干旱、干旱区	西北地区的宁夏、内蒙古等省(自治区)
甘新内陆盐渍区	1440	干旱区	西北地区的甘肃、新疆、青海、内蒙古等省(自治区)
青藏高寒盐渍区	532	干旱区	青海西部、西藏等省(自治区)

(1) 滨海盐碱土区 214 万 hm²，即我国东部半湿润季风区的沿海滩涂地，包括渤海、黄海和东海的 1800 多千米海岸沿线。

(2) 黄淮海平原盐碱土区，主要在黄河、淮河中下游沿河低洼和低平地，以及海河泛滥区，经多年改良治理后现还有 170 万 hm² 左右。

(3) 东北苏打碱化盐渍区 437 万 hm²，包括松嫩平原、辽河平原、三江平原和呼伦贝尔高原。

(4) 宁蒙片状盐渍区 837 万 hm²，包括宁夏及内蒙古河套地区。

(5) 甘新内陆盐渍区 1440 万 hm²，包括新疆、青海、甘肃河西走廊和内蒙古西部

地区。

(6) 青藏高寒盐渍区 532 万 hm^2，属气候干旱区，包括青海西部、西藏省(自治区)。

5.1.3.1 滨海盐碱土区

滨海海浸盐渍区主要分布在北至渤海湾、南至长江三角洲的滨海平原，浙江、福建广东、海南沿海也有零星分布。滨海盐碱土分布在温带、亚热带乃至热带各种湿润度的气候带。

滨海盐碱土区指目前仍受海潮直接或间接影响的地区。该区地势平坦，海拔低，成土母质主要为河、湖、海相沉积物。海潮以淹没土地、海水溯河流而倒灌、海水渗漏补给地下水方式影响土壤。地下水埋深浅(0.5~1.5m)，矿化度高(21~35g/L，最高可达 250g/L)，水化学组成以氯化物为主。距海越远、埋深越大，矿化度也越低。

土壤富含可溶性盐分，1m 土体含盐量多在 4g/kg 左右，高者可达 20g/kg 左右。土壤属氯化物盐土，盐分组成以氯化物为主，氯根占阴离子总量的 80%~90%，硫酸根占10%，重碳酸盐占 2%~10%。

滨海盐碱土仍有广大面积的盐碱荒地尚待开发利用，而且面积在不断增加，如黄河入海口每年增加退化土地 $2000hm^2$ 左右。该区域过去积累了种稻冲洗压碱及水旱轮作措施进行改良利用的经验，并取得了很大成效，今后应进一步拓展盐生植物的生物改良利用、深沟台田、暗管改碱等改良利用措施。

5.1.3.2 黄淮海斑状盐渍区

黄淮海斑状盐渍区主要分布在黄河、淮河、海河三大水系冲积物形成的大平原中的沿河低洼和低平地，包括河北、山东、河南、山西、陕西诸省的冲积平原、汾、渭、泾平原。

该区域盐碱化的水文条件是河流低矿化水(02~0.5g/L)的径流带来大量水和盐分，河水侧渗补给地下水造成地下水位较高而引起土壤积盐。

本区的气候条件是年蒸发量大于降水量 3~4 倍，"气散盐存"造成积盐条件。降水季节分配不均，7~9 月降水量占全年降水量的 70%~80%"，春旱、夏涝、晚秋又旱的特点形成"旱碱相伴、涝碱相随"，涝时脱盐、涝后积盐，季节性积盐和脱盐交替进行。

从大地形来看，由高处到低处盐碱化状况逐渐加重，呈"盐向低处流"的趋势。例如，山麓洪积冲击平原两岸基本上无土壤盐渍化现象，在冲积平原区，低缓的泛滥平原是土壤盐渍化发生的主要区域。从中小微地形来看，在洼地边缘及局部凸起处，因蒸发强烈，盐分易于积聚，有"盐往高处爬"的特点。洼地越封闭，积水越久，洼地附近周边盐碱越重。

土壤盐分含量(1m 土层)为 3~6g/kg，重者可高达 20g/kg，并且多积聚在上层。盐类组成以氯化物和硫酸盐为主，平原中的低洼区域，氯化物占阴离子总量的 70%~80%；而交接洼地则以硫酸盐为主，占 80%以上。一般轻盐碱土，重碳酸盐含量相对增多，约占一半，而氯化物和硫酸盐各占 25%，故本区盐碱土大都属于氯化物硫酸盐土或硫酸盐氯化物盐土。

该平原的一些灌区，过去由于缺乏必要的排水工程系统及严格的灌水制度，加上不合理拦水、蓄水、大水漫灌，致使灌区地下水位迅速上升，曾发生过大面积的次生盐渍化。后经多年治理改造，盐碱地大面积减少，但 2m 土体盐分总量并未减少，只是盐分下移的

— 182 —

再分配。由于特定的气候和地貌水文条件决定了该区域不可能摆脱盐碱威胁，遇涝年仍有返盐的可能，在低平原区已经出现了春季返盐现象，而且还有 170 万 hm^2 剩余难以改良的中度以上盐渍土。

5.1.3.3 东北苏打碱化盐渍区

东北盐碱土区主要包括松嫩平原、辽河平原、三江平原和呼伦贝尔高原，其中以松嫩平原盐碱土分布最为集中，最具代表性。

（1）气候条件

本区属冷温带半干旱半湿润大陆性季风气候条件，一方面，年蒸发量大于降水量的 2~6 倍，有利于盐分积累；另一方面，由于负温造成了本区特有的季节性冻层，以及由此形成的独特的地下水状况和积盐过程。

（2）积盐规律

积盐期以春、秋两季为主。春季积盐是在冻层未化通以前的冻层上进行的，所以以冻结层中水是春季积盐的主要参与者，至于这时冻层以下的地下水，因冻层之隔，不参与春季积盐。地下水只能在土壤未冻结的秋季直接参与秋季积盐过程，秋季地下水位的高低影响冻层水盐积累，而且显然只能间接地影响翌年春季土壤积盐过程。

（3）水文条件

境内有大量无尾河流，这种河流下游无固定河道而漫散或通过渗漏、蒸发消失在草甸中，所以以河流的化学径流与本区的近代积盐有非常密切的关系。地下水埋深（0.5~2.5m），矿化度低（0.4~1.0g/L），矿化类型属于重碳酸或苏打、硫酸盐、氯化物的混合型。

（4）地形地貌

平原的地形分高阶地、河湖滩（高河湖漫滩和低河湖漫难），两种河湖漫滩的水成地貌是形成盐碱土的主要基地。

（5）盐类特点

土壤中含盐量不高，为 2~10g/kg，含盐量为盐土高、碱土低，并且都含有苏打盐类，pH 都很高，苏打盐渍化和碱化过程甚为普遍。最主要特点之一是苏打盐化的同时进行着碱化过程。苏打有着巨大的碱化能力，这种能力不是一般中性钠盐所能比拟的，甚至苏打含量很低（0.5mg/kg）就可以使土壤碱化。由于土壤中有苏打存在，引起 pH 显著升高，使土壤溶液中的大部分钙、镁离子以碳酸盐的形态沉淀下来。这就大大提高了钠离子的代换能力。而被钠离子代换出来的钙镁离子由于 pH 高，也很容易沉淀在土壤中。因此，土壤溶液和地下水中苏打浓度即使很低，也可以使土壤胶体中大量的钙、镁离子代换出来，使土壤具有很高的碱化度（也称钠化率）。

本区盐碱土属于草甸盐土、草甸碱土和碱化草甸土。草甸盐土除氯化物、硫酸盐外还有苏打，属混合型盐类的草甸盐土。草甸碱土可分为结皮柱状草甸碱土、浅位柱状草甸碱土、中位柱状草甸碱土、深位柱状草甸碱土。

5.1.3.4 宁蒙片状盐渍区

宁蒙片状盐渍区位于西北半干旱区，包括宁夏及内蒙古河套地区，气候较为干旱，降水较少，多在 150~300mm，蒸发量多于降水量达 10 余倍，属半干旱大陆性气候。盐碱土呈大片分布。

本区盐碱土多发育在黄河两岸的冲积物上，地形大平小不平，地势低洼，排水不畅，地下水埋深较浅（1~2m），地下水矿化度 2~10g/L，高者可达 25g/L，以致生成大面积盐碱化。

本区较轻的盐碱耕地含盐量为 1~3g/kg，较重的含盐量为 5~8g/kg，盐碱荒地 1m 土体平均含盐量在 10~50g/kg。盐分组成以氯化物和硫酸盐较多，其次是重碳酸盐，并且多聚积在地表。盐碱类型多属氯化物硫酸盐盐土或硫酸盐氯化物盐土，或含有少量苏打成分。

宁夏的银川以南地区分布的是斑状轻度盐化浅色草甸土，以北地区分布的是斑状中、强度盐化草甸土和浅色草甸盐土，在地势低洼地区盐土呈大面积分布。由于地形和地下径流流速的差异，盐分产生分异作用，形成的盐土类型较多，如蓬松盐土、潮湿盐土、草甸盐土、沼泽盐土、苏打盐土等，在封闭洼地还有白僵土，盐渍土盐分主要为氯化物硫酸盐和硫酸盐氯化物，其次是重碳酸盐的苏打盐土和白僵土。

内蒙古古河套地区（包括河套平原、中滩及其南部平原和呼莎平原）主要为浅色草甸土、蓬松盐土、潮湿盐土和封闭洼地分布的苏打盐土，在地势低洼的河流或湖泊沉积物上分布有白僵土。潮湿盐土盐类成分中钠、镁的氯化物含量较高，蓬松盐土盐分以硫酸盐为最多。河套平原南部和中部地势较高地区分布大面积轻度和中度斑状盐化草甸土；中部低洼地区多分布不同类型的盐土。平原东北部为盐化浅色草甸土及其他类型盐土，地势低洼和地下水汇集地区盐土均呈大面积分布。中滩及其南部平原的中部洼地盐土均呈零星分布，但在地势较平坦地区主要分布的是轻度和中度斑状盐化草甸土。呼莎平原的西、北、东三面多分布中度斑状草甸土；西部、东北部的低平地区盐土亦呈大面积分布。在黄河沿岸分布的主要是草甸土。

5.1.3.5 甘新内陆盐渍区

甘新内陆盐渍区位于西北干旱区，主要分布在新疆、甘肃河西走廊等地区，为我国盐碱土分布最广、面积最大的区域，有 1400 多万 hm^2。

本区自西北向东南降水量逐渐减少，最少的只有 50mm 左右。蒸降比值一般为 10~20，局部地区达 40 以上。

甘肃河西走廊除山地高坡外，大多为发育在灰棕荒漠土上的盐碱土。在冲积扇中部大面积分布的是结皮蓬松盐土，盐分以硫酸钠为主；在冲积平原中下部分布的是灰褐色结皮盐土，硫酸盐含量较低；平原下部排水不良和低洼的河滩地上分布有潮湿结皮盐土，多含氯化物和镁盐。

新疆大部分处在四周高山所环绕的封闭型内陆盆地，地下径流和盐分缺乏出路，加之气候极为干旱，因此在盆地内部进行着强烈的积盐过程。盐碱化程度较高，0~30cm 土层含盐量多为 20~50g/kg，高者可达 100~200g/kg，而且形成 5~15cm 厚的盐壳，盐壳含盐量高达 600~800g/kg。

新疆盐渍土主要发育在河流冲积平原上。在地势低平地区分布有盐碱荒漠土和结皮盐土；沿天山南北两侧冲积扇边缘的泉水带分布的是盐化草甸土、盐化和沼泽荒漠土；天山以南盆地的洼地和塔里木河两岸分布的是盐化草甸土。在上述盐土分布区内也有碱土分布。盐土盐分较为复杂，以硫酸盐和氯化物为主。天山以北伊犁盆地的盐土以氯化物硫酸盐为主；天山以南和东部地区的盐土分别以硫酸盐和氯化物为主；各盆地洪积扇边缘的盐土以硫酸盐为主；南疆的盐土主要含有碳酸盐。

5.1.3.6　青藏高寒盐渍区

青藏高寒盐渍区地处青藏高原，海拔高，气候干燥寒冷，降水量少者十几毫米至几十毫米，高者可到150mm左右。水面蒸发量为2500~3000mm，蒸降比值24~200，这种气候特点有利于土壤盐分积累。

其盐碱化过程为：因强烈的蒸发作用，使土壤中易溶盐类随水分上升，盐类积累于土壤表层，形成盐化层。该层内常混有白色粉粒状结晶盐体，表面结成壳，即为盐结皮。在藏北、藏南及阿里较干旱的渣地普遍存在着这种成土过程，在一些水成土、半水成土壤形成过程中，常伴生一定的盐碱化过程，形成盐水沼泽土、盐化草甸土和碱化草甸土等。

青海盐渍土主要是盐化草甸土，主要分布在柴达木盆地和青海盆地的冲积平原与低洼地区，以及盐滩和盐湖地区。冲积平原的盐渍土主要是氯化物和硫酸盐，盐湖附近以氯化物为主。

5.2　盐渍化的危害

5.2.1　盐渍土的不良特征

盐碱土的土壤物理性状不良，其特征表现为"瘦、板、生、冷"。"瘦"即土壤肥力低，营养元素缺乏；"板"即土壤板结，容重高，透性差；"生"即土壤生物性差，微生物数量少、活性低；"冷"即地温偏低。盐碱土的"瘦、板、生、冷"，是指地瘦、结构不良、土壤紧实板结、通透性差，"板、生、冷"是"标"，"瘦"和"盐"是"本"。

（1）瘦

"瘦"是盐碱土的不良肥力特征，即有机质含量低，有效氮、磷养分奇缺。有机质是构成土壤有机矿质复合体的核心物质，也是土壤养分的储藏库，因此，土壤有机质的数量反映出土壤的肥力水平。根据在山东陵县调查，盐碱土的有机质含量大部分在10g/kg以下，一般在6g/kg左右。土壤全氮含量与有机质含量有相关性，随有机质含量的高低而变化，盐碱土的全氮含量一般在0.5~0.6g/kg，甚至更低。盐碱土的全磷含量比较丰富，由于盐碱土富含钙质，磷素易被钙质固定，因此土壤速效磷含量很低，多数在10mg/kg以下。盐碱土土壤有机质含量低，速效磷短缺，氮磷比例失调，是盐碱土改良急需解决的问题。

（2）板

"板"是盐碱土的不良结构特征。盐碱土土壤容重一般在1.35~1.50g/cm^3，总孔隙度均在45%~50%，甚至更低。土壤含盐量越大，尤其是钠离子含量越高，土壤透水、透气性越差。根据在山东禹城的测定结果，盐化土稳定渗吸速度为0.1~0.2mm/min，碱化土稳定渗透吸速度小于0.1mm/min，水、气条件不良，会对作物根系伸展、植株生长带来严重影响。盐碱土的结构性差，毛管作用强，在旱季土根蒸发量大，高于次沃土50%以上，地下水的不断补给，使土层上层大量积盐。而在灌后或雨季，土壤容易滞水饱和，不易疏干，常发生"渍涝"。这种毛管滞水现象，严重影响土壤和作物根系的呼吸。对于这种毛管

滞水，一般排水沟对其土壤的疏干作用较小，应采取培肥土壤、秸秆还田、种植翻压绿肥等改善土壤结构的措施来加以解决。

（3）生

"生"是盐碱土的不良生物特征。盐碱土对土壤微生物的影响主要有两个方面，一是土壤中的盐类物质对微生物产生抑制和毒害作用；二是盐碱土的土壤有机质含量一般较低，植物生长受到抑制，有机质归还量也少，致使微生物的能源物质贫乏，造成土壤微生物数量少、活性低。据研究，含盐量多少与盐类成分对微生物的种类和数量影响很大：当 NaCl 和 Na_2SO_4 含量大于 $2g/kg$ 时，氨化作用显著降低；当 NaCl 浓度大于 $5g/kg$、Na_2SO_4 浓度大于 $12g/kg$ 时，固氮作用受抑制；当 NaCl 浓度大于 $10g/kg$ 时，氨化作用几乎停止。不同浓度的不同盐类对细菌有明显毒性，在致毒范围内，毒性与渗透压有密切的关系，渗透压为 $6bar(1bar=10^5Pa)$ 时，所有盐类都降低硝化作用 50% 以上；在 $156bar$ 时，氨化作用用降低一半，微生物的原生质因盐类而引起物理上和化学上的改变，原生质活动不正常，也可改变原生质的胶体性质。

（4）冷

"冷"是盐碱土的不良热量特征。盐碱土由于含有过高的盐分，使土壤吸湿性较强，造成地温偏低，春季地温上升缓慢。据测定，春季 3 月初至 5 月中旬，播种层 5cm 处地温，盐碱土比非盐碱土一般偏低 1℃ 左右，多者可相差 2℃，其稳定在 12℃ 以上的日期，要比非盐碱地滞后 10 天左右，而秋后播种冬小麦的出苗时间晚 3~7 天。针对盐碱土的这种不良热量特征，一般春播要稍晚一些，而夏播和秋播要力争早播。同时，偏低的地温也不利于土壤微生物的活动和土壤养分转化，影响作物的生长发育。

5.2.2 盐渍化的危害

5.2.2.1 对植物的危害

（1）渗透抑制与生理干旱

盐渍土上植物生长的障碍主要是由于盐分浓度过高引起的。由于土壤和植物根系层含有大量水溶性高浓度的盐类，土壤溶液浓度和渗透压就会增高，土壤水分的有效性降低，植物不能正常吸收水分，造成植物生理干旱，重者会脱水萎蔫而死亡。

（2）影响植物光合与代谢

在盐渍土壤中，能使植物促进气孔开放的激素减少，抑制气孔开放的激素增加。这就使叶片气孔孔径减小，影响 CO_2 吸收与光合作用，使植物生长受阻。土壤含有过量可溶盐，会减弱植物代谢过程，土壤盐分可引起 N 代谢过程产生毒性物质，其毒性有时比 NaCl 大好几倍。

（3）离子毒害与养分吸收失调

离子毒害是植物盐害的主要表现形式。在盐分胁迫条件下，盐离子（Na^+ 和 Cl^-）的过量吸收会影响植物对其他营养元素（如 K^+）的汲取及运输，细胞 K^+/Na^+ 下降，导致植物体内矿物质元素失调，进而影响植物的正常代谢与生长过程。如叶片中钠离子过多会使叶尖、叶缘枯焦，氯离子过多也会灼伤，影响光合作用和淀粉形成。在盐离子运输方式中，大多数植物将过多的盐离子积累到叶片等代谢活跃部位，使植物的正常生命活动受到影响，严重影响了植物的生长与生物量的积累。

土壤含盐量增加，植物根系选择吸收营养离子的能力减弱，营养性离子吸收不足，非营养性离子及有害离子吸收过多，会对植物营养元素产生拮抗，造成营养失调和缺素症。pH 值过高，土壤中锰铁不能溶解，植物缺锰铁而得退绿病，叶片变黄。强碱作用下，根表面的磷、铁以磷酸铁的形式被固定，这就限制了植物对磷铁锰的吸收。

（4）阻碍根系生长

盐胁迫下，植物根系最早感受逆境胁迫信号，并产生相应的生理反应，植物根系总吸收面积受到一定抑制、质膜透性升高并伴随吸水能力下降，随着盐胁迫时间的延长，根系活力和根系活跃吸收面积受抑制程度加大，根系吸收能力持续下降，影响植株总体的营养供给，同时蒸腾速率的下降导致蒸腾拉力降低，水分失衡加剧，叶片相对含水量下降导致光合速率进一步降低，盐胁迫对植株的伤害加重。

（5）植物受盐碱危害表现

① 变色。起初茎部叶片变淡，变黄，然后向上蔓延。叶片由叶缘、叶脉向两侧发展到全叶，老叶受害较重。

② 叶片枯焦。枯焦由叶片顶端或叶缘开始，向叶基部扩展。植物种不同颜色也不同。

③ 叶片脱落。高温季节，叶片枯焦急剧发展，而后脱落。银白杨、箭杆杨、黑杨、桑、核桃更易发生。

④ 干缩或死亡。炎热天气，冠顶先萎蔫并迅速向下发展，叶片不变色不落，干缩在枝条上，严重者植物死亡。

5.2.2.2 对土壤的危害

盐碱对土壤的危害主要是由盐渍化土壤中的 HCO_3^-、CO_3^{2-}、SO_4^{2-}、Cl^- 等阴离子和 Ca^{2+}、Mg^{2+}、Na^+ 等阳离子组成的盐所致。

盐渍化土壤中的碳酸盐等碱性盐在水解时，呈强碱性反应，导致土壤 pH 增大，进而降低土壤中磷、铁、镜、锰等营养元素的溶解度，阻止植物对土壤养分的吸收。地表积盐多，尤其是 $MgCl_2$、$CaCl_2$ 多，因吸湿性强，地温上升慢。土壤内大量盐分的积累会引起土壤物理性状的恶化，特别是高纳的盐土，其土粒的分散度高，干旱板结湿时泥泞，通气透水性不良，土壤易板结，可耕性差，幼苗出土生长困难，根系扎根困难；生长在其上的植物，根系呼吸微弱，代谢作用受阻，养分吸收能力，造成营养缺乏，生产力下降。土壤盐碱高，会抑制土壤微生物的活动，影响土壤有机质的分解与转化。如 $NaCl$、Na_2SO_4 超过 0.2%，氨化作用显著减弱，超过 1%，氨化停止。

5.2.2.3 对农业的影响

盐渍土对农业的危害主要体现在使作物减产或绝收，轻度盐渍化会引起作物生长受到抑制，低矮发黄，缺苗减产 10%～20%。中度盐渍化使作物受到较强抑制，作物生长不良，籽实不饱满，产量降低 20%～50%。强度盐渍化则会导致严重缺苗或禾苗死亡，植株瘦弱、萎黄，籽实小而瘪，造成 50%～80%。盐土可导致作物绝收。因盐渍化造成的作物减产会导致巨大的经济损失。据对内蒙古河套平原的统计，许多灌区每年因盐渍土死于苗期的农作物占播种面积的 10%～20%，有的甚至高达 30% 以上。黄淮海平原轻度、中度盐渍土就造成农作物减产 10%～50%，重度则颗粒无收。山东省 140.06 万 hm^2 盐渍化土地中的

81.56 万 hm² 耕地，每年因盐渍化造成的经济损失就高达 15 亿~20 亿元。

土壤可溶盐对植物(作物)危害因盐类而异，不同盐类对植物(作物)危害排序如下：氯化镁>碳酸钠>碳酸氢钠>氯化钠>硫酸镁>硫酸钠；如浓度相同，其危害比例为：碳酸钠：碳酸氢钠：氯化钠：硫酸钠=10：3：3：1。

5.2.2.4　对工程建设的危害

严重的盐渍化，不仅造成作物减产，降低土地利用率，而且也会危害工程建设，造成经济损失。盐渍土具有腐蚀性，对建筑物基础会产生一定危害，而且在盐渍土地段南昌市的混凝土电杆，会发生腐蚀和局部裂缝的现象，严重危及送电线路的安全。盐渍土分布区地下水位高，再加上其不良物理力学性质和腐蚀性，会对交通线路建设、维护与安全造成巨大影响。如兰新铁路哈密段通过膨松盐土区，由于路基膨胀，使道钉拔脱，铁轨弯曲，火车行速降低，站台水泥块翘曲。再如 314 国道穿过焉耆盆地和策大雅-轮台段及由阿克苏-阿拉尔公路，新修的公路使用 1~2 年后，就产生路面损坏、塌陷、翻浆，常修常坏，不仅使维护费用大为提高，而且影响行车安全。

5.3　盐渍化的防治原则与原理

盐渍土在增加粮食总产量方面具有相当大的潜力，作为宝贵的土壤资源，其作用是不容忽视的。因此，寻找合适的盐碱土的治理方法，促使盐碱土获得高产以应对全球粮食安全是现今急需解决的问题。

5.3.1　盐渍化防治的基本原则

长期以来国内外对盐碱土的改良利用开展了广泛深入的研究，总结出了盐碱土治理的有效措施，不同措施对盐碱土的改良利用效果不同，生产实践中应该坚持因地控制、综合治理、改良与利用相结合、水利工程措施与农业生物措施相结合、土壤除盐与土壤培肥相结合等原则。

盐碱土治理必须有一个正确的指导思想和正确的工作方针，首先必须处理好以下几个关系或几个结合。

(1) 改土与治水的关系

对盐碱土来说，"盐随水来""盐随水去"形象地说明了水和盐的关系。碱，水由之，不搞水利建设，就无从解决排涝、排盐和洗盐，不把过多的盐分排除掉，其他措施就发挥不了应有的作用。但是单用水利措施，只能使土壤脱盐，不能改善盐碱土的瘠薄、黏朽、冷僵等不良性状，因此，还需要通过改土来培肥土壤。"地瘦生碱""肥大吃碱"高度概括了肥和盐的关系。因此，只有通过农林水综合治理，才能把盐碱地建设成高产稳产农田。"治水不改土，有水无用处，改土不治水，旱涝就吃亏"，道破了土和水间的辩证关系，所以，盐碱土的治理要以改土治水为中心，土、水、肥、林相结合，全面规划、综合治理是根治盐碱土的主要途径。

(2) 灌溉与排水的关系

旱涝碱是盐碱土的通病，"旱碱相伴""涝碱相随"。盐碱土既有季节性的气候干旱，又有因盐而来的"望墒""假墒"等生理干旱现象。旱季蒸发强烈，干旱返盐；雨涝抬高地下水位，涝后积盐，可见，水是盐分运行的主要媒介，灌溉和排水是全面根治盐碱土不可分割的有效措施。有灌无排，只能压盐，不能排盐和防止返盐，而且由于灌溉补给了地下水，还会加重返盐；有排无灌，土壤中的盐分也不可能迅速地冲洗出去。所以，在盐碱土地区，要灌排结合，排水排盐是关键，必须要以排定灌，有排才能灌。

（3）治理与防治的关系

盐碱土的治理措施必须综合配套，既要治理，又要预防，依据区域盐碱土的发生规律和水盐运行特点，处理好水与盐的关系，科学用水，特别是预防灌区的土壤次生盐渍化。土地盐碱化的治理需要从流域的角度出发，全盘考虑，统一规划，把社会效益与经济效益、农田建设与农业开发、综合整治与环境保护结合起来，不断改善生态系统，建立生态农业，促成农林牧副渔业全面发展。

5.3.2 水盐运动规律

盐渍土的形成是盐分伴随水分运移并在强烈的蒸发作用下而在地表积聚的结果。盐渍土的形成和发展变化与水盐运动密切相关，土壤水分和盐分动态是了解盐化和碱化土壤的形成和改良盐化和碱化土壤的重要途径。盐碱地中水溶性盐是随着土壤水的移动而移动的，水盐运动的实质是土壤中盐分的水迁移，水盐运动可分为垂直运动和水平运动。

5.3.2.1 垂直运动

水盐垂直运动有积盐和脱盐两种不同形式。在非灌溉的干旱时期，土壤中盐类随水分蒸发沿着毛细管上升到地表，水分被蒸发后盐分便留在地面，随水分的不断蒸发，地表盐分不断增加，这就是土壤积盐的过程。而在降水或灌溉时，土壤水分向下流通，耕作层的盐分被雨水或灌溉水溶解后，随着下降水流也向下移动，把盐分从上层淋洗到下层，叫压盐。若有排水条件，则盐分可随水渗入排水沟排走，这样就使土壤脱盐。土壤积盐和脱盐的过程就是土壤盐渍化和递转的过程。若每年积盐量大于脱盐量，则土壤向盐渍化方向发展，反之向非盐渍化方向发展。

华北地区水盐运动非常典型（表5-5）。春秋季节时，华北地区降水相对少，盐分随水分蒸发回到土壤表层；夏季气温高，降水多，雨水对土壤的淋洗强烈，又将盐分淋洗到土壤深处；而冬季降水少，蒸发弱，因此盐分相对稳定。所以华北地区形成了春秋返盐，夏季淋盐，冬季盐分相对稳定的水盐运动特征。

表5-5 华北地区典型水盐运动季节变化

季节	水盐运动	气候变化及形成原因
春季（旱季）	积盐	蒸发强烈，土壤中盐分随水沿土壤毛管孔隙上升至地表聚积
夏季（雨季）	淋盐（压盐）	降水量大，土壤表层盐分被地下水淋洗，使土壤表层脱盐
秋季（旱季）	积盐	同春季
冬季（旱季）	盐分稳定	降水少，气温低，蒸发弱，盐分稳定

5.3.2.2 水平运动

"人往高处走，水往低处流"。从大地形来看，含盐碱的高矿化度的地下水总是从高处

流向洼处，使盐分在洼处集聚起来形成盐渍化，这便是水平运动的结果。当然在小地形的洼地边缘或平地中局部高地，则因水盐垂直运动或水分的侧渗，往往形成盐斑。

5.3.3　肥盐关系

肥料对土壤盐类有明显克制作用，主要表现在：①有机质具有强大的吸附力，使碱性盐被吸附固定起来，对作物起到缓冲作用，不起危害作用；②有机质在分解过程中能产生各种有机酸，使土壤中阴阳离子溶解度增加，有利于脱盐，同时能活化钙镁盐类，有利于离子代换，起到中和土壤中的碱性物质，释放各种养分的作用；③施肥可以补充和平衡土壤中作物所需的阳离子，而离子平衡可以提高作物的抗盐性。

土壤中水肥盐的运动规律是盐渍化防治重要理论依据，水和肥是改良盐渍土的重要物质基础，在盐渍土防治中，治水是基础，培肥是根本，只有以水洗盐排碱，以肥改土，巩固脱盐效果，才能使盐渍化向良性循环。

5.3.4　盐渍化的防治原理

盐渍化的防治主要依据土壤盐渍化的原因与水盐运动规律来制定改良措施。根据盐渍化成因类型及水盐运动规律采取不同措施，就其作用和内容，可概括为以下几个方面。

（1）控制盐源

充分的盐分来源是形成盐渍化的物质基础。因而通过控制盐分进入土壤的上层，使土壤中不致有过多盐分，使植物得以正常发育，是防止盐渍化产生的有效途径之一。对于控制盐源来说，就是根据当地造成积盐的条件，采取相应的措施控制盐源进入控制区。如对于以地表水带来的盐分为主的区域，可通过阻挡等方式防止盐分进入区域，对于不符合灌溉水质要求的河水、井水，则要谨慎使用。对于以地下水中盐分上升为主的区域，排水降低地下水位是经常性的控制盐源的有效措施。

（2）消除过多的盐量

对已经发生盐渍化或者垦殖盐荒地时，通过冲洗、排水、客土等措施消除土壤中过多的盐量，来改良盐渍土。冲洗排水措施可使土壤中的盐分浓度迅速下降，进而达到消除盐分的危害。消除过多盐量也可采用种植作物或耐盐植物的方法，在利用中消除过量盐分。对于盐分积累于土壤表层的农田，可采取将表土几厘米到十几厘米的盐结皮、盐结壳一起刮走清除到农田之外的方法。客土换土也是消除过多盐量的一种方法，在造林中经常使用。

（3）调控盐量

采用适宜的灌溉技术(滴灌、喷灌)使土壤保持适宜水分，控制盐分浓度，或者采用生物排水、水旱轮作等改变水盐运动的规律，以达到减少盐分累积的作用。

（4）转化盐类

通过施用一定的化学物质，促使盐分与施入的化学物质发生中和、置换、沉淀等各种反应，固定、转化盐分，将盐分转化为毒害作用较小的盐分。转化盐类是化学改良盐碱土的主要方法，常用的物质有石膏、氯化钙、硝酸钙、过磷酸钙、褐煤矿的副产品、硫酸亚铁、硫酸铝和糖厂副产物等。

（5）适应性种植

盐碱地区植被稀少，土壤蒸发强烈，地下水位高，地力贫瘠。种植盐生植物、耐盐植物，一方面可通过植物地上部分的遮荫作用控制地面蒸发，减弱地表积盐速度，减少积盐过程；另一方面可通过植物的蒸腾作用，降低地下水位，避免盐分随水分运动在地表积累。同时，通过植物的枯落物、根系改良土壤结构与理化性质，促进土壤脱盐，抑制土壤盐碱化的发生。而且适应性种植可以提供燃料、饲料、木料、肥料、油料、作物，还可结合种植果树、桑树、白蜡条、紫穗槐等经济林木，增加农民收入。

（6）施用微生物菌肥

微生物的活动与植物关系密切，微生物的吸附富集作用、氧化还原作用、淋滤作用、成矿沉淀作用和协同效应等可用来改良盐渍土。施用活性微生物菌肥后，不仅能够改善土壤性质，还能够增加作物产量。

微生物治理盐碱地主要应用菌根生物技术。研究表明，菌根能够缓解盐碱土对于植物生长的抑制，增加寄主植物对盐碱胁迫的抗性。菌根菌通过增强根际土壤酸性和碱性磷酸酶的活性，促进土壤中有机磷的消解，进而增加植株对 P 等矿质营养元素的吸收，改善盐碱胁迫引起的营养亏缺和体内平衡，缓解植物因吸收过多 Cl^-、Na^+、K^+ 而造成的生理毒害和生理干旱，促进根系水分吸收能力。

5.4 盐渍荒漠化的生物防治技术

盐渍荒漠化的生物防治技术就是利用植物或微生物的生命活动来积累有机质，改善土壤结构，增加覆盖，减少土壤蒸发，变蒸发为蒸腾，降低地下水位，达到改良和利用盐渍化土地的技术。例如，选种耐盐作物、绿肥牧草、植树造林等。盐渍化生物防治技术不仅包括在轻度盐渍化土地上直接进行植被种植与改良技术，而且也包括在中、强度盐渍化土地上为提高植物种植成活率、生长量而采取的降低土壤盐碱含量的配套措施与技术。

5.4.1 植被改良盐渍荒漠化土地的作用

（1）抗御干热风，抑制土壤返盐

植物地上生长部分具有遮蔽作用，能够降低土壤水分蒸发，减弱地表积盐速度和地表返盐。干旱盐碱地区多干热风，林草植被能使风速降低，温度下降（夏季降低气温 0.6~1.4℃），湿度提高 5%~20%，蒸发减少 20%，新疆麦盖提县在盐碱地上营造四行窄林带，7 月蒸发量减少 41.4%，显著抑制了土壤返盐。

（2）降低地下水位，抑制土壤返盐

植物根系大量吸收土壤深层的水分，再经过蒸腾作用散失，可降低地下水位，抑制盐分的表聚。据试验，柳树蒸腾强度为 239.04g/（h·m²），榆树为 34.45g/（h·m²），胡杨为 83.66g/（h·m²），一株成年柳树一年可蒸腾 91.4m³ 地下水，像抽水机一样。在新疆沙

井子的观测发现，一条6~8行沙枣、钻天杨为主的混交林带，降低水位范围达200m，在75~100m范围内较为明显，降低0.2~0.7m，地下水矿化度也逐年淡化，土壤含盐量显著减少。而且有些植物本身能吸收盐分，降低土壤含盐量。

（3）提高肥力，抑制土壤返盐

植物根系穿插土壤中能改变土壤物理性质，根系分泌的有机酸及植物残体经微生物分解产生的有机酸还能中和土壤碱性，促进土壤脱盐；而且植物根系的生化作用及地表枯落物的分解作用还能不断改善土壤养分及化学性质，抑制土壤盐碱化的发生。

5.4.2 盐渍荒漠化土地植被恢复的物种选择

盐碱地含盐量高，土壤条件恶劣，土地生产力低，严重威胁区域农林牧业的可持续发展。土壤中的盐分及其含量虽然直接影响种子的萌发、植物的成活，限制了植物的生长和产量，但盐碱胁迫条件下生长的植物，可通过增加生物量在根部的分配、调节无机离子在不同器官的分配、调控植物体内丙二醛、膜透性、叶绿素、脯氨酸、糖、抗氧化酶、抗氧化剂和脱落酸含量的变化等方式适应环境盐碱胁迫来规避或减轻盐害作用，维持细胞正常生理功能，为植物在盐害环境下的生长提供保证，从而实现在盐碱地上定居、生存与生长。因此，恢复植被是解决盐渍化土地改良与利用的根本途径。实践证明，生物措施可以有效增加地表覆盖，减少土壤蒸发，抑制盐分的表聚与防止返盐，降低土壤盐碱化程度，是改良盐碱地生态环境的重要途径。此外，植物的根、茎、叶返回土壤后又能改善土壤结构，增加有机质，提高肥力，也是最为经济有效、效果持续的途径，利于生态系统的良性循环和永久性建设。所以，以植树造林、植被构建为主要内容的生物措施成本低、功效长、效益高、作用广，不但具有生态效益，还有经济效益和社会效益，是盐碱地改良利用的重要途径。但不同的植物种或同一种类不同品种的耐盐特性不同，植物的生长特性、盐离子在体内的积累与分布也各不相同。因此，生物措施改良盐渍化土地的首要环节就是选择与培育耐盐植物资源，进而结合其他措施进行适应性种植，达到开发利用盐渍土资源、改善生态环境，提升生产、生活环境的目的。

5.4.2.1 植物耐盐能力

（1）盐生与非盐生植物

根据植物耐盐能力的强弱将自然界的植物划分为盐生植物与非盐生植物两大类。盐生植物是一类盐适应性极强的、且仅占世界植物数量的1%的、能够在200mmol/L盐浓度环境中正常生长的植物的总称。盐生植物概念是相对非盐生植物而提出的。非盐生植物，又叫甜土植物，世界上绝大部分的植物属于此类型。通常，土壤含盐量在0.2%以上就不利于植物的生长，当土壤盐分超过0.4%时植物体液外渗，严重时会导致植物失水死亡。

（2）植物耐盐能力分级

土壤中可溶性盐分过多对植物的不利影响称为盐害，而植物对盐害的耐受能力称为耐盐性。植物耐盐能力，指造林1~3年内幼树对盐碱土的适应性，即树木忍受盐渍化程度并有一定产量的能力。据此确定以树木生长受到盐碱抑制，但不显著影响成活率、生长量时的土壤含盐量作为该树种的耐盐能力。不同树种耐盐能力不同，同一树种耐盐能力因不同树龄而异，也与树木强弱、盐分种类、土壤质地和含水率有关，一般将植物耐盐能力分为强、中、弱三级（表5-6）。弱度耐盐指标为0.1%~0.3%，中度耐盐为0.4%~0.5%，强度耐盐为0.5%~0.7%。不同地区耐盐标准有出入。成年树附近土壤的含盐量不能作为该树耐盐标准，只能作为参考。

5.4.2.2 植物种选择原则

（1）符合改良与培育目标

盐碱地生物措施不仅需要改良盐碱地，而且也期望通过生物措施改善生态环境，使土地得到绿化、美化，更期望获取木材、饲料、燃料、肥料等产品，获得更大的经济效益。因此，在生物措施改良时，既要考虑植物种是否适应盐碱的问题，同时也要考虑所选植物种的生态学特性、生物学特性、经济特性是否符合培育目标，是否能使植物种的生物、生态学特性与盐碱地的立地相适应，以期充分发挥生态、经济或生产潜力。因此，植物种的选择必须结合立地条件选择适宜的植物种，同时也要在适应盐碱立地和造林目的的前提下，尽量选用经济价值和生态、社会效益较高，又容易营造的树种。

（2）耐盐力强

盐碱是植物生长的逆境，盐碱地植树造林种草能否成功的关键是选择的植物种是否得当，因此，植物的耐盐特性是盐碱地造林种草植物种选择首先需要考虑的特性。我国盐碱地分布范围广、类型多样，气候和土壤条件差异也大，不是所有的植物在这种条件下都能生长。因此，所选植物种必须能够忍受盐碱地的含盐量，就是树种的耐盐能力要与土壤含盐量相一致，不能低于土壤含盐。这就要求结合土壤的含盐量与植物对不同盐分的适应性选树适地，即利用植物耐盐碱的特性，选择具有不同抗盐碱程度的乔木、灌木树种或草本植物，栽植在不同盐碱含量的土壤上，实现在盐碱荒地上生态修复的目的。这就要求考察植物种的耐盐性，特别要注意苗期的耐盐能力。具体植物种可参考表5-6进行选择。

（3）抗旱耐涝能力强

盐碱地多分布在低湿盆地，洪涝、干旱与盐碱并存。因此，盐碱地植被恢复时，既要考虑植物种的耐盐能力，又要考虑其抗旱、耐涝能力，选择各项抗逆性均较好的植物种。

（4）易繁殖、生长快

盐碱的表聚性或返盐主要是由于土壤蒸发将地下水中的盐离子带到表层积累的结果，因此，盐碱地生物措施应能有效地覆盖地表，降低土壤蒸发，防止土壤返盐。这就要求所选的植物种易繁殖、生长快，能够尽快地覆盖地表，减少蒸发而逐步降低土壤表层含盐量，同时通过蒸腾作用降低地下水位，防止盐分随水分运动上移而聚集在土壤表层。

（5）改良土壤效果好

盐碱地植被建设，还应选择根系发达，具有根瘤、冠幅大、遮荫好、枯落物丰富的植物种，从而起到改良土壤、提高土壤肥力的作用。

（6）优先选用乡土植物种

盐碱地植被建设，最好选用乡土植物种。乡土植物种能够生存于盐碱立地，其适应性强，且当地群众也熟悉和掌握其生活习性和用途，掌握种植与抚育管理技术，能够有针对性地进行植被建设。

（7）经济效益较高

盐碱地植被建设，在实现生态修复功能的同时，应尽可能地兼顾种植植物种的木料、饲料、燃料、肥料效益和经济、药用植物。此外，还需考虑苗木成本、运输距离等造成成本较高的因素。

表 5-6　不同植物耐盐能力

耐盐能力	乔木	灌木	草本
弱度耐盐	新疆杨、箭杆杨、钻天杨、辽杨、大（小）黑杨、小叶杨、加杨、合作杨、小美旱杨、毛白杨、山杨、馒头柳、龙爪柳、金丝垂柳、垂榆、大叶白蜡、枸骨、女贞、黑松、杜松、冬青、千头柏、白皮松、枣树、银杏、法桐、枫杨、榉树、楸树、皂荚、朴树、小叶朴、榔榆、无花果、白玉兰、碧桃、樱桃、日本女贞、香花槐、青桐、暴马丁香、金丝小枣、樱花、山楂、核桃、海棠、板栗	驼绒藜、沙拐枣、黄栌、盐肤木、洒金柏、雀舌黄杨、大叶黄杨、小叶黄杨、胶东卫矛、柽树、小猬实、沙棘、郁李、紫荆、月季、玫瑰、蔷薇、迎春、水蜡、金银木、锦带花、金花忍冬、绣线菊、天目琼花、凌霄、南蛇藤、扶芳藤	无芒雀麦、苏丹草、红豆草、毛苕子、金花菜、苇状羊茅、甜高粱
中度耐盐	银白杨、小叶白蜡、白柳、刺槐、白榆、桑、臭椿、侧柏、枣、合欢、蜀桧、侧柏、圆柏、苦楝、合欢、杜梨、旱柳、垂柳、国槐、香椿、皂荚、黄金树、龙爪槐、火炬树、洋白蜡、栾树、梨、桃、杏、李、君迁子、冬枣	伏地肤、山杏、紫穗槐、杜梨、木槿、石榴、石楠、筐柳、贴梗海棠、四季石榴、蒙古荞、四翅滨藜、丁香、连翘、黄杨、紫叶李、榆叶梅、珍珠梅、小檗、小叶女贞、金银花、沙地柏、葡萄、爬山虎、地锦	披碱草、紫花苜蓿、黑麦草、羊草、芨芨草、冰草、草木犀、沙打旺、小冠花、埃及三叶草、田菁、马蔺、高丹草
强度耐盐	胡杨、沙枣、梭梭、绒毛白蜡、耐盐白榆、龙柏	柽柳、枸杞、滨海木槿、白刺、紫穗槐（沿海）、胡枝子（东北）、日本黄杨	星星草、芦苇、草莓三叶草、大米草、四翅滨藜、盐角草、狗牙根、剪股颖、碱生鼠尾粟

5.4.3　盐渍荒漠化土地植被恢复技术

5.4.3.1　盐碱地植苗造林

（1）整地造林技术

盐碱地造林难度大，但只要适当整地，适时适法造林，加强抚育管理，就能够保证造林成功。造林前应尽可能整平土地，清除杂草。植苗造林采用局部整地，植穴中加填料（隔盐层）的方法；也可整修台田、条田，修建排灌渠道，及时浇水、排水；有条件的地方实行小面积造林，可以采取换土、改土措施。

① 大坑整地

一般在地势较高，地下水位较低而又不便排水的盐碱地上，采用大坑整地，借助雨水淋洗和人工冲洗盐分降低土壤含盐量，而后在坑内造林。坑的规格以穴径 0.5~1m，深 0.5m 为宜。挖坑后回填混沙或混有机肥，以抑制返盐和提高土壤肥力。整地在雨季前进行，以使土壤风化和雨季淋洗。盐分降低后，于晚秋或翌春造林。

② 沟垄整地造林

地势较高、地下水位较低（2m 左右）、质地较黏、排水不良的内陆盐碱地，利用"水往低处流、盐往高处走"的规律，进行沟垄整地。每隔 0.8~1m 可挖沟，沟深 0.5~0.6m，上宽 0.8~1m，下宽 0.4~0.5m，在沟内挖穴造林。这种方法主要是根据潮盐土盐分上重下轻的特点，而采取防盐躲盐的有效措施。把盐分集中到垄背上，减少沟内盐分。沟内可集中雨水，有利于蓄积淡水洗盐。此种方法一般可在春天开沟、夏灌排盐，秋季沟底造林，栽植后及时松土，抑制返盐。

③ 高垄整地

在无排水渠道的低湿盐碱地，可采取高垄整地，将垄高较原地面抬高 20-30cm，此法可抬高栽植面，相对降低地下水位，增强排盐防涝作用。

④ 台田、条田整地

在地下水位较高、矿化度大、盐碱化较重的滨海盐碱地，可用台田和条田整地。台田和条田的宽度及深度密切关系看脱盐效果。一般要求台田面距离地下水 1.5m 以上，抑制返盐。一般地下水位 1m 左右的地区可修台田；地下水位深 1.5m 地区，可修建条田。比较适宜的规格是：台田宽 5~10m，条田宽 20~50m，长 500m，沟深 1.5m，底宽 1m，上口宽 5m，台田四周应建 0.5m 高的围埝，经 3~4 个月降雨洗盐，即可全面造林。

⑤ 围埝、挖坑、压盐、冬秋栽树

地形不平、盐碱重的土地，先平整土地，后根据地形围成不等地块，夏季挖坑，坑与坑之间有小沟相通，防雨水流失，以充分洗盐。初秋把坑内淤泥挖出风化，秋季造林。栽树时深挖浅埋，浇足底水，覆干土，减少蒸发，抑制返盐。

⑥ 客土整地造林

栽不活树的重盐碱地，可采取井状、穴状换土，改变局部条件。要注意：大穴深翻，深度要超过表土下柱状结构层；增施有机肥；坑底土性不好可铺一层大沙粒，阻止根系向下扎；无土可换时可掺沙，以沙压碱。客土费工，限制了推广。有的在坑底放 2cm 糠隔离，糠上铺 1~2cm 阳土，后再以 1：8 的糠土比拌匀，入穴，埋树根 25cm 深，踏实浇水，干土覆盖，效果良好。

⑦ 沟畦整地造林

地平、水位高、含盐重、有灌溉条件的地区，在前一年雨季前整地，畦旁挖排水沟，沟深大于水位面，同时增加输水沟、干沟、容泄区的深度，依次更深些，沟底需有一定坡度。整地工程结束，在畦上造林。

⑧ 全面整地

此法适于机耕条件好的内陆盐碱地区。在雨季前进行全面耕翻，此时温度较高，杂草易腐烂，土壤疏松，盐分易于向下淋洗。注意勿将下层含盐量高的黏质土层翻上来，对土壤含盐量过高的地方，可提前 2~3 个月整地，待盐分下降到造林树种所能忍受的程度后再造林。

⑨ 微地形改造集雨作业造林

该方法为北京林业大学丁国栋研究团队发明的一种造林方法。滨海盐碱地具有地下水位高、水分蒸发强烈、盐分表聚强烈等特征，但降水条件较为充足，在精细整地的基础上，在平坦地面上采用微地形改造与抗老化薄膜相结合的方式设置集雨面，促进雨水的有效收集与合理利用，可有效地提高造林成活率。具体做法是：①在盐碱地采用局部穴状整地，行带状植树造林。在栽植穴底部铺设 20 cm 的炉渣或沙子形成隔盐层；②集雨面设置，在行带状间设置土埂，土埂宽 3m，两土埂间距 0.5m 的集流面，其宽度恰好为栽植穴宽度。土埂中间高，弓形向两侧倾斜，倾斜角 2°~5°，埂脚较栽植穴略高，保证埂面的降水能向两侧流向栽植内。土埂面拍实平整后，在其上铺设耐风化的温室大棚塑料作为集雨面，周边排土并踩实，防止大风掀开，并在上面每隔 3m 膜中间压土。集雨造林措施见图 5-1。该方法由北京林业大学丁国栋等人创造，实践证明，在大于 2mm 降雨量时，集雨林地的单位面积集水量是降雨量的 7.5~8.7 倍，集雨面的布设能够提高降雨的利用效率。该集雨作业造林措施效果显著，有效地改变了降雨后土壤水分的垂直分布，并利于拦蓄降雨，充分淋洗树木根系周围的盐分，加上与底层隔盐层的配合，不仅有利于抑制返盐，而且也能够有效地淋盐，解决滨海盐碱地造林淡水资源不足的问题，达到保水、减蒸、洗盐的目的。

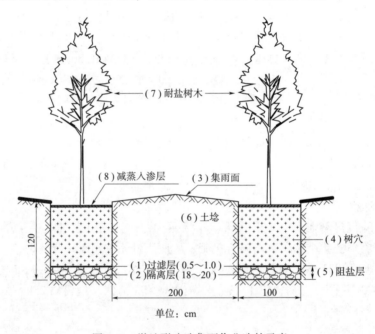

单位：cm

图 5-1　微地形改造集雨作业造林示意

⑩ 隔盐袋改土植树造林

根据种植穴的大小和植物要求，用塑料薄膜制成各种规格的隔盐袋，高度一般为 0.8m，底部打若干筛孔，袋内客土后植树造林。隔盐袋内的客土与植穴周围土壤通过薄膜分隔，防止了盐分的传输，底部通过筛孔可将灌溉或降雨淋洗的盐分直接渗入到土壤，也同时阻止了土壤中的盐分通过毛管孔隙上升到隔盐袋内。这种方法适用于地势较高、土壤含盐量低于 0.5% 的区域。如果地下水位高时，隔盐袋极有可能埋放在地下潜水位以上，下部客土就会被地下水浸泡，这时，需要抬高地面(隔盐袋)再行种植。

（2）适时造林

盐碱地水盐运动随季节而变化，不同的树种、不同的造林方法要求的造林季节也不同。因此，应把握时机，适时造林。在内陆盐碱地区，有"盐随水来，盐随水去"的说法。在春季干旱时，地下水位上升，盐分随水上移并在土壤表层积累；雨季来临时，盐分随水下渗到土壤深层。根据这一水盐运动规律，春季造林宜早不宜迟，土壤化冻后即可栽植。大部分树种都可以在春季造林，应采取浅栽平埋或深挖浅栽等措施，以避免盐碱。有灌溉条件的地方，在造林后土壤缺水或返盐时进行灌水压盐。造林前对苗木进行截枝或截干处理，减少蒸腾；根部蘸泥浆，用草袋包根，既可保水又可隔盐，能显著提高造林成活率。

雨季也是盐碱地造林的大好时机。雨季雨量集中，由于雨水淋洗，土壤盐分迅速下降，此时温度较高，适于造林。雨季时间短，必须掌握造林时机。一般在7月中下旬，透雨后或阴天突击造林。一些树种如柽柳、白刺等，雨季造林时，当年的种子已成熟，可在树下起沟，种子落在沟内，雨后即可发芽，实现辅助天然更新。当种子成苗后，可以根据成苗的密度，起苗后移栽在其他地方。

秋季土壤湿润，含盐量低，造林期长，适宜于植苗造林和插干造林。为防风害和冻害，应采取剪枝截干、深埋实砸以及栽后封土等措施。

（3）确定合理的造林密度

确定合理的密度能够促进林木的正常生长和森林小环境的尽快形成。不同树种、不同栽植方法、不同立地条件，造林密度不同。盐碱地的造林密度除考虑上述因素外，还要考虑林木对土壤的改良作用。为使幼林尽快郁闭，尽早形成比较理想的群体结构，减少地面蒸发，抑制土壤返盐，应该合理增大密度，这样还能提高木材的产量、质量，发挥较大的防护作用和降低造林成本。

5.4.3.2　播种造林

盐碱地播种出苗保苗比较困难，但措施得当也可以成功。

（1）催芽浸种

种子是植物重要的繁殖材料，种子发芽状况是判断种子质量确定播种量、成功率、保存率的重要指标。为提高种子发芽率，减少种子土埋时间，减少或防止烂籽，提早出苗，苗齐苗壮，有利生长，可对种子进行催芽处理。

（2）开沟播种

为减轻盐分对种子的危害，可在播种造林地段先开沟，在沟底播种。沟底受热面积小，蒸发弱，土壤盐分较低，水分条件好，有利于出苗生长。播种方法根据种子的大小而选择适宜的播种方式，如沟内挖穴穴播、沟内条播等方式。

（3）适当增加播量

由于土壤中的盐分及其含量会直接影响种子的发芽率及其成长，为了提高造林成活率，在盐碱地播种时，可适当增加播种量，促使更多的种子萌发，提高幼苗的成苗率，即便后期受盐分危害，生长受抑制或死亡，也可保存较多的幼苗。同时，增加播量与成苗率，可促使幼苗提早覆盖地面，抑制返盐。

（4）雨后及时灌水

雨后盐分向下淋溶，土壤中或根层附近土壤的盐分含量增加，此时需及时灌水压盐，将土壤中的盐分继续向下淋洗，避免苗根受到盐害。灌水压盐后，表土稍干即可松土，破除土壤毛管孔隙，避免土壤水分蒸发带来盐分的上移累积。

（5）及时松土

出苗阶段适时松土，增强土壤的透气性和透水性，破除盐碱土的板结现象，破除土壤毛管孔隙，防止土壤蒸发而积盐。

（6）施用有机肥和磷肥

苗期根系生长快，磷可促进糖运输，促进根系生长。盐碱地缺磷，不利根系生长，可通过多施磷肥和有机肥改土，提高土壤肥力，促进根系和地上部分生长。

5.4.3.3 种植牧草

盐碱地种植牧草，一方面可以改良盐碱地，增加土壤有机质；另一方面，也可为牲畜养殖提供饲草料，达到一举多得的效果。在种植牧草时，首先应根据土壤盐碱含量选择适宜草种；根据不同条件采取适宜的整地与种植方式，播种前可进行催芽处理；整地时，结合整地施加有机肥，尤其是磷肥；硬实种子要处理，豆科种子要接种根瘤菌；加强苗期管理(松土、除草)；集约草地要加强水肥管理；适时利用，促进生长。为增强播种时的地温、保持土壤水分，提高种子的发芽率与成苗率，可采用覆膜播种的方式。

5.4.3.4 利用植物天然落种能力恢复植被

该方法利用柽柳属植物超强的耐盐碱能力，以及柽柳属植物种子小，萌发能力强，易成活和不定期开花等生理生态学特点，在造林地上风向垂直于主风向栽植一条或多条柽柳种源林带，在柽柳种源林带的下风向进行风力落种区整地，借助风力传播柽柳种子，在风力落种区自然落种出苗，通过田间管理措施促进成林。具体措施(图5-2)：①种源带设置在上风向，垂直于主风向带状布设，带长根据造林地块规模调整，带距50～100m，种源林带由两行一带，带内柽柳呈品字形栽植，株行距为2m×2m 或2m×3m。种源林带春季或秋季种植，穴状整地，整地规格40cm×40cm×50cm，植苗或扦插造林。②下风向风力落种造林区在风播落种前需进行整地，整地方式可为全面整地、条带状整地、穴状整地。全面整地采用拖拉机进行全面翻耕、耙平；条带状整地则垂直于柽柳种源林带每隔3～5m用犁犁成浅槽，形成多条种子富集槽，槽深20～30cm，宽20～30cm；穴状整地是在整地区设置若干种子富集穴，穴深20～30cm，穴大小规格为30～40cm见方。③待柽柳种子出苗20～30天后，进行间苗定株和人工除草，定株密度控制在3000～4500株/hm²，定株一个月后再进行第二次除草。当遇有过量降雨时及时排水，以免发生涝灾。该种方法是北京林业大

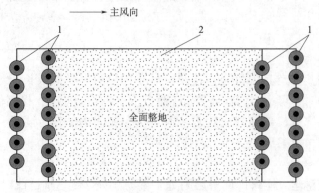

图5-2 柽柳快速造林绿化方法示意

(1-柽柳种源带，2-下风向落种造林区)

学丁国栋研究团队发明的一种方法,这种方法一方面可在盐碱地上实现规模化柽柳快速造林,而且具有简捷、快速、经济的特点;另一方面,该方法还可为盐碱地造林绿化提供大量的实生苗。

5.4.3.5 加强抚育管理

随时整修围埂,平整土地,使雨水分隔贮存,淋洗盐碱,降低盐分。造林后的 1~3 年内,最好在春季返盐时灌水压碱以保证幼林生长。在春旱、降雨和灌水后都应及时除草、松土,切断毛细管,减少水分蒸发,抑制盐分上升;在雨季要排除大量降雨造成的涝害。深挖并疏通排水沟,及时排除淋洗的含盐水分,使地下水位降到临界深度以下,以防毛细管水上升而返盐。

为了提高地面的植被覆盖,在条件合适时,可在林下和林间种植作物(如棉花)或豆科牧草(如大豆、苜蓿、沙打旺、草木樨等),进行套种、间作,可以起到以耕代抚、培肥地力的作用。为了使幼林早日郁闭,以减少蒸发,早期密植是必要的。但盐碱地土壤肥力较低,如不能追肥,应随着林分生长,及时间伐,避免因营养不足导致"小老树"现象。

5.5 盐渍荒漠化的工程防治技术

5.5.1 水利工程措施

水利工程措施是改良盐碱土的一项重要措施,是根据"盐随水来、盐随水去"这一水盐运动规律,采取修建完善的排灌系统、灌溉淋洗、蓄淡压碱等措施,改善用水、管水方法,以淋洗、排除盐分,调控地下水位,把土壤中的盐分随水排走,并将地下水位控制在临界深度以下,达到土壤脱盐和改良利用目的的方法。例如,灌溉、排水系统的规划设计,灌溉管理、灌溉方法的改进,确定排水的方式(明沟、暗管、竖井等),排水沟的深度和间距,井型结构、井的布局等;冲洗的方法和程序、确定冲洗定额等等。这些是改良盐渍土的基础工作,是除盐防盐不可缺少的措施,水利土壤改良工作搞得好坏是直接关系到改良效果能否持久的关键问题。

5.5.1.1 灌排工程

灌排工程主要是加速排出土壤和地下水中由洗盐、灌溉、降雨所淋下的盐分,控制地下水位于不至使土壤积盐的深度,并能及时排出涝水,调节区域水文状况,满足作物对土壤、水分、空气、养分、热量的要求,达到改土增产的目的。如暗管排水、井灌井排等措施。

(1) 暗管排水排盐

暗管排水排盐技术指以水盐运移规律为理论,通过暗管吸收和接受土壤中的带盐水分,加快土壤盐分淋洗或降低潜水埋深抑制返盐实现减少或者控制土壤含盐量的技术(图5-3)。生产实践上,采用人工或专用机械将带孔 PVC 波纹管按照一定坡度埋设在地下水临界深度以下,土壤中的盐分随灌溉水或降水淋洗下移至暗管处,高于暗管的含盐地下水流入暗管后从排水沟集中排走,使地下水位降低至暗管埋深以下,拉大地下水与耕层

距离，抑制地表蒸发引发的严重返盐。同时，通过降雨或灌溉水对高盐土壤的不断淋洗，降低暗管之上土壤层的含盐量。

暗管排盐技术具有无化学材料污染、易渗水沙壤区效果明显、占地面积少、对耕地的机械化耕作无影响等特点，但暗管材料与管径、方向、间距、坡度均需按照土壤特性及田间排水条件进行设计，铺设与清洗维护时的机械自动化程度与施工精度对工程排盐效率有很大影响。暗管埋设的深度与间距影响暗管排水的速率，一般地，暗管埋深越大，降到同一水位的时间越短，水位平均下降速度越快；暗管间距越小，排水模数越大，单位面积排水量越大，排盐量越大，排盐效果就越好。暗管排水条件下表层土壤盐分下降快，深层土壤受上层土壤盐分累积和降雨的共同影响，盐分下降速率存在滞后性，盐分呈现先增后减的趋势；在水平面上，接近排水口的位置水动力条件较强，水分运动较快，洗盐效果更明显。

暗管排水是利用管道集流排水，既可解决深沟占用耕地多，排水沟道边坡容易坍塌堵塞的问题，也可利用机械开挖铺设管道，降低地下水位，达到高标准治理盐碱地的目的。暗管排水维护费用少，使用寿命长，但埋设暗管需要投入人力与物力，尤其在机械埋管的条件下，经济成本一般高于明沟排水。研究表明，暗管排水与明沟排水相比不仅有节省土地面积 10%~15% 和提高土地利用率 7.3% 等社会效益，而且经济效益也很显著，投资回收年限仅为 3.91 年，益本比为 3.66。

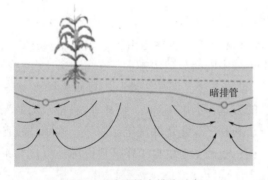

图 5-3　暗沟排水排盐示意

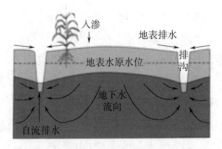

图 5-4　明沟排水排盐示意

（2）明沟排水排盐

明沟排水排盐主要是在盐碱较重，地下水位浅、排水有出路的地区，通过在盐碱地每隔一定距离，挖取一定深度的沟渠建立排水系统，来达到排出土体盐分、治理盐碱地的目的（图 5-4）。明沟排水可分为深沟排水与浅沟排水两种。深沟是指盐渍地区能够控制地下水位在临界深度以下的排水工程，浅沟则小于地下水的临界深度。一般冲积平原的上、中部，地下水埋藏较深，水质较好，土壤无盐渍化威胁或轻度盐渍化，排水系统的主要任务是防止地下水位抬高，排盐任务不重。因此，只需建立稀疏的骨干排水深沟，控制地下水位；有洪涝威胁的地区还应增设田间浅沟，以汇集和排除洪涝，防止发生和加重土壤盐渍化。在平原地区的坡地、二坡地，地下径流不甚通畅，水质较差，盐碱较重，又有洪涝危害，排水系统主要是排水排盐，控制地下水位，因此需要建立干、支、斗、农配套的深沟排水系统，排水排盐，把地下水位控制在临界深度以下，洪涝严重区域，应增设田间排水浅沟，以加速沥涝的排除和土壤脱盐。在干旱、半干旱地区，为增强排盐效果，可在干、支、斗、农各级排水设施外，在农排以下开挖排水毛沟，以便加速排水和促进土壤脱盐。对于滨海低平原盐化土壤，由于地下水埋藏不深，而且地下水浅，矿化度高，涝盐严重，径流不畅，这些地区修建明沟排水系统自流排水难以满足除涝排盐的要求，可挖沟垫高地面，修筑台田，形成排水沟与台田镶嵌分布的格局，促使土壤脱盐和防止返盐。

明沟排水排盐一次性投入较低、收效快，但占地多、土方工程量大、桥涵多、易坍塌、易淤积，排盐效果受明沟深度限制，清淤工程费用高。由于排水沟一般很深，沟道边坡含水量高，边坡容易滑塌，沟道易淤积，因此，一般边坡陡于 1：2 的沟道，且必须采取生物和工程防护措施固坡。

（3）竖井排水（井灌井排）

竖井排水是利用水泵从机井内抽水降低地下水进行灌溉洗盐，并通过地面排水系统将抽出的水输送到排水区以外的一种具有灌溉、排水双重作用的一种方法。井灌井排措施适用于有丰富的低矿化地下水源地区。据测定，每亩灌水 $40 \sim 50 m^3$，土体脱盐率达 38.5%。作为一个生长周期的井灌井排，$0 \sim 20 cm$ 土层脱盐率为 60% ～ 88%。井灌井排，结合渠道排水，在雨季来临时抽咸补淡，腾出地下水占有的空间，能够增加汛期入渗率，淡化地下水，有效防止土壤内涝，加速土壤脱盐。

如果排水地区的地下水质良好，可以结合排水进行灌溉，以灌代排；如果抽排的井水不利于灌溉，则可将抽排的井水集中到明沟流入选定的排泄区。另外，井排井灌还可与明沟相结合，组成一个灌排系统齐全的稳产高产灌区。井排井灌措施一般在土壤透水性较好的地方采用。井的布置形式通常有两种，一种是在一定面积上要排水时，均匀地布置或梅花形群井，以降低整个面积上的地下水位；另一种是如遇到地下水有补给来源的地方，又需要截断来源时，可呈线形布置。与明沟排水、暗沟排水相比，竖井排水具有地下水位下降深度大、地下水位下降速度快，排水系统占地少，灌溉结合的优点；但竖井排水有投资大，排水需要动力，消耗能源等缺点。

（4）微灌工程

微灌工程系统是近年来发展起来的新型技术，通过直接作用植物根部来促进其生长，在一定程度上改变了水盐运动规律，使土壤保持适宜的水分，以稀释土壤的盐分，大大减轻了盐碱对植物的毒害作用，并能抑制土壤返盐，防止地下水位上升。微灌工程主要有滴灌、膜下滴灌、渗灌等方式。

5.5.1.2　灌水洗盐

灌水洗盐是用灌溉水把盐分淋洗至底土层，用排水把溶解的盐分排走的方法。灌水洗盐要把土壤含盐量降低到作物正常生长的适宜范围，不同作物的耐盐能力不同，即使同一作物在不同生育期的耐盐能力也有差异，因而，灌水洗盐的用水定额也不一样。所谓洗盐定额是在单位面积上使土壤达到冲洗脱盐标准所需要的洗盐水量。土壤原始含盐量、盐分组成、土壤质地、田间工程洗盐水量等都影响土壤脱盐效果。综合各地资料，不同地区，不同盐渍类型，洗盐定额也不相同（表5-7）。如内蒙古河套地区，多属硫酸盐氯化物盐土，土壤含盐量约在1.0%~2.0%之间，洗盐定额一般采用5250~6000m³/hm²，洗盐后土壤含盐量可降至0.3%左右。

表5-7　不同地区洗盐定额

地区	盐分类型	土壤含盐量(%)	洗盐定额(m³/hm²)	备注
华北	滨海氯化物	0.4~0.6	4500~6000	排水沟深度2.0~2.5m，间距200~500m
		0.8~1.2	4950~6600	
		1.4~1.6	5400~7200	
		1.8~2.0	5700~7800	
	内陆硫酸盐	0.45	4500	排水沟间距300m
		0.5~0.6	5400	
		0.7~0.8	6750	
		1.0	7800	
西北	硫酸盐、氯化物(库尔勒)	<3.0	12000	排水沟深2.8m，间距400m
		3.0~5.0	12000~14400	
		5.0~7.5	14400~24000	
		>7.5	>24000	
	硫酸盐、氯化物(阿克苏)	1.0~1.5	9000~12000；4500~6000	洗盐定额左列数字为黏土，右列数为粉土
		1.5~2.0	12000~15000；6000~9000	
		2.0~4.0	15000~18000；9000~12000	
		4.0~8.0	18000~22500；12000~15000	
	强盐化碱化土壤(北疆)	0.3~0.4	1500~3000，无需专门冲洗	洗盐时加施石膏、硅石膏等能降低土壤碱度
		0.4~0.7	3750~4500	
		0.7~1.0	4500~6000	
		>1.0	>6000	

　　盐碱耕地的灌溉，既要满足作物对水分的要求，又要淋洗土壤中的盐分，调节土壤溶液浓度，使土壤水盐动态向稳定脱盐的方向发展，并通过农业技术措施，巩固和提高土壤脱盐效果。因此，必须针对土壤盐渍化及其季节性变化，掌握有利的灌水时期和适宜的灌水方法。

　　在淡水资源不充足的地方，利用盐碱水进行灌溉势在必行，但同时须减小盐碱水灌溉对环境造成的负面影响。

　　盐碱水的灌溉方式主要有：①循环灌溉，植物幼苗生长初期，用淡水浇灌；幼苗建成后，再用盐碱水灌溉。②混合灌溉，即咸水和淡水按一定比例混合后进行灌溉。在灌溉水或浅层地下水的盐渍度不高，且淡水缺乏的地区采用混合灌溉。③顺序灌溉，即先用水质较好的水灌溉耐盐性低的作物后，用收集到的含盐量较高的排水再灌溉耐盐性高的作物。灌溉水可被利用的顺序、次数取决于灌溉水的盐碱度、有毒微量元素的浓度和作物的耐盐性。

5.5.1.3 沟垄工程

沟垄工程如"三微两覆"技术，采用开沟起垄（沟宽 0.5~1.0m，沟深 0.2m，垄宽 0.5~1.5m）的微工程，形成盐分位移分异的微地形，微量深井水进行沟灌洗盐，垄背覆地膜集雨防盐。

5.5.2 物理改良工程措施

（1）平整土地

平整土地对治理盐碱地极为重要，土地盐碱化的发生常与地表不平整有关，相同地质条件下，不平整的地面上，排灌不畅会导致田面留有尾水，高地先干，造成返盐，形成盐斑。盐斑部位一般比邻近土地高出 2~5cm，盐碱从边缘到中心逐渐加重。平整土地可使水分下渗均匀，提高降雨淋盐和灌溉洗盐的效果，同时可使地表土壤水分蒸发一致，防止土壤斑状盐渍化。滨海地区降雨丰沛，可采取围堰平地蓄淡压盐的方法，使土壤逐渐脱盐。在平地的基础上筑畦打埝，可减少地面径流，增强土壤蓄水保肥能力。

（2）深耕深翻

盐分在土壤中的分布大致为地表层多，而下层少，深耕深翻改土是把盐碱土就地挖沟深翻，表层含盐量高的熟土垫在沟底，把表层土壤中的盐分翻扣到耕层下边，把含盐较少的下层土壤翻耕到表面。深翻深耕既能疏松耕作层，打破原来的犁底层，切断土壤毛细管，又能减弱土壤水分蒸发，有效地控制土壤返盐。深耕深度一般为 25~30cm，可逐年增加耕作层深度。深翻是将含盐碱重的表土翻埋到底层，而将底层的淤土、夹层或黑土翻到地表，既可打破"隔离层"又可翻压盐碱。在劳力较少的地区，可采用条垄深翻的办法，隔沟条状深翻，每两年翻完一次。深翻深长既要考虑土层质地的排列和地下水深度，也要根据作物根系的生育特性，一般以 40~50cm 为宜。耕翻的时间是冬耕宜早，春耕宜晚。

（3）台条田工程

台条田工程则是通过抬高微地形，相对的控制地下水位的上升，能够在一定范围内控制土壤盐渍化及次生盐渍化问题。台条田工程把台面灌溉、沟渠排水土壤局部改良等有机的结合起来。

（4）隔层阻盐

隔层阻盐措施指通过设置隔盐层来破坏土体原来的毛管系统，增加土壤孔隙度，利用地上降雨、灌溉水对隔层以上土壤淋洗盐分或通过隔层切断土壤的毛细作用，阻隔地下水向上层运动引发返盐。同时，隔盐层除了能够减少地下水对下层土壤的补给外，还能够延缓水分土壤下渗，降雨强度大时能够产生更多的地表径流，减少入渗量；而且，隔盐层通过降低土壤累计蒸发量来降低土壤积盐量，达到改良盐碱的目的。隔盐材料应用较多且降盐控盐效果较为理想的有河沙、炉渣、陶粒、沸石、蛭石、玉米秸秆、柠檬酸渣等，在盐碱地刺槐造林中采用沸石、陶粒和河沙作为隔盐层材料均有助于土壤保墒控盐、改善刺槐光合特性以及促进刺槐生长，其中以沸石作为隔盐材料效果最佳。

（5）小生境改造工程

通过地表采用全面覆盖或者局部覆盖地膜、秸秆等方法，减少地表蒸发，减缓盐分的表聚作用改变，局部微环境来改良土壤，为生物生长创造适宜的立地条件。

（6）客土措施

客土就是把原种植区域的盐碱土挖走，用适合植物生长的土壤进行回填，再在换好的土壤上种植植物的一种。除了换土，还应在回填前设置隔离体系防止盐分回流到回填土地内。一般隔离体系的做法是：回填土下面铺上一层大颗粒的炉渣、石子或秸秆等隔离材料，把客土与原土进行分享，防止由于盐水上升造成土壤盐渍化。客土方法有常规客土、封闭性客土、封底式客土、抬高地面客土等技术。客土能有效地降低种植区域的土壤含盐量，但需要的好土量大，来源和运输都成问题，因而，生产成本较高，只适用于特殊的土地利用，如常在盐碱地园林绿化、人工造林中使用。

5.5.3 化学改良措施

化学改良就是通过向土壤中施加化学物质或有机肥、绿肥等物质，利用酸碱中和反应、置换反应、胶体的胶结作用等改良土壤结构、肥力，增加土壤有机质及土壤团粒结构，调节 pH 值，降低土壤的酸碱度和含盐量，增强土壤中微生物和酶的活性，促进植物根系生长的一种改良盐碱土的方法。

（1）凝聚土壤颗粒，改善土壤结构。

改良剂多有膨胀性、分散性、黏着性等特性，能够使因盐碱而分散的土壤颗粒聚结从而改变土壤的孔隙度，提高土壤通透性，改善土壤结构。

（2）置换土壤 Na+，促进盐分淋洗。

含钙制剂(如石膏、煤矸石、氧化钙、石灰石、磷石膏等)和酸性物质(如硫磺、硫酸铝、硫酸、硫酸亚铁等)是较常用的盐碱土壤改良剂。通过施用石膏，碱土中碳酸钠被石膏置换，形成石灰和中性盐，消除了土壤碱性。同时钙离子可以代换土壤胶体上的钠离子，从而改善土壤的物理性状。化学改良剂一般成本较高，所以盐碱土改良剂选择各类工业副产品或固体废弃物既可以降低成本，也能缓解废弃物对环境造成的压力，故沼(矿)渣、粉煤灰、海湾泥、磷石膏、柠檬酸渣、沼气渣等成为化学改良的首选物料。另外，化学改良剂要将不同类型的改良剂联合使用，取长补短，以强化改良剂的应用效果。

（3）土壤盐碱改良剂

土壤盐碱改良剂可增加土壤中的阳离子，调节土壤酸碱度，增强土壤缓冲能力，改良盐碱地。如腐殖酸类改良剂对钠、氯等有害离子有代换吸附作用，能调节土壤酸碱度，降低盐碱含量。再如抑盐剂，该剂用水稀释后，喷在地面能形成一层连续性的薄膜。这种薄膜能阻止水分子通过，抑制水分蒸发和提高地温，减少盐分在地表积累。

5.5.4 农业耕作土壤改良措施

耕作措施是农业生产的重要部分，在盐碱地采取正确适时的耕作措施是减轻盐碱危害，增加作物产量的有效措施。农业耕作土壤改良措施就是通过合理耕作、深耕深松、增施有机肥料，间作、套种和轮作，种植绿肥、秸秆覆盖还田、施用有机肥培肥土壤、因土种植等，达到改善土壤结构，提高土壤肥力，防止返盐，巩固土壤脱盐效果。

（1）深耕深松

深耕深松是美国、加拿大等国主要的盐碱地改良技术，并多配以秸秆覆盖来增加效果，深松可有效降低土壤容重，是改良容重大、结构紧实、渗透性差的盐碱土的有效耕作方式。振动深松在深松的同时可以通过振动将犁板前的土壤松动，打破板结层，重塑团粒结构，增加土壤对降雨的积蓄，同时切断盐分上移的土壤毛细管。全方位深松技术可以打破 15～20 cm 的犁底层，扩展根系生长空间，同时在松土层底部形成增加土壤渗透性和持水量的"鼠洞"结构。

（2）免耕覆盖法

免耕覆盖法对盐碱土壤主要有两个作用。首先，减少地面蒸发，抑制返盐。实行免耕覆盖法，能防止降雨时雨滴对土地的直接冲击，土壤不易板结，有利于缓解地面水分蒸发，抑制土壤强烈返盐。其次，改善土壤结构。应用免耕覆盖法的土壤，由于减少了机具对土壤的压实和覆盖植物根系的作用，使土壤耕层的物理性状有所改善。

（3）地表覆盖

地表覆盖指利用生物质类或其他覆盖材料通过吸收的降水在下渗过程淋洗耕层盐碱或切断土壤毛管，降低土壤溶液中盐碱浓度，减少土壤表层蒸发来抑制返盐。农业生产中广泛应用的覆盖材料为秸秆和地膜，地膜具有透光增温、保水保肥、增产早熟、质轻耐久等特性；秸秆覆盖可作为缓冲层，增加水分入渗时间，减少地表径流，调节土壤水分、土壤容重和孔隙状况，还可作为良好的隔热层，调节土壤与大气之间热量交换。其他覆盖材料还包括河沙、水泥壳、无纺布等。研究表明：覆盖对盐碱地表层土壤和根系层土壤的水盐运动具有较好的调节作用。可以有效保持植物下地表和根系层土壤水分，减少盐分积累，并缓解水盐运动剧烈变化。

利用秸秆覆盖还田，既能抑制土壤水分的蒸发、防止地表积盐，还可以增加土壤中氮、磷、钾等营养元素，促进灌溉脱盐。可作为改土培肥材料施入土壤的秸秆主要有玉米秸秆、水稻秸秆、豆秸、棉花秸秆等，秸秆覆盖还田在改善生态环境，培肥地力，提高资源利用效率和增产增收方面发挥着重要的作用。实践证明，秸秆覆盖可明显减少土壤水分蒸发，覆盖量在 1.5 t/hm² ～ 6.75 t/hm² 的范围内，土壤水分蒸发减少量随着覆盖量的增加逐渐增加，相应地随着土壤水分而上升到土壤表层的土壤盐分自然减少，从而减轻土壤盐分的表聚，达到改良盐渍土的目的。

（4）增施有机肥

盐碱地土壤结构差，增施有机肥可培肥土壤，促进酸碱中和，改良土壤理化性质。有机肥通过分解微生物形成腐殖质，促进土壤团粒形成，改善土壤结构、增强土壤保水保肥能力，增加土壤通气透水性，减少水分蒸发，促进淋盐，抑制返盐，加速脱盐。此外有机肥可提升土壤缓冲能力，有机质可以与钠离子结合，减少钠离子毒害作用，降低土壤碱性。同时有机质分解会形成有机酸，不仅能中和土壤碱性，还能加强养分的分解，增强磷的有效性，刺激植物生长，增强其抗盐性。因此，合理施用有机肥对于改良盐渍土、增强土壤肥力有着重要作用。在盐碱地上施用的有机肥，特别是来源广、价低易得的畜禽粪施入土壤，如鸡粪、羊粪、猪粪、腐植酸、糠醛渣、秸秆、有机废弃物等均能不同程度改善土壤的理化性质，提高土壤肥力。

（5）种植绿肥

种植绿肥能有效改善土壤的理化性质，提高脱盐效果，培肥土壤；还可以有效降低地

表径流和冲刷。因此，大种绿肥培肥养地，是快速改良盐碱地，促进农业高产稳产的重要措施。

绿肥植物对盐碱地的改良途径包括：①绿肥植物茎叶繁茂，可有效覆盖地面，减弱地表水分蒸发，抑制土壤返盐；②根系发达，可大量吸收水分，经叶面蒸腾使地下水位下降，抑制土壤盐分表聚，加速土壤脱盐；③根系伸入土壤深层，提高土壤的透水性和保水力；④绿肥植物刈割还田或枯落物及根系能明显增加土壤中养分含量，并在微生物作用下产生各种有机酸，对土壤碱度进行中和。如新疆地区紫花苜蓿在整个生长期昼夜平均耗水量为每公顷 64.5m³，种植三年紫花苜蓿，可降低地下水位 0.9m。

在滨海及黄淮海地区，可利用夏季高温多雨的特点，主要种植麦基夏绿肥或间作夏绿肥，为冬小麦准备基肥。在盐碱较轻的土地上，应利用冬闲地种植冬绿肥，为春播作物准备基肥，也应充分利用盐荒地和闲散地，种植一年生或多年生绿肥。

（6）种稻改良

种稻改良盐碱地是我国一种边改良边利用的传统经验。水稻在生育期，由于田面经常保持一定的水层，淋洗能持续进行，土壤脱盐层逐渐加深。随着种稻年限的延长，脱盐程度也加大，但脱盐效果与土壤盐分组成、渗透性能及排水条件有关。

种稻过程中地下水的变化直接影响盐碱地改良的成效。排水种稻，地下水回落速度快，土壤改良和作物增产效果均好；无排水种稻，地下水回落速度慢，往往导致邻近区域土壤发生盐渍化。高矿化度地下水地区，种稻过程中土壤脱盐的稳定性取决于地下水位及其淡化情况，土壤含盐量高，质地黏重，水不良，淡水层难以建立，种稻多年不能改旱，但在良好的排水条件下，稻田淹水所形成的地下高水头，可将高矿化地下水挤压到排水沟中排出，使淡水层厚度逐渐增加。种稻年限越长，淡水的补给量越大，所形成的淡水层厚度也越大，土壤脱盐越稳定。

（7）水旱轮作

北方盐碱土地区，水源一般都不甚充足，过于集中种稻，将不利于扩大大田作物的灌溉面积。水旱轮作可节省用水量，使水资源能得到充分和合理的开发。此外，水稻与大田轮作可以改变不良的土壤物理性质，改善土壤的通气、温度和养分状况，有利于养分的积累和转化、杂草消除、病虫害减轻和劳力减轻。

水旱轮作在改良初期，可以二水一旱、二水二旱，改良接近完成阶段，要以一水二旱。水稻和大田作物种植年限的长短主要取决于土壤盐分的淋洗和上升积聚的状况。水旱轮作周期及作物的氨基酸，应根据土壤盐碱度情况、肥力等级、排水条件等确定。盐碱较轻地区，如排水条件较好，可实行多区轮作制；排水条件较差，实行水旱换茬。

（8）农业生态工程

农业生态工程，即把种植业、地面养殖、水面养殖结合在一个系统中，形成一种农、林、牧复合经营循环生产的模式体系，使各种资源得到最大限度的利用，使生态效益和经济效益获得同步提高。盐渍土农业生态工程即以引种耐盐植物为主发展的盐土农业，主要以发挥耐盐植物的经济效益为目的。"上农（棉、粮）下渔"模式是在盐碱地上新开挖或将原有坑塘改造为池塘，进行渔业养殖；挖池产生的土方堆筑台田，经淡水或降雨压碱改造后进行农林种植的立体生态农业开发模式，该模式对于地势低洼、地下水位高、土质黏重、透气透水性差、土壤贫瘠、含盐量在1%左右的重度盐碱地较为适宜。

在"上农（棉、粮）下渔"模式开发中，要做到与骨干水利工程和农田基本建设工程相结合，按流域、灌区对山、水、林、田、路进行统一规划，合理布局，综合治理，形成"旱能浇、涝能排、田成方、塘成网、树成行、渠相连、路相通"的高产、优质、高效农渔业综合园区，实现农渔良性循环，最大限度地发挥模式综合效益。

山东省聊城市东阿县水利局在1995年开发了"10631"的盐碱地农业治理模式。该模式以10亩盐碱地为一个单元，原地下水埋深平均为1.5m。在盐碱地中心靠路一侧挖鱼池3亩，挖深2.45m，将挖土堆在周围7亩地面，其中，6亩用于种植、养殖，1亩用于配套水工建筑及路、林、渠（图5-5）。整个单元形状为矩形，东西长100m，南北宽66.7m，鱼池布置在单元中心靠路一侧，形状同单元形状，东西长55m，南北宽36.5m，挖深2.45m，设计水深1.5~2.0m，弃土抬高周围7亩地面1.05m，地下水埋深控制在2.55m，略大于当地平均地下水临界埋深2.5m（图5-6），大大抑制了次生盐碱的再生，形成6亩耕地，其余1亩布置配套建筑及基础设施。

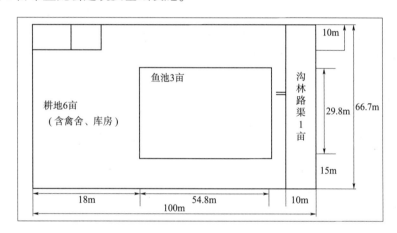

图5-5 "10631"模式平面

该模式施工采用悬臂式挖掘机、推土机和悬耕犁等机械，盐碱地单元取矩形，长宽比例为3：2，考虑到家禽养殖采光的需要，以正南正北向为最佳，配套路、林渠等布置在一侧，鱼池布置于中央偏生产路一侧，形状类同于大单元，挖深2.45m，所挖土方为4900m³，抬高四周地面高度为1.05m（图5-6）。

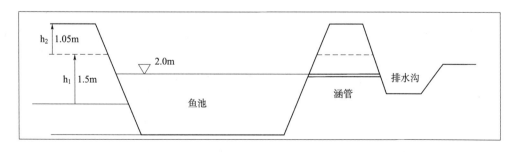

图5-6 "10631"模式剖面及临界深度

该模式建设了渔畜粮的模式，形成了粮→猪→鱼→粮的生态链，取得了显著的经济效益和生态效益，获得了巨大的成功。1996年开始，在全县推广"10631"模式治理开发沙碱荒地，并由最初的渔畜粮型演变为渔果菜、渔药、藕粮等多种模式，管理内容也更加丰富。由于发展了多种养殖，形成了粮→鸡→猪→鱼→粮的生态链，耕地效益每亩可达650元以上，水面效益提高稳定在每亩1800～2000元。1996年在全县推广，并由最初的渔畜粮组合发展演变为藕粮、渔畜粮、渔果菜、渔药材等多种模式，至1996年底，全县推广"10631"模式开发荒地2.18万亩，占全县总荒地面积的85%，共新增耕地1.27万亩，养殖水面6300亩，年增收2180万元，扣除40%的生产费用，年净效益为1131.6万元。

5.5.5　林业工程措施

盐碱地是一个特殊的立地，造林绿化即使采用耐盐树种，也必须考虑盐碱对树木幼苗及生长过程的危害，采取相应的措施，如前面提到的台条田工程、客土、施肥培肥措施、土壤的化学改良措施，为林木的生长创造条件。在耐盐树种的引种和选育中，不仅要选择乡土树种，同时通过引种丰富盐碱地的植物类型，增加其生物多样性，主要包括沿海和内陆盐碱地植物的引种、邻近地区适生性植物的引种以及外来树种的引种。在造林方法上，采取合理密植造林法。实践证明，盐碱地造林合理密植，除能提高木材产量，发挥较大的防护作用和降低造林成本外，还可以提高单位面积株数，使幼林尽快郁闭，及早形成较为理想的群体结构，减少地面蒸发，抑制土壤返盐。研究发现采取1m的株行距，在荒碱地上栽植紫穗槐，其生长茂盛，林地迅速覆盖，土壤含盐量（0～60cm）由原来的0.68%迅速降到0.18%。林业工程措施的具体造林方法见植树造林措施。

5.5.6　综合治理原则

纵观国内外改良与利用盐碱地的途径较多，主要可归纳为生物改良措施、工程改良措施、化学改良措施和综合改良措施等，不同的技术和措施具有不同的改良效果。综合分析上述各种措施，每一种措施均有其自身的优势，但也存在一定的缺陷，或操作程序复杂、或工程造价高、或效果难以持续。物理措施与水利工程措施成效快，但工程量大，成本较高，不具有长久性，而且受水资源的限制，不易推广。化学措施见效快，但若使用不当，易对环境造成二次污染，且施用改良剂后需要大量的水冲洗，应用起来较为困难，经济成本昂贵。生物措施能减少土壤盐分，但不能完全解决盐渍化问题。

由于盐渍土成因的复杂性和灾害的相关性，土壤盐渍化是个比较复杂的过程，仅用某一种防治措施并不能达到最佳的改良效果，需要各种措施互相配合，农、林、水协调发展，物理、化学、水利、生物、农业等多种措施综合治理，方能巩固脱盐效果，真正实现改良与利用同步提高。近年来，在盐碱地治理方面，主要是通过物理、化学、生物和工程途径来中和盐碱地中碱分、固定盐碱地中的可溶性盐分以及改善盐碱土结构和质地，进而筛选种植耐盐植物，加快造林绿化与植被恢复。

复习思考题

1. 盐渍土的概念及形成机理。

2. 次生盐渍化的概念及形成过程。

3. 次生盐渍化的分布规律。

4. 盐斑的概念及成因。

5. 盐渍化土壤的类型与特点。

6. 中国盐渍荒漠化的主要分布特征。

7. 盐渍荒漠化的主要危害。

8. 盐渍化荒漠化防治的基本原理是什么？

9. 盐渍荒漠化的生物防治技术有哪些？

10. 盐渍荒漠化的工程防治技术有哪些？

推荐阅读书目

黎立群. 盐渍土基础知识[M]. 北京：科学出版社，1986.

张建锋. 盐碱地生态修复原理与技术[M]. 北京：中国林业出版社，2008.

郭成源，康俊水，王海生. 滨海盐碱地适生植物[M]. 北京：中国建筑工业出版社，2013.

赵景波，罗小庆，邵天杰. 荒漠化与防治教程[M]. 北京：中国环境出版社，2014.

参 考 文 献

陈俊英，王新涛，张智韬，等. 基于无人机-卫星遥感升尺度的土壤盐渍化监测方法[J]. 农业机械学报，2019, 50(12): 161-169.

郭成源，康俊水，王海生. 滨海盐碱地适生植物[M]. 北京：中国建筑工业出版社，2013.

郭世乾，崔增团，傅亲民. 甘肃省盐碱地现状及治理思路与建议[J]. 中国农业资源与区划，2013, 34(4): 75-79.

韩文军. 盐渍化草地综合治理技术[M]. 北京：中国农业科学技术出版社，2016.

郝伟昌. 盐碱地改良利用技术研究概述[J]. 南方农业，2016, 10(6): 220-221.

黎立群. 盐渍土基础知识[M]. 北京：科学出版社，1986.

李志杰，孙文彦，等. 盐碱土农业生态工程[M]. 北京：科学出版社，2015.

马晨，马履一，刘太祥，等. 盐碱地改良利用技术研究进展[J]. 世界林业研究，2010(2): 28-32.

石玉林，等. 新疆人工绿洲建设、盐碱地改良与农林牧业可持续发展[M]. 北京：中国水利水电出版社. 2013.

史海滨，李瑞平，杨树青. 盐渍化土壤水热盐迁移与节水灌溉理论研究[M]. 北京：中国水利水电出版社，2011.

史海滨，吴迪，闫建文，等. 盐渍化灌区节水改造后土壤盐分时空变化规律研究[J]. 农业机械学报 2020, 1-23.

孙保平. 荒漠化防治工程学[M]. 北京：中国林业出版社，2000.

孙永强，李从娟，赵元杰，等. 罗布泊中部地区的极端环境与植物引种驯化研究[M]. 北京：科学出版社，2018.

孙兆军. 中国北方典型盐碱地生态修复[M]. 北京：科学出版社，2017.

王家强. 干旱区土壤盐渍化时空变化特征研究[M]. 成都：西南财经大学出版社，2019.

王智慧，王志慧. 土壤盐碱化防治措施概述[J]. 内蒙古水利，2016(1): 71-72.

张建锋.盐碱地的生态修复研究[J].水土保持研究, 2008, 15(4): 74-78.

张建锋.盐碱地生态修复原理与技术[M].北京: 中国林业出版社, 2008.

张建锋, 张旭东, 周金星, 等.世界盐碱地资源及其改良利用的基本措施[J].水土保持研究, 2005, 12(6): 28-30.

张谦, 陈凤丹, 冯国艺, 等.盐碱土改良利用措施综述[J].天津农业科学, 2016, 22(8): 35-39.

张永宏.盐碱地的生物修复研究[J].农业科技通讯, 2009(7): 99-101.

赵景波, 罗小庆, 邵天杰.荒漠化与防治教程[M].北京: 中国环境出版社, 2014.

赵宣, 韩霁昌, 王欢元, 等.盐渍土改良技术研究进展[J].中国农学通报, 2016, 32(8): 113-116.

周和平, 张立新, 禹锋, 等.我国盐碱地改良技术综述及展望[J].现代农业科技, 2007 (11): 159-161, 164.

Ruan C, Silva J A T, Mopper S, et al. Halophyte Improvement for a Salinized World[J]. Crit Rev Plant Sci, 2010, 29(6): 329-359.

Litalien A, Zeeb B. Curing the earth: A review of anthropogenic soil salinization and plant-based strategies for sustainable mitigation[J]. Science of the Total Environment, 2020: 698.

Li J, Pu L, Han M, et al. Soil salinization research in China[J]. Advances and prospects. J Geogr Sci, 2014, 24(5): 943-960.

第6章

冻融荒漠化及其防治

6.1 冻融荒漠化的成因与分布

6.1.1 冻融荒漠化的成因

冻融荒漠化是指在气候变异和/或人为活动等因素作用下，多年冻土及季节性冻土区由于年际间、季节间或昼夜间温差较大，岩体或土壤剧烈的热胀冷缩而造成土体结构的破坏，形成以融沉为主要标志的裸露化、破碎化和土地质量退化的过程。这是一种特殊的荒漠化类型，除我国外，世界上其他国家和地区少见。强烈的冻融作用不仅使土体本身结构破坏、质量下降、植被衰退、地表裸露和破碎化，而且削弱了其抗蚀性，可以为水力、风力、融雪、重力侵蚀等灾害提供条件。一般来说，冻融作用在形成荒漠化的同时，与其他外营力复合作用带来的荒漠化问题，甚至远超过由冻融作用直接造成的荒漠化的危害。在我国青藏高原区、部分西北高山区及大兴安岭北部多年冻土区，形成了以冻融作用为直接侵蚀营力的冻融荒漠化区。但由于大兴安岭北部多年冻土区降水相对充沛，植被条件较好，很难形成较强烈的冻融荒漠化现象，因此，这种以冻融作用为直接侵蚀营力的冻融荒漠化区主要分布在我国青藏高原和西北高山区。在我国季节性冻土区，冻融作用在直接造成荒漠化现象的同时，降低了土壤抗蚀性，进而与其他外营力复合作用形成更为强烈的荒漠化问题。这些区域冻融作用造成荒漠化的现象主要发生在冬春季节，若非冻融作用在特定时期形成的特殊环境条件，其他外营力很难造成较严重的土地退化现象，因此，本书将季节性冻土区冬春季节形成的土地退化现象称为冻融荒漠化。

6.1.1.1 多年冻土区冻融荒漠化形成

多年冻土主要分布于高海拔地区，冻融荒漠化主要是因为在气候变异及人为活动的作用下，多年冻土发生退化，季节融化层厚度增大，地表岩土的冻土地质地貌过程得到强化，造成植被衰退、土壤退化、地表裸露化、破碎化的土地退化过程。

（1）自然因素

区域气候暖干化是该区冻融荒漠化形成的内在驱动力。近些年来，青藏高原平均气温以 0.26℃/10 年的增长率上升，影响局地地温上升，导致多年冻土发生退化，其危害：一是局地地温上升使冻土中冰融水的径流量增大，通过地下水渗透的热流交换又在冻土的融

冻界面产生消融作用，导致多年冻土变薄、融化而引起冻融荒漠化；二是多年冻土季节融化层增厚，冻土变薄、融化后，使得地下水位下降，地表土壤干燥化，植被衰退，导致草甸草原向冻融荒漠化土地退化；三是强化了冻融风化作用、冻融交替作用、冻融蠕流作用、热融作用和积雪、积沙作用等冻土地质地貌过程，加速冻融荒漠化过程。

（2）人为因素

人为不合理的开发活动和高原鼠兔的活动是冻融荒漠化形成的外在驱动力。其中，草地过牧和不合理的开发工程影响最大，其使地温升高，冻土退化，土壤干燥化，造成山地、缓坡、漫岗地带的地表破碎化、裸露化；而高原鼠兔挖掘密集的洞道，既破坏了土壤结构，提高了浅层地温，使多年冻土上限下移，又破坏了致密的草根层，使地表植被根茎遭到破坏，加速了冻融荒漠化过程。

在冻融荒漠化的内在驱动力和外在驱动力的共同作用下，我国青藏高原区、部分西北高山区形成了半荒漠草原、荒漠草原、蠕流滑塌、泥流坡坎、草皮坡坎、热融洼地、石环、流石坡、碎石斑和沙地、裸地等不同等级、多种形态的冻融荒漠化土地。大兴安岭区也形成了寒冻石流、冻融泥流等荒漠化形式。

6.1.1.2　季节性冻土区冻融荒漠化形成

季节性冻土区土壤冻融荒漠化大多发生在冬春季节，该区冻融荒漠化的发生主要有以冻融作用为直接营力形成的荒漠化和冻融作用与其他外营力共同作用形成荒漠化两种方式。

（1）直接作用

以冻融作用为直接营力形成的荒漠化，是由于土壤在反复的冻融作用下，其结构、质地及理化性质等发生破坏，在冻融荒漠化形成的同时也降低了土壤的抗蚀性和土体稳定性。在寒冷的冬季，岩石受物理风化后，产生很多孔隙和裂隙，这些孔隙和裂隙中经常充满雨水或雪水，当气温降至0℃以下时水就会结冰，体积膨胀，产生强大的膨胀压力，使岩石的孔隙或裂隙扩大，如此反复，最后使土壤与岩石破裂溃解。同理，含水土体冻结过程体积膨胀，经历反复的冻融作用，最终使表层土壤剥离脱落。

（2）间接作用

冻融作用与其他外营力共同作用形成荒漠化现象。冻融作用与融雪径流复合作用可形成融雪侵蚀。融雪侵蚀的发生是由于土层处于冻结状态时，冰晶堵塞了土体的孔隙，使土壤中存在一层难透水的土层，表土融化后的水分或融雪水等不能下渗，使已经融化了的表层土壤水分含量过多，融雪水等很容易产生地表径流，加剧土壤的侵蚀。当冻融作用与降雨作用复合时，冻融作用降低了地表土壤抗蚀能力，又在表层土壤下形成弱透水冻土层，进而加剧了降雨的侵蚀能力，形成特殊的侵蚀形式。土壤冻融作用还具有时间和空间的不一致性，进而影响坡面土体的稳定。在山地斜坡上冻融作用与重力作用结合，冻土融化过程中由于外界水分向土壤中的入渗使土体自身重量增大，而土体融化时间和空间的差异，导致解冻层和冰土层之间形成一个滑动面，随着土体自身重量的加大，沿滑动面方向的滑动力也随之增大，当这种力超过土体自身的阻滑力时，土体就沿着这个滑动面向下蠕动，对于失去植被保护的山坡侵蚀更为严重。当侵蚀沟发展到浅沟、切沟阶段，冻融侵蚀作用与重力作用结合十分明显，可形成沟岸冻裂、沟岸融滑、沟壁融塌、沟坡泻溜几种形式。

另外，冻融作用对表土抗蚀性的破坏，也可为风蚀提供更多的表土侵蚀物质来源。冻融循环作用可使地表风沙流断面输沙率增加，尤其近地表(距地面40cm高度内)输沙率增加较为明显。在冻融温差与速率不变、表层含水量不变、风速不变的情况下，随着冻融循环次数增加，近地表输沙率呈递增趋势，土壤风蚀强度增大。

6.1.2 我国冻融荒漠化的分布

6.1.2.1 多年冻土区冻融荒漠化分布

我国多年冻土区冻融荒漠化主要发生在青藏高原及西北高山区，主要分布在河流宽谷、山前冲洪积平原、高原湖盆和高原高山冰雪侵蚀区前缘、缓坡漫岗等地貌部位，分别与盐渍化、沙质荒漠化、水蚀荒漠化构成沿河流走向立体分布、沿湖盆地环带状分布和沿山体坡面垂直分布的形式。并且，随着自然地带的更迭和干旱程度的加重，冻融荒漠化由零星分布、带状分布向片状分布过渡、发展，程度也随之加重。在大兴安岭北部多年冻土区冻融荒漠化主要分布在植被遭到破坏的山地斜坡。

6.1.2.2 季节性冻土区冻融荒漠化分布

我国受冻融作用的土地面积约占国土陆地总面积的98%，除了占国土面积22%多年冻土区，其他均为季节性冻融作用区。只要有低于0℃气温天气的出现就有冻融作用，我国海南、广东、广西、福建等地日最低气温大于0℃，因此，我国冻融区的南界在广东、广西、福建等地以北，但并非存在冻融作用就一定有冻融侵蚀发生。根据冻融作用的强度等级不同，可分为东北强度冻融区、西北强度冻融区、西北黄土高原中度冻融区、北方山地丘陵中度季节冻融区、南方丘陵轻度季节瞬时冻融区。

东北强度冻融区北起黑龙江，南至辽西山地，西接内蒙古高原，包括除大兴安岭多年冻土区以外的其他区域。该地区年平均气温低，气温年较差大，冬季严寒，到初春3~4月份积雪消融，裸地坡面产生融冻泥流和细沟或浅沟侵蚀。西北高山强度冻融区包括贺兰山以西、青藏高原以北的内蒙古中西部、甘肃、宁夏、青海、新疆等地区。西北黄土高原中度冻融区指秦岭以北、陕西西部、甘肃中部、青海东部，涉及内蒙古西部、山西、陕西、宁夏、甘肃、青海、四川等地区。该区季节性冻融作用强烈，以季节性冻融作用与其他侵蚀形式相结合为主，主要是冻融作用与重力侵蚀、风蚀、水蚀相互作用对斜坡、沟道等造成的变形破坏。北方山地丘陵中度季节冻融区包括东北漫岗丘陵以南，黄土高原以东，淮河以北的广大地区，该区域以冻融作用加剧水力或风力侵蚀为主要表现形式。南方丘陵轻度季节瞬时冻融区指秦岭淮河一线以南，该区域冻融主要发生在冬季12、1月，且冻融作用发生轻微不显著，冻土存在时间短且造成的危害不显著。

6.2 冻融荒漠化防治原理

6.2.1 控制土壤水热变化，减轻冻融破坏

土壤冻融实质上是由土壤中水的相变引起的，温度和热量的变化决定着土壤的冻融。冻融作用强度的大小与初始土壤含水量及温度变化相关，土壤初始含水量越大，温度变化

速度越快，冻融破坏作用越强烈。冬季降雪量越大，春季气温回升的越快，土壤受到的冻融侵蚀越重。与土壤冻结过程及冻结-升华过程相比，冻融过程中因液态水的存在，更易对水稳性团聚体造成破坏。因此，要减轻冻融破坏作用，一方面应对土壤含水状况进行调控，另一方面应控制温度变化速率。

6.2.2　调控土壤结构，增强土壤抗蚀性

冻融作用通过改变土壤性质，影响土壤结构、土壤容重、土壤渗透性及导水性、土壤水稳性团聚体等，使土壤可蚀性增强。一般而言，经冻融循环过程后会使土壤容重减小，抗剪切能力降低，团聚体稳定性下降，且含水量越大，冻融作用越强烈，土壤可蚀性越大。土壤类型不同，黏粒含量不同，土壤性质不同，冻融作用对表层土壤影响的程度也有所不同。

6.2.3　减轻热融作用，减小融水径流

多年冻土区在气候变异或人为活动等因素作用下发生退化的冻土，季节融化层增厚，冻土厚度减薄或冻土岛消融，使地表岩土的冻融过程或斜坡过程得到强化，形成以融沉为主要标志的裸露化、破碎化。地表植被盖度降低、覆盖积沙与积雪、铺设黑色路面等地表覆盖的变化，以及降雪、地表水及冰川融水的入渗量及入渗深度的增加，都会使地温升高、冻土中的地下冰融化，并使冰融水量及地下水径流量随之增大，导致多年冻土融冻界面上的热流交换与热融作用得到加强，其上限发生热融，冻土岛变薄、消失。减轻热融作用有利于避免扰动厚层地下冰和融沉性较强的多年冻土。

产生融水的融雪期一般表土解冻而下部土壤冻结，融雪产生的径流使得表层土壤含水量处于饱和状态，而下层未解冻层形成渗透性极弱的隔水层，影响了土壤水分入渗从而导致融雪径流对土体的冲刷进而造成土壤侵蚀。随着降雪量的增大，融雪径流的增多，土壤侵蚀程度由轻变重。控制融雪径流，加强融雪水入渗，减少融水对土体冲刷造成的水土流失也是冻融荒漠化防治的重要组成部分。

6.2.4　种植和保护耐寒植物，减少人为破坏

植物对冻土区土壤的保护作用一方面在于植被影响土壤温度是控制土壤水热循环的重要因素，另一方面在于良好的植被覆盖可使土壤免受融雪及降雨径流的冲刷。而且，植物根系具有良好的固土作用，且枯枝落叶层对拦截径流使土壤免受径流冲刷，保持土壤温度不随大气温度变化而剧烈变化；当枯枝落叶层腐熟后也可增加土壤有机质含量，在增强土壤胶结能力的同时也增强了土壤抵抗冻融侵蚀造成的土地退化的能力。青藏高原冻土区的地表植被一般都稀疏低矮，多为垫状植物，单株个体矮小，且生长期短，植被生态系统十分脆弱，本身就难以对冻土形成有效的保护。一旦植被遭到破坏，植被生长与冻土水热过程的平衡关系受到干扰，土壤冻结和消融时间提前，冻结持续时间缩短，不仅会使地表侵蚀容忍量骤降，而且也会使冻土环境受到影响，甚至退化，成为冻融荒漠化形成的环境条件。随着高寒草甸覆盖度的增加，土壤水分含量呈显著抛物线型趋势增加，土壤保持较高湿度、具有较好的水源涵养功能。

人类工程经济活动以及人为乱砍滥伐等行为均会破坏寒区极度脆弱的生态环境与植被，增加冻融荒漠化的风险。如风火山两侧因修建公路开挖土体引起的泥流滑塌；在没有注意保护冻土的情况下修建青藏公路和人为滥开滥采对冻土的破坏作用，引起冻土上限大幅度下降而导致滑塌和沙化；滥砍滥伐和超载放牧引起天然植被和草场退化而导致水土流失。因此，加强寒区冻土区植被保护，减少人为不合理的经济活动对于缓解冻融荒漠化过程具有重要意义。

6.3 冻融荒漠化的防治

6.3.1 冻融荒漠化的农业防治技术

冻融荒漠化的农业防治措施应以改善土壤结构、增强土壤抗蚀性、减轻冻融破坏、减少融雪径流、加强融水入渗为指导，在此基础上形成的冻融荒漠化农业防治技术主要有以下几个方面。

6.3.1.1 改善土壤结构，增加土壤抗蚀性

增施有机肥是农地冻融侵蚀防治的措施之一。有机肥不但可以提高地力，而且能够有效地改良土壤结构，增强土壤的胶结能力，提高土壤抗蚀抗冲性能。土壤有机质含量越高，缓冲系数越大，抗冲强度越大，土壤抵抗径流冲刷能力也越强。郝芳华等在三江平原冻融区研究土地利用变化对土壤质量的影响中发现，秸秆还田对于土壤碳库有机质恢复有非常积极的作用，在种植玉米和水稻的情况下，土壤有机质的含量均随秸秆还田量的增加而明显上升。M. S. Srinivasan 等指出冬季肥料覆盖对减缓土壤温度变化有一定作用，施用肥料的时间也会影响土壤冻结过程。如果将肥料用于土壤冻结期间或者是初春融雪前，会提高土壤温度，促进积雪融化，加强水分入渗，从而达到减少水土流失的作用。

6.3.1.2 增加地表覆盖，减轻冻融破坏

无论覆盖形式是植被覆盖、残茬覆盖还是积雪覆盖，地面覆盖措施都能够削减冻融循环对土壤造成的影响。地面覆盖措施能够抑制土壤温度随空气温度的变化，缓解土壤冻融地过程，减小土壤冻结深度，减小冻融过程中土壤水热的剧烈变化和泥沙输移。郑秀清等在季节性冻融环境下研究裸地、地膜覆膜及玉米秸秆覆盖对土壤水热状况的影响，发现与裸地相比地膜覆盖及玉米秸秆覆盖都能有效缓解土壤冻融过程，减小土壤冻结深度，改善消融期耕作层土壤墒情，且秸秆覆盖越厚土壤降温/升温速率越慢。K. E. Saxton 指出沿等高垄沟进行秸秆带状覆盖，能有效减少土壤冻结深度，增强土壤入渗，减弱土壤侵蚀。Edwards 和 Burney 发现在人工模拟降雨冲刷条件下，经冻融作用后的黑麦覆盖措施仍能较少 70%~80% 的侵蚀产沙。

6.3.1.3 改变下垫面，减小融水径流

在冻融侵蚀区为减小地表径流、增加地表径流入渗，研究人员先后应用了截流沟、水窖、等高犁沟、等高耕作及修建梯田等措施。J. L. Pikul 等在 Oregon 的研究表明，截流沟在春季融雪过程中能够减少融雪径流、增加径流入渗，但对于不同的土壤，其减流效果有

所不同。John D. Williams 等通过在冬季进行天然降雨模拟,在新种植的冬小麦地区用旋转式心土铲深耕的方式来改善冻土中的水分入渗,与常规方法相比此方法能够增加冻融期间土壤水分的储存,并且能增强土壤水分入渗,减少径流和土壤流失,提高作物产量。J. L. Pikul 等将作物留茬与改变微地貌等措施结合起来进行考虑,综合分析其在雪的累积、融雪水渗透及侵蚀量大小等方面的作用。目前,大多数的学者都认为将各种措施综合起来应用将更加有效。

6.3.2 冻融荒漠化的植被防治技术

6.3.2.1 冻融荒漠化植被防治技术的作用

大量野外观测表明,植被减小地面温度较差的作用是普遍的,植被对地面起到的冷却作用、保温作用与不同地区和不同植被及雪盖厚度等因素有关。

(1) 草被和苔藓层

有关大兴安岭部分地区草被和苔藓层地面温度日较差观测结果显示:7月中旬,在大兴安岭北部阿木尔地区的沟谷湿地,苔藓层(厚18cm)表面的日较差为34.6℃;而苔藓层下面的日较差仅1.5℃,即苔藓层可减小地面日较差33.1℃(表6-1)。在考虑了20cm厚的雪盖影响后,大兴安岭北部(古莲,阿木尔地区),苔藓层、枯枝落叶层均可减小地面年较差2.4~5.2℃不等(6%~13%),降低地面年平均温度0.1~0.3℃(9%~27%)。

表6-1 大兴安岭阿木尔北沟地面温度日较差观测值 单位:(℃)

地点		时间	地面最高温度(℃)	地面最低温度(℃)	地面温度日较差(℃)	两处相差值	备注
山前坡地	林内	1990年 7月12日~15日	37.4	9.9	27.5	21.4	落叶松林,高10m
	林外		57.0	8.1	48.9		火烧迹地,灌木
沟谷湿地	苔藓层表面	1990年 7月13日~26日	42.5	7.9	34.6	33.1	泥炭藓,厚18cm
	苔藓层下		7.3	5.8	1.5		

在青藏高原高山草甸和亚高山草甸地带,草被层呈丘状、斑状(鳞状)、片状、稀疏散状分布,覆盖度依次减小(90%~20%),并相应减小地面年较差4.1~1.5℃(在未考虑雪盖情况下),即相应减小地面温度年较差17%~6%;随着草被由茂密到稀疏,地温也由低到高的变化。

上述草被和苔藓层减小地面较差和减低地面温度的结果,使季节融化深度大幅减小,而对季节冻结深度影响较小。此外,在多年冻土区的山间洼地和山前缓坡地带,植被(草被层或苔藓层)生长茂盛,土层颗粒细、含水量大,加上地面沼泽化等因素的综合作用,形成最小的季节融化深度。

(2) 森林与地面植被层

森林与地面植被层有所不同,林内小气候与林冠郁密度、林龄、树种构成等有关,是个复杂的问题。根据大兴安岭北部古莲、阿木尔的林内外对比观测(表6-2、表6-3),可以得出如下结论:

① 林内地面年平均温度较差比林外空旷地要小,在阿木尔小0.8℃,在古莲因林外场

地清雪，要小 16.3℃。

② 从各月平均温度来看，两地都有 5 个月时间是林内低于林外，在阿木尔是 6~8 月和 12 月、1 月份，在古莲是 5~9 月份。除此以外，各月平均温度均是林内比林外高。总之，森林在夏季对地面是冷却因素，在冬季和其他季节则起保温作用(阿木尔 12 月和 1 月份除外)。

③ 林内年平均地面温度比林外高，在阿木尔要高 0.1℃，在古莲要高 0.4℃，可见森林在这里起保温作用为主，在古莲林内雪盖加强了保温作用。

表 6-2　大兴安岭古莲霍拉河盆地山前缓坡地面温度观测值

（1985 年 10 月~1986 年 9 月）　　　　　　　单位：（℃）

场地	植物，岩性	10	11	12	1	2	3	4	5	6	7	8	9	年平均	年较差
林地内	落叶松，樟子松林，郁密度 0.7；轻度黏土夹碎石，1m 以下砾岩风化层，含水 14.4%	-1.1	-7.1	-16.6	-17.1	-15.3	-8.8	-0.7	8.8	19.6	20.2	16.0	8.9	0.6	37.3
空旷地	采伐迹地，地表裸露，清雪，岩性基本同上，含水量 14.2%	-2.3	-16.8	-27.7	-27.9	-20.9	-7.9	-1.6	13.4	25.7	24.5	19.3	10.2	-1.0	53.6

注：据中国科学院兰州冰川冻土研究所、大兴安岭林管局勘测设计院，1987，古莲煤矿地面建筑区冻土工程地质条件阶段研究报告；含水量系 0~0.35m 深度内平均含水量。

表 6-3　大兴安岭阿木尔北沟山前缓坡地面温度观测值

（1991 年 9 月~1992 年 8 月）　　　　　　　单位：（℃）

场地	植物，岩性	9	10	11	12	1	2	3	4	5	6	7	8	年平均	年较差
林地内	落叶松幼林，郁密度 0.7；腐殖土、角砾砂混亚黏土，含水量 16.0%	6.9	-1.5	-14.5	-32.1	-24.5	-24.5	-12.1	2.2	12.1	15.0	19.7	14.8	(-3.2)	(51.8)
空旷地	火烧迹地，岩性基本相同，含水量 15.7%	6.5	-1.6	-17.0	-30.7	-24.2	-25.8	-15.0	0.1	12.0	16.8	(21.9)	17.0	(-3.3)	(52.6)

注：据文献(周幼吾等，1994)，含水量系 0~3.0m 平均含水量。

（3）根系-土壤层

张寅生等通过对位于青藏高原中部唐古拉山口的安多地区进行基于 GPR 观测和 SHAW 模拟的南、北坡融化期土壤水分对比等研究发现，在完全融化期，南坡有机质含量、植被覆盖度均高于北坡，因植被根系作用，南坡土壤持水能力相对较强，致使土壤水分高于北坡。

6.3.2.2 冻融荒漠化植被防治技术

（1）恢复草地植被，减轻草场压力

在青藏高原冻融荒漠化地区，采取自然恢复为主、人工培育为辅的途径恢复草地植被，保护和合理利用天然草场。同时，控制牲畜头数，减轻草地压力，促进草地植被的恢复。在冻融荒漠化集中连片或受其威胁较大的区域要开展天然草地改良和人工草地建设，保护和恢复草地植被。通过封育自然恢复、人工辅助恢复技术，提高植被覆盖，防治冻融荒漠化的发生与发展。

（2）保存草皮与表土，恢复破坏区植被

冻融荒漠化地区的草原、草甸植被形成极为不易，在年均降水量200mm以上的地段，破坏30a后物种丰富度才能基本上恢复到破坏前的水平，而植被覆盖度恢复到破坏前水平需要45~60年以上。因此，在冻融荒漠化地区，要严格保护草原、草甸的草皮，特别是在生产建设项目中，在要取土开挖草皮地段或占压草原地段，可以将表层草皮连同表土一起剥离保存，待施工结束后重新利用，省去了制种和萌发，带有本地土壤和水分的草皮可以存活一定的时间，因此建植成功率较高。块头相对较大的草皮生长较好，小碎块易干燥失水，建植效率低。移栽草皮需要和其下土壤建立良好的接触，草皮只有自主吸收养分和水分才能确保建植成功。

表土不仅是富含有机质的表层土壤，而且也是当地植物最大的种子库，利用珍贵的表土使得寒区植被恢复过程明显活跃。表土如果被破坏铲除或搬移，残留土壤养分和土壤种子库减少，植被的自然恢复周期至少在20年以上。对于冻融荒漠化地区，及时复位表土，可利用土壤中的种子库恢复植被，加快植被恢复进程。

（3）封山育林与人工造林种草相结合，建立乔灌草植被防治体系

鉴于植被不同层次在冻融荒漠化防治所发挥的作用，保护已有植被是最基本的原则，在条件允许的情况下通过人工造林、封山育林等措施构建结构完整的植被体系。封育方式与方法根据封育对象与目的而定，具体见前面封育的内容。人工造林常用植苗或扦插法，培育的苗木可以直接栽植到适当位置，如果采用扦插法，枝条粗细宜适中，切成20cm左右小段，将插条全部插入土中，插条可以预先以生长素、生根粉等处理生根。乔灌草相结合的植被体系，可以增加系统的多样性和耐受环境变化的能力，还可以提高植被系统防止侵蚀和保护地表的作用。因此，常在林下播种草本植物，增加地表植被盖度，但过于浓密的草丛将抑制乡土草本植物的侵入和融合。当一个区域植被盖度显著减少土壤侵蚀危害时，后续几年可不断降低混播草籽中一年生草籽播量，逐步提高多年生和灌木的比例。

（4）人工种草

在冻融荒漠化裸露地段或因人为不合理活动造成的裸露地段，可采用人工播种、喷播等方式进行人工种草，播量和时间根据具体地区选择。一般地，先进行整地，保证土壤20~30cm层为湿润状态，施牛粪、羊粪或有机复合肥对土壤进行改良，每平方施肥12%~15%。选择适合的草种如垂穗披碱草、老芒麦、梭罗草、赖草、披碱草、早熟禾、碱茅等适应高寒草原、草甸环境的植物，播前将要播种的草本种子放在水中浸1~2天，期间换水2~4次，捞出晾干后掺沙随即播种。播种方式可采用条播或均匀撒播，播种量控制在20~40g/m²。播后镇压，并采用地膜或遮阳网作为覆盖材料，也可采用草席和无纺布覆

盖，以达到保温、保湿、促进发芽之目的。播种后每隔 2~3 天喷水，每次喷水以喷湿表层土为度，要求做到连续喷水，确保播下的草籽能吸收到水分。为了加快草本植被的恢复速度，缩短植被恢复时间，一般将筛选的种子以共生群体混播的方式进行，在 3~5 年便能达到很好的植被恢复，建植时间可缩短近 10 倍。

6.3.3　冻融荒漠化的工程防治技术

关于冻融荒漠化防治的工程措施防治方面尚未形成独立的防治系统，可借鉴冻土工程领域关于冻胀防治和冰锥防治的措施。

6.3.3.1　冻胀防治措施

冻胀作用及其强度主要取决于土壤本身性质、土中及外界水分条件、外界寒冷条件等因素。因此在防治措施上应根据具体情况，抓住主要矛盾进行治理。

（1）机械法

机械法防冻胀是基于改变土颗粒的粒度成分或接触条件，减少水分迁移量的原理。在温度梯度等其他条件相同时，冻土中的水分迁移量为粉粒>黏粒>砂粒，从而导致其他条件相同情况下，粉粒含量高的土具有较强的冻胀性。挖除粉粒含量高的土并用较纯净的砂砾石换填以减少冻胀破坏的方法，主要是利用粗颗粒土的以下特性：饱水粗颗粒土冻结时，水分不向冻结锋面迁移，而向相反方向迁移（即不是吸水而是排水），因此可避免强烈的分凝冻胀。非饱和粗颗粒土冻结时，虽然水分是向冻结锋面迁移的，但水分迁移量比其他粒级的土要小得多。

（2）强夯法

强夯法防治冻胀就是立足于改变土颗粒间的接触条件。利用强夯方法增大土的密度，使土颗粒之间的接触类型从固–液–固型或固–固–液–固型尽量向固–固型转化，切断土中毛细管之间的联系或减薄土颗粒外围水膜的厚度，从而达到减少水分迁移量的目的。

（3）热物理法

热物理法防冻胀是基于改变土中的水热状况，减少水分迁移量的原理。铺设隔热层不但可改变隔热层下土中的温度进程，而且可把一维的水热输运问题转化为二维问题，以此来改变水分迁移的方向和强度。但铺设隔热层方法防治冻胀对细颗粒土或不饱水砂土是有效的，对饱水秒土不但无效而且会导致更坏的后果。

（4）物理化学法

物理化学法防冻胀是基于添加某种化学试剂改变土壤水的成分和性质或者改变土颗粒的集聚状态，减少水分迁移量的原理。

① 盐化法

通过在土中添加化学试剂，改变土中水溶液的溶质成分或浓度，降低土的冻结温度，使土层即使在负温下仍处于未冻状态或在较低的负温下才冻结。

a. 胶结法　通过加入甲基、乙基、丙基或苯基硅酸钠溶液，可使分散的土颗粒胶结起来。

b. 团聚法　土中加入某种土壤改良剂、苯乙烯与硫酸甲脂共聚物、聚乙烯醇或三氯化铁可使土中粉黏粒聚集成粒径大于 0.1mm 的团粒。

c. 分散法　土中加入磷酸盐，如四磷酸钠、六偏磷酸钠、三聚磷酸钠等，可使土颗粒进一步分散，黏粒含量增大。这些胶结、团聚和分散法都是通过添加剂使土颗粒向两极（砂砾级和黏粒级）分化，从而达到减少土的渗透性和水分迁移量、减少冻胀量的目的。

② 阳离子表面活性剂

采用阳离子表面活性剂（如双十八烷基乙二胺）与柴油等体积混合后，配制成浓度为 1% 或 0.5% 的水溶液，喷雾或与土拌和，使土颗表面形成憎水性，从而减少地下水的上升量和地表水的入渗，减少水分迁移量和冻胀量。

③ 电化学法

用电化学的方法，通过阳极端向阴极端的疏干排水，使土的渗透性降低，力学性能提高和冻胀量显著下降。

物理化学方法防治冻胀，一般来说，如果方法使用得当，其效果是显著的。这类方法的主要缺点是代价昂贵且效果随冻融循环次数增多而减弱。

（5）增大上部载荷法

季节冻土区内，土层由地表向下冻结，水分由下向上迁移，上部载荷通过基础底面向下传递。因此，由应力梯度引起自上而下的水分迁移抵消了部分由温度梯度引起的自下而上的水分迁移量。试验表明，土的冻胀量随上部载荷增大按指数规律衰减。

6.3.4　冰锥防治措施

整治冰锥的主要方法是改变整个冰锥的水文地质条件，切断补给水源，加强其排水能力。主要措施有冻结沟、截水墙等。

6.3.4.1　冻结沟

在冰锥场或冻胀丘场的上游开挖与地下水流向垂直的天沟。在冻结季节前其是排水沟，在冻结季节，沟下土层首先冻结，便形成了一道冻结"墙"，也起到拦截地下水的作用。实践表明，这种方法适合于含水层较薄、隔水底板埋藏不深的地段。

6.3.4.2　截水墙

可以单独使用，也可以和冻结沟联合配置，在东北白阿铁路上已取得成功。

6.3.4.3　保温排水渗沟

用保温排水渗沟将冰锥场或冻胀丘场的地下水排到河谷或洼地。

6.3.4.4　抽水以形成降位漏斗

如果含水层较厚，用前面几种措施未能奏效，则要设开采孔以抽取地下水，形成降位漏斗，这是整治冰锥-冰胀丘场的比较彻底的办法。如在古莲煤矿生活区，经过 3 个月的抽水形成一个南北宽 300m，东西长 100m 的降位漏斗，中心处水位下降 25m，有了这样一口生活供水井，就彻底根治了冰锥危害。

复习思考题

1. 冻融荒漠化的概念及成因。

2. 冻融荒漠化的分布。

3. 冻融荒漠化的防治的基本原理。

4. 冻融荒漠化防治的技术措施。

推荐阅读书目

周幼吾，邱国庆，程国栋，等．中国冻土[M]．北京：科学出版社，2000.

徐学祖，王家澄，张立新．冻土物理学[M]．北京：科学出版社，2010.

参 考 文 献

董瑞琨，许兆义，杨成永．青藏高原冻融侵蚀动力特征研究[J]．水土保持学报，2000，4(4)：12-16.

范昊明，武敏，周丽丽，等．融雪侵蚀研究进展[J]．水科学进展，2013，24(1)：146-152.

郝芳华，欧阳威．冻融区规模化农业开发生态环境效应[M]．北京：科学出版社，2013.

景国臣．冻融侵蚀及其形式探讨[J]．黑龙江水利科技，2003(4)：111-112.

李森，高尚玉，杨萍，等．青藏高原冻融荒漠化的若干问题——以藏西-藏北荒漠化区为例[J]．冰川冻
土，2005，27(4)：476-484.

李兴隆，王茭文．高寒山区冻融侵蚀荒漠化形成及防治．沈阳师范大学学报(自然科学版)，2017，35
(1)：80-83.

刘铁军，刘艳萍，赵显波．黑土地冻融作用与土壤风蚀研究[M]．北京：中国水利水电出版社，2013：
162-163.

卢存福，简令成，贲桂英．高山植物短管兔儿草光合作用特性及其对冰冻胁迫的反应[J]．植物学通报，
2000，17(6)：559-564.

徐学祖，王家澄，张立新．冻土物理学[M]．北京：科学出版社，2010.

张瑞芳，王瑄，范昊明，等．我国冻融区划分与分区侵蚀特征研究[J]．中国水土保持科学，2009，(2)：
24-28.

张寅生，马颖钊，张艳林，等．青藏高原坡面尺度冻融循环与水热条件空间分布[J]．科学通报，2015，
60(7)：664-673.

郑秀清，陈军锋，邢述彦，等．季节性冻融期耕作层土壤温度及土壤冻融特性的试验研究[J]．灌溉排水
学报，2009，28(3)：65-68.

周幼吾，邱国庆，程国栋，等．中国冻土[M]．北京：科学出版社，2000.

Dagesse D F. Freezing cycle effects on water stability of soil aggregates [J]. Canadian Journal of Soil Science,
2013, 93：473-483.

Edwards L M, Burney J R. Soil-erosion losses under freeze thaw and winter thaw and winter ground cover using a
laboratory rainfall simulator[J]. Canadian agricultural engineering, 1987, 29(2)：109-115.

Edwards, Linnell M. The effects of soil freeze thaw on soil aggregate breakdown and concomitant sediment flow in
Prince Edward Island：A review [J]. Canadian Journal of Soil Science, 2013, 93(4)：459-472.

Pikul J L, Aase J K. Fall Contour Ripping Increases Water Infiltration into Frozen Soil [J]. Soil Science Society
of America Journal, 1998, 62(4)：1017-1024.

Pikul J L, Zuzel Jr J F, et al. Formation of soil frost as influenced by tillage and residue management [J]. Jour-
nal of Soil and Water Conservation, 1986, 41(3)：196-199.

John D W, Stewart B. Wuest, et al. Rotary subsoiling newly planted winter wheat fields to improve infiltration in
frozen soil [J]. Soil & Tillage Research, 2006, 86(2)：144-151.

Saxton K E, McCool D K, et al. Slot mulch for runoff and erosion control [J]. Journal of Soil and Water Conser-
vation, 1981, 36(1)：44-47.

Srinivasan M S, Bryant R B, Callahan M P, et al. Manure management and nutrient loss under winter conditions: A literature review[J]. Journal of Soil and Water Conservation, 2006, 61(4): 200-209.

Tanasienko A A, Yakutina O P, Chumbaev A S. Effect of snow amount on runoff, soil loss and suspended sediment during periods of snowmelt in southern West Siberia[J]. CATENA, 2011, 87(1): 45-51.

Wang G X, Li Y S, Hu H C, et al. Synergistic effect of vegetation and air temperature changes on soil water content in alpine frost meadow soil in the permafrost region of Qinghai-Tibet[J]. Hydrological Processes, 2008, 22(17): 3310-3320.

第7章 石漠化及其防治

7.1 石漠化的概念与分布

7.1.1 石漠化的概念

石漠化顾名思义，就是地表石质化或岩质化，是一个较新的术语，随着沙漠化、盐渍化、荒漠化等概念的产生而出现，目前没有统一认可的定义，主要争议在其所发生的气候区域、地理条件及成因等方面。因此，人们便提出了所谓的广义与狭义概念之分。广义的石漠化是指以复合侵蚀作用为主，包含多种地表物质组成的、以类似荒漠化景观为标志的土地退化过程。在我国主要包括以下几种类型：（1）发生在闽、粤、湘、桂东南和赣南一带的花岗岩风化壳、水土流失严重地区，在重力作用下以崩岗方式发展形成的"白沙岗"和"红沙岗"石漠化；（2）发生在赣、湘、鄂、浙、桂、闽等省红壤和第四纪红色岩系地区的"红色荒漠化"；（3）发生在滇、桂、黔碳酸盐岩集中分布区，因植被破坏，水土流失，形成的"岩溶石漠化"；（4）发生在四川紫色砂页岩地区，因岩性构造疏松，地表侵蚀严重，形成基岩裸露的"石质坡地"；（5）发生在山洪、泥石流、滑坡等活动频繁的陡坡峡谷地区，形成以沙石堆积为主的"砾质荒漠化"；（6）发生在矿藏资源丰富地区，以采矿采石采砂为主形成的碎石覆盖地；（7）发生在河流下游的冲积平原，以及中游的河谷平原的沙质阶地和沙质河漫滩、海成阶地或海成沙堤。可以认为，广义石漠化实际上包括了除风蚀荒漠化、盐渍荒漠化外大部分水蚀荒漠化的类型。由于地质条件、气候因素及社会环境的差异，这些类型的石漠化有着不同的成因和形成过程，本质上有一定的差异。

狭义的石漠化是指在南方（特别是滇、黔、桂）湿润地区碳酸盐岩（石灰岩、白云岩等）形成的生态环境脆弱的岩溶区，由于人类不合理活动造成植被破坏、水土流失、岩石逐渐裸露、土地总体生产力衰退或丧失、土地利用率低、地表在视觉上呈现石漠景观的演变过程，是自然因素和人为因素共同作用的结果。目前该定义得到了大部分学者的认可，但也有人认为该定义尚需从以下两方面进行界定：一是从我国石漠化灾害分布情况来看，不仅在湿润区存在石漠化灾害，在半湿润区也存在石漠化土地和地貌景观，如安徽淮北石质山地、山西太行山岩溶景观、北京十渡岩溶地质地貌景观等，均处于我国干湿状况分区中的半湿润区；二是从全球岩溶地貌的分布来看，世界三大连片岩溶区包括了中国西南岩溶地区、地中海沿岸、北美东海岸，从热带到寒温带、由南到北都有岩溶地貌发育和石漠化现象。因此，周金星等认为，石漠化是指在岩溶极其发育的自然背景下，受人为活动干扰，使地表植被遭受破坏，导致土壤严重流失，基岩大面积裸露或砾石堆积的一种土地退化现象，它是母质为碳酸盐岩地区土地退化的一种极端形式。据《中国石漠化状况公报》规定石漠化土地是指是指基岩为碳酸盐岩类、岩石裸露度（或砾石含量）在 30% 以上、森林为主的乔灌盖度没有达到 50%，草本为主的植被综合盖度没有达到 70%，并没有梯土化的岩溶区土地；而岩石裸露度（或砾石含量）虽在 30% 以上，但植被覆盖较好（森林为主的乔灌盖度达到 50% 以上，草本为主的植被综合盖度 70% 以上）或已梯土化的土地则不算作石漠化土地，而是作为潜在石漠化土地。周金星等指出《中国石漠化状况公报》中规定的潜在石漠化土地为非石漠化土地非常不合理，其基岩裸露度已达 30% 以上，虽然植被覆盖较好，但非常脆弱，应该列入石漠化土地类型，可作为一种微度石漠化类型；并指出《中国石漠化状况公报》中规定的岩溶区非石漠化土地，容易受人类活动干扰和自然因素的影响转换成石漠化土地，应作为潜在石漠化土地，纳入岩溶石漠化综合治理工程；他们认为在岩溶区的土地类型只存在两种情况，一种是石漠化土地，另一种就是潜在石漠化土地，并强调石漠化综合治理工程应加大对潜在石漠化土地的综合防治。

石漠化、荒漠化与水土流失是我国生态环境建设面临的最突出的三大问题，石漠化的直接后果，标志着生态环境已经濒临崩溃，实质就是岩溶生态环境逆向演替的顶级阶段。土地一旦发生石漠化，恢复治理相当困难，而且恢复速率也极慢，是岩溶地区生态脆弱的极端表现形式。我国岩溶地貌分布广泛，其中裸露的碳酸盐类岩石面积高达 130 万 km^2，基岩裸露度超过 30% 以上的石漠化土地面积较大，仅西南八省（市/自治区）集中连片分布的岩溶石漠化区域就有 12.96 万 km^2，受石漠化危害影响人群的高达 2.2 亿，已对我国长江、珠江流域等人口密集和经济发展重要区域的生态安全造成严重威胁。2012 年 11 月中国共产党第十八次全国代表大会把建设生态文明纳入中国特色社会主义事业"五位一体"总体布局。2016 年 1 月 5 日习近平同志在推动长江经济带发展座谈会上明确指出要"实施好岩溶地区石漠化治理工程"。2017 年 10 月中国共产党第十九次全国代表大会明确提出"要实施重要生态系统保护和修复重大工程，开展国土绿化行动，推进荒漠化、石漠化、水土流失综合治理"，为继续推进石漠化治理提供了行动指南。因此，加强石漠化治理已成为全社会广泛关注、政府高度重视的生态问题。

7.1.2　岩溶石漠化的分布

岩溶又称喀斯特（Karst），源自前南斯拉夫西北部伊斯特拉半岛的石灰岩高原 Karst 而来，指水对可溶性岩石进行的以化学溶蚀作用为主，流水的冲蚀、潜蚀和崩塌等机械作用为辅的地质现象。由岩溶作用所形成的地下形态和地表形态，就称为岩溶地貌。岩溶地貌在地球表面广泛分布，全世界陆地上岩溶分布面积接近 2200 万 km^2，约占地球陆地表面积的 15%，居住着约 10 亿人口，主要集中在低纬度地区，包括东南亚、中国西南、中亚、地中海、南欧、加勒比、北美东海岸、南美西海岸和澳大利亚的边缘地区等。集中连片的岩溶地貌主要分布在欧洲中南部、北美东部和中国西南地区。

我国岩溶地貌分布广泛，除了西南岩溶地区集中分布外，华北、东北、蒙新及青藏高原等区域也发育有岩溶地貌，但以西南岩溶地貌面积最大也最为典型。中国西南岩溶地区位于全球性碳酸盐岩带上，与欧洲地中海沿岸、美国东部岩溶区并称为全球三大岩溶区。我国西南岩溶区涉及云贵高原、湘桂丘陵、青藏高原，并以云贵高原为中心，包括贵州、云南、广西、湖南、湖北、重庆、四川和广东8省(直辖市、自治区)，碳酸盐岩出露面积超过50万km^2，是全球岩溶集中分布区中面积最大、岩溶发育最强烈的典型地区。贵州锥状岩溶地形是全球锥状岩溶地形中发育演化过程最完整、保存相关遗迹最丰富、集中连片分布面积最大和地貌景观最典型的地区。

我国石漠化主要发生在以云贵高原为中心，北起秦岭山脉南麓，南至广西盆地，西至横断山脉，东抵罗霄山脉西侧的岩溶地区，行政范围涉及贵州、云南、广西、四川、重庆、湖南、湖北及广东8个省(直辖市、自治区)的457个县。该区域是珠江的源头，长江水源的重要补给区，生态区位十分重要。石漠化是该地区最为严重的生态环境问题，影响着珠江、长江的生态安全，制约着该区域经济社会的可持续发展。

我国石漠化土地分布表现为以下特征：①分布相对集中，以云贵高原为中心的81个县，国土面积仅占岩溶地区的27.1%，而石漠化面积却占土地总面积的53.4%；②主要发生在坡度较大的坡面上，发生在16°以上坡面上的石漠化面积达1100万hm^2，占石漠化土地面积的84.9%；③以轻度、中度石漠化为主，轻度、中度石漠化土地占石漠化总面积的73.2%；④石漠化发生率与贫困状况密切相关，根据国家第一次石漠化监测报告，监测区的平均石漠化发生率为28.7%，而县财政收入低于2000万元的18个县中石漠化发生率为40.7%，高出监测区平均值12%；在农民年均纯收入低于800元的5个县中石漠化发生率高达52.8%，比监测区平均值高出24.1%。

(1) 按省份分布状况

根据2018年国家林业和草原局公布的中国石漠化状况公报，我国岩溶地区石漠化土地总面积为1007万hm^2，占岩溶面积的22.3%，占区域国土面积的9.4%，石漠化土地涉及湖北、湖南、广东、广西、重庆、四川、贵州和云南8个省(自治区、直辖市，以下简称省)的457个县(市、区，以下简称县)。其中，贵州省石漠化土地面积为247万hm^2，占石漠化土地总面积的24.5%，是8个省份中面积和占比最大的；云南、广西、湖南、湖北、重庆、四川和广东石漠化土地面积分别为235.2万hm^2、153.3万hm^2、125.1万hm^2、96.2万hm^2、77.3万hm^2、67万hm^{2}和5.9万hm^2，分别占石漠化土地总面积的23.4%、15.2%、12.4%、9.5%、7.7%、6.7%和0.6%。

(2) 按流域分布状况

长江流域石漠化土地面积为599.3万hm^2，占石漠化土地总面积的59.5%；珠江流域石漠化土地面积为343.8万hm^2，占34.1%；红河流域石漠化土地面积为45.9万hm^2，占4.6%；怒江流域石漠化土地面积为12.3万hm^2，占1.2%；澜沧江流域石漠化土地面积为5.7万hm^2，占0.6%。

(3) 按程度分布状况

轻度石漠化土地面积为391.3万hm^2，占石漠化土地总面积的38.8%；中度石漠化土地面积为432.6万hm^2，占43%；重度石漠化土地面积为166.2万hm^2，占16.5%；极重

荒漠化防治学

度石漠化土地面积为 16.9 万 hm²，占 1.7%。

7.1.3 潜在石漠化土地现状

截至 2016 年底，岩溶地区潜在石漠化土地总面积为 1466.9 万 hm²，占岩溶面积的 32.4%，占区域国土面积的 13.6%，涉及湖北、湖南、广东、广西、重庆、四川、贵州和云南 8 个省的 463 个县。

（1）按省份分布状况

贵州省潜在石漠化土地面积最大，为 363.8 万 hm²，占潜在石漠化土地总面积的 24.8%；其他依次为广西、湖北、云南、湖南、重庆、四川和广东，面积分别为 267.0 万 hm²、249.2 万 hm²、204.2 万 hm²、163.4 万 hm²、94.9 万 hm²、82.1 万 hm² 和 42.3 万 hm²，分别占 18.2%、17.0%、13.9%、11.1%、6.5%、5.6% 和 2.9%。

（2）按流域分布状况

长江流域潜在石漠化土地面积最大，为 931.1 万 hm²，占潜在石漠化土地总面积的 63.5%；珠江流域潜在石漠化土地面积为 474.7 万 hm²，占 32.4%；红河流域潜在石漠化土地面积为 32.4 万 hm²，占 2.2%；怒江流域潜在石漠化土地面积为 13.8 万 hm²，占 0.9%；澜沧江流域潜在石漠化土地面积为 14.9 万 hm²，占 1%。

7.2 石漠化的成因

石漠化的形成以强烈的人为活动为主导，是自然与经济社会相关联，人为因素与自然、环境、生态和地质背景共同作用的结果。石漠化不仅具有自然属性，也具有社会学属性。其自然属性包括具有特定的地质背景、地质作用过程、生物学过程、景观特征、空间范围和时间尺度，可以归纳为不同退化程度、不同发生时间、不同级别的地—空能量效应和不同时空表现形式。其社会学属性包括人地对话、贫困相关性、有限度的可控性等。石漠化形成的自然因素主要有基岩可溶性、岩溶过程、地形与地貌、气候条件、植被生长环境和土壤特征等；人为因素包括不合理的土地利用、乱砍滥伐、过度放牧及工程工矿建设等。

7.2.1 石漠化产生的动力与过程

（1）石漠化产生的动力

石漠化发生在降水量较多的亚热带湿润地区，年平均降水量一般在 1000mm 以上，多者达 2000mm 以上。在这样的降水条件下，地表径流发育强烈，是土壤侵蚀的主要动力。加上石漠化地区地形坡度较大，径流速度较大，土壤侵蚀动力较强，因此流水是石漠化发生的主要动力。我国西南石灰岩地区水蚀动力与黄土高原有相似之处，包括面状流水动力和沟谷流水动力等。石漠化地区最大日降雨量可超过 150mm，1h 最大雨量普遍超过 30mm，因而地面径流较大，年径流深在 500mm 以上，最大可达 1800mm，径流系数为 40%～70%，侵蚀力强，为土壤侵蚀提供了强大的动力。

亚热带岩溶地区年均降雨量季节分布不均，主要集中在春季和夏季，容易形成暴雨，特别是在夏季易形成特大暴雨并引发洪涝灾害。而春季和夏初正是大面积坡耕地的播种季节，农作物正处在幼苗阶段，疏松的坡土得不到很好的覆盖，利于水流对地表土壤的侵蚀，从而造成严重的水土流失，所以春季和初夏暴雨加剧了土地石漠化的发生和发展。

（2）石漠化发生的过程

① 溅蚀和片蚀

主要广布于岩溶坡顶和坡上部位，分布于石芽之间或石头缝隙的浅土旱地，这是云南、贵州、广西等省（自治区）岩溶峰丛洼地区特有的一种耕地。岩溶地区虽然土壤黏重，凝聚力较强，但遇到暴雨时，降雨强度和溅击动能均较大，溅击作用显著，使坡面大量土壤颗粒流失，是广大峰坡顶部地带土少、裸岩遍布的主要原因。片蚀主要分布在峰丛稀疏灌草荒坡、顺坡旱地、失修的台梯地等部位，侵蚀广泛分布，侵蚀强度可使土地发生中度和严重退化。

② 沟蚀

主要发生于峰坡下部与坡麓地带土层相对较厚的部位，侵蚀强度多属极强度、剧烈侵蚀。受峰丛地形与土层厚度等因素影响，形态上主要有浅沟和切沟，冲沟较少发育。其中浅沟侵蚀通常在峰丛山坡下部、坡麓土层较厚的荒坡面与顺坡耕地上，由大股水流冲刷形成的宽浅槽型沟，多呈数沟并列分布。

③ 漏蚀

水土地下漏蚀是指岩溶地下水与土壤下面的岩石发生化学反应形成的空隙、裂隙和管道，被上覆土壤通过蠕滑和错落等重力侵蚀方式填充，造成坡地地面土壤、土壤母质等沿溶沟、溶槽、洼地和岩石缝隙进入岩溶地下含水层。土壤漏蚀由蒋忠诚等人提出，并逐渐被岩溶科研人员所接受，目前关于漏蚀量研究还存在分歧，有的科研人员认为岩溶区的土壤漏蚀占侵蚀量的50%以上，有的认为不足50%。

④ 石隙刷蚀

石隙刷蚀是岩溶山地特有的一种侵蚀形式，主要发生在石芽广泛出露的坡地。裸坡经过长期侵蚀，残存的少量土充填在石芽间隙中，受石芽与块石的拦截，一般中小降水以下渗水为主，侵蚀较少，大雨时也只是局部形成轻度冲蚀。当暴雨和大暴雨出现时，山坡产生的大量径流汇集后曲折奔流于石芽石块间隙，以涡流和湍流方式对石芽间的土层进行冲刷侵蚀。

⑤ 潜蚀

是岩溶地区常见的侵蚀类型。在土层较厚的缓坡、台地和洼地底部，由地表水沿土体缝隙下渗，以及地下水的渗流作用为主，形成地下土体中的土洞、盲沟和陷穴形态，多在暴雨后发生，直接破坏农地及水利道路等设施，危害极大。

7.2.2 石漠化发生的影响因素

（1）自然因素

① 可溶性的基岩特征

碳酸盐岩是石漠化形成的物质基础，我国西南地区岩溶广泛分布，面积超过了 50 万 km²。碳酸盐岩坚硬致密、抗风化抗冲刷能力强，但可溶性组分含量高，尤其是纯灰岩地区的可

溶性物质极易淋溶流失，不溶性的残留物仅为 4% 左右，在非常缓慢的成土过程中形成残积土并风化为土壤。碳酸盐岩形成的土壤层次发育不全，加之岩层渗漏强，蓄水保水能力差，是石漠化形成的内在基础。岩溶地区石漠化与岩性之间存在明显的相关性，石漠化分布区域的岩性主要以石灰岩为主，且石灰岩地区石漠化程度比白云岩地区更严重。

② 强烈的岩溶过程

石漠化的形成和发展受强烈的岩溶过程影响，主要表现为以下两方面：一方面较快的溶蚀速度不仅溶蚀母岩全部的可溶组分，也带走大部分不溶物质，降低碳酸盐岩的造土能力；另一方面强烈的岩溶化过程有利于地下岩溶裂隙和管道发育，形成地表、地下双层结构，不利于表层水土的保持，加速了石漠化的形成和发展。研究发现岩溶区的水体其暂时硬度较大，Ca^{2+} 含量较高，方解石浓度处于过饱和状态。

③ 陡峻的地形与地貌

西南岩溶地区因地质构造运动地貌呈陡峻而破碎景观，总体呈西北高、东南低，其高山低地、崎岖不平、切割深的地形轮廓加速降水的流失及对土壤的侵蚀，为石漠化形成提供了侵蚀势能。地形坡度直接控制堆积土层的厚度及土壤侵蚀量，坡度大的地形为石漠化的拓展起到促进作用。在坡度较大的地区不利于土壤堆积，水土流失较快，植物难以生长，致使大面积基岩裸露。因此，石漠化主要分布在地形坡度大、切割较深的盆地外围岩溶山区和盆地周边岩溶峰丛洼地。

④ 湿润多雨的气候条件

降水的动力作用是石漠化形成的又一影响因素。西南地区年降水量在 800~1800mm 之间，绝大部分地区在 1000~1400mm 之间，且降水时空分布不均，降水多集中在 5~9 月，丰沛而集中的降水为石漠化形成提供了强大的侵蚀动能，尤其酸雨为碳酸盐岩溶蚀提供了丰富的溶解介质，并抑制了岩溶地区林草植被的生长，破坏了岩溶地表植被，加速了岩溶地表的土壤侵蚀。此外，近年来高频率发生的暴雨泥石流、崩塌及持续干旱的气候条件也加速了石漠化的进程。年均降雨量、年均气温、暴雨日数和日最大降水量等因子与石漠化之间呈显著的关联性，反映了区域气候变化对石漠化发展演变的重要影响。

⑤ 脆弱的植被生长环境

岩溶山区是一种典型的钙生环境，组成其生态环境基底的化学元素具有富钙亲石特性，而且风化淋溶的成土速率极慢，植物生长所需的营养元素相对匮乏，尤其是钾含量非常低，且容易溶解流失，因而这种钙生性环境对植物具有强烈的选择性。同时该区域土层浅薄、岩体裂隙、漏斗发育，地表严重干旱，环境严酷，对植物生长具有极大的限制作用，只有表现出耐旱、喜钙、抗酸、抗贫瘠及石生等特点植物，才能在石漠化地区生长。许多喜酸、喜湿、喜肥的植物在这里难以生长，即使能生长也多为长势不良的"小老头树"。因此，我国岩溶地区适应生存的植物种类较其他地区少，存在的主要植物群落是耐贫瘠喜钙的岩生性类型，群落结构相对简单，生态系统稳定性差，容易遭受破坏。

⑥ 易于流失的土壤

西南岩溶地区的成土母质主要为纯灰岩，少部分为泥质灰岩、硅质灰岩等，由碳酸盐岩风化物形成土壤的速率极慢，且成土之后具有土被不连续、缺少母质层、土层较薄、土壤松散、石多土少、岩土间附着力低等特点，决定了其易于冲刷和流失，不利于表层水土保持，加速了石漠化的形成和发展。同时，石漠化地区的土壤受到碳酸盐岩动力系统的影响，在土壤中的盐基离子(Ca^{2+}、Mg^{2+}、K^+、Na^+)大量流失的同时，岩溶作用产生的富钙环境又补充了其含量，因此循环的结果是形成了偏碱性的土壤环境，使石灰岩土的阳离子交换量提高，从而降低了土壤中其他微量元素的含量，也造成岩溶地区土壤肥力低下，生物容量变小，生境先天不足，生态系统脆弱。加之岩溶地区土层浅薄，岩体裂隙、漏斗发育，岩溶地表干旱严重，土壤环境对植物生长有极大的限制作用，降低了生物的多样性，客观上促进了石漠化进程。

（2）人为因素

不合理的农业耕作方式、过度放牧、过度开垦、乱砍滥伐、火烧，以及不合理的工矿工程建设等人为活动致使岩溶地区植被覆盖度降低，土壤侵蚀严重，最终导致石漠化的发生。监测结果显示，人为因素诱发的石漠化面积高达963.6万hm^2，占石漠化土地总面积的74.3%。由不合理的耕作方式、过度开垦、乱砍滥伐造成的石漠化土地面积达到了478.67万hm^2，占到人为因素诱发石漠化土地总面积的49.70%。

① 人口快速增长及其连锁反应

自明清以来，我国西南岩溶地区人口快速增长，尤其是清雍正时期的人口迁移政策使得贵广西州等地区的人口暴增。到21世纪初期，西南岩溶区八省（直辖市/自治区）的人口达4.4亿，占全国总人口的33.8%，人口密度达226人/km^2，高出全国平均水平58.6%。岩溶区单位面积上可耕地仅占全国平均的20%~30%，难利用的石质山地却达50%以上，土地生产潜力不高或很低，能供养的人口比较少，多数地区的人口密度已大大超出理论人口容量，多数土地超出其承载能力1~2倍以上。碳酸盐岩分布与人口分布存在某种制约关系，岩溶石山地区人口承载力偏低，岩溶县的人均国民生产总值、农民人均纯收入也不及非岩溶县。

② 不合理的土地利用

西南岩溶地区目前仍广泛存在刀耕火种、陡坡耕作、广种薄收以及种植模式单一等现象，这些不合理不科学的耕作方式和作物布局造成耕作区的地表土壤极易流失，土地生产力逐年下降，直至丧失耕作价值，形成石漠化。在贵州省$3.69×10^5 km^2$的总耕地面积中，旱耕地占69%，而在旱耕地中已经实现梯土化或者沿等高耕作的不到1/3，占耕地总面积46.2%以上的耕地实施的仍是传统的顺坡耕种。在作物布局上也不合理，多为单一种植，不同作物之间的间作、混作和套种较少。

③ 乱砍滥伐与过度放牧

岩溶地区经济发展普遍落后，农村生活生产所依靠的能源结构单一，往往是靠山挖山、靠树砍树，同时缺乏幼苗补栽补种的科学观念，导致山区乔木、灌木乃至草本藤本都被大量砍伐和挖掘。根据监测结果，西南地区因过度樵采造成的石漠化面积达到302.6万hm^2，占人为因素诱发石漠化土地总面积的31.4%。岩溶山区农牧民习惯散养山羊、黄牛和猪等牲畜，牲畜啃食植物时常破坏根系而毁坏林草植被，使土壤层缺乏保护而流失。

④ 其他工程工矿建设

岩溶地区工矿工程建设中缺乏科学规划以及技术落后、监督管理和保护不到位，随意开采挖掘、乱堆乱放废弃碎石等现象较为突出，，导致植被遭到破坏，水土流失严重，基岩裸露，最终发生石漠化。贵州等地存在百年历史以上的矿床开采、金属冶炼等产业，均造成了植被破坏、土地生产力退化、基岩大面积裸露从而导致石漠化的问题，亦被称为"矿山石漠化"。

石漠化发展的过程一般具体表现为：人为因素→林退、草毁→陡坡开荒→土壤侵蚀→耕地减少→石山、半石山裸露→土壤侵蚀→完全石漠化的模式。此外，造成我国西南石漠化的深层次原因主要包括：人口增长过快、人地矛盾突出，经济发展相对滞后、贫困面大、国家政策执行不到位以及国民生态环保意识淡薄等。

7.3 石漠化的等级与分类

7.3.1 石漠化等级划分指标

（1）植被覆盖度

植被是岩溶自然生态系统的关键组成部分，维系着整个生态系统的环境优劣和水分平衡，正是由于植被遭到破坏，才出现土壤强烈侵蚀、基岩裸露，进而形成石漠化，因此植被覆盖度是石漠化辨识的关键指标。前人对植被覆盖度与水土保持的研究也表明，要稳定地减少土壤侵蚀，植被覆盖度不得低于50%，因此可将植被覆盖度在50%以上的地区认定为无明显石漠化。从土地利用的角度来说植被覆盖度低于20%属于低覆盖地区，基岩大部分裸露，土地难以利用，景观已经接近于裸露石山状态。

（2）植被类型

土壤遭受侵蚀后土层变薄，肥力下降，不仅植被覆盖率降低，植被类型也相应发生变化，因此植被类型的变化可以间接地反映土地生产力退化的状况。石漠化从形成初期到演化的后期，植被类型的演替序列为：次生乔灌林—灌木林—稀疏草坡—草坡。可结合实际情况通过不同的植被类型反映石漠化的发展程度。

（3）岩石裸露度

岩石裸露度是石漠化景观最明显的表现，各石漠化等级之间的界限可以结合植被覆盖率来划分。当土地利用为低覆盖草地时，土地已不能利用，景观近于裸露石山，裸岩率达80%以上。在典型岩溶地区，林地下裸岩率较草地和耕地高，因此可用林地下不适宜的裸岩率作为不宜利用的界限。如对贵州息烽县土地适宜性评价研究显示，林地不适宜级裸岩率大于70%，可作为中度石漠化的划分界线。

（4）土层厚度

西南岩溶地区具有独特的水热条件，有土层存在的地方基本就会有植被的良好生长，土层厚度是反映石漠化分布特征的一个重要指标。据大量野外实地调查，典型裸露型岩溶山地土体厚度一般为30cm左右，参照对山区丘陵区土地适宜性评价的研究成果，林业和牧业土层厚度小于10cm就难以利用，可作为中度石漠化的界线。土层在20cm以上则林、灌、草都可利用，可近似地作为无明显石漠化的地区。

（5）土壤平均侵蚀模数

土壤侵蚀模数也能够反映石漠化的强弱，不过侵蚀模数随着石漠化由弱到强再到最强，呈现由小到大再到小的变化。在石漠化最强时，由于土壤大部分已被侵蚀完毕，所以侵蚀模数反而变小。

7.3.2 石漠化等级分类

石漠化类型划分主要依照以下规定：首先将岩溶地区土地类型分为未发生石漠化土地和石漠化土地两大类，按照《中国石漠化状况公报》的规定，将未发生石漠化土地分为非石漠化土地和潜在石漠化土地两类；石漠化土地分为不同等级的石漠化土地，分别为轻度、中度、重度和极重度。现将《中国石漠化状况公报》中规定的石漠化等级分类情况，给予详细介绍。

（1）符合下列条件之一的为非石漠化土地：①基岩裸露度（或石砾含量）<30%的有林地、灌木林地、疏林地、未成林造林地、无立木林地或宜林地；②苗圃地、林业辅助生产用地；③基岩裸露度（或石砾含量）<30%的旱地；④水田；⑤基岩裸露度（或石砾含量）<30%的未利用地；⑥建设用地；⑦水域。

（2）潜在石漠化土地为基岩裸露度（或石砾含量）≥30%，且符合下列条件之一的：①植被为乔灌草型、乔灌型、乔木型或灌木型，植被综合盖度≥50%的有林地、灌木林地；②植被为草丛型，植被综合盖度≥70%的牧草地、未利用地；③梯土化旱地。

（3）基岩裸露度（或石砾含量）≥30%，且符合下列条件之一者为石漠化土地：①植被为乔灌草型、乔灌型、乔木型或灌木型，植被综合盖度<50%的有林地、灌木林地，以及未成林造林地、疏林地、无立木林地、宜林地或未利用地；②植被为草丛型，植被综合盖度<70%的牧草地、未利用地；③非梯土化旱地。依据评定因子及指标将石漠化分为：轻度、中度、重度和极重度4个等级。评定石漠化程度的因子包括基岩裸露程度、植被综合盖度、植被类型和土层厚度。评定石漠化程度的方法：先将以上4项因子分为不同的等级并量化，再对被调查地（小班）的以上4项因子逐一确定等级-记录量化值，并求出该调查小班的4项量化值的和，最后与规程划定的石漠化程度区分段进行比较，确定该小班的石漠化等级。各评定因子及指标评分见表7-1~表7-5。

表7-1 基岩裸露度评分标准

基岩裸露度	程度	30%~39%	40%~49%	50%~59%	60%~69%	≥70%
	评分	20	26	32	38	44

表7-2 植被类型评分标准

植被类型	类型	乔木型	灌木型	草丛型	旱地作物型	无植被型
	评分	5	8	12	16	20

表 7-3　植被综合盖度评分标准

植被综合盖度	程度	50%~69%	30%~49%	20%~29%	10%~19%	<10%
	评分	5	8	14	20	26

注：旱地农作物植被综合盖度按 30%~49% 计。

表 7-4　土层厚度评分标准

土层厚度	程度	Ⅰ级(<10cm)	Ⅱ级(10~19cm)	Ⅲ级(20~39cm)	Ⅳ级(>40cm)
	评分	1	3	6	10

表 7-5　石漠化程度评分标准

综合评分	程度	轻度	中度	重度	极重度
	评分	≤45	46~60	61~75	>75

7.4　石漠化的危害

岩溶地区的石漠化加速了生态环境的恶化，吞噬了人类的生存空间，导致自然灾害频发，加剧了岩溶地区的贫困，严重影响了区域经济的发展，并危及我国长江、珠江流域等人口密集区域的生态安全。石漠化对人们赖以生存的环境产生了极大的危害，主要体现在以下几个方面。

（1）生态系统遭受严重破坏

石漠化的最初表现为土层变薄、土壤养分含量降低、耕作层粗化、农作物产量降低，继而导致以森林植被为主体的岩溶生态系统的功能逐渐削弱和退化。石漠化地区的植被群落结构从高大乔木向乔灌林、灌丛、草地和裸地退化，群落密度下降，生物量急剧减少。土地石漠化导致了岩溶生态系统减弱或退化，失去了森林水文效应，丧失了调蓄地表水和地下水的能力，可有效利用的水资源逐渐枯竭，缺水问题日益严重。石漠化同时加剧了岩溶生态系统的退化，环境容量降低，岩溶生态系统内植物种群数量下降，植被结构简单化，生物种群多样性受到严重破坏。当环境逐渐恶化，温度变幅加剧时，土壤总量快速减少，水分和养分迅速流失，土地生产力急剧下降，石漠化末期阶段的群落生物量仅为未退化阶段的 1/200。

（2）水土流失、耕地丧失严重

石漠化与水土流失互为因果关系，即水土流水会产生石漠化，而石漠化的出现又会加剧水土流失。岩溶石漠化形成过程中，水土流失严重，地表土层逐渐变薄、养分含量降低、岩石裸露度加大、土地生产力下降到丧失耕作的价值、生态功能退化，形成"生态恶化—口粮不足—毁林开荒—生态恶化"的恶性循环。据测算，贵州省石漠化地区每年大约流失表土 1.95 亿 t，致使大面积耕地因土壤流失而废弃，在 1974~1979 年间贵州石漠化土地面积增加了 6.24 万 hm^2，每年因此丧失耕地面积 1.25 万 hm^2，约占全省耕地面积的 1.6%。

（3）加剧岩溶区旱涝灾害

石漠生态系统的承灾阈值弹性较小，缺乏森林植被调节缓冲地表径流，致使这类地区一旦遇到大雨，地表径流便快速汇聚于岩溶洼地、谷地等低洼处，造成暂时局域性涝灾。如云南省西畴县岩溶洼地，因水土流失导致落水洞堵塞，地表水排水不畅，常年有 375 个易涝洼地，雨季常被淹没，淹没期短则 3~15 天，长则 1~5 个月不等。另外，石漠化地区的岩溶漏斗、裂隙及地下河网发育，是峰丛洼地、谷地的主要泄水通道，当降雨量较小时地表径流较快地渗入地下河系而流走，就会导致地表干旱。长江和珠江近年来频繁发生的旱涝灾害与西南岩溶石漠化区严重的水土流失有密切关系。

（4）激化人水矛盾

石漠化地区的一个显著生态特征就是缺水少土。岩溶地貌本身是一个脆弱的生态系统，由于人类长期不合理的经济活动，导致植被稀少，失去了森林水文效应，发挥不了森林调蓄地表水和地下水的能力，生态环境失衡，水土流失逐年加剧，水资源紧缺。加之岩溶地区地表、地下景观的双重地质结构，渗漏严重，其入渗系数较高，一般为 0.3~0.5mm/min，裸露峰丛洼地区可高达 0.5~0.6mm/min，这导致地表水资源涵养水源能力更低，保持水土能力更弱，使河溪径流减少，出现非地带性干旱和人畜饮水困难，造成"地下水滚滚流，地表水贵如油"的现象。

（5）区域社会发展受限、人民生活水平受影响

在西南岩溶石漠化区，贫困县与岩溶县、石漠化严重县具有很大的一致性。石漠化区域是我国少数民族主要聚居区，也是经济欠发达区域和边疆区域，其中国家级贫困县的石漠化土地面积占岩溶地区石漠化土地总面积的 59.3%，石漠化加剧了这些地区的贫困。近10 年来，石漠化地区的经济发展水平与全国经济发展水平之间的差距不断增大，人均纯收入、人均国民生产总值只有全国平均水平的 60% 和 40%。各种自然灾害呈现周期缩短、频率加快，因此也就造成了人民群众经济损失加重、生活水平和质量下降、生命和财产安全不断受到威胁等的趋势。例如，近年来西南地区频繁发生大范围持续的特大旱灾、洪涝等灾害，不仅造成农作物大量减产甚至绝收，工厂停工停产，人畜生活饮用水也成为很多地方的一大困难，经济损失巨大，以百亿元计。同时干旱还引发了许多严重的次生灾害，如易发森林火灾等；而在汛期，又常常发生洪涝灾害，造成农田和道路被冲毁或淤塞、山体滑坡、交通受阻、生产被迫停工等问题。据国家防汛抗旱总指挥部办公室统计，2009 年秋季至 2010 年春发生在西南 5 省区的旱灾（截至 2010 年 4 月 9 日），共造成云南、贵州、广西、重庆和四川五省（自治区、直辖市）耕地受旱面积 636.87 万 hm²，占全国同期的 78%，作物受旱 7516 501.07 万 hm²，其中重旱 164.27 万 hm²，干枯 109.6 万 hm²，有 2019.9 万人、1348 万头大牲畜因旱饮水困难，分别占全国同期的 80% 和 75%。云南在这次大旱中灾情最为严重，有 888.5 万人和 486 万头牲畜出现临时饮水困难，是该地区近 10 年来的最高值。

上述岩溶石漠化危害的各个方面相互影响、相互作用，将导致人口—自然环境—社会经济之间的恶性循环。

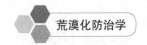

7.5 石漠化的防治

石漠化综合治理对于我国的经济社会发展、生态文明建设和精准扶贫具有重要意义，受到国家的高度重视，已被列为国家重要的工作目标，因此石漠化综合治理是当前各级主管部门的主要政策趋向，并成为我国政府、学术界和社会关注的焦点。国家实施了一系列与石漠化综合治理相关的生态工程，如退耕还林、天然林资源保护、生态公益林保护、农业综合开发和小流域综合治理等。总体上，石漠化防治工作取得了很大成就，积累了大量石漠化治理成功经验，形成了一批相对成熟的石漠化综合治理模式和技术体系，涌现出了一批石漠化治理的典型。

7.5.1 防治目标

石漠化防治的总目标是保护和改善生态环境，协调人类影响，消除贫困，实现石漠化地区环境、经济、社会的可持续发展。石漠化的防治要全面贯彻可持续发展的战略思路，采取"预防为主、全面规划、综合防治、因地制宜、加强管理、注重效益"的方针。其综合治理模式目标必须由扶贫型向质量型转变，生态建设产业是石漠化综合治理的趋势，强调自然恢复与社会、人文的耦合，要实现经济效益、社会效益与生态效益三者的有机结合和综合利益的最大化。

7.5.2 石漠化防治技术

经过多年的石漠化治理实践，人们摸索出了许多成功、有效的治理途径。石漠化防治技术主要包括生物治理技术、工程治理技术和生物与工程相结合的治理技术等(表7-6)。

(1) 生物治理技术

生物治理技术主要针对石漠化地区的植被恢复，并不断发展形成技术体系。由于岩溶生境的特殊性，土层薄、土量少、石砾含量高、肥力差、渗透力强、零星分布，加上山体坡度较大，对降水的拦截、保持能力差，岩溶植被恢复存在诸多难点和技术瓶颈。生物治理主要包括封山护林、封山育林(草)、人工造林(种草)、低效林改造及生态农业建设(表7-6)，以下分别对植被恢复的关键技术措施进行了归纳。

① 封山护林(植被管护)的关键技术

封山护林是一种投资最少，见效快，且预防土地石漠化最直接、最有效的方法之一。在西南岩溶地区石漠化治理中，也可结合我国天然林保护、重点生态公益林建设等生态工程进行实施。技术要点是需设立管护机构，安排管护人员，落实管护经费，制定管护措施，设立管护标牌，采用全封、半封和轮封方式。

② 封山育林(草)的关键技术

封山育林(草)是一种遵循自然规律，以封禁为基本手段，充分利用自然恢复能力，模拟利用自然规律的技术措施。该项技术以自然恢复为主，辅之以人工措施，具体是指有计划、有步骤地采用各种强制性封禁手段，尽可能减少人类活动，利用森林植被的自身发展规律适当采取人工促进恢复措施，逐步恢复自然植被，达到扩大林草资源、提高森林（草地）质量的经营手段，具有投资少、效果好、易掌握、可操作性强等特点。

封山育林一般选择具有一定数量的母树或幼树、具有萌芽更新能力的植株、伐桩等无性繁殖体或邻近有母树的地段，或可提高林草植被覆盖度的地段，以及郁闭度<0.50低质、低效林地、有望培育成乔木林的灌木林地及植被盖度一般的牧草地。通过采取不同的封育措施，结合封育区预期能形成的森林植被类型，按照培养目的和树种比例及人为干扰方式、立地条件、群落特点、演替阶段、自然恢复潜力等方面差异，可划分为乔木型、乔灌型、灌木型、灌草型和竹林型5个类型。根据封育地段的植被状况、生态区位及当地的生产生活实际需要，因地制宜的选择全封、半封和轮封方式。全封指封山期整个封山地段禁止一切不利于林木生长的人为活动；半封指在林木生长季节实行全面封禁，其余时间在严格保护幼苗幼树前提下，可有计划地砍柴、割草和放牧；轮封是指分片轮流封禁。石漠化土地封育年限最低为5年，一般为8~10年。对封育地区缺苗少树的局部地段通过局部整地、砍灌、除草等手段改善种子萌发条件；或补植补播目的树种，逐步实施定向培育；间苗、定株、除去过多萌发条，促进幼树生长，既有利于群落演替发展，又有利于提高经济效益树种数量，促进成林更新速率。树种主要选择"石生、喜钙、耐旱"的乡土树种，土壤条件较好的局部采用人工植苗方式，补植以乔木树种为主；补播以灌木树种为主。通过一段时间的封育后，封育区林木的郁闭度达到一定程度（0.8以上）后，可通过去劣留优、砍弯留直、砍萌生留实生、间密留稀、变单纯林为混交林、变单层林为复层林，同时辅以人工整枝、抚育等措施，提高林分的经济和生态效益，维持地力和提高森林涵养水源、保持水土的功能。加强宣传教育，提高对封山育林重要性的认识，加强病虫害防治，杜绝森林火灾和人畜破坏，保证林分正常生长。

③ 人工造林（种草）适生性物种优化配置与仿自然群落构建的技术

西南岩溶地区生物多样性极为丰富且极具特色，不同物种的生态适应性也千差万别。在群落恢复演替过程中，随着群落内部环境的变化，物种组成也会发生相应的变化和替代。另外，不同植物群落还具有不同的生态或生产功能。人工干预的石漠化治理与植被恢复，首先要做的就是根据基岩性质、气候特征、地貌部位、植被退化状况等生态条件的特点和群落恢复演替的自然规律，并针对植被恢复的目标，选择适生的物种进行优化配置，提高成效。同时，为了使退化的植被得到快速恢复，并兼顾当地群众的利益，还要尽可能地构建对当地生态条件最为适应的仿自然群落和经济林。

岩溶石漠化区退化植物群落自然恢复遵循草本→灌木→乔林→顶极群落的自然恢复的过程，经历草本群落、草灌过渡群落、灌丛灌木群落、灌乔过渡群落、乔林群落和顶极群落六个阶段。岩溶植物群落多以优势种形成优势种组，早期依赖于土面、石缝、石槽、石沟小生境，后期逐步脱离小生境对其分布的限制，水分及营养资源为主导因素。对植物种类归并形成先锋种、次先锋种、过渡种、次顶极种；顶极种五个种组，各恢复阶段群落五个种组并存，但其优势种组不同，群落总体替代规律表现为：先锋种→次先锋种→过渡种→次顶极种→顶极种；植物生活型演化为：一年生植物→隐芽植物→地面芽植物→地上芽植物→高位芽植物替代规律，这些特征为植物群落配置中的不同阶段组成结构配置、群落建植规模、生境利用途径的确定奠定了基础。各种组组成植物种的生理生态特征是群落组成配置的关键，根据岩溶地区植物种类的耐旱性、光强适应性以及养分利用特征，确定先锋种为高输入低输出高效率类型；次先锋种为中输入中输出较高效率类型；过渡种为较低输入中输出较低效率类型；次顶极种为中输入中输出中效率类型。尽管顶极种与次顶极种属同一类型，但比次顶极种具更高的吸水潜能、耗水能力和利用效率。这些生理生态特征为植物群落配置的不同阶段的植物种组成配置与筛选提供了依据。

以群落演替种组的生理生态特征为基础，结合石漠化强度、退化时间、立地条件、植物群落的结构及恢复潜力、土地利用方式等生态条件，提出了不同石漠化类型下的植物群落优化配置模式，以及植物群落组成部分、部分可供选择的造林树种等，见表7-7、表7-8。同时，也充分考虑不同岩溶地貌背景下植被恢复中的功能分区，如在岩溶高原植被恢复中，首先按照自然条件和土地组合的规律进行不同功能区的划分，再根据植物群落自然演替规律、演替种组的生态适应性以及当地的经济特点与发展需要，在不同海拔高度上进行立体配置：山体上部石质坡地生态林、山体中下部土石质坡耕地经果林和山脚石土质坡地高效农业，分别进行针对性的治理，并使各功能区之间既有明确的分工，又相互存在一定的联系，提高综合效益。

④ 低效林改造技术措施

对于潜在石漠化或轻度石漠化土地，如果坡度较为平缓、林分生态防护效果较差、林分生长缓慢或经济价值较低，但同时又具备进行定向培育的条件，可在保证其生态效益的条件下，遵循自然规律，通过合理的疏伐、抚育、补植或采伐改造等措施，提高林分质量，定向培育用材林、防护林和经济林，实现生态效益与经济效益的有机统一。对于林分生长缓慢，防护与经济效益差，且不符合培育目的的林分，在尽量保护好下层灌木、草本，保证生态环境不恶化的前提下，对乔木树种进行采伐，选择生态效益、经济效益好的目的树种进行更新，培育符合经营目标的林分。

⑤ 生态农业技术

在农业生产过程中，采用优良品种，改变传统经营方式，加强水土保持措施，实施生态环境良好的高效农业，实现岩溶地区群众的增产增收，加速区域农民脱贫致富的步伐。为了增加生态系统的稳定性，可改变传统的粗放经营和顺坡耕种方式，采用等高耕种，按照现代农业的耕种模式，实施节水保水技术、地膜覆盖技术、保墒技术、修建生物篱等一系列的防治水土流失、防止石漠化扩展的技术与措施，并大力推广优良抗旱高产高效的新品种，推广农林、农药、农牧混合经营模式。实现降坡、平整土地，进行客土改良，大力推广农家有机肥和生物农药，提高土地生产力，增加单位面积产量。提高土地的复种指数和覆盖度，减少土地裸露时间，防止雨水冲刷。

⑥ 丛枝菌根真菌治理技术

岩溶生态系统地表干旱缺水，营养元素分布不均衡，石漠化的发生更是加剧了这一现象，使植被恢复的环境极其严酷，这种逆境环境造成植物难以定居，而且生长缓慢，生物量偏小，极大地限制了生物恢复潜力的发挥，结果导致定殖率差、恢复周期长，甚至出现"连年植树不见树，连年造林不见林"的现象。丛枝菌根真菌（AMF）能促进植物对矿质营养元素的吸收，提高植物的抗病性、抗旱性和抗逆性，能改善土壤理化性质，稳定土壤结构，能够和植物相互作用控制植物群落的组成、物种多样性和演替，稳定生态系统。

（2）工程治理技术

主要包括基本农田建设、水资源开发利用、农村能源建设和水保基础设施建设，以下分别论述各技术的内容和效用：

① 基本农田建设工程

以土地整理、水土保持为中心任务，结合坡改梯、中低产田改造、兴修小水利、推广节水灌溉和水土保持工程。其基本思路是：工程、生物、化学和农耕农艺措施结合，山水田林路综合治理，建立健全农田排灌渠系和坡面水系，控制和减少水土流失。

由于坡耕地是石漠化形成的主要原因之一，因此可利用当地丰富的石料来砌筑梯田坎并人工种植生物地埂，对15°~25°地进行梯化则成为防治坡耕地水土流失的主要模式。深山区的耕地较为匮乏，也可将一定数量坡度大于25°的陡坡耕地进行坡改梯建设。岩溶地区的石灰土有别于地带性土壤，其影响土壤资源发挥功效的主要制约因素有土层薄、零星分散和营养元素有效态含量低且供给不平衡等。在石灰土土壤改良时，除了注意土壤的"三改一配套技术"的应用，即坡（15°~25°）改平、薄改厚（>40cm）、瘦改肥、配套水系工程外，还要注意土壤定向培育营养元素供给的平衡。

② 水资源开发利用工程

西南岩溶山区水资源其实是很丰富的，但因流失严重且常积涝成灾，造成工程型缺水。西南岩溶地区的地表地下为二元结构，现在虽然降雨不少，但地表水系不发育，地表水漏失严重，蓄水条件差，而地下水较丰富，岩溶石漠化区水资源的开发要采取地表水—地下水综合利用的措施。利用有利的坡面径流、结合岩溶表层带降水的调蓄功能及发育的岩溶表层泉，在合适的部位修建水池、水窖，解决人畜饮水和不分灌溉用水，如地下水深埋的峰丛洼地地区和岩溶峡谷区。西南岩溶区发育有大量地下河网络系统，地下河水资源是区域水资源赋存的主要形态，也是当地居民生产、生活的主要水源。在已调查的地下河中15%~20%有较好的开发利用条件，通过蓄、引、提、堵等方式，有效开发地下河水资源，不仅可以解决人畜饮水、农田灌溉，而且可通过地下河的开发，形成小水电，解决部分地区的农村能源问题，并发展养殖业、旅游业，推动区域经济综合发展。

③ 农村能源建设

石漠化地区燃料缺乏，群众生活普遍贫困，取暖做饭所需燃料常常要破坏山林植被。为此要通过农村能源建设解决农民的燃料，杜绝上山砍柴打草来遏制石漠化发展。新能源建设包括：沼气池、节能灶、太阳能与小型水电等。石漠化地区的沼气能源主要靠养殖和种植获得，因此，发展沼气要和发展林果业及养殖业配套发展，把发展沼气同退耕还林、封山育林、植树造林和发展养殖业结合起来，施行"养殖—沼气—种植"三位一体的发展模式。同时，要配套实施"一池三改"工程，即改厕、改圈、改灶和建池同时进行。此外，西南地区光照时间长，太阳能资源丰富，应加大开发利用的力度，如在广大农村推广使用太阳能热水器，充分利用太阳光能作为生活燃料的新动力。

④ 水土保持基础设施建设

西南岩溶区水土保持工程设施较少，远不能满足石漠化治理的需要，需加大力度进行

建设。特别是要加强地下水河水系统的水保基础设施建设，其中，主要包括落水洞口沉砂工程、落水洞疏通排洪工程、地下河拦沙工程等基础设施。

（3）其他治理技术

① 加大生态移民力度

石漠化产生的根本原因在于石漠化地区的人口远超其土地合理生态承载力，导致人地矛盾、人水矛盾突出。西南岩溶石漠化山区进行生态移民主要是指由于资源匮乏、生存环境恶劣、生活贫困，不具备现有生产力诸要素合理结合条件，无法吸收大量剩余劳动力而引发的人口迁移。此举既可有效减轻石漠化地区土地及生态承载压力，又可帮助搬迁人口逐步摆脱贫困，所以又称"异地扶贫搬迁"。加强岩溶地区的人口调控，以及合理控制岩溶地区人口的自然增长，同时对石漠化程度特别严重、生活条件极端恶略、生存状况严重恶化地区，加强人口控制力度，有计划、有步骤地实施异地生态移民，有效降低石漠化土地上的人口压力。除了将石漠化地区的人口进行异地搬迁，还要考虑搬迁人口的劳动就业意愿，可对搬迁的人口进行专业技能培训，提高农民素质与就业能力，降低对石漠化土地的依赖度与扰动，促进岩溶地区的植被恢复。

② 开展人工种草养畜，减少野外放养

石漠化区域农村有自由放牧习俗，过牧现象严重，林草植被和土壤结构遭受破坏，导致土壤抗侵蚀能力减弱，加剧土地石漠化。目前岩溶石山地区的牛羊养殖基本都是在对天然草地的掠夺式利用下发展的，仅有极少部分进行的是人工种草养殖。因此，在岩溶地区推进草地畜牧业的发展，规范牲畜放养制度，是解决岩溶地区农村贫困与生态退化的有效途径，如采取人工植树和林下种草、选择高产牧草品种、科学施肥和管理等措施，提高土地牧草产量和质量。

③ 合理利用岩溶景观资源，加大旅游开发力度

岩溶地貌是自然环境中一类独特的地理景观，在中国西南地区分布广泛。常见的岩溶地貌包括地上和地下两种，地上的岩溶地貌如石芽、石林、峰林等，地下的岩溶地貌如溶沟、落水洞、地下河等。除此之外，还包括与地表和地下密切相关联的竖井、芽洞、天生桥等岩溶地貌。各种石钟乳、石笋、石瀑布、莲花盆等各种钙质沉积也是形态各异。同时，岩溶地区往往也是瑶族、侗族、苗族等少数民族聚集区，具有浓郁的少数民族风情，旅游开发价值较高。通过整合岩溶地区的自然资源和人文景观资源，采取招商引资、承包经营等途径，在岩溶地区发展第三产业，开拓旅游开发市场，转变当地直接依赖土地生产的发展模式，实现区域的可持续发展，同时对促进当地经济发展也大有益处。

（4）防治措施优化

为了减少石漠化地区人口数量、提高人口素质，需要对农村的富余劳动力和农业劳动力进行培训，农业劳动力培训主要是对参与农业生产的劳动者进行水土保持和农业耕作上的技能培训，以防止石漠化的产生和进一步发展。劳动力转移培训需要提高劳动者的生产技能，以适应城市和用工单位对劳动力的需要，从而实现劳动力的自由迁徙和石漠化脆弱区域人口压力的缓解。

表7-6 石漠化治理技术分类

技术类型	技术措施	适用石漠化类型	适用地类	主要建设内容或要求
	植被管护	非石漠潜在石漠化土地	有林地、灌木林地、牧草地以及符合天然林保护工程管护或中央森林生态效益补偿基金的林地	设立管护标牌,落实管护人员,制定管护制度
	封山育林育草	潜在石漠化、石漠化土地	疏林地、宜林地、无林地、有林地、灌木林地、牧草地、未利用地	设立管护标牌,落实管护人员,制定管护制度与封育措施,补植补造以土阔叶树种和以乡土树种为主
生物治理技术	人工造林	轻度、中度石漠化土地为主	宜林地、无立木林地、未利用地、疏林地等	以生态林建设为主,适度发展生态经济林与薪炭林,加速岩溶植被恢复;树种以乡土、喜钙、耐旱树种为主,严禁全面整地,加强水肥管理和管护
			牧草地适宜林下种草的林地等	选择优质牧草,强化林下种草,加强水肥管理,严禁放养,根据牧草数量,合理确定养殖品种与规模
	人工种草与草地改良低效林改造	轻度中度石漠化土地为主	灌木林地、有林地	遵循自然规律,通过合理的流伐、抚育、补植,改造与管护等措施,提高林分质量定向培育成用材林、防护林或经济林
	生态农业技术	潜在石漠化石漠化土地	耕地	要选择保持水土,培肥地力等现代耕种技术,实现石漠化土地的永续经营

续表

技术类型	技术措施	适用石漠化类型	适用地类	主要建设内容或要求
工程治理技术	坡改梯栽植树植草	石漠化土地	旱地,宜林地,无立木林地	对石漠化土地进行简单坡改梯,配套蓄水池等小型水保工程,发展高效经济林(药材经果林等)
	退耕还林还草	石漠化土地	旱地	严格执行退耕还林条例,按计划有序实施
	工矿石漠化治理技术	石漠化土地	工矿废弃地	针对工矿石漠化地的边开采,将平土地嶙壁和弃土地分别治理,防止灾害或更新的石漠化土地发生
	坡耕地——坡改梯	石漠化土地	坡耕地(轻、中度石漠化)	按国家改梯的相关规定执行,坎高比与坎高要依据石漠化程度、坡度等灵活确定,坎高比土面高5cm以上,土层深度不低于30cm,修筑排水沟、生产作业道等配套设施
	弃石取土造田(土)沃土工程	石漠化土地	旱地(石旮见地或轻度石漠化)	炸除坡度平缓地段的裸露石头、客土改良、增肥高标准的旱地或农田
		石漠化土地,潜在石漠化土地	旱地	实施客土改良、增加有机肥料、改变农业耕作方式等,实现增肥地力的目的
	小型水利水保设施建设	减轻土地的压力,改善岩溶地区农民生产生活条件		引水渠、防渗渠、蓄水池、拦沙谷防坝、沉沙池等
	人畜饮水工程			水窖、地下水(泉水)开发等
其他治理技术	农村清洁能源建设,草食畜业发展	减轻土地的压力,改善岩溶地区农民生产生活条件	减轻土地的压力,改善岩溶地区农民生产生活条件	畜牧业品种改良、棚圈建设、草食机械等;沼气池建设、节能灶、小水电、太阳能等
	人口控制与生态移民			计划生育、劳务输出和生态移民等
	扶贫开发			技术、资金、政策等引导与扶持
	生态产业发展			生态旅游、林药、林果、生物质能源、畜牧业等
	生态保护技术			自然保护区、自然保护小区等生物多样性保护建设、有害生物防治、森林防火等
	生态意识培育			宣传、文化教育、技能培训等

表7-7 岩溶石漠化区植物群落构建植物组成

种组	植物种类
先锋种	车桑子、悬钩子、构树、粉枝莓、火棘、马桑、菝葜、葛藤、多花杭子梢、杭子梢、异叶杭子梢、盐肤木、小果蔷薇、多花蔷薇、刀果羊蹄甲、金丝桃、小构、中华绣线菊、竹叶椒、堆花小檗、油桐、八角枫、密蒙花、红叶水姜子、木姜子、铁仔、烟管荚蒾、单瓣巢丝花、野桐、刺葡萄、山葡萄、刺槐、小舌菊、檵木、多脉猫乳、青篱柴、异叶鼠李、小叶平枝栒子、长叶冻绿、茅莓、珍珠荚蒾、白叶莓、木莓、多花绣线菊、五叶崖爬藤、滇梨、川榛、柚子、黄花香茶菜、乌蔹、迎春花、樱花、胡颓子、金花小檗、野丁香、野樱桃、假烟叶树、鸡桑、蒙桑、毛桐、桃、野麻、小叶杨、响叶杨、山杨梅、山桐子、叶下珠、短序荚蒾、柳杉、四川铁仔、尾叶远志、夹竹桃、白背叶、苦楝、紫花络石、络石、京梨猕猴桃、山樱、山樱花、巴东荚蒾、山樱桃、竹、粉叶栒子、枣、狭叶链珠藤、柱果铁线莲、扁核木、双齿山茉莉、粗齿铁线莲、绿背山麻杆、小叶扁担杆、地构叶、香椿、紫麻、枝花李榄、薯蓣、双蝴蝶、石斑木、山香圆、箬竹、清香藤、念珠藤、蔓构
次先锋种	红毛悬钩子、悬钩子蔷薇、宜昌悬钩子、山合欢、石岩枫、山麻杆、四川香花菜、西锥香花菜、刺异叶花椒、异叶花椒、六月雪、三棵针、广西密花树、尖叶密花树、黄褐毛忍冬、贵州忍冬、金银花、高粱泡、金樱子、大叶云实、云实、大叶蛇葡萄、毛叶蛇葡萄、地桃花、薄叶鼠李、五叶爬山虎、三叶爬山虎、爬山虎、围郹树、亮叶鼠李、尼泊尔鼠李、刺鼠李、无齿鼠李、光枝平枝栒子、平枝栒子、崖豆藤、香花崖豆藤、崖扁子、珍珠榕、斜叶榕、山木通、木通、三叶木通、小木通、龙须藤、小白杨、大叶平枝栒子、光叶栒子、毛野丁香、乌梅、西南槐、猫乳、花椒、水杨柳、中华柳、豆腐柴、丁香、茅栗、山楂、羊耳菊、海南树参、刺楸、野杨梅、马尾松、野茉莉、黄脉莓、铁榄、青江藤、构棘、细元藤、日本杜英、小叶菝葜、黑果菝葜、西南菝葜、肖菝葜、顶坛花椒
过渡种	枫香、红紫珠、紫珠、大叶紫珠、十大功劳、阔叶十大功劳、狭叶十大功劳、南天竹、栗叶吴茱萸、吴茱萸、梧桐、黄荆、小叶女贞、云南旌节花、中国旌节花、三角枫、灰毛浆果楝、光枝勾儿茶、勾儿茶、忍冬、来江藤、五柳、齿叶铁仔、云锦杜鹃、小蜡、滇鼠刺、云南鼠刺、栀子皮、中华旌节花、棕榈、栒子、山茶、算盘子、醉鱼草、大叶醉鱼草、细齿叶柃木、柃木、香茶菜、飞龙掌血、小叶石楠、荔波儿鼠李、老虎刺、清香木、红素馨、亮叶素馨、野蔷花、川莓、厚果崖豆藤、倒叶榕、糙叶榕、苟莒、矮杨梅、老鸭糊、麻叶栒子、南蛇藤、尖瓣瑞香、瑞香、常春油麻藤、常青藤、峨眉蔷薇、蜡梅、水麻、广西鸡失藤、构藤、油茶、鸡矢藤、野扇佗、绣球、蜡莲绣球、槐树、棕竹、小花青藤、细圆藤、青风藤、乌饭树、华夏子楝树、青藤仔、水竹、茶树、苦枥木、苦皮藤、山胡椒
次顶极种	海桐、短颈海桐、光叶海桐、短萼海桐、粗糠柴、黄杞、黄檀、藤黄檀、飞蛾槭、青榨槭、珊瑚朴、齿叶黄皮、野柿、尖叶四照花、四照花、珊瑚冬青、冬青、刺叶珊瑚冬青、贵州花椒、荔波鹅耳枥、密花树、蕊帽忍冬、光叶铁仔、长穗桑、川钓樟、大古果冬青、马缨杜鹃、杜鹃科米饭花、毛叶杜鹃、色叶杜鹃、球核荚蒾、白栎、麻栎、石栎、角翅卫矛、黔竹、小叶石栎、慈竹、海州常山、野漆树、漆树、女贞、圆柏、梁王茶、厚皮香、云南大杜藤、九里香、翠柏、黑壳楠、革叶卫矛、扶芳藤、兴山蜡树、皱叶雀梅藤、梗花雀梅藤、雀梅藤、毛叶石楠、复羽叶栾树、大果卫矛、黄樟、金佛山荚蒾、菜木、小梾木、小叶蚊母树、杨梅蚊母树、异叶梁王茶、异叶榕、苦木、枇杷、铁筷散、南方六道木、小叶六道木、杨树、豪猪刺、中华野独活、罗伞、云南罗芙木、刚竹、桦木、江南紫金牛、野李子、猴欢喜、贵州泡花树、鞘柄木、梓木、青荚叶、光皮桦、小花青风藤、云南紫荆、长叶柞木、南岭柞木、拓树、小果楠烛、尾叶越橘、水红木、红肤杨、鸡仔木、侧柏、杉木、苦参、喜树
顶极种	掌叶木、宜昌润楠、润楠、贵州青冈栎、多脉青冈栎、小叶青冈栎、樱木石楠、猴樟、圆叶乌桕、圆果化香、朴树、天鹅槭、云贵鹅耳枥、红翅槭、小叶栾树、小叶朴树、高山栎、灰背栎、小叶柿、乌柿、大果冬青、小果润楠、青皮木、栓皮栎、牛耳枫、川黔润楠、安顺润楠、翅荚香槐、南酸枣、川桂、巴豆、木腊漆、柏木、华山松、云南松、大叶青冈栎、野独活、香果树、米心树、小果冬青、红果黄肉楠、裂果卫矛、刺花珊瑚冬青、旱禾树、水青冈、粗叶木、柘树、川溲疏、栓皮栎、青檀、穗序鹅掌柴、南方菝葜、光枝楠、光皮树、梭椤树、黄连木、枳椇、香樟、厚朴、岩桂、杜仲、榆、滇柏、柞木

注：引自李安定，2010。

表7-8 岩溶石漠化区常见的造林树种

石漠化类型区	人工造林树种		
	用材林树种	生态林树种	经果林树种
喀斯特高原石漠化区	滇柏、南酸枣、刺槐、柳杉、响叶杨、华山松	女贞、杨树、苦楝、猴樟、梓木、光皮桦、盐肤木、构树	桃、李、木姜子、酥李、梨、核桃、板栗、桑、漆树、枇杷、金银花、猕猴桃、石榴
喀斯特槽谷石漠化区	侧柏、华山松、滇柏、柳杉	杨树、竹、滇杨、盐肤木、构树	柿树、杜仲、苦丁茶、乌柏、油桐、黄柏
喀斯特峰丛洼地石漠化区	桉树、侧柏、柳杉	车桑子、女贞、盐肤木、构树	麻风树、火龙果、油桐、石榴
喀斯特峡谷石漠化区	南酸枣、华山松、刺槐、云南松、车桑子、柳杉	滇杨、火棘、盐肤木、构树	金银花、花椒、桃、李、枇杷、火龙果、香椿、花椒、金银花、核桃、板栗、梨、黑麦草、杜仲、黄柏、苹果、花红、百合、石榴
喀斯特断陷盆地石漠化区	侧柏、华山松、云南松、滇柏、柳杉	车桑子、女贞、盐肤木、构树	桃、李、银杏

7.5.3 石漠化治理典型模式

（1）植被恢复模式

植被覆盖度是衡量石漠化治理成效的根本标志，加强石漠化区域林草植被恢复至关重要。贵州省是全国石漠化土地面积最大、等级最全、程度最深、危害最重的省份，成为阻碍贵州省经济发展的主要因素之一。贵州省根据岩溶地区的环境特点和生态环境因子，针对不同环境类型采用不同的治理保护措施进行石漠化生态治理。因岩溶区植被具有喜钙、旱生、石生的特点，因此在土层稀薄、养分贫瘠的石山地区，选择具有该种生长习性的草本植物比较适宜；而在土层较厚、养分丰富，水源充足的山间洼地、平岗地、山脚坡地，可以种植经济作物，提高人民的生活水平，保证其他生态治理工程的顺利进行。云南省也积极开展生态建设工程，针对不同的降水量，采取不同的林草种植结构和植被恢复方式，如在降水量较多利于森林植被生长的情况下，实行以林为主，草本植物为辅或林下种草的植被恢复方式；而在降水量较少的石山地带则实行以草本植物为主的植被恢复方式。在一些岩石裸露比重大、植被稀少地区，采取天然更新、人工造林等措施，通过"栽针、留灌、补阔"或"栽阔、抚灌"形成复层乔灌混交林。广西西林县按照适地适树的原则，优先种植乡土树种，建设生态经济型防护林，通过采取扶持农户与大户承包治理的方式，引导群众在退耕地及荒坡地上种植市场前景好、有种植基础、经济价值较高的马尾松、板栗、花椒等树种，不仅可治理水土流失，保护生态，同时还增加了农民的收入。在石漠化地区种植经济作物，一方面可增加农民收入，另一方面对当地的土壤、生态也会产生积极影响。秀山县是重庆市石漠化较为典型的一个县，截至2014年底，该县石漠化总面积统计为85万hm²，为治理石漠化，秀山在一些石漠化地区实施退耕还林工程，种植油茶等经济作物，通过这些举措，石漠化地区的土壤有机质、全N、全K含量分别比坡耕地高出9.1g/kg、5.3g/kg、1.97g/kg，土壤pH值下降了1.36，说明该地区的土壤结构得到改善、土壤肥力有所提升，石漠化治理取得一定成就。

（2）坡改梯模式

坡改梯工程主要是在岩溶山区推广石埂坡改梯，降低耕作面坡度，是一项适合山区实际的水土保持综合治理工程，具有保水、保土、保肥和增产的作用，能够将旱坡地面上的冲刷水变成地下渗透水，确保梯土内的肥水、肥土不被冲刷流失，提高土地生产力，实现粮食增产、农民增收。云南文山州以山地地形为主，并且现有耕地也大多分布在坡地上，这些坡地受到水力冲蚀，容易引起水土流失。加之坡地的土层比较贫瘠，土壤的肥力也比较低下，导致对这些坡地无论进行浇灌还是耕种都极不方便。因此，可对这些坡地进行坡改梯工程，通过对原有坡地进行平整、增加土层厚度等方式，将原来坡道型山地调整为阶梯状，有效降低坡地的坡度，使这些坡地的种植更便捷高效。

（3）农田水利模式

贵州在安顺油菜河南山、羊场片区，安龙法统坝子、平塘克度盆地等区域，针对坡度<10°，存在旱涝灾害的坝、谷、盆地区域，采取修建引水渠、排涝渠等农田水利措施，保证农田旱涝保收，提高基本农田单产，实现由"降雨径流→水土流失→旱、涝低产的恶性循环"向"降雨→集雨浇灌→稳产高产"的良性循环的转变，从而达到石漠化综合治理的目的。云南文山州针对石漠化区域缺水的特点，修建引水沟、蓄水池、小水窖、拦砂坝、谷坊等水利设施，通过各种水利工程设施的建设，以保障人畜饮用水和浇灌等生产用水的供给。同时水利设施还发挥着保持生态的作用，通过引水沟、拦砂坝、谷坊等对水流的疏导和泥沙的控制增强了蓄水保土能力，减少泥沙淤积和洪水对河堤、农田等的损坏，有效减轻了一些山洪、滑坡、泥石流等问题。一些土地配套建成了旱地水窖，既能保土又解决了灌溉。

（4）农村能源模式

广西的"恭城模式"，即"养殖-沼气-种植"三位一体生态链的石漠化治理模式是一条成功的经验。广西恭城瑶族自治县至2005年底，已累计建设农村沼气池273.71万座，沼气池入户率34.21%，居全国第一位。沼气池的投入使用，每年相当于节约薪柴547万t，保护林地46万hm²。此外，该县还建设大中型沼气工程123处，秸秆气化集中供气3处，推广省柴节煤灶793万户，推广太阳能热水器12.17万m³。这些举措除了为农民增收以外，还有效遏制了当地不断恶化的生态环境。

（5）生态移民模式

对石漠化严重地区，生态移民是其治理的一项非常有效的措施。广西按照"统一规划、连片开发、分户经营"和"搬得出来、稳得下来、富得起来"的要求，对缺乏基本生存条件的大石山区特困群众实施异地搬迁安置，同时巩固完善历年扶贫异地安置场点建设，使安置点农民收入逐年稳步提高，不仅减少了岩溶地区由于人口过多带来的生态破坏，而且增加了农民的收入。

（6）种草养畜模式

草是农林牧业联结的纽带，是生态建设的重要途径，也是改变岩溶地区贫穷面貌的首选产业之一。湖北鹤峰县、通城、十堰等地区利用种草养畜治理石漠化，推广养殖户禁牧不禁养、减畜不减收，促进人与自然和谐发展，地方生态建设取得明显改善。贵州省瓮安

县利用山地种草、农作物秸秆饲料化发展养殖业。改变放养为舍养，并与"一池三改"相结合，形成"畜多—肥料多—粮食多—收入多"的良性循环。

(7) 旅游开发模式

岩溶石漠化旅游是依靠石漠化地区的自然资源、农业经济资源和民俗文化资源，并以这些资源为载体，借助附近大中城市居民为客户群开发旅游市场，提高石漠化地区的农村社区参与度，使当地居民从旅游开发中获益，摆脱贫困的一种旅游方式。贵州花江峡谷处于贵州西部旅游黄金线上，即黄果树—断桥—上关温泉—花江峡谷—马岭河峡谷—万峰林一线，在黄果树、马岭河峡谷两个国家级旅游风景名胜区之间。结合典型的岩溶峡谷景观和文化历史遗迹，为自然观光游、观光农业、生态旅游、科技旅游、奇石文化旅游、探险活动等的开发提供了可能。在花江示范区内的甘二盘、法郎两个组内开展参与式乡村旅游项目，通过参与式乡村旅游项目的开展，社区和居民的全方位参与，从旅游产品的生产到销售、从开发到接待均由社区和居民主动参与，参与乡村旅游的发展从经济上保障了社区居民的旅游收益，提高了贫困群体的能力，增强了贫困群体自立、自强意识，提高了贫困群体的生活质量和综合素质。

复习思考题

1. 什么叫石漠化？其成因有哪些？
2. 岩溶地貌的生态脆弱性表现在哪些方面？
3. 石漠化的等级及分类方法。
4. 石漠化的危害有哪些？
5. 石漠化的治理的具体有哪些？

推荐阅读书目

姚小华，任华东，李生，等. 石漠化植被恢复科学研究[M]. 北京：科学出版社，2013.

胡培兴，白建华，但新球，等. 石漠化治理树种选择与模式[M]. 北京：中国林业出版社，2015.

宋同清. 西南喀斯特植物与环境[M]. 北京：科学出版社，2015.

刘丛强. 生物地球化学过程与地表物质循环：西南喀斯特流域侵蚀与生源要素循环[M]. 北京：科学出版社，2007.

刘丛强. 生物地球化学过程与地表物质循环：西南喀斯特土壤-植被系统生源要素循环[M]. 北京：科学出版社，2009.

参 考 文 献

蔡品迪，喻理飞，付邦奎，等. 退化喀斯特森林近自然度评价指标体系的构建——以贵州省修文县示范区为例[J]. 中南林业科技大学学报，2012，32(6)：87-91.

曹建华，袁道先，章程，等. 受地质条件制约的中国西南岩溶生态系统[J]. 地球与环境，2004，32(1)：1-8.

陈洪松，聂云鹏，王克林．岩溶山区水分时空异质性及植物适应机理研究进展[J]．生态学报，2013，33
　　（2）：317-326.

陈伟华，宋建波，苏孝良．矿山石漠化——与喀斯特石漠化并存的一种石漠化类型[J]．矿业研究与开
　　发，2007，27(5)：39-41.

陈燕丽．基于教育移民的石漠化地区生态可持续恢复研究[J]．安徽农业科学，2016，44(13)：312-314.

但新球，屠志方，李梦先，等．中国石漠化[M]．北京：中国林业出版社，2014.

邓菊芬，崔阁英，王跃东，等．云南岩溶区的石漠化与综合治理[J]．草业科学，2009，26(2)：33-38.

何守阳，雷琨，吴攀，等．贵州岩溶山区城镇化进程中地下水的资源功能评价[J]．地球科学，2019，44
　　（09）：2839-2850.

蒋忠诚，罗为群，童立，等．21世纪西南岩溶石漠化演变特点及影响因素[J]．中国岩溶，2016，35(5)：
　　461-468.

解天．云南的石漠化土地及其治理思路[J]．中国国土资源经济，2007，20(11)：22-23.

蓝芙宁，李衍青，赵一，等．放牧对峰丛洼地植物——土壤 C、N、P 化学计量特征的影响[J]．中国岩
　　溶，2018，37(05)：742-751.

李安定．喀斯特石漠化区植物群落结构配置评价及优化配置[D]．贵州大学．2010.

李桂静，廖江华，吴斌，等．我国喀斯特断陷盆地石漠化区植物群落构建机制研究[J]．世界林业研究，
　　2020：1-8.

李明军．喀斯特农村参与式社区发展与石漠化综合防治[D]．贵州师范大学．2006.

李森，王金华，王兮之，等．30年来粤北山区土地石漠化演变过程及其驱动力——以英德、阳山、乳
　　源、连州四县(市)为例[J]．自然资源学报，2009，24(5)：816-826.

李森，魏兴琥，黄金国，等．中国南方岩溶区土地石漠化的成因与过程[J]．中国沙漠，2007，27(6)：
　　918-926.

李新委．典型石漠化地区油茶种植效益研究[D]．西南大学，2015.

李阳兵，王世杰，周梦维，等．不同空间尺度下喀斯特石漠化与坡度的关系[J]．水土保持研究，2009，
　　16(5)：70-72.

梁月明，苏以荣，何寻阳，等．岩溶区典型灌丛植物根系丛枝菌根真菌群落结构解析[J]．环境科学，
　　2018，39(12)：5657-5664.

刘建刚，谭徐明，万金红，等．2010年西南特大干旱及典型场次旱灾对比分析[J]．中国水利，2011，
　　（9）：17-19.

刘拓．中国岩溶石漠化：现状、成因与防治[M]．北京：中国林业出版社，2009.

刘玄启，唐小翠．石漠化治理与新农村建设[J]．广西民族大学学报(哲学社会科学版)，2007，29(s2)：
　　61-63.

龙健，李娟，江新荣，等．喀斯特石漠化地区不同恢复和重建措施对土壤质量的影响[J]．应用生态学
　　报，2006，17(4)：615-619.

龙健，李娟，滕应，等．贵州高原喀斯特环境退化过程土壤质量的生物学特性研究[J]．水土保持学报，
　　2003，17(2)：47-50.

马俊．生态景观林树种选择与结构配置定量研究[D]．浙江林学院．2008.

马文瀚．贵州喀斯特脆弱生态环境的可持续发展[J]．贵州师范大学学报：自然科学版，2003，21(2)：
　　75-79.

莫剑锋，符如灿，罗雪梅，等．桂西南岩溶生态敏感区石漠化演变及治理经验[J]．广东农业科学，2013，
　　40(10)：166-170.

沈杉．云南省文山州石漠化问题研究[D]．云南财经大学．2014.

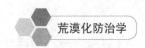

苏孝良.贵州喀斯特石漠化与生态环境治理[J].地球与环境,2005,33(4):20-28.

王德炉,朱守谦,黄宝龙.石漠化的概念及其内涵[J].南京林业大学学报(自然科学版),2004,28(6):87-90.

王立,贾文奇,马放,等.菌根技术在环境修复领域中的应用及展望[J].生态环境学报,2010,19(2):487-493.

王明云,陈波,容丽.普定喀斯特石漠化地区森林植被恢复示范研究[J].地球与环境,2010,38(2):202-206.

王瑞江,姚长宏,蒋忠诚,等.贵州六盘水石漠化的特点、成因与防治[J].中国岩溶,2001,20(3):211-216.

王世杰,季宏兵,欧阳自远,等.碳酸盐岩风化成土作用的初步研究[J].中国科学(D辑:地球科学),1999,(05):441-449.

王世杰.喀斯特石漠化概念演绎及其科学内涵的探讨[J].中国岩溶,2002,21(2):101-105.

王英.喀斯特石漠化地区旅游扶贫开发研究[D].贵州师范大学.2009.

王宇,杨世瑜,袁道先.云南岩溶石漠化状况及治理规划要点[J].中国岩溶,2005,24(3):206-211.

魏源,王世杰,刘秀明,等.丛枝菌根真菌及在石漠化治理中的应用探讨[J].地球与环境,2012,40(1):84-92.

吴协保,孙继霖,林琼,等.石漠化综合治理中林业建设思路与内容探讨[J].山地农业生物学报,2009,28(4):346-350.

席溢,赵丽丽,王小利,等.石漠化地区野生多花木蓝根瘤资源调查与分析[J].中国环境科学,2019,39(10):4409-4415.

熊嘉武.绿色龙城·生态柳州——柳州市城市林业生态圈总体规划[M].长沙:湖南科学技术出版社,2010.

杨振海.我国岩溶地区的草食畜牧业发展[J].中国畜牧业,2008(13):20-22.

姚长宏,杨桂芳,蒋忠诚.贵州省岩溶地区石漠化的形成及其生态治理[J].地质科技情报,2001,20(2):75-78.

喻理飞,朱守谦,叶镜中,等.退化喀斯特森林自然恢复过程中群落动态研究[J].林业科学,2002,(01):1-7.

喻理飞,朱守谦,叶镜中.喀斯特森林不同种组的耐旱适应性[J].南京林业大学学报(自然科学版),2002,26(1):19-22.

詹奉丽.典型小流域石漠化治理工程的"3S"优化决策与工程治理推广适宜性评价[D].贵州师范大学,2016.

张殿发,王世杰,李瑞玲,等.土地石漠化的生态地质环境背景及其驱动机制——以贵州省喀斯特山区为例[J].生态与农村环境学报,2002,18(1):6-10.

张冬青,林昌虎,何腾兵,等.贵州喀斯特环境特征与石漠化的形成[J].水土保持研究,2006,13(1):220-223.

张光辉,张新平,张丽.草地畜牧业是改变岩溶地区贫穷面貌的首选产业[J].草业科学,2008,25(9):83-86.

张学俭,陈泽健.珠江喀斯特地区石漠化防治对策[M].北京:中国水利水电出版社,2007.

章维鑫,吴秀芹,于洋,等.2005—2015年小江流域生态系统服务供需变化及对石漠化的响应[J].水土保持学报,33(05):139-150.

周忠发,黄路迦.喀斯特地区石漠化与地层岩性关系分析——以贵州高原清镇市为例[J].水土保持通报,2003,23(1):19-22.

朱守谦．喀斯特森林生态研究［M］．贵阳：贵州科技出版社，1993.

庄义琳，周金星，吴秀芹，等．2001—2016 年喀斯特断陷盆地植被变化及其驱动因素［J］．林业科学，2019, 55(09)：177−184.

Jiang Z, Lian Y, Qin X. Rocky desertification in southwest china：impacts, causes, and restoration［J］. Earth-Science Reviews, 2014, 132(3)：1−12.

Derek F, Paul W. Karst hydrogeology and geomorphology［M］. John Wiley & Sons Ltd, 2007.

Yuan, D. X. Rock Desertification in the Subtropical Karst of South China［J］. Zeitschrift für Geomorphologie N. F., 1997, 108：81−90.